全国高等职业教育示范专业规划教材

机械工业出版社精品教材

机械制图（多学时）

第2版

主编　胡建生

参编　杨　力　崔大庆

主审　曾　红

机械工业出版社

本书系真正意义的立体化教材。教材配有“机械制图教学软件”（简称“软件”），该软件获辽宁省第十二届教育软件大赛（高等教育组）一等奖。软件中的内容、顺序与纸质教材无缝对接，可实现人机互动，完全可以替代教学模型和挂图。对选用本书作为教材的任课教师，可免费提供教学软件，可免费提供教学软件的打印稿，可免费提供习题答案的打印稿。此外，习题答案链接在软件的相应章节中，极大地减轻了“教”与“学”的负担。

本书按120～150学时编写，可作为高职高专及成人高等院校的教材，也可供电大、函授等其他类型学校、培训班及工程技术人员使用或参考。

图书在版编目（CIP）数据

机械制图：多学时/胡建生主编. —2版. —北京：机械工业出版社，2013.6（2015.9重印）

全国高等职业教育示范专业规划教材　机械工业出版社精品教材

ISBN 978-7-111-42289-1

Ⅰ.①机…　Ⅱ.①胡…　Ⅲ.①机械制图-高等职业教育-教材 Ⅳ.①TH126

中国版本图书馆CIP数据核字（2013）第084847号

机械工业出版社（北京市百万庄大街22号　邮政编码100037）

策划编辑：王英杰　责任编辑：王英杰　武　晋

版式设计：霍永明　责任校对：丁丽丽

封面设计：鞠　杨　责任印制：乔　宇

保定市中画美凯印刷有限公司印刷

2015年9月第2版第10次印刷

184mm×260mm · 17.5印张 · 429千字

39001—44000册

标准书号：ISBN 978-7-111-42289-1

定价：37.00元

第2版前言

本书主要是依据高职高专《机械制图教学基本要求》，参考全国《CAD技能等级考评大纲》对制图基础理论的要求，按照立体化教材建设思路编写的。本书第1版自2009年出版以来，已得到了众多高职高专院校的认可。本次修订主要考虑到制图国家标准的更新，第1版教材中的一些内容已经落后，不能适应新的需求；国家对原制图员职业鉴定的形式和内容进行了重大调整，也需要对教材内容进行相应的修改；随着高职高专院校教学改革不断深化，制图课的教学内容需要调整和充实。与本书配套的《机械制图习题集（多学时）》（第2版）同时出版。

本书按120~150学时编写，可作为高职高专及成人高等院校的制图教材，也可供电大、函授等其他类型学校、培训班及工程技术人员使用或参考。

本书以“图”为主，针对原教材的插图图线过细、部分图例印刷效果不好的毛病，对原有的图例严格按照粗、细线2:1的线宽比例，全部重新绘制或重新处理，以确保图例清晰，一目了然。对一些重点、难点或需提示的内容，进行必要的文字说明，并采用套红的方式绘制，双色印刷，既便于教师讲课、辅导，又便于学生自学。书中带*内容为选学内容。

技术制图和机械制图等基础国家标准和行业标准有许多变动。凡在2012年12月之前颁布实施的制图标准和相关标准，全部在教材中予以贯彻。

本书配备《机械制图教学软件》（以下简称“软件”），可免费提供给任课教师使用。软件是根据讲课思路专门为任课教师设计制作的。软件中的内容、顺序与纸质教材一一对应，无缝对接。软件最大的优点是可以实现人机互动，任课教师在教学过程中灵活使用，实现“做中学、做中教”。将教材附录分页链接在软件的相关部位，任课教师可直观地指导学生查阅标准资料。实践证明，教学软件完全可以替代教学模型和挂图，彻底摒弃黑板、粉笔等旧的教学模式，大大提高讲课效率和教学效果。凡选用本书作为教材的任课教师均可登录机械工业出版社教材服务网 www.cmpedu.com 注册后免费下载。如有问题请发送电子邮件至 cmpgaozhi@sina.com，或致电010-88379375联系营销人员。

参加教材修订的有：胡建生（编写绪论，第一章、第二章、第三章、第四章、第五章、第六章及附录）、杨力（编写第八章、第九章）、崔大庆（编写第七章、第十章）。全书由胡建生统稿。

本书由曾红教授主审，参加审稿的还有史彦敏教授、杜文杰教授、汪正俊副教授、刘杰副教授、邵娟琴副教授、谭玉华副教授。参加审稿的各位老师对初稿进行了认真、细致的审阅，提出了许多宝贵意见和建议，在此表示衷心感谢。

由于编者水平所限，书中难免有错漏之处，欢迎任课教师批评指正，并将意见或建议反馈 E-mail:hjs0416@163.com。

编　者

第1版前言

本书主要依据高职高专《机械制图教学基本要求》，参考全国CAD技能等级考试培训工作指导委员会制定的《CAD技能等级考评大纲》对制图基础理论的要求，结合高职高专教育的特点，按照立体化教材建设思路编写而成。与本书配套的《机械制图习题集（多学时）》同时出版。

本书按120~150学时编写，可作为高职高专院校机械类及近机类专业的教材，也可供成人高等院校、电大、函授等其他类型学校、培训班及工程技术人员使用或参考。

书中所有插图，全部采用计算机绘制和润饰，大大提高了插图的准确性和清晰度。同时，编者根据教学实践体会，对一些重点、难点或需提示的内容进行了必要的文字说明。全书采用双色印刷，既便于教师讲课、辅导，又便于学生自学。

为方便教学，本书配有《机械制图多媒体课件》，可免费提供给任课教师使用。凡选用本书作教材的教师均可登录机械工业出版社教材服务网 www.cmpedu.com 注册后下载。如有问题请致信 cmpgaozhi@sina.com，或致电 010-88379375 联系营销人员。

与本书配套的《机械制图习题集（多学时）》附带《机械制图解题指导（多学时）》光盘，随习题集一起发行。光盘中包含各习题的三维实体模型，可以实现不同角度的浏览、视图的切换、剖切以及装配体的爆炸、装配、仿真演示等功能，可为教师讲课、辅导、学生练习提供极大的方便。

习题集还附有独立的PDF格式的参考答案，并同时链接在配套教材的多媒体课件的相应章节中，便于教师课堂上讲解、演示。

《机械制图多媒体软件》和《机械制图解题指导（多学时）》光盘由曾红、刘淑芬、胡建生、孙志莹、靳云飞、张文广设计制作。

书中带*的内容为选学内容。

本书由史彦敏主审，参加审稿的还有曾红、范梅梅、陈清胜、孙红、汪正俊、刘杰、邵娟琴、赵洪庆、谭玉华、杜文杰。参加审稿的各位老师对书稿进行了认真、细致的审查，提出了许多宝贵意见和修改建议，在此表示衷心感谢。

由于本人水平所限，书中难免有错漏之处，欢迎广大读者批评指正，并将意见和建议反馈至 E-mail:hjs0416@163.com。

编　者

目　录

第 2 版前言

第 1 版前言

绪论 …… 1

第一章　制图基本知识和技能 …… 3

　第一节　制图国家标准简介 …… 3

　第二节　尺寸注法 …… 11

　第三节　几何作图 …… 16

　第四节　平面图形分析及作图方法 …… 25

　第五节　常用绘图工具的使用方法 …… 28

　第六节　徒手画图的方法 …… 31

第二章　投影基础 …… 33

　第一节　投影法和视图的基本概念 …… 33

　第二节　三视图的形成及其对应关系 …… 36

　第三节　点的投影 …… 39

　第四节　直线的投影 …… 43

　第五节　平面的投影 …… 51

　第六节　变换投影面法 …… 57

第三章　立体及其表面交线 …… 60

　第一节　几何体的投影 …… 60

　第二节　截交线 …… 66

　第三节　相贯线 …… 73

第四章　组合体 …… 80

　第一节　组合体的组合形式 …… 80

　第二节　组合体三视图的画法 …… 83

　第三节　组合体的尺寸注法 …… 86

　第四节　看组合体视图的方法 …… 93

第五章　轴测图 …… 103

　第一节　轴测图的基本知识 …… 103

　第二节　正等轴测图 …… 104

　第三节　斜二等轴测图 …… 113

　第四节　轴测剖视图 …… 116

第六章　物体的表达方法 …… 120

　第一节　视图 …… 120

　第二节　剖视图 …… 124

第三节 断面图……136
第四节 局部放大图和简化画法……138
第五节 第三角画法简介……142
第七章 螺纹、齿轮及常用的标准件……147
第一节 螺纹……147
第二节 螺纹紧固件……154
第三节 直齿圆柱齿轮……158
第四节 锥齿轮……163
第五节 蜗杆与蜗轮……166
第六节 键联结和销联接……169
第七节 滚动轴承……173
第八节 圆柱螺旋弹簧……176
第八章 零件图……179
第一节 零件图的作用和内容……179
第二节 典型零件的表达方法……180
第三节 零件图的尺寸标注……184
第四节 零件图上技术要求的注写……188
第五节 零件上常见的工艺结构……200
第六节 读零件图……203
第七节 零件测绘……206
第九章 装配图……213
第一节 装配图概述……213
第二节 装配图的表达方法……215
第三节 装配图的尺寸标注、技术要求及零件编号……217
第四节 装配结构简介……218
第五节 读装配图和拆画零件图……220
第六节 装配体测绘……227
第十章 展开图……238
第一节 概述……238
第二节 求实长或实形的方法……239
第三节 展开图的画法……242
附录……251
附录A 螺纹……251
附录B 常用的标准件……252
附录C 极限与配合……259
附录D 常用的机械加工一般规范和零件的结构要素……266
附录E 常用材料及热处理……269
参考文献……272

绪　论

一、图样及其在生产中的作用

根据投影原理、标准或有关规定，表示工程对象并有必要技术说明的图，称为图样。

图样与文字、语言一样，是人类表达和交流技术思想的重要工具。在现代生产中，无论是机器设备的设计、制造、安装，还是房屋的建造，都要根据图样进行。图样被喻为工程界的共同语言，所有机械工程技术人员和技术工人都必须学习和掌握这门语言。

“机械制图”是高职高专院校机械类专业一门主要的技术基础课，是研究机械图样的绘制和识读规律的一门学科，旨在培养学生的空间思维能力和绘图技能，是学习后续课程和完成课程设计、毕业设计不可缺少的基础。

二、本课程的主要任务

本课程的主要任务是培养学生画图和读图的能力。通过本课程的学习，应达到如下基本要求：

（1）掌握正投影法的基本原理及其应用，培养空间想象能力和思维能力。

（2）培养学生具有绘制和识读中等复杂程度机械图样的基本能力，为进一步学习计算机绘图奠定坚实的基础。

（3）熟练掌握常用的制图国家标准及其他有关规定，具备查阅标准和技术资料的能力。

（4）培养认真负责的工作态度和一丝不苟的工作作风。

三、学习本课程的注意事项

“机械制图”是一门既有理论又注重实践的课程，学习时应注意以下几点：

（1）在听课和复习过程中，要重点掌握正投影法的基本理论和基本方法，不能死记硬背。通过循序渐进的练习，不断提高空间思维能力和表达能力。

（2）本课程的实践性较强，只有通过大量的实践，才能提高画图与读图的能力，提高绘图的技巧。

（3）本课程的主要内容需要通过一系列的画图与读图实践才能掌握，因此及时完成规定的练习和作业，是学好本课程的重要环节。借助于《机械制图解题指导（多学时）》第2版光盘，可有效地减轻学习负担，提高学习效率。

（4）要重视学习并严格遵守制图国家标准，对常用的标准应该牢记并能熟练地运用。

四、我国工程图学发展简史

中国是世界文明古国之一，在工程图学方面有着悠久的历史，在天文图、地理图、建筑图、机械图等方面都有过杰出的成就，既有文字记载，也有实物考证，举世公认。

两千多年前，我国已有记载的图样史料。例如，春秋时代的一部技术经典著作《周礼考工记》中已有画图工具“规”、“矩”、“绳”、“墨”、“悬”、“水”的记载。以后各朝代都有相应的发展，在当时的一些著作中均有记载。例如，公元1100年宋代李诫所著的《营造法式》中，不仅有轴测图，还有许多采用正投影法绘制的图样，包括建筑立面图、平面图和详图等。这充分说明，在九百多年前，我国的工程制图技术已达到很高的水平。

解放前，由于我国处在半殖民地半封建的社会，工业和科学技术发展缓慢，中国没有自己的标准，德、美、法、日等外国标准均被使用，非常混乱，致使工程图学的发展停滞不前。

中华人民共和国成立后，工农业生产得到很快的恢复和发展，我国建立了自己的工业体系，结束了旧中国遗留下来的混乱局面，为我国的科学技术和文化教育事业开辟了广阔的前景，工程图学也得到了前所未有的发展。

我国十分重视标准化工作，把标准化作为一项重要的技术经济政策。1956年，原第一机械工业部颁布了第一个部颁标准《机械制图》，结束了建国前遗留下来的机械制图标准混乱的局面。1959年，国家科学技术委员会颁布了第一个国家标准《机械制图》，在全国范围内统一了工程图样的表达方法，标志着我国工程图学的发展进入了一个新的阶段。

随着我国工业技术的发展，自主设计和制造的水平不断提高，需要对技术规定不断修改和完善，我国先后于1970、1974年修订了国家标准《机械制图》。1978年，我国正式加入国际标准化组织（ISO）。为了更好地进行国际技术交流和进一步提高标准化水平，我国明确提出采用ISO标准并贯彻于技术领域各个环节的要求。1984年又重新修订并颁布了含有17项内容的《机械制图》国家标准。

20世纪80年代末期，我国也开始遵循ISO的准则，陆续将需要统一的制图基础通用标准订为技术制图标准，并与国际标准取得一致，以统一和促进工程技术语言在各个技术领域中的发展。自1988年起，我国制订和发布了一系列技术制图方面的国家标准，同时陆续发布了一系列机械制图、建筑制图、电气制图等专业制图国家标准，使我国的制图标准体系达到了国际先进水平，对工程制图及工业生产起了极大的促进作用。

计算机技术的飞速发展有力地推动了制图技术的自动化。计算机绘图是利用计算机及绘图软件，对图样进行绘制、编辑、输出及图库管理的一种方法和技术。与传统的手工绘图相比，计算机绘图具有效率高、速度快、创新迅速、绘图精确等特点，因此，在机械、航空航天、船舶、建筑、电子、气象和管理等领域得到了广泛应用，并且必将进一步促进工程图学理论和技术的新发展。

第一章

1

制图基本知识和技能

教学提示

（1）熟悉《技术制图》与《机械制图》国家标准中有关图纸幅面、格式、比例、字体、图线以及尺寸标注等基本规定。

（2）掌握等分作图、圆弧连接、作圆弧切线、椭圆画法以及斜度和锥度的比例画法。

（3）正确使用绘图工具绘制平面图形。能进行线段分析，掌握正确的绘图步骤。基本做到图形布局合理、线型均匀、字体工整、各项内容基本符合国家标准的要求。

第一节　制图国家标准简介

机械图样是表达工程技术人员的设计意图、交流技术思想、组织和指导生产的重要工具，是现代工业生产中必不可少的技术文件。图样作为技术交流的共同语言，必须有统一的规范，否则会给生产和技术交流带来混乱和障碍。为了便于管理和交流，国家质量监督检验检疫总局发布了《技术制图》和《机械制图》等一系列国家标准，对图样的内容、格式、表达方法等都作了统一规定。《技术制图》国家标准是一项基础技术标准，在内容上具有统一性和通用性，在制图标准体系中处于最高层次；《机械制图》国家标准是机械专业的制图标准，它们都是机械图样绘制与使用的准绳，工程技术人员必须严格遵守其有关规定。

在标准代号“GB/T 4457.4—2002”中，“GB/T”称为“推荐性国家标准”，简称“国标”。G 是“国家”一词汉语拼音的第一个字母，B 是“标准”一词汉语拼音的第一个字母，T 是“推”字汉语拼音的第一个字母，“4457.4”表示标准的编号（其中 4457 为标准的顺序号，后面的 4 表示本标准的第 4 部分），“2002”是标准批准的年份。

一、图纸幅面及格式（GB/T 14689—2008）

1. 图纸幅面

图纸宽度与长度组成的图面，称为图纸幅面。基本幅面共有五种，其代号由“A”和相应的幅面号组成，见表 1-1。基本幅面的尺寸关系如图 1-1 所示，绘图时优先采用表 1-1 中的基本幅面。

提示：国家标准规定，机械图样中的尺寸以 mm 为单位时，不需标注单位符号（或名称）。如采用其他单位，则必须注明相应的单位符号。本书文字叙述和图例中的尺寸单位均为 mm，未标出（注）。

表 1-1　基本幅面（第一选择）　　（单位：mm）

幅面代号	A0	A1	A2	A3	A4
（短边×长边）$B \times L$	841×1189	594×841	420×594	297×420	210×297
（无装订边的留边宽度）e	20		10		
（有装订边的留边宽度）c	10			5	
（装订边的宽度）a	25				

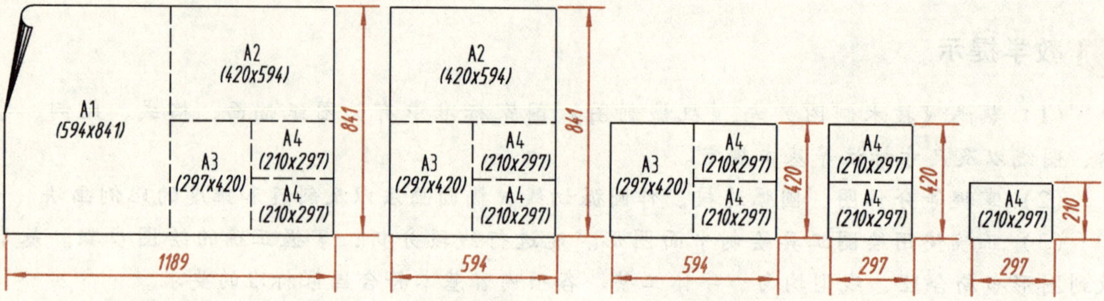

整张纸为A0　a)　　裁切一次为A1　b)　　裁切二次为A2　c)　　裁切三次为A3　d)　　裁切四次为A4　e)

图 1-1　基本幅面的尺寸关系

幅面代号的几何含义实际上就是对 0 号幅面的裁切次数。例如，A1 中的“1”，表示将整张纸（A0 幅面）的长边裁切一次所得的幅面，如图 1-1b 所示；A4 中的“4”，表示将整张纸（A0 幅面）的长边裁切四次所得的幅面，如图 1-1d 所示。

表 1-2　加长幅面（第二选择、第三选择）　　（单位：mm）

第二选择		第三选择			
幅面代号	$B \times L$	幅面代号	$B \times L$	幅面代号	$B \times L$
A3×3	420×891	A0×2	1189×1682	A3×5	420×1486
A3×4	420×1189	A0×3	1189×2523	A3×6	420×1783
A4×3	297×630	A1×3	841×1783	A3×7	420×2080
A4×4	297×841	A1×4	841×2378	A4×6	297×1261
A4×5	297×1051	A2×3	594×1261	A4×7	297×1471
—	—	A2×4	594×1682	A4×8	297×1682
—	—	A2×5	594×2102	A4×9	297×1892

必要时，也允许选用表 1-2 中所规定的加长幅面。加长幅面的尺寸是由基本幅面的短边成整数倍增加后得出的，如图 1-2 所示。图中粗实线所示为基本幅面，细实线所示为加长幅面的第二选择，虚线所示为加长幅面的第三选择。

2. 图框格式

图框是图纸上限定绘图区域的线框，如图 1-3、图 1-4 所示。在图纸上必须用粗实线画出图框，其格式分为不留装订边和留装订边两种，但同一产品的图样只能采用一种格式。

不留装订边的图纸，其图框格式如图 1-3 所示。留装订边的图纸，其图框格式如图 1-4 所示。基本幅面的图框及留边宽度等，按表 1-1中的规定绘制。优先采用不留装订边的格式。

3. 标题栏及方位

在机械图样中必须画出标题栏。标题栏的内容、格式和尺寸应按 GB/T 10609.1—2008《技术制图　标题栏》的规定绘制。

在学校的制图作业中，为了简化作图，建议采用图 1-5 所示的简化标题栏和明细栏。填写标题栏时，小格中的内容用 3.5 号字，大格中的内容用 7 号字；明细栏项目栏中的文字用 7 号字，表中的内容用 3.5 号字。

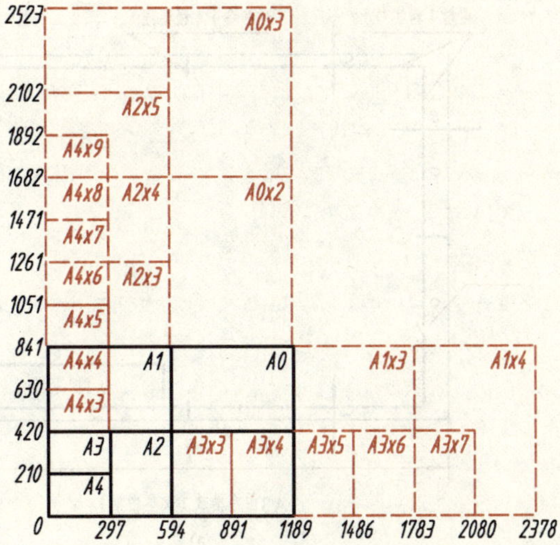

图 1-2　基本幅面与加长幅面

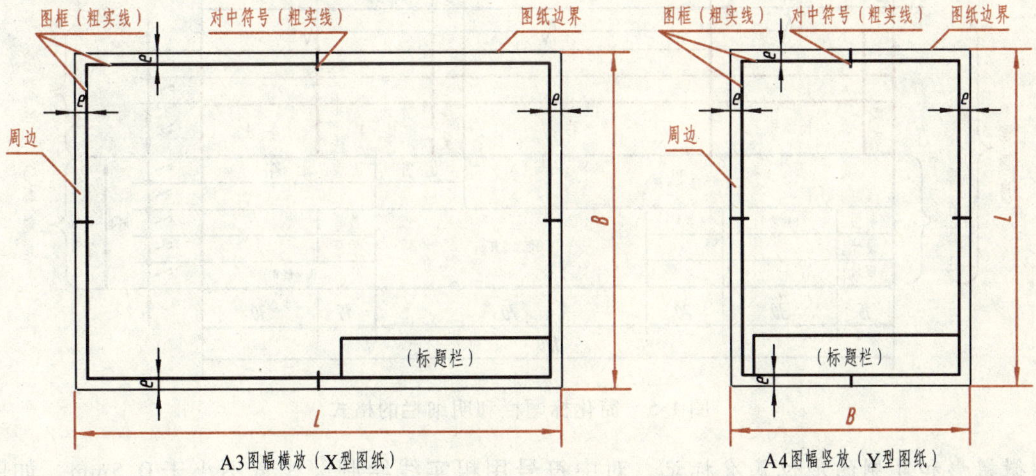

图 1-3　不留装订边的图框格式

提示：简化标题栏里边的格线是细实线，标题栏的外框是粗实线，其右侧和下方与图框重叠在一起；明细栏中的横格线是细实线，竖格线是粗实线。

标题栏一般应置于图样的右下角。若标题栏的长边置于水平方向并与图纸的长边平行，则构成 X 型图纸，如图 1-3a、图 1-4a 所示；若标题栏的长边与图纸的长边垂直，则构成 Y 型图纸，如图 1-3b、图 1-4b 所示。在此情况下，标题栏中的文字方向为看图方向。

为了利用预先印制的图纸，允许将 X 型图纸的短边置于水平位置使用，如图 1-6a 所示；或将 Y 型图纸的长边置于水平位置使用，如图 1-6b 所示。此时，看图方向与标题栏中的文字方向不一致。

4. 附加符号

（1）对中符号。对中符号是从图纸四边的中点画入图框内约 5mm 的粗实线段，通常作

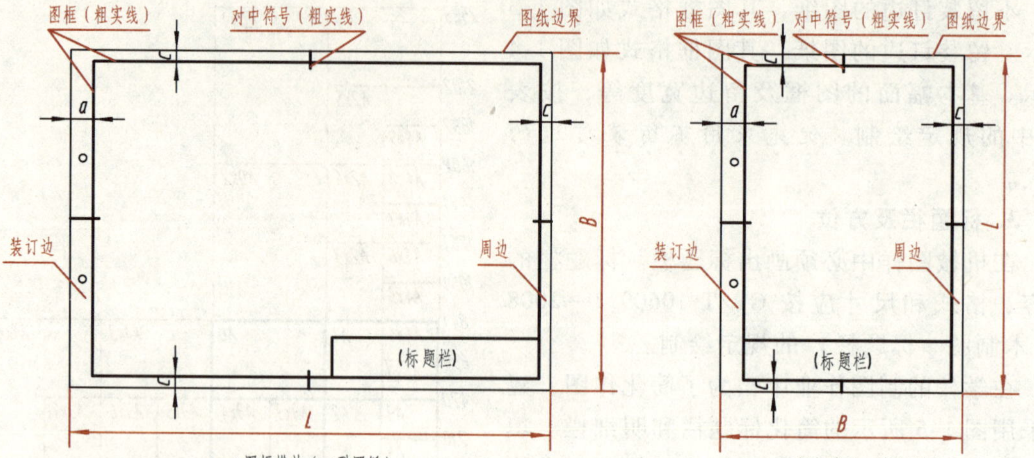

A3图幅横放（X型图纸）
a)

A4图幅竖放（Y型图纸）
b)

图 1-4　留装订边的图框格式

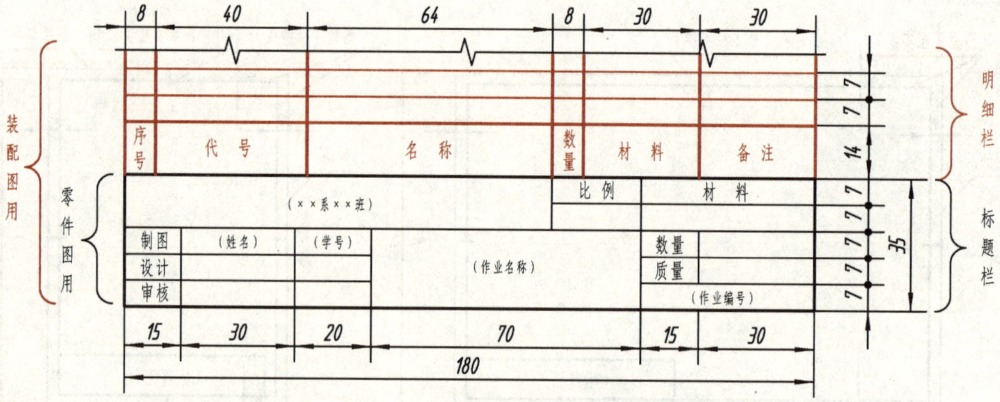

图 1-5　简化标题栏和明细栏的格式

为缩微摄影和复制的定位基准标记。对中符号用粗实线绘制，线宽不小于 0.5mm，如图 1-3、图 1-4 和图 1-6 所示。当对中符号处于标题栏范围内时，则伸入标题栏部分省略不画。

（2）方向符号。若采用 X 型图纸竖放（或 Y 型图纸横放）时，应在图纸下边的对中符号处画出一个方向符号，以表明绘图与看图时的方向，如图 1-6 所示。方向符号是用细实线绘制的等边三角形，其大小和所处的位置如图 1-7 所示。

二、比例（GB/T 14690—1993）

图中图形与其实物相应要素的线性尺寸之比，称为比例。

绘制图样时，应由表 1-3“优先选择系列”中选取适当的绘图比例。必要时，也允许从表 1-3“允许选择系列”中选取。

为了在图样上直接反映实物的大小，绘图时应尽量采用原值比例。因各种实物的大小与结构千差万别，绘图时，应根据实际需要选取放大比例或缩小比例。绘图比例一般应填写在标题栏中的“比例”栏内。

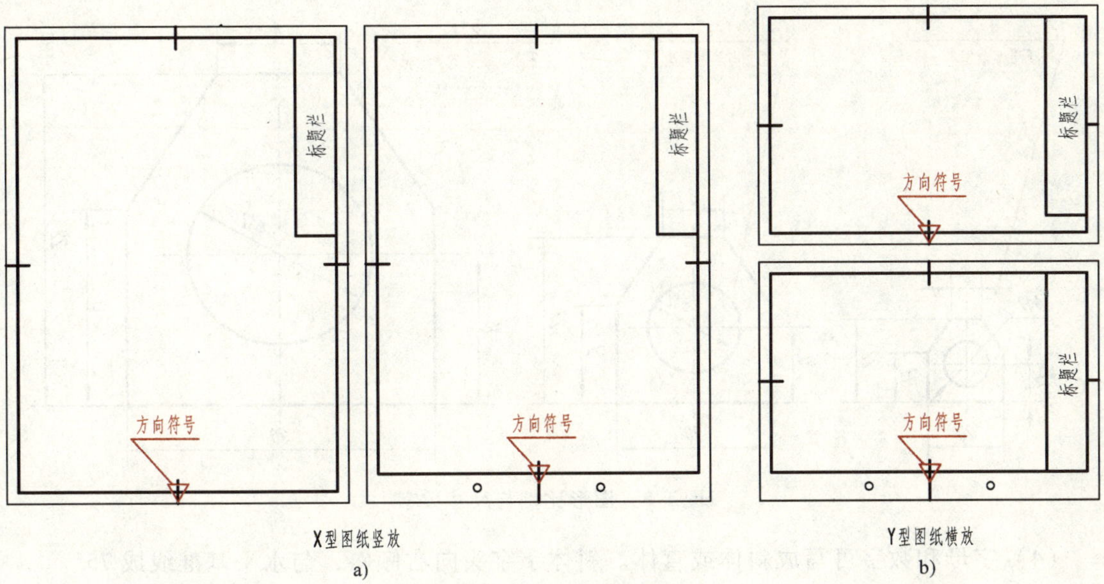

图 1-6　对中符号与方向符号

表 1-3　比例系列

种　类	定　义	优先选择系列	允许选择系列
原值比例	比值为 1 的比例	1:1	—
放大比例	比值大于 1 的比例	5:1　2:1 5×10^n:1　2×10^n:1　1×10^n:1	4:1　2.5:1 4×10^n:1　2.5×10^n:1
缩小比例	比值小于 1 的比例	1:2　1:5　1:10 1:2×10^n　1:5×10^n　1:1×10^n	1:1.5　1:2.5　1:3 1:1.5×10^n　1:2.5×10^n　1:3×10^n 1:4　1:6 1:4×10^n　1:6×10^n

注：n 为正整数。

图样中所标注的尺寸数值必须是实物的实际大小，与绘制图形所采用的比例无关，如图 1-8 所示。

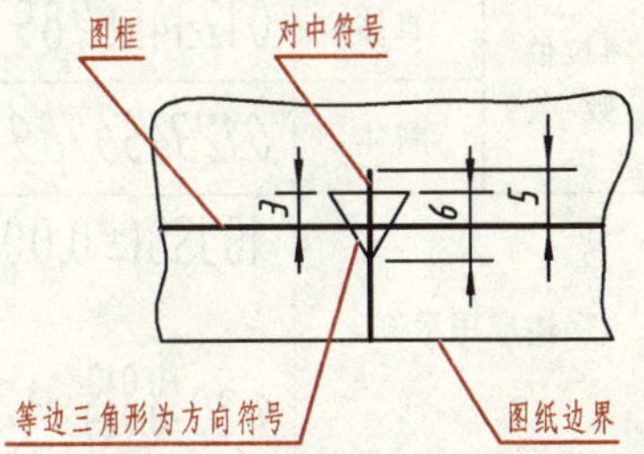

图 1-7　方向符号的画法

三、字体（GB/T 14691—1993）

在图样上除了要用图形来表达零件的结构形状外，还必须用数字及文字来说明它的大小和技术要求等其他内容。

1. 基本规定

（1）字体高度代表字体的号数，用 h 表示。字体高度的公称尺寸系列为：1.8mm、2.5mm、3.5mm、5mm、7mm、10mm、14mm、20mm。如需要书写更大的字，其字体高度应按$\sqrt{2}$的比率递增。

（2）汉字应写成长仿宋体字，并应采用国家正式公布的简化字。汉字的高度 h 应不小于 3.5mm，字宽 $=h/\sqrt{2}$。

（3）字母和数字分 A 型和 B 型两种。A 型字体的笔画宽度 $d=h/14$，B 型字体的笔画宽度 $d=h/10$。在同一张图样上，只允许选用一种型式的字体。

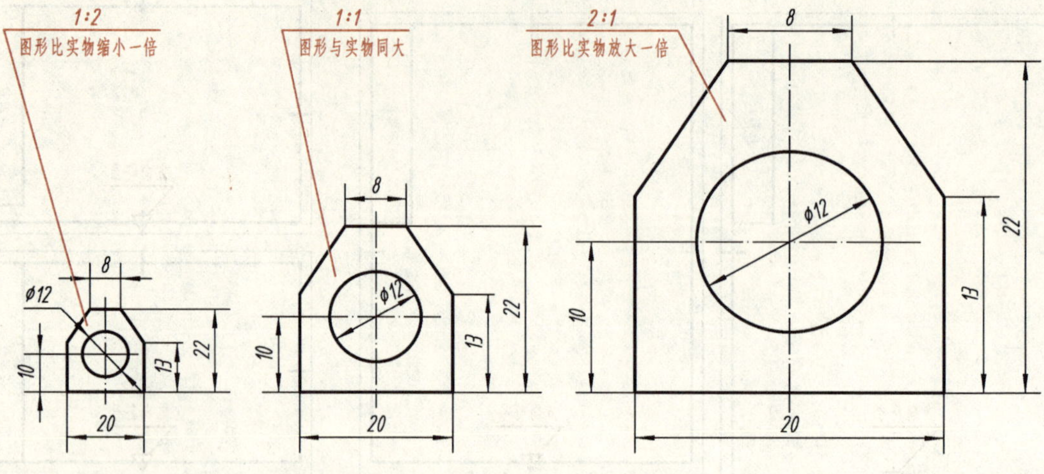

图 1-8 图形比例与尺寸数字

（4）字母和数字可写成斜体或直体。斜体字字头向右倾斜，与水平基准线成 75°。

2. 字体示例

汉字、数字和字母的示例见表 1-4。

表 1-4 字体示例

字体		示例
长仿宋体汉字	5 号	学好机械制图，培养和发展空间想象能力
	3.5 号	计算机绘图是工程技术人员必须具备的绘图技能
拉丁字母	大写	ABCDEFGHIJKLMNOPQRSTUVWXYZ *ABCDEFGHIJKLMNOPQRSTUVWXYZ*
	小写	abcdefghijklmnopqrstuvwxyz *abcdefghijklmnopqrstuvwxyz*
阿拉伯数字	直体	0123456789
	斜体	*0123456789*
字体应用示例		10JS5(±0.003) M24-6h R8 10^3 S^{-1} 5% D_1 T_d 380kPa m/kg $\phi 20^{+0.010}_{-0.023}$ $\phi 25\frac{H6}{f5}$ $\frac{II}{1:2}$ $\frac{3}{5}$ $\frac{A}{5:1}$ $\sqrt{Ra\ 6.3}$ 460r/min 220V l/mm

四、图线（GB/T 4457.4—2002）

图中所采用各种型式的线，称为图线。图线是组成图形的基本要素，由点、短间隔、画、长画、间隔等线素构成。

国家标准 GB/T 4457.4—2002《机械制图 图样画法 图线》规定了在机械图样中使用的九种图线，其名称、线型、线宽及一般应用见表 1-5。图线的应用示例如图 1-9 所示。

机械图样中采用粗、细两种线宽，它们之间的比例为 2:1。图线的宽度应按图样的类型和大小，在下列数系中选取：0.13mm、0.18mm、0.25mm、0.35mm、0.5mm、0.7mm、1.0mm、1.4mm、2mm。粗实线（粗虚线、粗点画线）的宽度通常采用0.7mm，与之对应的细实线（波浪线、双折线、细虚线、细点画线、细双点画线）的宽度为0.35mm。

在同一图样中，同类图线的宽度应基本一致。细（粗）虚线、细（粗）点画线及细双点画线的线段长度和间隔应各自大致相等。

表 1-5　线型及应用（摘自 GB/T 4457.4—2002）

名称	线　型	线宽	一般应用
粗实线		d	可见棱边线、可见轮廓线、相贯线、螺纹牙顶线、螺纹长度终止线、齿顶圆（线）、表格图和流程图中的主要表示线、系统结构线（金属结构工程）、模样分型线、剖切符号用线
细实线		d/2	过渡线、尺寸线、尺寸界线、指引线和基准线、剖面线、重合断面的轮廓线、短中心线、螺纹牙底线、尺寸线的起止线、表示平面的对角线、零件成形前的弯折线、范围线及分界线、重复要素表示线、锥形结构的基面位置线、叠片结构位置线、辅助线、不连续同一表面连线、成规律分布的相同要素连线、投射线、网格线
细虚线	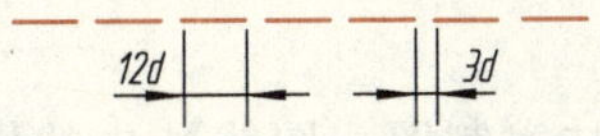	d/2	不可见棱边线、不可见轮廓线
细点画线	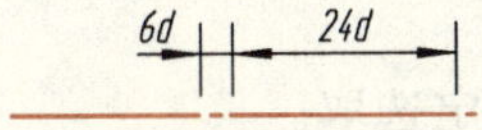	d/2	轴线、对称中心线、分度圆（线）、孔系分布的中心线、剖切线
波浪线		d/2	断裂处边界线、视图与剖视图的分界线
双折线	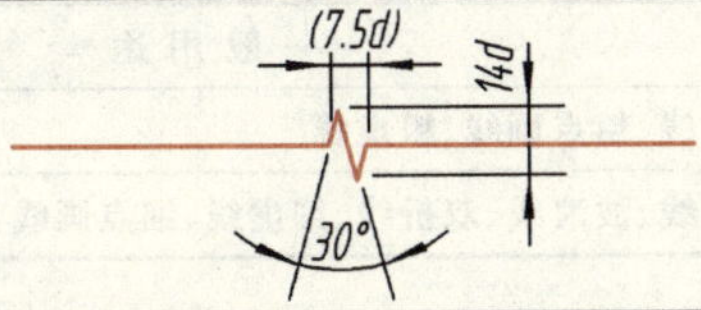	d/2	
粗虚线		d	允许表面处理的表示线
粗点画线		d	限定范围表示线
细双点画线	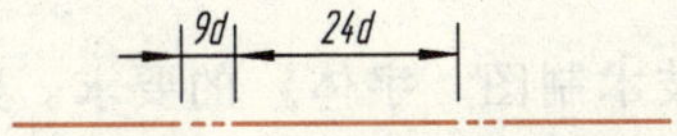	d/2	相邻辅助零件的轮廓线、可动零件的极限位置的轮廓线、重心线、成形前轮廓线、剖切面前的结构轮廓线、轨迹线、毛坯图中制成品的轮廓线、特定区域线、延伸公差带表示线、工艺用结构的轮廓线、中断线

*五、机械工程 CAD 制图规则（GB/T 14665—2012）简介

国家标准规定了机械工程中采用计算机辅助设计（Computer Aided Design，CAD）时的制图规则，它适用于在计算机及其外围设备中显示、绘制、打印的机械工程图样及有关技术文件。

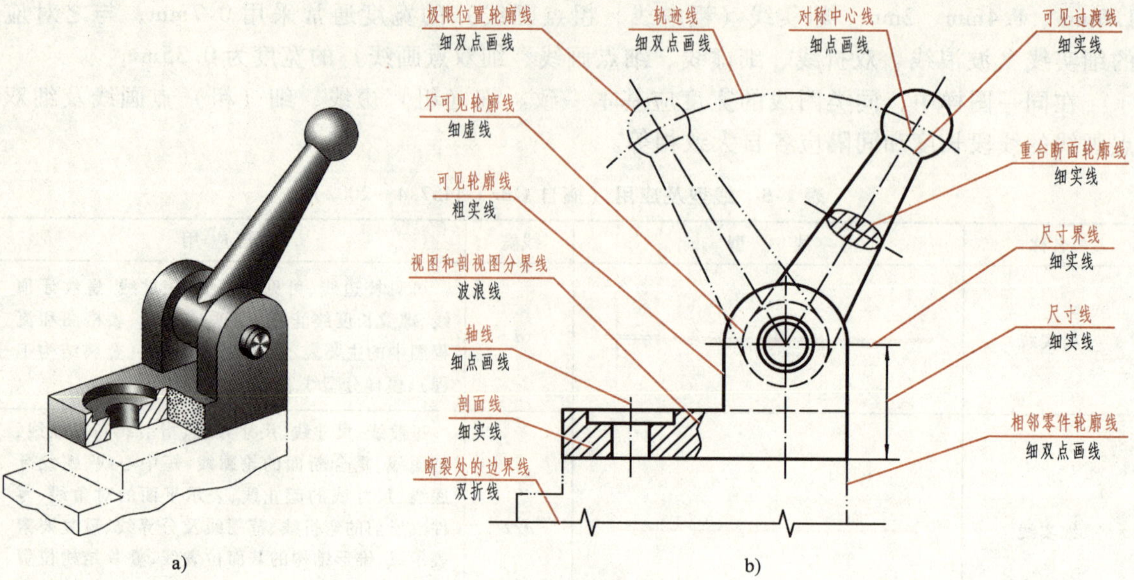

图 1-9 图线的应用示例

1. 图线

CAD 中的图线除应遵照 GB/T 17450—1998《技术制图　图线》中的规定外，还应符合以下规定：

（1）图线组别。CAD 中的图线组别，按表 1-6 的规定选取。

表 1-6　CAD 中的图线组别

组别	1	2	3	4	5	一般用途
线宽/mm	2.0	1.4	1.0	0.7	0.5	粗实线、粗点画线、粗虚线
	1.0	0.7	0.5	0.35	0.25	细实线、波浪线、双折线、细虚线、细点画线、细双点画线

（2）重合图线的优先顺序。当两条以上不同类型的图线重合时应遵守以下优先顺序：

可见轮廓线和可见棱线（粗实线）→不可见轮廓线和不可见棱线（细虚线）→剖切线（细点画线）→轴线和对称中心线（细点画线）→假想轮廓线（细双点画线）→尺寸界线和分界线（细实线）。

2. 字体

CAD 中的字体应符合 GB/T 14691—1993《技术制图　字体》的要求。数字、字母一般应以正体输出，汉字一般采用正体，并采用国家正式公布的简化字。小数点、标点符号应占一个字位（省略号和破折号占两个字位）。字高与图幅关系见表 1-7。

表 1-7　字高与图幅的关系

图幅	A0	A1	A2	A3	A4	备　注
字母语数字 h	5		3.5			h = 汉字、字母及数字的高度，单位为 mm
汉字 h	7		5			

第二节　尺寸注法

在机械图样中，图形只能表达零件的结构形状，若要表达它的大小，则必须在图形上标注尺寸。尺寸是加工制造机件的主要依据，不允许出现错误。如果尺寸标注错误、不完整或不合理，将给机械加工带来困难，甚至生产出废品而造成经济损失。

一、标注尺寸的基本规则（GB/T 4458.4—2003）

尺寸是用特定长度或角度单位表示的数值，并在技术图样上用图线、符号和技术要求表示出来。标注尺寸的基本规则如下：

（1）零件的真实大小应以图样上所注的尺寸数值为依据，与图形的大小及绘图的准确度无关。

（2）零件的每一尺寸，一般只标注一次，并应标注在反映该结构最清晰的图形上。

（3）标注尺寸时，应尽可能使用符号和缩写词。常用的符号和缩写词见表 1-8。

表 1-8　常用的符号和缩写词（摘自 GB/T 4458.4—2003）

名　称	符号和缩写词	名　称	符号和缩写词	名　称	符号和缩写词
直　径	ϕ	厚　度	t	沉孔或锪平	⌴
半　径	R	正方形	□	埋头孔	⌵
球直径	$S\phi$	45°倒角	C	均　布	EQS
球半径	SR	深　度	↧	弧　长	⌒

二、尺寸的组成

每个完整的尺寸一般由尺寸数字、尺寸线和尺寸界线组成，通常称为尺寸三要素，如图 1-10 所示。在机械图样中，尺寸线终端一般采用箭头的形式，如图 1-11 所示。

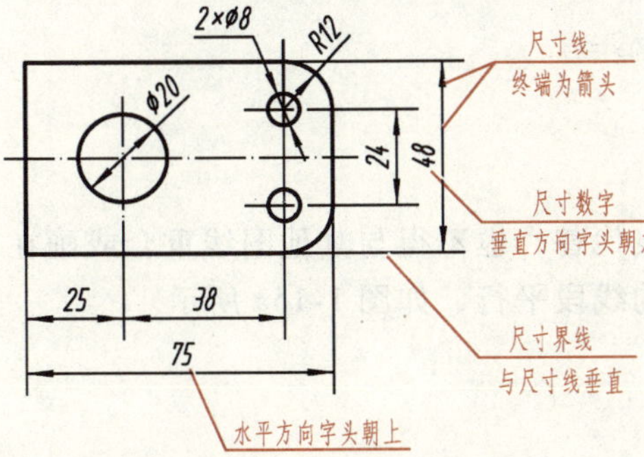

图 1-10　尺寸的标注示例

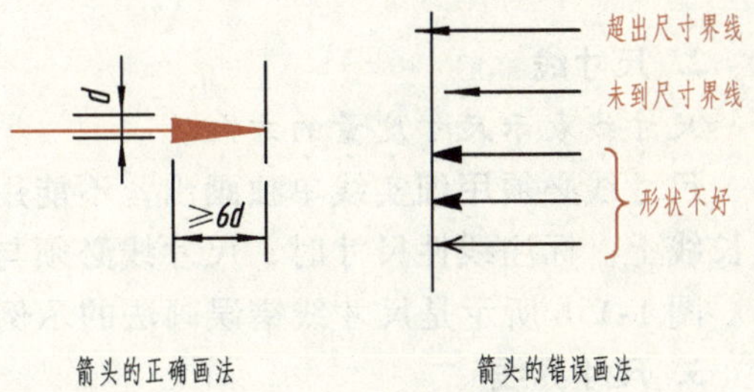

图 1-11　箭头的形式和画法

1. 尺寸数字

尺寸数字表示尺寸度量的大小。

线性尺寸的尺寸数字一般注在尺寸线的上方或左方，如图 1-10 所示。线性尺寸数字的方向：水平方向字头朝上，竖直方向字头朝左，倾斜方向字头保持朝上的趋势，并尽量避免在图 1-12a 所示的 30°范围内标注尺寸。当无法避免时，可按图 1-12b 的形式标注。

尺寸数字不可被任何图线所通过，当不可避免时，图线必须断开，如图 1-13 所示。

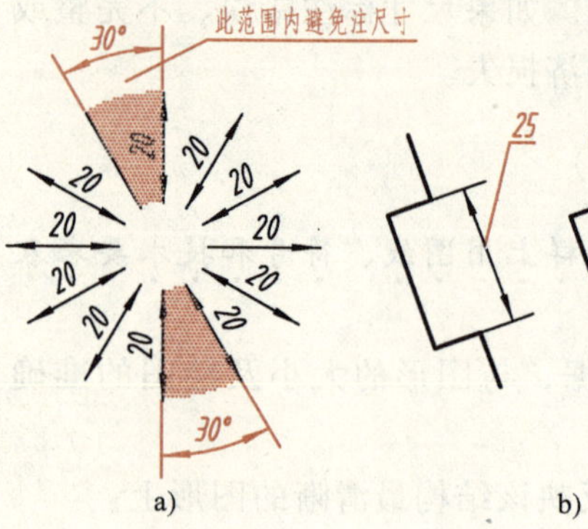

图 1-12 线性尺寸的注写

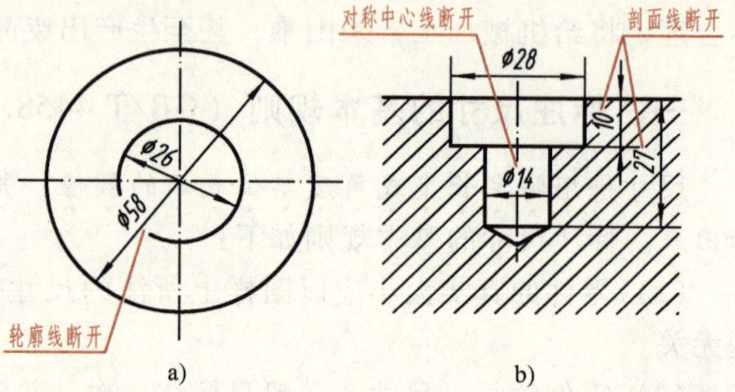

图 1-13 尺寸数字不可被任何图线所通过

标注角度的尺寸界线应沿径向引出，尺寸线画成圆弧，其圆心为该角的顶点，半径取适当大小，标注角度的数字，一律水平方向书写，角度数字写在尺寸线的中断处，如图 1-14a 所示。必要时，允许注写在尺寸线的上方或外面（或引出标注），如图 1-14b 所示。

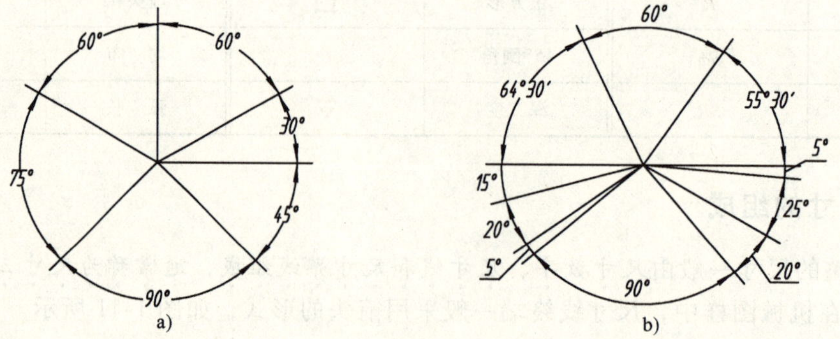

图 1-14 角度尺寸的注写

2. 尺寸线

尺寸线表示尺寸度量的方向。

尺寸线必须用细实线单独画出，不能用其他图线代替，也不得与其他图线重合或画在其延长线上。标注线性尺寸时，尺寸线必须与所标注的线段平行，如图 1-15a 所示。

图 1-15b 所示是尺寸线错误画法的示例。

3. 尺寸界线

尺寸界线表示尺寸的度量范围。

尺寸界线一般用细实线单独绘制，并自图形的轮廓线、轴线或对称中心线引出。也可以利用轮廓线、轴线或对称中心线作尺寸界线，如图 1-16a 所示。

尺寸界线一般应与尺寸线垂直，必要时允许倾斜。在光滑过渡处标注尺寸时，必须用细实线将轮廓线延长，从它们的交点处引出尺寸界线，如图 1-16b、c 所示。

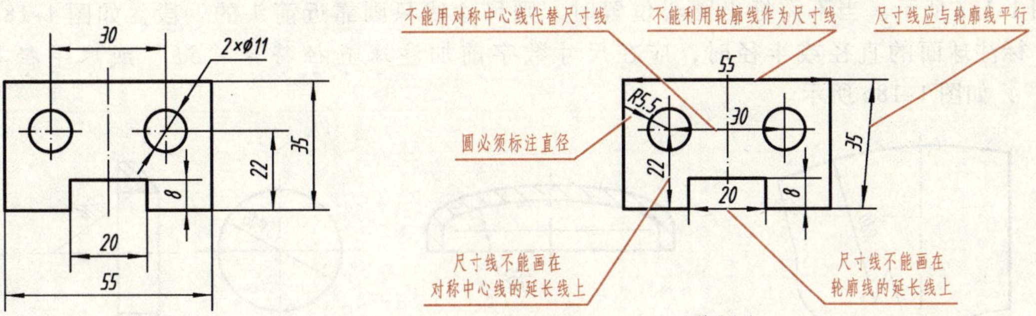

正确注法　　错误注法

a)　　b)

图 1-15　尺寸线的画法

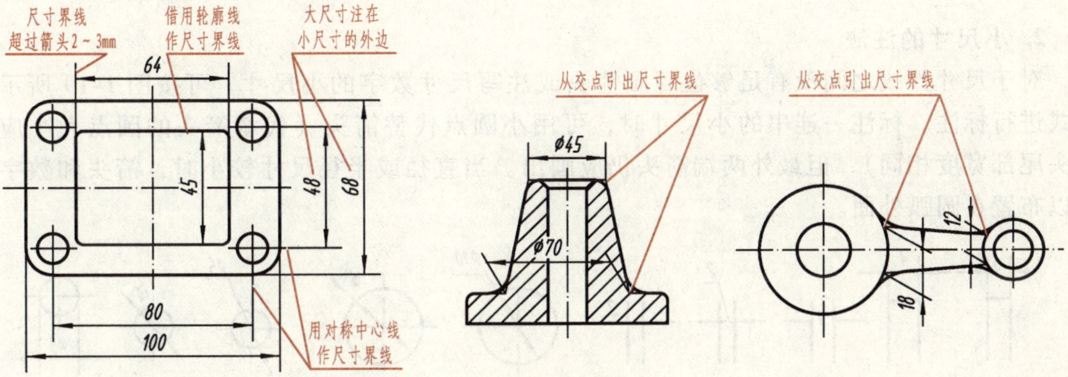

a)　　b)　　c)

图 1-16　尺寸界线的画法

三、常用的尺寸注法

1. 圆、圆弧及球面尺寸的注法

（1）标注整圆的直径尺寸时，以圆周为尺寸界线，尺寸线通过圆心，并在尺寸数字前加注直径符号“ϕ”，如图 1-17a 所示。

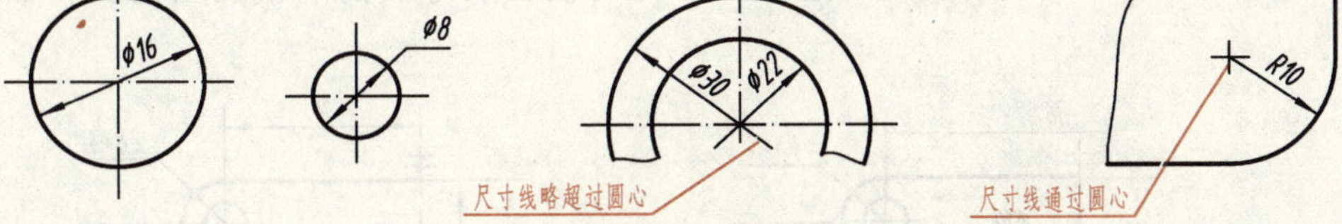

a)　　b)　　c)

图 1-17　直径和半径的注法

标注大于半圆的圆弧直径，其尺寸线应画至略超过圆心，只在尺寸线一端画箭头指向圆弧，如图 1-17b 所示。标注小于或等于半圆的圆弧半径时，尺寸线应以圆心出发引向圆弧，只画一个前头，并在尺寸数字前加注半径符号“R”，如图 1-17c 所示。

（2）当圆弧的半径过大或在图纸范围内无法标出圆心位置时，可采用折线的形式标注，如图 1-18a 所示。当不需标出圆心位置时，则尺寸线只画靠近箭头的一段，如图 1-18b 所示。标注球面的直径或半径时，应在尺寸数字前加注球直径符号“$S\phi$”或球半径符号“*SR*”，如图 1-18c 所示。

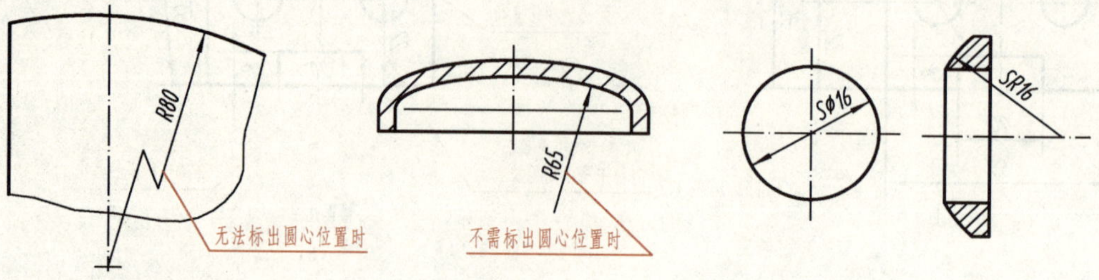

图 1-18　大圆弧和球面的注法

2. 小尺寸的注法

对于尺寸界线之间没有足够位置画箭头或注写尺寸数字的小尺寸，可按图 1-19 所示的形式进行标注。标注一连串的小尺寸时，可用小圆点代替箭头（代替箭头的圆点大小应与箭头尾部宽度相同），但最外两端箭头仍应画出。当直径或半径尺寸较小时，箭头和数字都可以布置在圆弧外面。

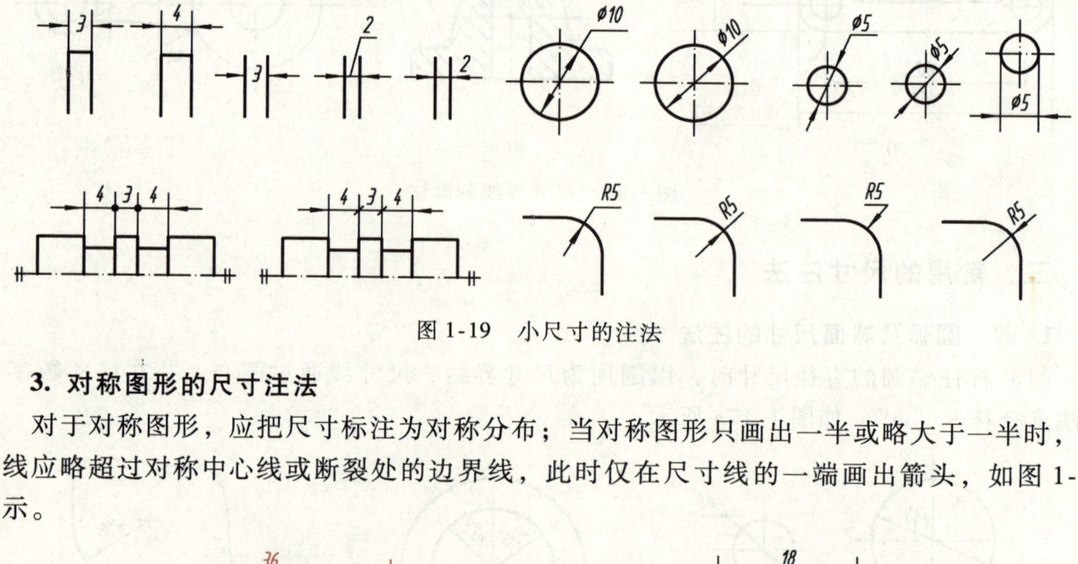

图 1-19　小尺寸的注法

3. 对称图形的尺寸注法

对于对称图形，应把尺寸标注为对称分布；当对称图形只画出一半或略大于一半时，尺寸线应略超过对称中心线或断裂处的边界线，此时仅在尺寸线的一端画出箭头，如图 1-20 所示。

图 1-20　对称图形的尺寸注法

4. 弦长或弧长的尺寸注法

标注弦长或弧长时，其尺寸界线均应平行于该弦的垂直平分线（弧长的尺寸线画圆弧），如图 1-21a、b 所示。当弧度较大时，也可沿径向引出标注，如图 1-21c 所示。

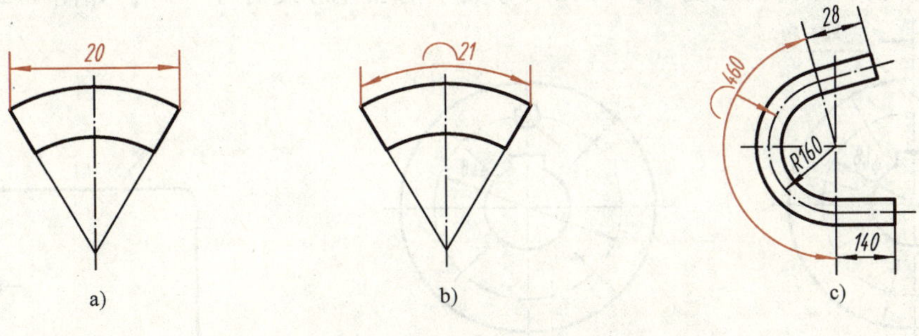

图 1-21 弦长或弧长的尺寸注法

四、简化注法

（1）标注尺寸时，可使用单边箭头，如图 1-22a 所示；也可采用带箭头的指引线，如图 1-22b 所示；还可采用不带箭头的指引线，如图 1-22c 所示。

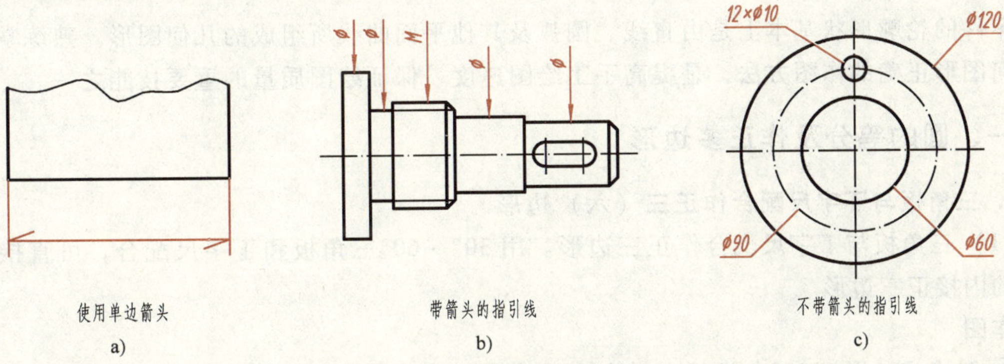

图 1-22 尺寸的简化注法（一）

（2）一组同心圆弧，可用共用的尺寸线和箭头依次标注半径，如图 1-23a 所示。圆心位于一条直线上的多个不同心的圆弧，可用共用的尺寸线和箭头依次标注半径，如图 1-23b 所示。一组同心圆，可用共用的尺寸线和箭头依次标注直径，如图 1-23c 所示。

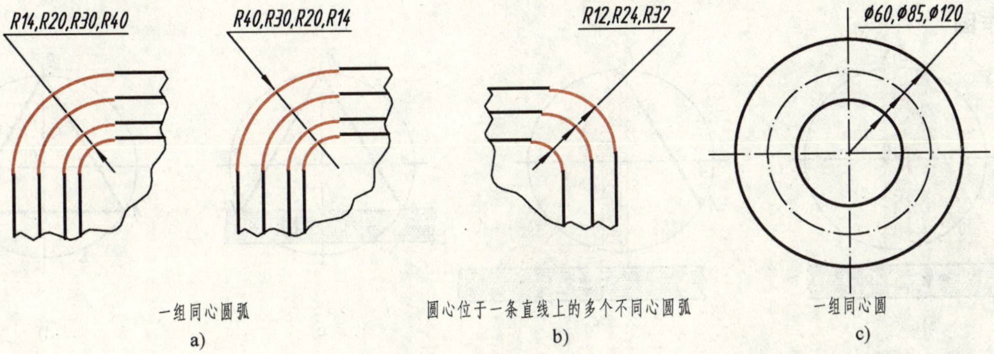

图 1-23 尺寸的简化注法（二）

（3）在同一图形中，对于尺寸相同的孔、槽等组成要素，可仅在一个要素上注出其尺寸和数量，并用缩写词“EQS”表示“均匀分布”，如图1-24a所示。当组成要素的定位和分布情况在图形中已明确时，可不标注其角度，并省略“EQS”，如图1-24b所示。

（4）标注板状零件的厚度时，可在尺寸数字前加注**厚度符号**“t”，如图1-25所示。

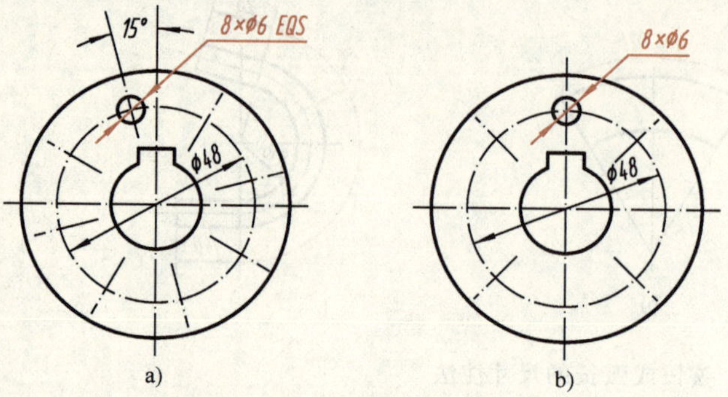

图1-24 尺寸的简化注法（三）

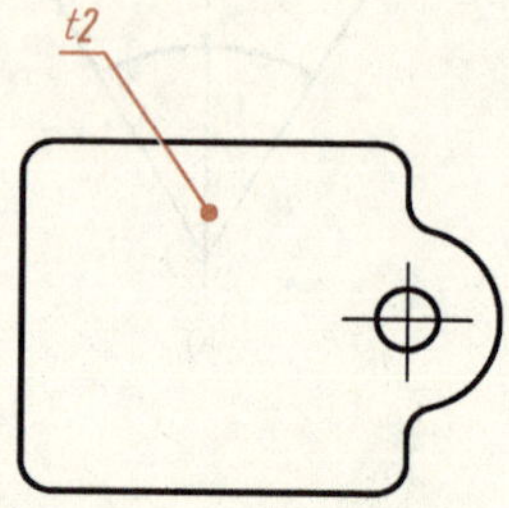

图1-25 板状零件的简化注法

第三节 几何作图

零件的轮廓形状基本上是由直线、圆弧及其他平面曲线所组成的几何图形。熟练掌握常见几何图形正确的作图方法，是提高手工绘图速度、保证绘图质量的重要技能之一。

一、圆的等分及作正多边形

1. 三角板与丁字尺配合作正三（六）边形

（1）三角板与丁字尺配合作正三边形。用30°～60°三角板和丁字尺配合，可直接作已知圆的内接正三边形。

作图

① 过点B，用60°三角板画出斜边AB，如图1-26a所示。

② 翻转三角板，过点B画出斜边BC，如图1-26b所示。

③ 用丁字尺连接水平边AC，即得圆的内接正三边形，如图1-26c、d所示。

（2）三角板与丁字尺配合作正六边形。用30°～60°三角板和丁字尺配合，可直接作已知圆的内接正六边形。

作图

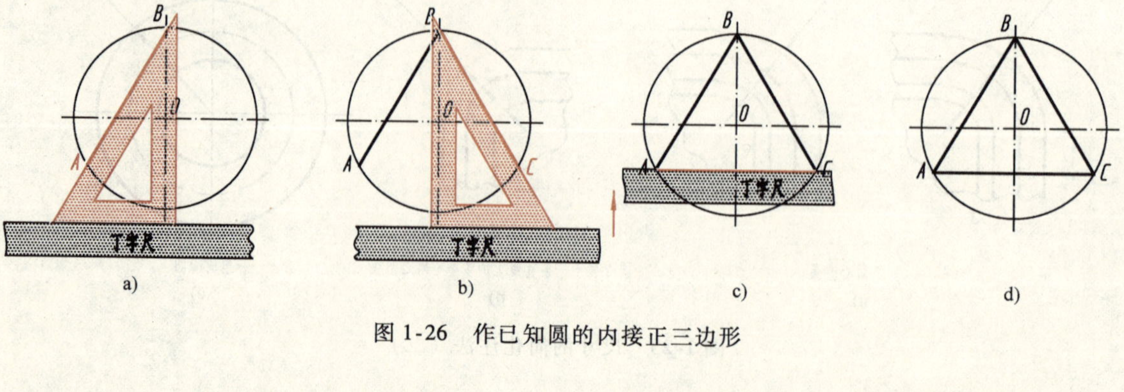

图1-26 作已知圆的内接正三边形

① 过点 A，用 60°三角板画出斜边 AB；向右平移三角板，过点 D 画出斜边 DE，如图 1-27a所示。

② 翻转三角板，过点 D 画出斜边 CD；向左平移三角板，过点 A 画出斜边 AF，如图 1-27b所示。

③ 用丁字尺连接两水平边 BC、FE，即得圆的内接正六边形，如图 1-27c、d 所示。

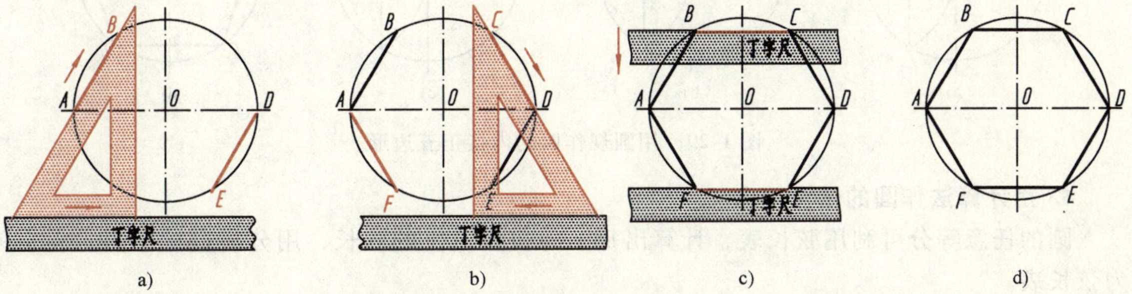

图 1-27　作已知圆的内接正六边形

2. 用圆规作圆的内接正三（六）边形

【例 1-1】　作已知圆的内接正三（六）边形。

作图

① 以圆的直径端点 F 为圆心，已知圆的半径 R 为半径画弧，与圆相交于点 B、点 C，如图 1-28a 所示。

② 依次连接点 A、点 B、点 C，即得到圆的内接正三边形，如图 1-28b 所示。

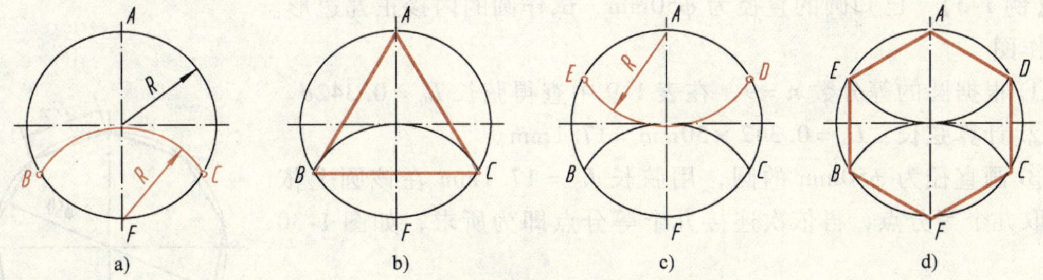

图 1-28　用圆规作圆的内接正三、六边形

③ 再以圆的直径端点 A 为圆心，已知圆的半径 R 为半径画弧，与圆相交于点 D、点 E，如图 1-28c 所示。

④ 依次连接点 A、点 E、点 B、点 F、点 C、点 D、点 A，即得到圆的内接正六边形，如图 1-28d 所示。

3. 用圆规作圆的内接正五边形

【例 1-2】　作已知圆的内接正五边形。

作图

① 在已知圆中取半径 OM 的中点 F，如图 1-29a 所示。

② 以 F 为圆心，FA 长为半径画弧，与 ON 交于点 G，如图 1-29b 所示。

③ AG 即为五边形的边长（近似），如图 1-29c 所示。

④ 以 AG 为半径，依次在圆周上截得五等份即为所求，如图 1-29d 所示。

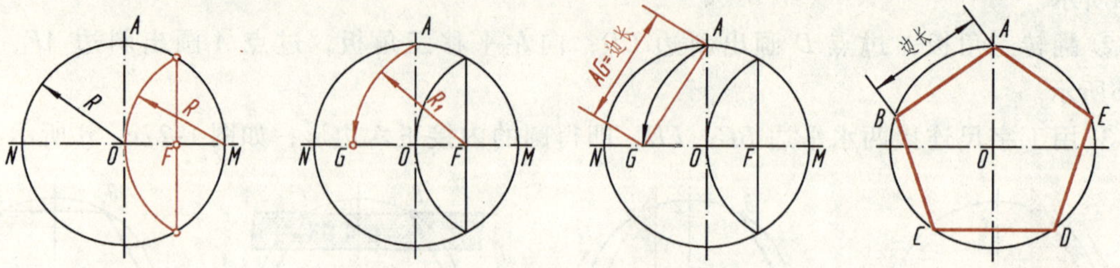

图 1-29　用圆规作圆的内接正五边形

4. 用计算法作圆的任意等分

圆的任意等分可利用弦长表，计算出每一等份所对应的弦长，用分规直接作图。表 1-9 为弦长表。

表 1-9　弦长表

等分数 n	弦长 $L \approx$	等分数 n	弦长 $L \approx$	等分数 n	弦长 $L \approx$	等分数 n	弦长 $L \approx$
3	$0.866d$	7	$0.434d$	11	$0.282d$	15	$0.208d$
4	$0.707d$	8	$0.383d$	12	$0.259d$	16	$0.195d$
5	$0.588d$	9	$0.342d$	13	$0.239d$	17	$0.184d$
6	$0.5d$	10	$0.309d$	14	$0.223d$	18	$0.174d$

注：d 为圆的直径，此表计算公式为 $L \approx d\sin(180°/n)$。

【例 1-3】 已知圆的直径为 ϕ50mm，试作圆的内接正九边形。

作图

① 根据圆的等分数 $n=9$，在表 1-9 中查得弦长 $L_9=0.342d$。

② 计算弦长：$L_9=0.342\times50\text{mm}=17.1\text{mm}$。

③ 画直径为 ϕ50mm 的圆，用弦长 $L_9=17.1\text{mm}$ 在该圆上依次截取九个等分点，再依次连接九个等分点即为所求，如图 1-30 所示。

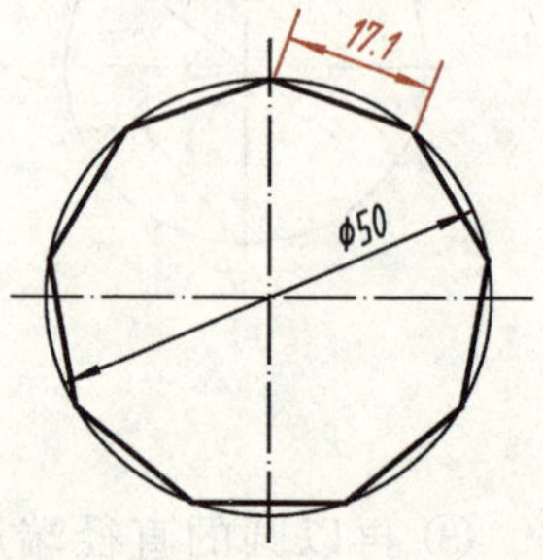

图 1-30　用弦长九等分圆周

二、圆弧连接

用一圆弧光滑地连接相邻两线段（直线或圆弧）的作图方法，称为圆弧连接。圆弧连接在零件轮廓图中经常见到，图1-31a 所示为扳手的轴测图。

从图 1-31b 中可以看出，圆弧连接实质上就是圆弧与直线、圆弧与圆弧相切。因此，作图时必须先求出连接弧的圆心，确定连接点（切点）的位置。

1. 圆与直线相切的作图原理

若半径为 R 的圆，与已知直线 AB 相切，其圆心轨迹是与直线 AB 相距 R 的一条平行线。切点是自圆心 O 向直线 AB 所作垂线的垂足，如图 1-32 所示。

2. 圆与圆相切的作图原理

若半径为 R 的圆，与已知圆（圆心为 O_1，半径为 R_1）相切，其圆心 O 的轨迹是已知圆

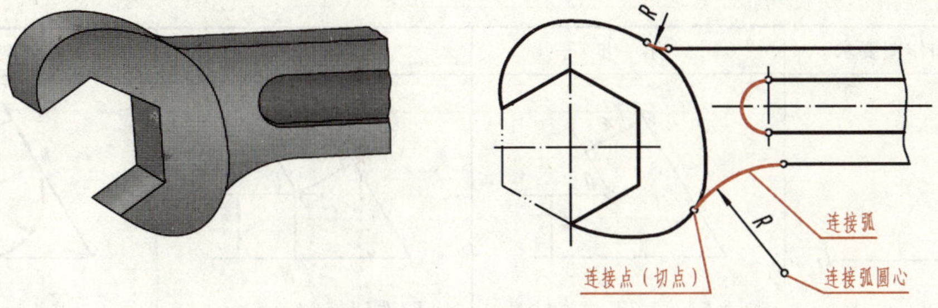

a)　　b)

图 1-31　圆弧连接示例

的同心圆。同心圆的半径根据相切情况分为：

——两圆外切时，为两圆半径之和（R_1+R），如图 1-33a 所示。

——两圆内切时，为两圆半径之差 $|R_1-R|$，如图 1-33b 所示。

两圆相切的切点，为两圆的圆心连线与已知圆弧的交点。

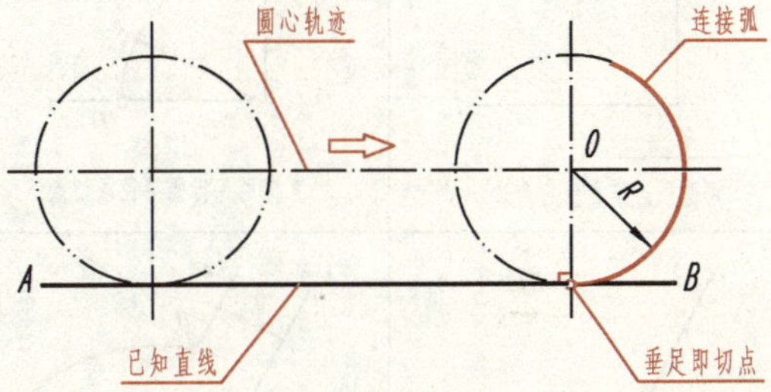

图 1-32　圆与直线相切

3. 圆弧连接的作图步骤

直线与直线、直线与圆弧之间的圆弧连接，其作图步骤见表 1-10；两圆弧之间的圆弧连接，其作图步骤见表 1-11。

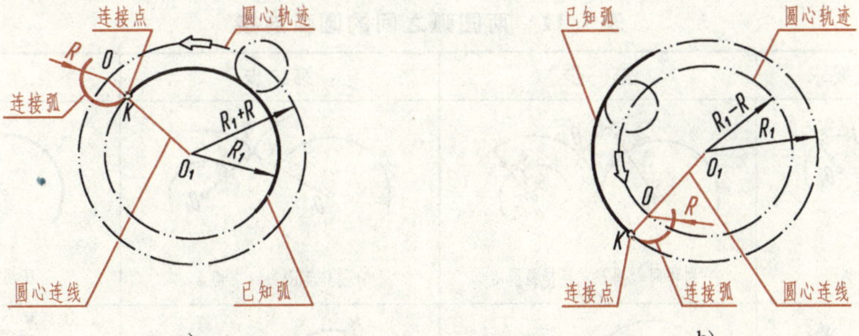

a)　　b)

图 1-33　圆与圆相切

表 1-10　直线与直线、直线与圆弧之间的圆弧连接

已知条件和作图要求	第一步	第二步	第三步
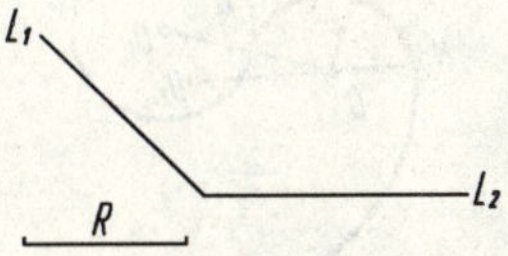 用圆弧连接钝角的两边	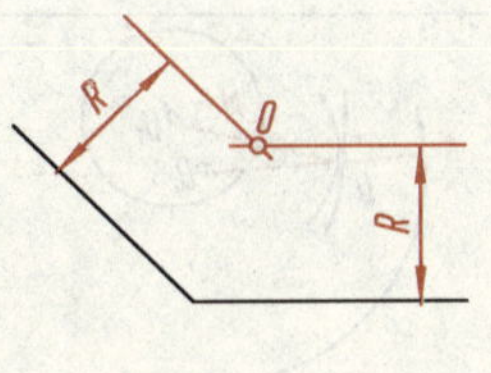 作已知直线的平行线，求连接弧圆心	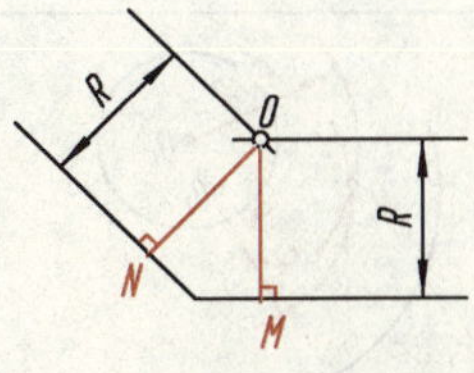 过圆心作已知直线的垂线，求切点	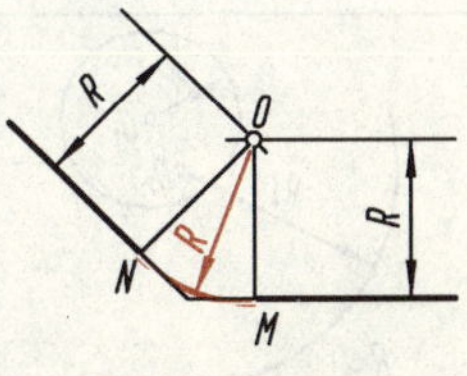 在切点之间画连接弧

（续）

已知条件和作图要求	第一步	第二步	第三步
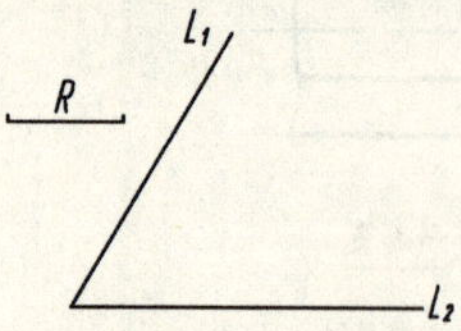 用圆弧连接锐角的两边	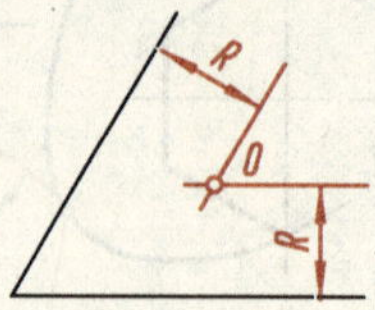 作已知直线的平行线，求连接弧圆心	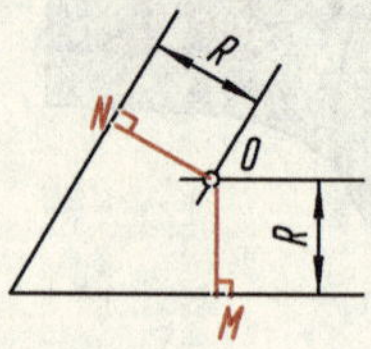 过圆心作已知直线的垂线，求切点	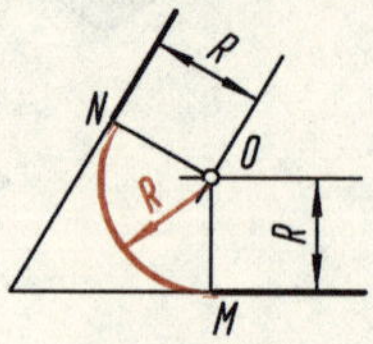 在切点之间画连接弧
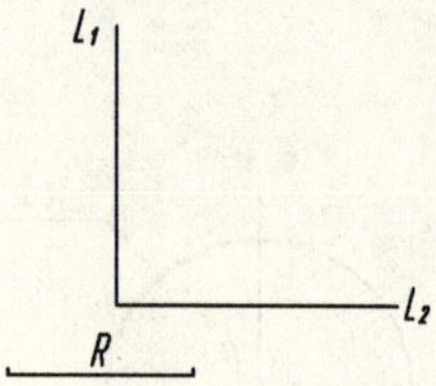 用圆弧连接直角的两边	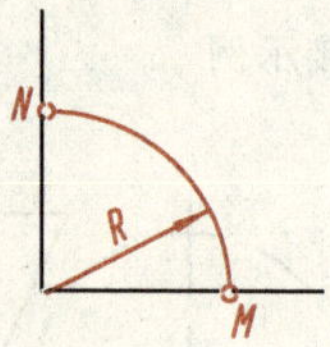 直接用连接弧半径求切点	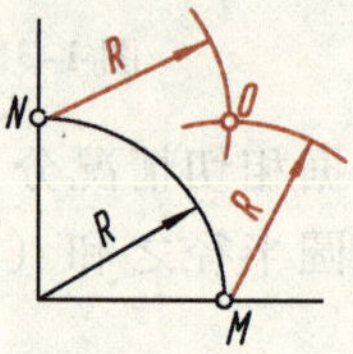 再用连接弧半径求连接弧圆心	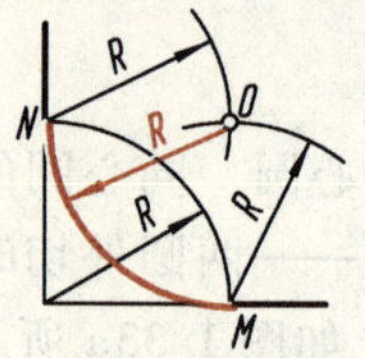 在切点之间画连接弧
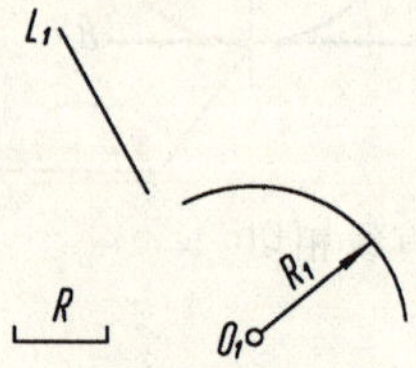 用圆弧连接直线和圆弧	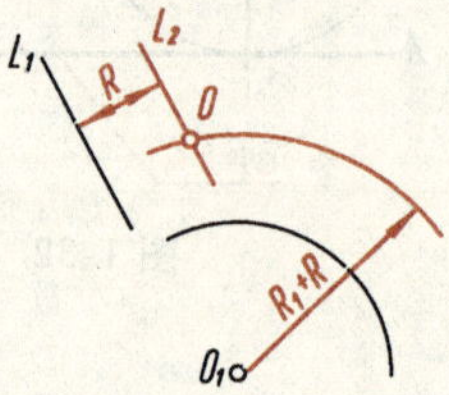 作平行线和同心圆，求连接弧圆心	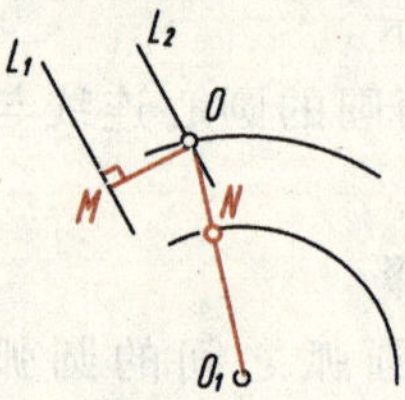 作垂线和连心线，求切点	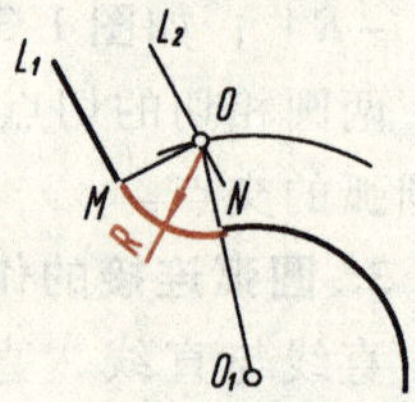 在切点之间画连接弧

表 1-11　两圆弧之间的圆弧连接

已知条件和作图要求	第一步	第二步	第三步
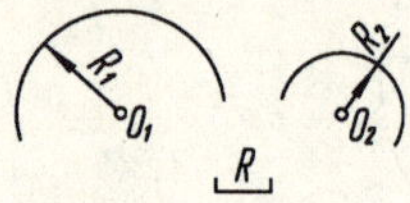 与两已知圆弧外切	 分别作同心圆，求连接弧圆心	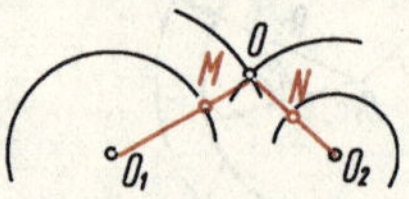 分别作连心线，求切点	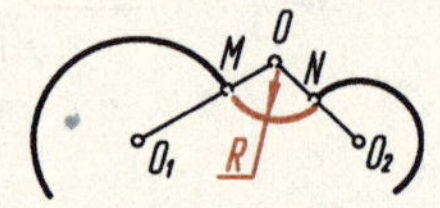 在切点之间画连接弧
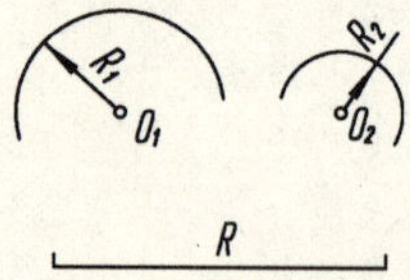 与两已知圆弧内切	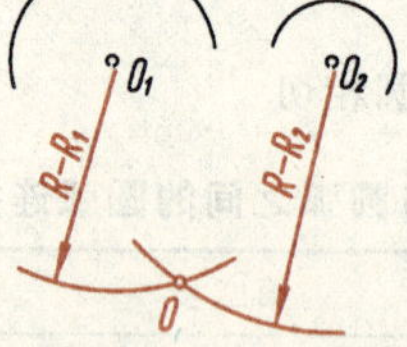 分别作同心圆，求连接弧圆心	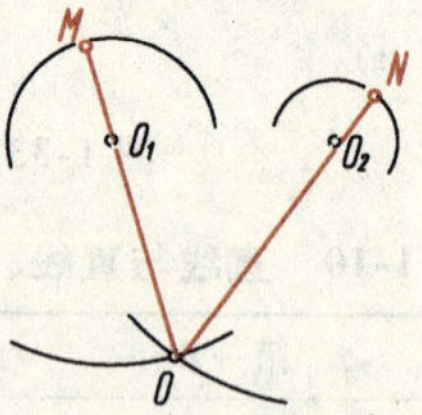 分别作连心线，求切点	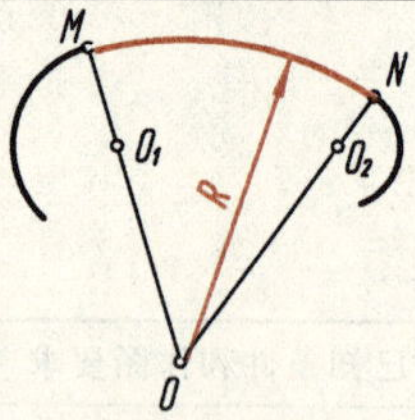 在切点之间画连接弧
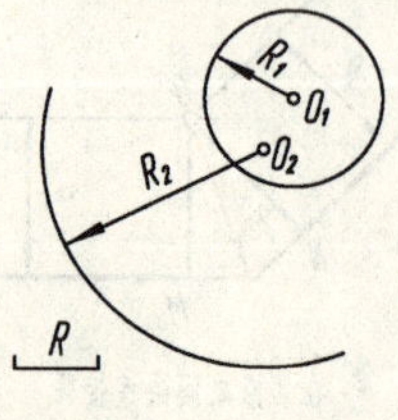 与R_1圆弧外切、与R_2圆弧内切	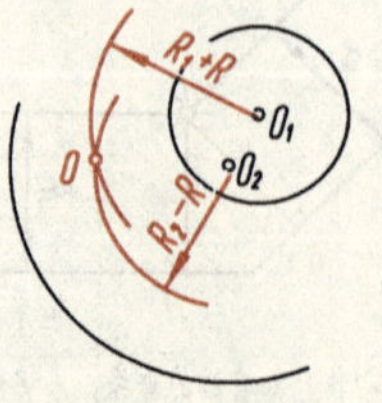 分别作同心圆，求连接弧圆心	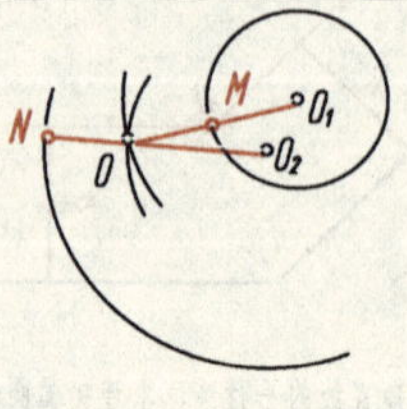 分别作连心线，求切点	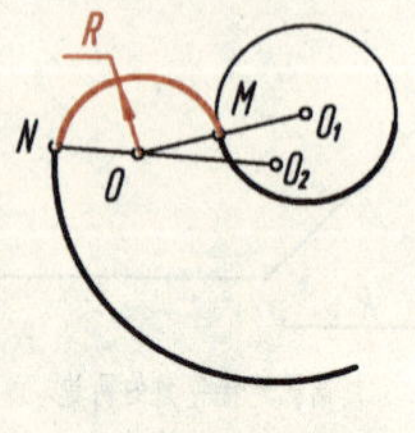 在切点之间画连接弧

三、作圆弧的切线

零件的平面轮廓常用直线光滑地与圆弧相切。作直线与圆弧相切时，通常借助圆规、三角板作图，求出其切点。

【例1-4】 已知圆上一点 A，过点 A 作该圆的切线。

作图

① 连接圆心 O 和切点 A，作 OA 的垂直平分线，得 B、C 两点，如图1-34a所示。

② 以点 B 为圆心、BO 为半径画半圆，交 OB 的延长线于点 D，如图1-34b所示。

③ 连接 A、D 两点，AD 即为所求的切线，如图1-34c所示。

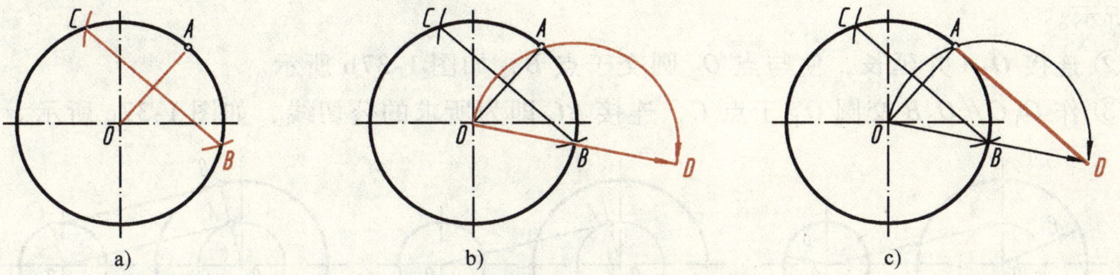

图1-34　过圆上一点作圆的切线

【例1-5】 过圆外一点 A 作已知圆的切线。

作图

① 作点 A 与圆心 O 的连线，求出 OA 的中点 O_1，如图1-35a所示。

② 以点 O_1 为圆心、OO_1 为半径画弧，与已知圆相交于点 C_1、C_2，如图1-35b所示。

③ 分别连接点 A、C_1 和点 A、C_2，AC_1、AC_2 即为所求的切线，如图1-35c所示。

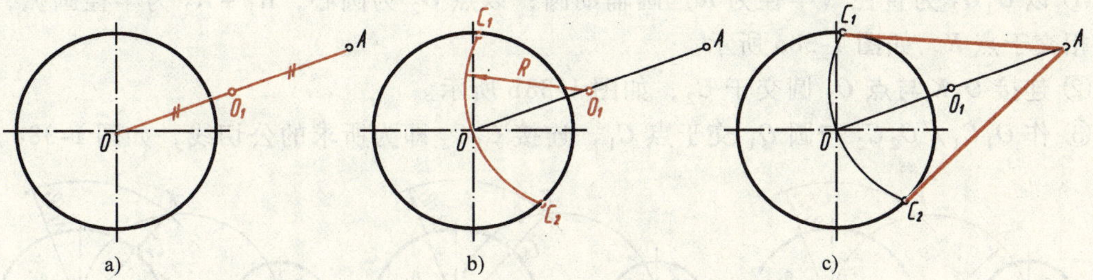

图1-35　过圆外一点作圆的切线

【例1-6】 已知两圆 O_1、O_2，用三角板作同侧公切线。

作图

① 将一块三角板的直角边调整到与两圆相切，另一块三角板紧靠在第一块三角板的斜边上，如图1-36a所示。

② 推移第一块三角板，使其另一直角边分别过圆心 O_1、O_2，作直线 O_1A、O_2B 分别与两圆相交，求得切点 A、B，如图1-36b、c所示。

③ 连接 A、B 两点，AB 即为所求，如图1-36d所示。

【例1-7】 已知两圆 O_1、O_2，用圆规作同侧公切线。

作图

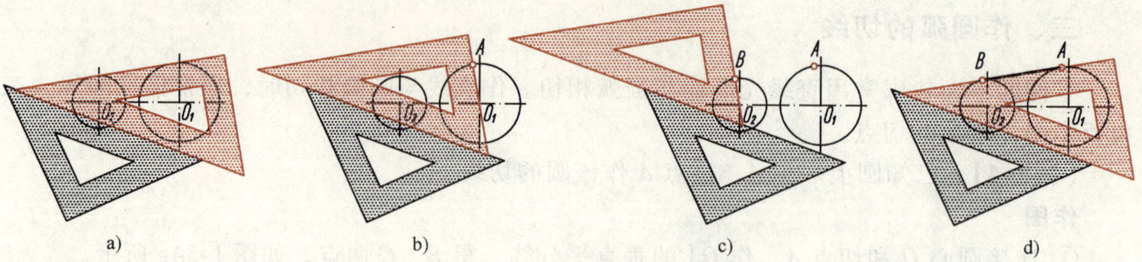

图 1-36 用三角板作两圆的同侧公切线

① 以点 O_2 为圆心，R_2-R_1 为半径画辅助圆，过点 O_1 作辅助圆的切线 O_1A，如图 1-37a 所示。

② 连接 O_2A 并延长，使与点 O_2 圆交于点 B，如图 1-37b 所示。

③ 作 $O_1C /\!/ O_2B$ 交圆 O_2 于点 C，连接 BC 即为所求的公切线，如图 1-37c 所示。

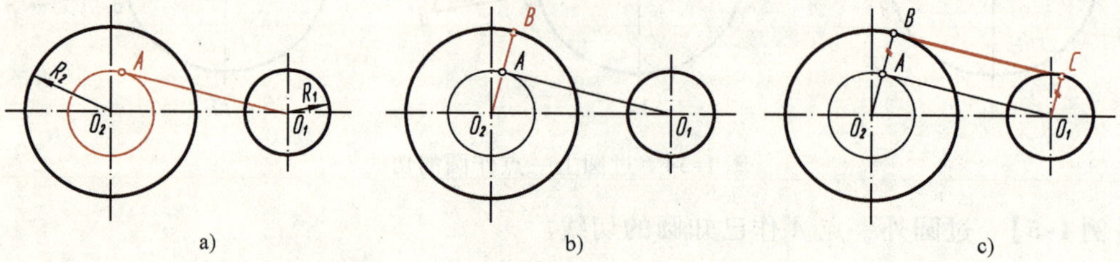

图 1-37 用圆规作两圆的同侧公切线

【例 1-8】 已知两圆 O_1、O_2，利用圆规作异侧公切线。

作图

① 以 O_1O_2 为直径（半径为 R）画辅助圆；以点 O_2 为圆心，R_1+R_2 为半径画弧，与辅助圆相交于点 K，如图 1-38a 所示。

② 连接 O_2K 与点 O_2 圆交于 C_2，如图 1-38b 所示。

③ 作 $O_1C_1 /\!/ O_2C_2$ 与圆 O_1 交于点 C_1，连接 C_1C_2 即为所求的公切线，如图 1-38c 所示。

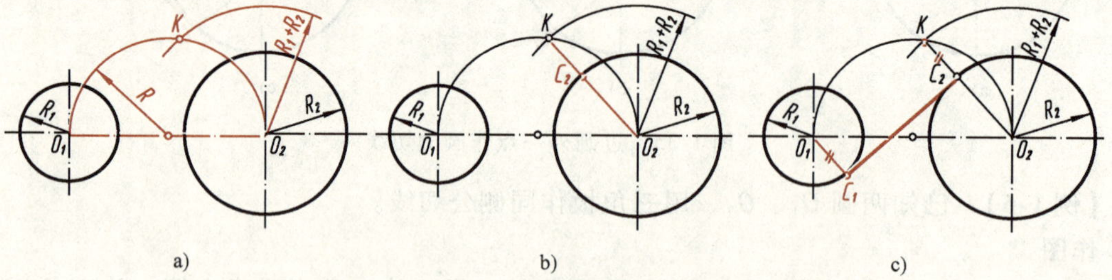

图 1-38 用圆规求作异侧公切线

四、斜度和锥度（GB/T 4458.4—2003）

1. 斜度

棱体高之差与平行于棱并垂直一个棱面的两个截面之间的距离之比，称为斜度（图 1-39），代号为“S”。可以把斜度简单理解为一个平面（或直线）对另一个平面（或直线）

倾斜的程度。如最大棱体高 H 与最小棱体高 h 之差对棱体长度 L 之比，用关系式表示为

$$S=\tan\beta=(H-h)/L$$

通常把比例的前项化为 1，以简单分数 $1:n$ 的形式来表示斜度。

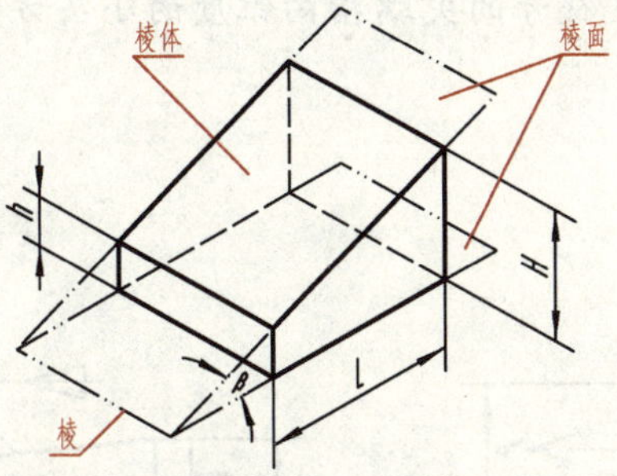

图 1-39 斜度的概念

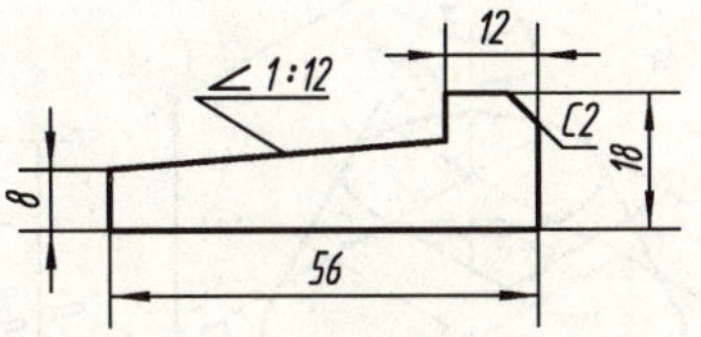

图 1-40 楔键

【例 1-9】 画出图 1-40 所示楔键的图形。

作图

① 根据图中的尺寸，画出已知的直线部分。

② 过点 A，按 1:12 画出直角三角形，求出斜边 A、C，如图 1-41a 所示。

③ 过已知点 D，作 AC 的平行线，如图 1-41b 所示。

④ 描深加粗楔键图形，标注斜度符号，如图 1-41c 所示。

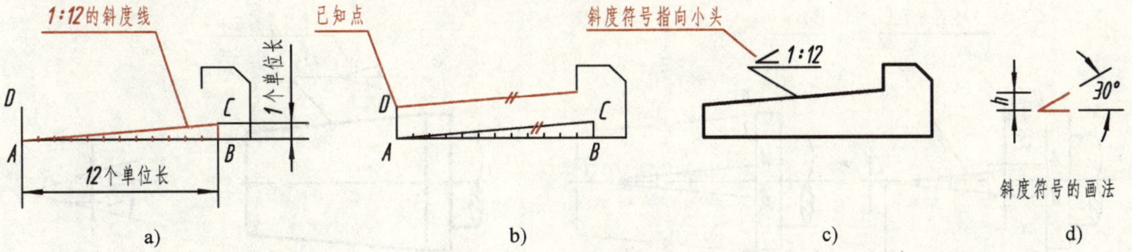

图 1-41 楔键的画法

斜度符号的底线应与基准面（线）平行，符号的尖端方向应与斜面的倾斜方向一致。斜度符号的画法如图 1-41d 所示。

2. 锥度

两个垂直圆锥轴线的圆锥直径差与该两截面间的轴向距离之比，称为锥度，代号为"C"。可以把锥度简单理解为圆锥底圆直径与锥高之比。

由图 1-42 可知，α 为圆锥角，D 为最大端圆锥直径，d 为最小端圆锥直径，L 为圆锥长度，即

$$C=(D-d)/L=2\tan(\alpha/2)$$

与斜度的表示方法一样，通常也把锥度的比例前项化为 1，写成 $1:n$ 的形式。

【例 1-10】 画出图 1-43 所示具有 1:5 锥度的图形。

作图

① 根据图中的尺寸，画出已知的直线部分。

② 任意确定等腰三角形的底边 AB 为 1 个单位长度，高为 5 个单位长度，画出等腰三角

形 *ABC*，如图 1-44a 所示。

③ 分别过已知点 *D*、点 *E*，作 *AC* 和 *BC* 的平行线，如图 1-44b 所示。

④ 描深加粗图形，标注锥度代号，如图 1-44c 所示。

标注锥度时用引出线从锥面的轮廓线上引出，锥度符号的尖端指向锥度的小头方向。锥度符号的画法，如图 1-44d 所示。

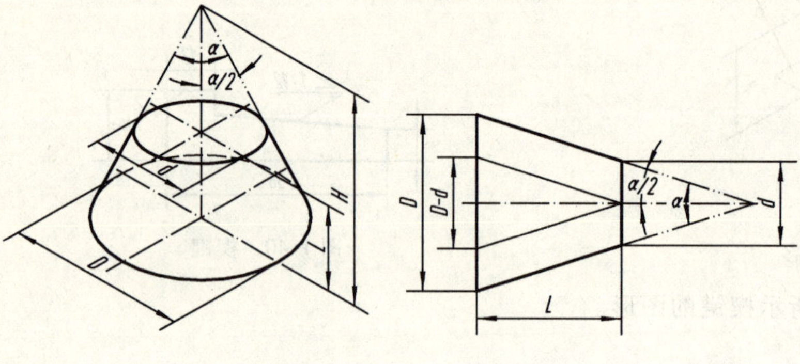

a)　　b)

图 1-42　锥度的定义

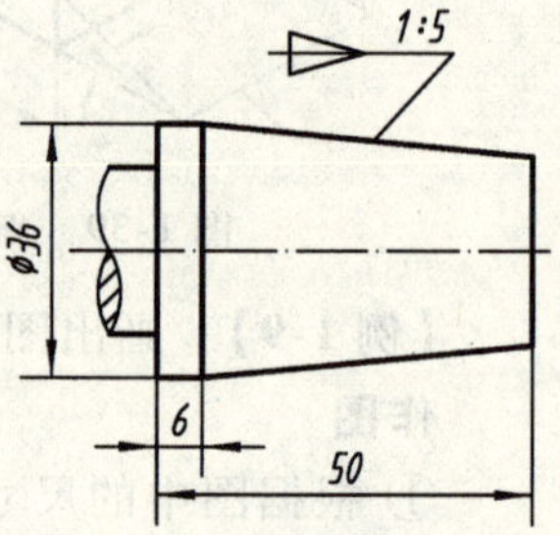

图 1-43　具有 1:5 锥度的图例

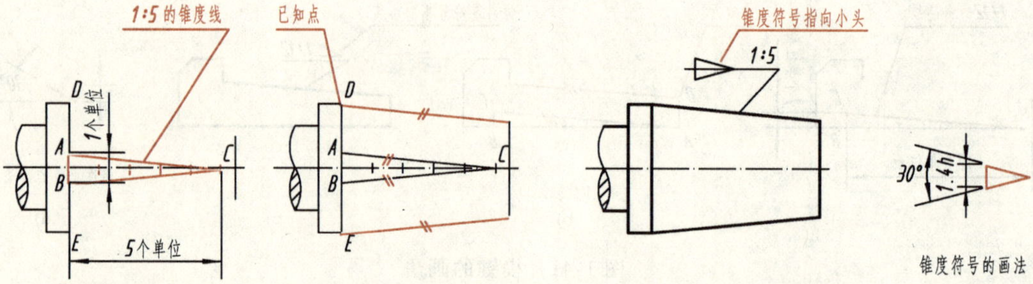

a)　　b)　　c)　　d)

图 1-44　锥度的画法

五、椭圆的画法

椭圆是常见的非圆曲线。已知椭圆的长轴和短轴，可采用不同的画法近似地画出椭圆。

1. 辅助同心圆法

【例 1-11】 已知椭圆长轴 *AB* 和短轴 *CD*，用辅助同心圆法画椭圆。

作图

① 以椭圆中心为圆心，分别以长轴、短轴长度为直径，作两个同心圆，如图 1-45a 所示。

② 作圆的十二等分，过圆心作放射线，分别求出与两圆的交点，如图 1-45b 所示。

③ 过大圆上的等分点作竖直线，过小圆上的等分点作水平线，竖直线与水平线的交点即为椭圆上的点，如图 1-45c 所示。

④ 用曲线板光滑连接诸点即得椭圆，如图 1-45d 所示。

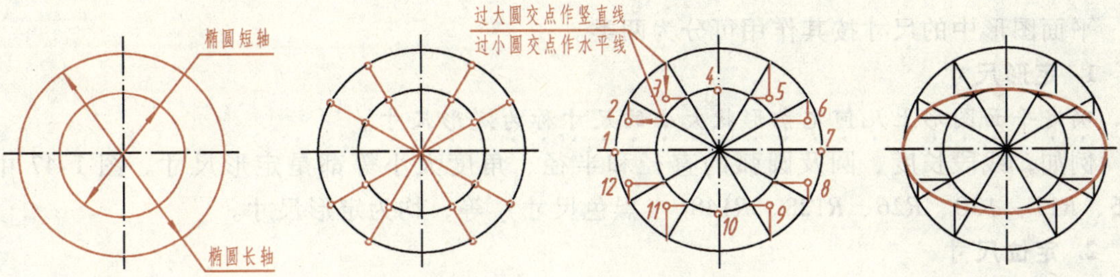

画同心圆　　等分圆周，求与两圆的交点　　交点即为椭圆上的点　　用曲线板连成光滑的曲线

a)　　b)　　c)　　d)

图 1-45　辅助同心圆法画椭圆

2. 四心近似画法

【例 1-12】　已知椭圆长轴 AB 和短轴 CD，用四心近似画法画椭圆。

作图

① 连接 AC，以点 O 为圆心、OA 为半径画弧得点 E，再以点 C 为圆心、CE 为半径画弧得点 F，如图 1-46a 所示。

② 作 AF 的垂直平分线，与 AB 交于点 1，与 CD 交于点 2。取 1、2 两点的对称点 3 和点 4（点 1、2、3、4 即圆心），如图 1-46b 所示。

③ 连接点 23、点 34、点 41 并延长，得到一菱形，如图 1-46c 所示。

④ 分别以点 2、点 4 为圆心，R（$R=2C=4D$）为半径画弧，与菱形的延长线相交，即得两段大圆弧；分别以点 1、点 3 为圆心，r（$r=1A=3B$）为半径画弧，与所画的大圆弧连接，即得到椭圆，如图 1-46d 所示。

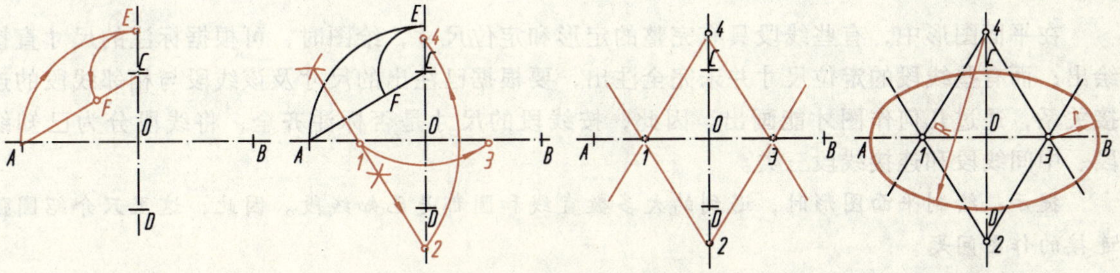

a)　　b)　　c)　　d)

图 1-46　四心近似画法画椭圆

第四节　平面图形分析及作图方法

平面图形是由许多线段连接而成的，这些线段之间的相对位置和连接关系靠给定的尺寸来确定。画平面图形时，只有通过分析尺寸，确定线段性质，明确作图顺序，才能正确地画出图形。

一、尺寸分析

平面图形中的尺寸按其作用可分为两类。

1. 定形尺寸

确定平面图形上几何元素形状大小的尺寸称为定形尺寸。

例如，线段长度、圆及圆弧的直径和半径、角度大小等都是定形尺寸。图1-47中的ϕ16、R17、ϕ30、R26、R128、R148、（黑色尺寸）等，均为定形尺寸。

2. 定位尺寸

确定几何元素位置的尺寸称为定位尺寸。

在图1-47中，150确定了左端线的位置，（红色尺寸）27、R56确定了ϕ16的圆心位置，27、R56为定位尺寸；（红色尺寸）22确定了R22、R43圆心的一个坐标值，22为定位尺寸。

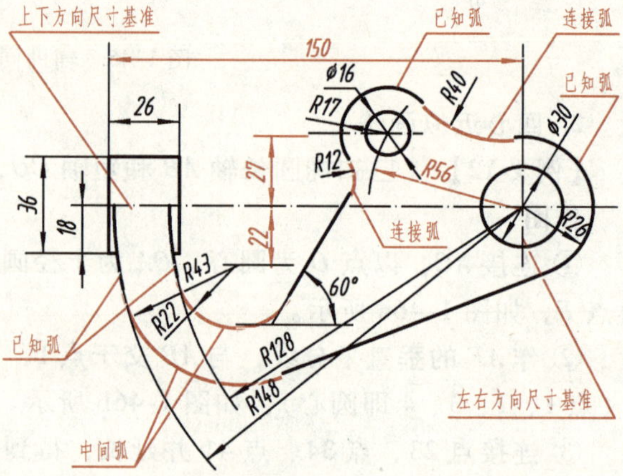

图1-47 平面图形尺寸分析

标注定位尺寸时，必须有一个起点，这个起点称为尺寸基准。平面图形有长和高两个方向，每个方向至少应有一个尺寸基准。定位尺寸通常以图形的对称中心线、较长的底线或边线作为尺寸基准。图1-47中水平方向的细点画线为上下方向的尺寸基准；右侧竖直方向的细点画线为左右方向的尺寸基准。

二、线段分析

在平面图形中，有些线段具有完整的定形和定位尺寸，绘图时，可根据标注的尺寸直接绘出；而有些线段的定位尺寸并未完全注出，要根据已注出的尺寸及该线段与相邻线段的连接关系，通过几何作图才能画出。因此，按线段的尺寸是否标注齐全，将线段分为已知线段、中间线段和连接线段三类。

提示：绘制平面图形时，遇到的大多数直线和圆都是已知线段。因此，这里只介绍圆弧连接的作图问题。

1. 已知弧

给出半径大小及圆心在两个方向定位尺寸的圆弧，称为已知弧。

图1-47中的R17、R26、R128、R148圆弧及ϕ16、ϕ30圆即为已知弧，此类圆弧（圆）可直接画出（参见图1-48中的第三步）。

2. 中间弧

给出半径大小及圆心一个方向定位尺寸的圆弧，称为中间弧。

如图1-47中的R22、R43两个圆弧，圆心的上下位置由定位尺寸22确定，但缺少确定圆心左右位置的定位尺寸，是中间弧。画图时，必须根据R128与R22内切、R148与R43内切的几何条件（$R=128-22$、$R=148-43$），分别求出其圆心位置，才能画出R22、R43

圆弧（参见图 1-48 中的第四步）。

3. 连接弧

已知圆弧半径，而缺少两个方向定位尺寸的圆弧，称为连接弧。

如图 1-47 中的 $R40$ 圆，其圆心没有定位尺寸，是连接弧。画图时，必须根据 $R40$ 圆弧与 $R17$、$R26$ 两圆弧同时外切的几何条件（$R=40+17$、$R=40+26$）分别画弧，求出其圆心位置，才能画出 $R40$ 圆弧。$R12$ 圆弧的圆心也没有定位尺寸。画图时，必须根据 $R12$ 圆弧与 $R17$ 圆弧外切、$R12$ 圆弧与 60°直线相切的几何条件（$R=12+17$、作与 60°直线距离为 12 的平行线）求出其圆心位置，才能画出 $R12$ 圆弧（参见图 1-48 中的第五步）。

提示：画图时，应先画已知弧，再画中间弧，最后画连接弧。

三、平面图形的绘图方法和步骤

1. 准备工作

分析平面图形的尺寸及线段，拟订作图步骤→确定比例→选择图幅→固定图纸→画出图框、对中符号和标题栏，如图 1-48 中的第一步所示。

2. 绘制底稿

合理、匀称地布图，（用 2H 或 H 铅笔）画出基准线→画已知弧和直线→画中间弧→画连接弧，如图 1-48 中的第二步～第五步所示。

提示：绘制底稿时，图线要尽量清淡，准确，并保持图面整洁。

3. 加深描粗

加深描粗前，要全面检查底稿，修正错误，擦去画错的线条及作图辅助线。加深描粗后，画出尺寸界线和尺寸线，如图 1-48 中的第六步所示。

加深描粗时要注意以下几点：

（1）先粗后细。先（用 B 或 2B 铅笔）加深全部粗实线，再（用 HB 铅笔）加深全部细虚线、细点画线及细实线等。

（2）先曲后直。在加深同一种线（特别是粗实线）时，应先画圆弧或圆，后画直线。

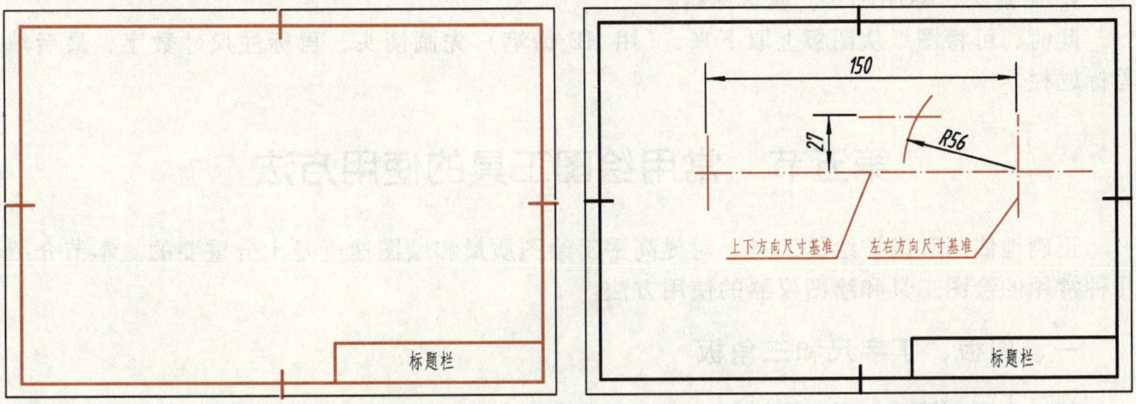

第一步：画图框、对中符号和标题栏　　第二步：画出作图基准线

图 1-48　平面图形的画图步骤

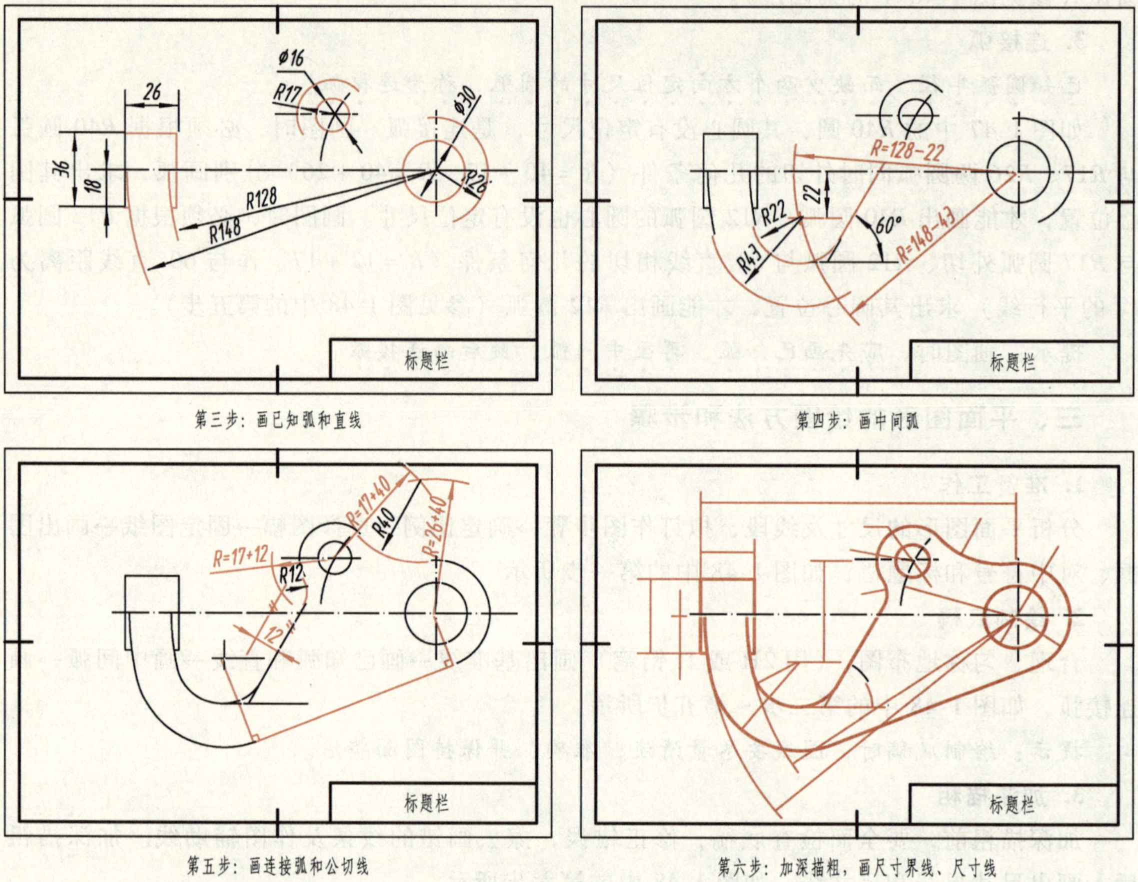

图1-48　平面图形的画图步骤（续）

（3）先水平，后垂斜。先用丁字尺自上而下画出水平线，再用三角板自左向右画出垂直线，最后画倾斜的直线。

提示：加深描粗时，应尽量做到同类图线粗细、浓淡一致，圆弧连接光滑，图面整洁。

4. 画箭头、标注尺寸、填写标题栏

此时，可将图纸从图板上取下来，（用HB铅笔）先画箭头，再标注尺寸数字，最后填写标题栏。

第五节　常用绘图工具的使用方法

正确地使用和维护绘图工具，对提高手工绘图质量和绘图速度是十分重要的。本节介绍几种常用的绘图工具和绘图仪器的使用方法。

一、图板、丁字尺和三角板

图板是用来铺放、固定图纸的，一般用胶合板制成，板面比较平整光滑，图板左侧为丁字尺的导边。丁字尺由尺头和尺身构成，尺身的上边为工作边，主要用来画水平线。使用丁字尺时，尺头内侧必须靠紧图板的导边，用左手推动丁字尺上、下移动，沿尺身的上边自左向右画出一系列水平线，如图 1-49a 所示。

三角板由 45°和 30°（60°）各一块组成一副。三角板与丁字尺配合使用时，可画垂直线，也可画 30°、45°、60°以及 15°、75°的斜线，如图 1-49b 所示。

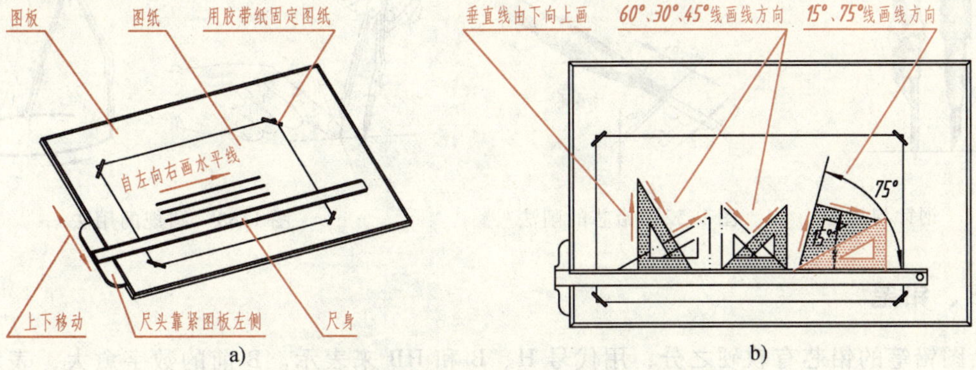

图 1-49 丁字尺和三角板的使用方法

如将两块三角板配合使用，还可以画出任意方向已知直线的平行线和垂直线，如图1-50 所示。

二、圆规和分规

圆规是用来画圆或圆弧的工具。圆规的一条腿上装有钢针，另一条腿上除具有肘形关节外，还可以根据作图需要装上不同的附件。圆规的附件有钢针插脚、铅芯插脚、鸭嘴插脚和延伸插杆等。

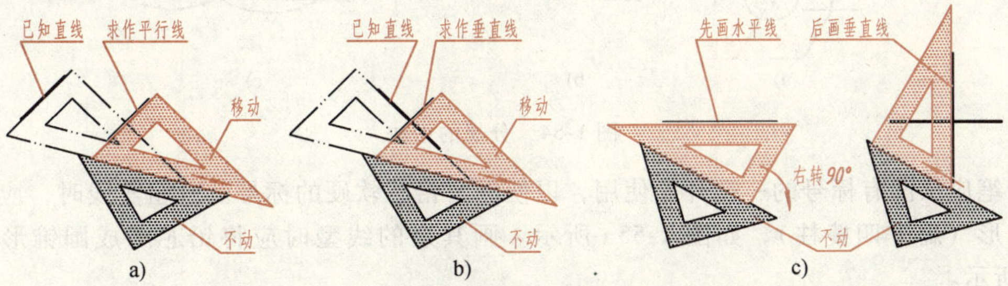

图 1-50 用三角板作任意方向的平行线和垂直线

圆规的钢针一端为圆锥形，另一端为带有肩台的针尖。画图时应使用有肩台的一端，以防止圆心针孔扩大。同时还应使肩台与铅芯尖平齐，针尖及铅芯与纸面垂直，如图 1-51 所示。

为了画出各种图线，应备有各种不同硬度和形状的铅芯。加深圆弧时用的铅芯，一般要比画粗实线的铅芯软一些，圆规铅芯的削法如图 1-52 所示。

画圆时，先将圆规两腿分开至所需的半径尺寸，借左手食指把针尖放在圆心位置，将钢针扎入图纸和图板，按顺时针方向稍微倾斜地转动圆规，转动速度和用力要均匀，如图 1-53 所示。

分规是用来量取尺寸和等分线段或圆周的工具。分规的两条腿均安装有钢针，当两条腿并拢时，分规的两个针尖应对齐，如图 1-54a 所示。调整分规两脚间距离的手法如图 1-54b 所示。分规的使用方法如图 1-54c 所示。

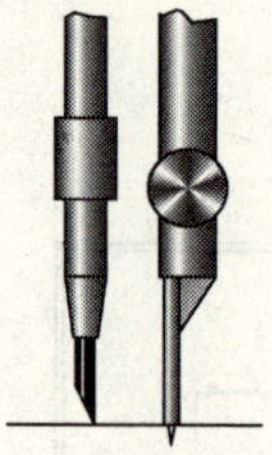

图 1-51　钢针与铅芯

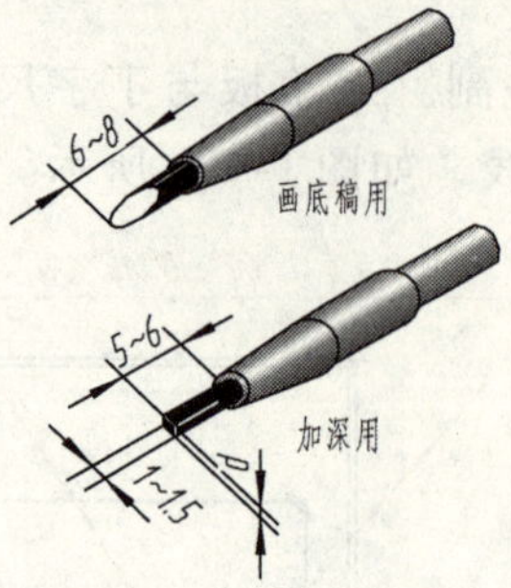

图 1-52　铅芯的削法

图 1-53　圆规的用法

三、铅笔

绘图铅笔的铅芯有软硬之分，用代号 H、B 和 HB 来表示。B 前的数字愈大，表示铅芯愈软，绘出的图线颜色愈深；H 前的数字愈大，表示铅芯愈硬；HB 表示铅芯软硬适中。

画粗实线常用 2B 或 B 的铅笔；画细实线、细虚线、细点画线和写字时，常用 H 或 HB 的铅笔；画底稿线常用 2H 的铅笔。

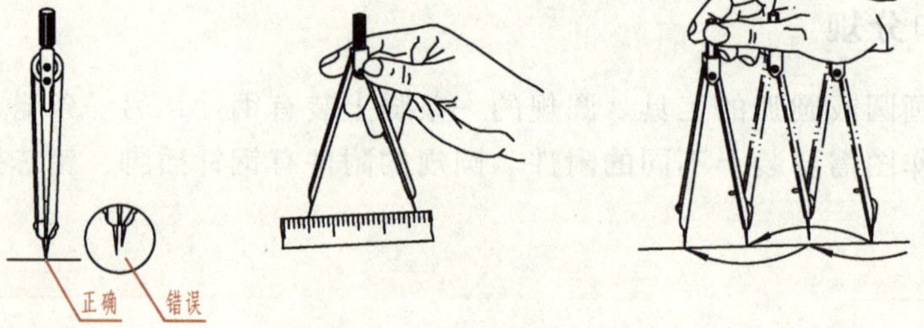

a)　　b)　　c)

图 1-54　分规的用法

铅笔应从没有标号的一端开始使用，以便保留铅芯软硬的标号。画粗实线时，应将铅芯磨成铲形（扁平四棱柱），如图 1-55a 所示。画其余的线型时应将铅芯磨成圆锥形，如图 1-55b所示。

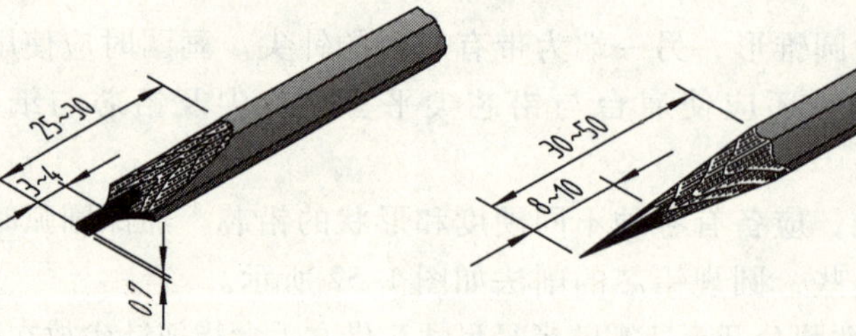

a)　　b)

图 1-55　铅笔的削法

除上述常用工具外，绘图时还要备有削修铅笔的小刀、固定图纸的胶带纸、清理图纸的小刷子，以及橡皮、擦图片等工具和用品。

第六节 徒手画图的方法

以目测估计图形与实物的比例，按一定画法要求徒手（或部分使用绘图仪器）绘制的图，称为草图。草图是工程技术人员交流、记录、构思、创作的有力手段，徒手画图是工程技术人员必须掌握的一项重要的基本技能。

一、直线的画法

徒手画直线时，执笔要自然，手腕抬起，不要靠在图纸上，眼睛朝着前进的方向，注意画线的终点。同时，小手指可与纸面接触，作为支点，保持运笔平稳。

短直线应一笔画出，长直线则可分段相接而成。画水平线时，可将图纸稍微倾斜放置，从左到右画出。画垂直线时，由上向下较为顺手。画斜线时最好将图纸转动到适宜运笔的角度。图 1-56 所示为画水平线、垂直线和倾斜线的手势。

二、圆、圆角的画法

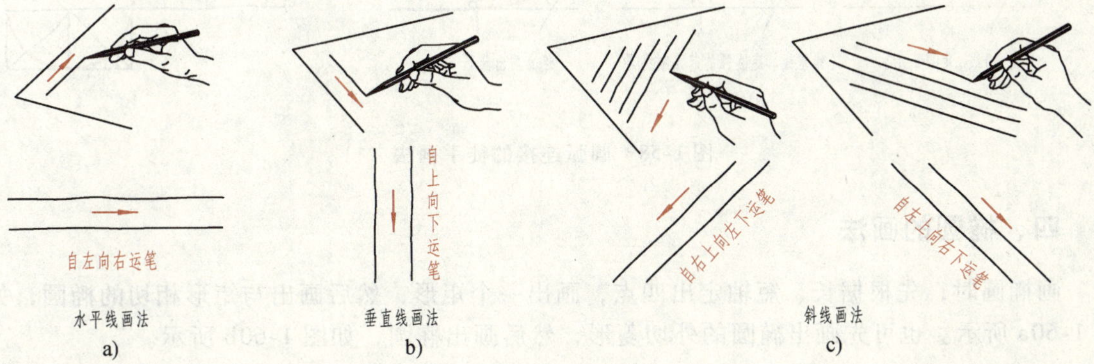

图 1-56 徒手画直线的方法

画小圆时，先画中心线，在中心线上按半径大小，目测定出四点，然后过四点分两半画出，如图 1-57a 所示。也可以过四点先画正方形，再画内切的四段圆弧，如图 1-57b 所示。

画直径较大的圆时，可过圆心加画一对十字线，按半径大小，目测定出八点，然后依次连点画出，如图 1-57c 所示。

画圆角时，先将直线画成相交后作角平分线，在角平分线上定出圆心位置，使其与角两边的距离等于圆角半径的大小；过圆心向角两边引垂线，定出圆弧的起点和终点，同时在角平分线上定出圆周上的一点；徒手把三点连成圆弧，如图 1-58a 所示。采用类似的方法，还可画圆弧连接，如图 1-58b 所示。

三、特殊角度线的画法

画 30°、45°、60°等特殊角度线，可根据直角三角形两直角边的比例关系，在两直角边上定出两端点，然后连接而成，如图 1-59 所示。

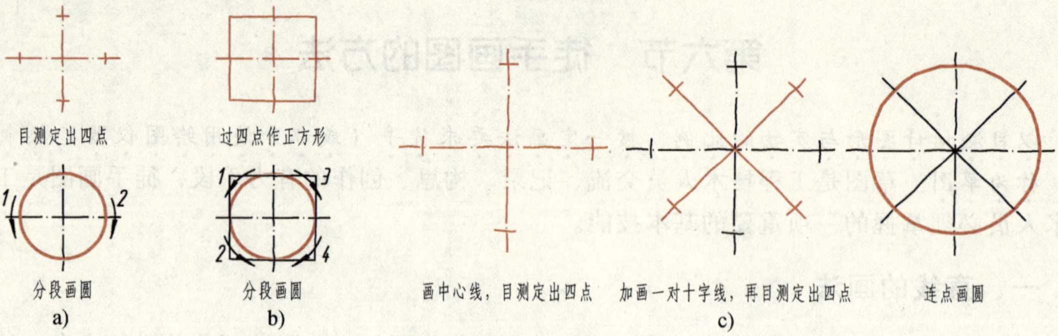

图 1-57 圆的徒手画法

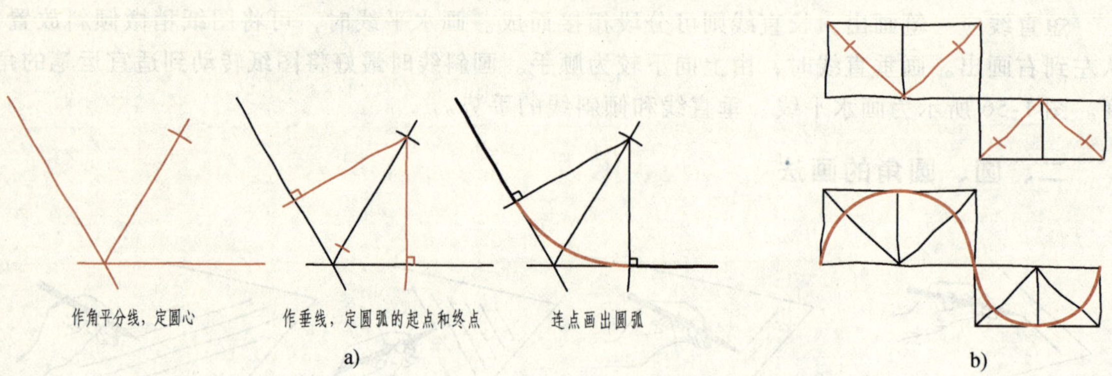

图 1-58 圆弧连接的徒手画法

四、椭圆的画法

画椭圆时，先根据长、短轴定出四点，画出一个矩形，然后画出与矩形相切的椭圆，如图 1-60a 所示。也可先画出椭圆的外切菱形，然后画出椭圆，如图 1-60b 所示。

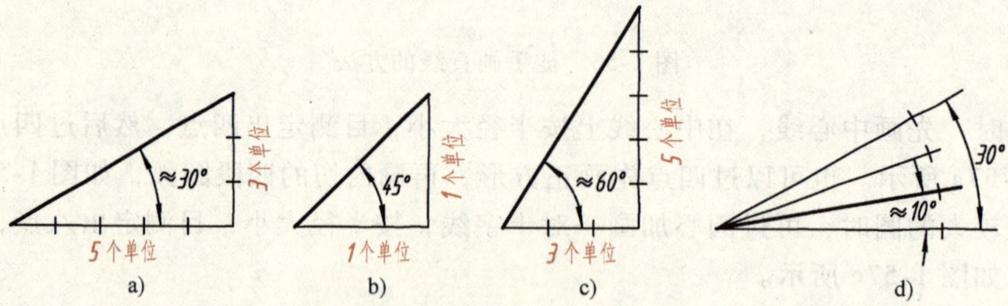

图 1-59 特殊角度线的徒手画法

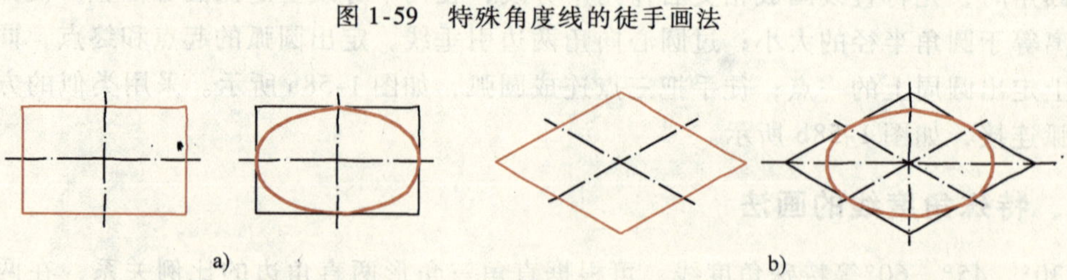

图 1-60 椭圆的徒手画法

2

第二章

投影基础

教学提示

（1）建立投影法的概念，掌握正投影法的基本原理和投影特性。

（2）掌握三视图的形成及“三等”规律，并能运用正投影法绘制简单立体的三视图。

（3）掌握点、直线、平面在三投影面体系中的投影特性，掌握在直线、平面上取点以及在平面上取直线的作图方法。

（4）了解变换投影面法的基本概念，掌握用一次变换投影面求得一般位置直线实长和倾角、垂直面实形的作图方法。

第一节　投影法和视图的基本概念

在日常生活中，常见到物体被阳光或灯光照射后，会在地面或墙壁上留下一个灰黑的影子，如图 2-1a 所示。这个影子只能反映物体的轮廓，却无法表达物体的形状和大小。人们将这种现象进行科学的抽象，总结出了影子与物体之间的几何关系，进而形成了投影法，使在图纸上表达物体形状和大小的要求得以实现。

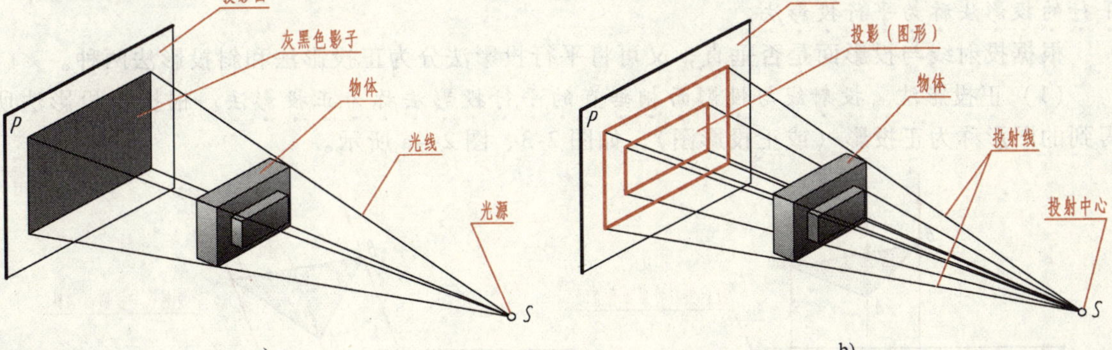

图 2-1　投影的形成

一、投影法

如图 2-1b 所示，平面 P 称为投影面，S 称为投射中心。将物体放在投影面 P 和投射中心 S 之间，自 S 分别引投射线并延长，使之与投影面 P 相交，即得到物体的投影。

投射线通过物体，向选定的面投射，并在该面上得到图形的方法称为投影法。根据投影法所得到的图形，称为投影。

由此可以看出，要获得投影，必须具备投射中心、物体、投影面这三个基本条件。

根据投射线的类型（平行或汇交），投影法可分为以下两类：

- 中心投影法
- 平行投影法
  - 正投影法
  - 斜投影法

1. 中心投影法

投射线汇交一点的投影法称为中心投影法，如图2-1b所示。

用中心投影法所得的投影大小随着投影面、物体、投射中心三者之间距离的变化而变化。工程上常用中心投影法绘制建筑物的透视图，如图2-2所示。用中心投影法绘制的图样具有较强的立体感，但不能反映物体的真实形状和大小，且度量性差，作图比较复杂，在机械图样中很少采用。

图2-2 建筑物的透视图

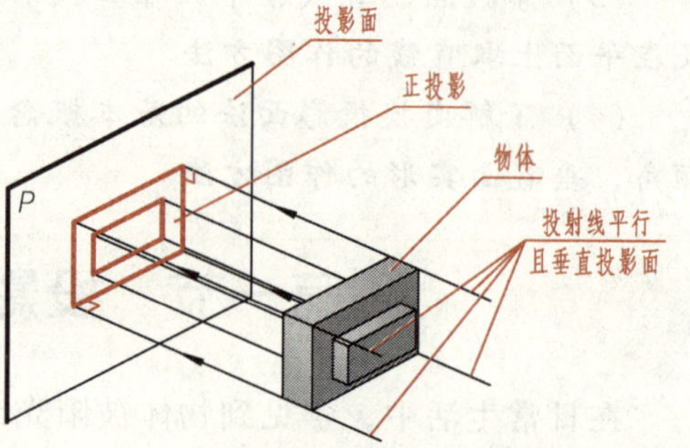

图2-3 投射线垂直投影面的平行投影法

2. 平行投影法

假设将投射中心S移至无限远处，则投射线相互平行，如图2-3所示。这种投射线相互平行的投影法称为平行投影法。

根据投射线与投影面是否垂直，又可将平行投影法分为正投影法和斜投影法两种。

（1）正投影法。投射线与投影面相垂直的平行投影法称为正投影法。根据正投影法所得到的图形称为正投影（或正投影图），如图2-3、图2-4a所示。

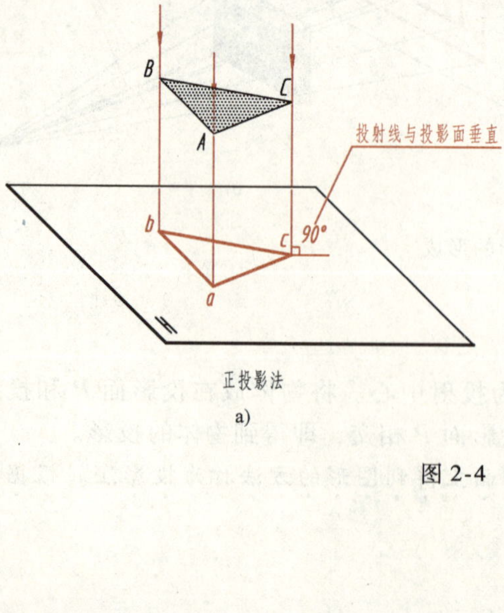

正投影法

a)

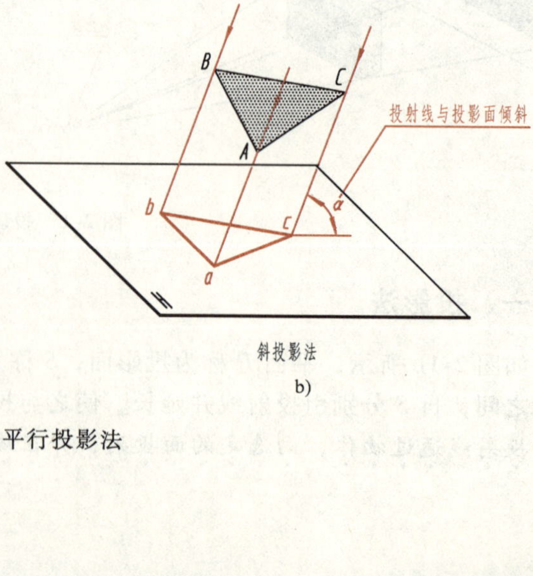

斜投影法

b)

图2-4 平行投影法

(2) 斜投影法。投射线与投影面相倾斜的平行投影法称为斜投影法。根据斜投影法所得到的图形称为斜投影（或斜投影图），如图 2-4b 所示。

由于正投影法能反映物体的真实形状和大小，度量性好，作图简便，所以在工程上应用得十分广泛。机械图样都是采用正投影法绘制的，正投影法是机械制图的理论基础。

二、正投影的基本性质

(1) 真实性。平面（直线）平行于投影面，投影反映实形（实长），这种性质称为真实性，如图 2-5a 所示。

(2) 积聚性。平面（直线）垂直于投影面，投影积聚成直线（一点），这种性质称为积聚性，如图 2-5b 所示。

(3) 类似性。平面（直线）倾斜于投影面，投影变小（短），这种性质称为类似性，如图 2-5c 所示。

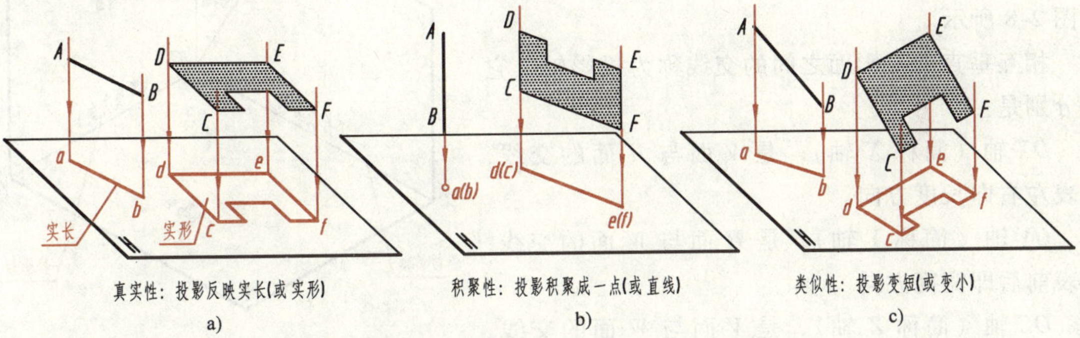

图 2-5　正投影的基本性质

三、视图的基本概念

用正投影法绘制物体的图形时，可把人的视线假想成相互平行且垂直于投影面的一组投射线，物体在投影面上的投影称为视图，如图 2-6 所示。

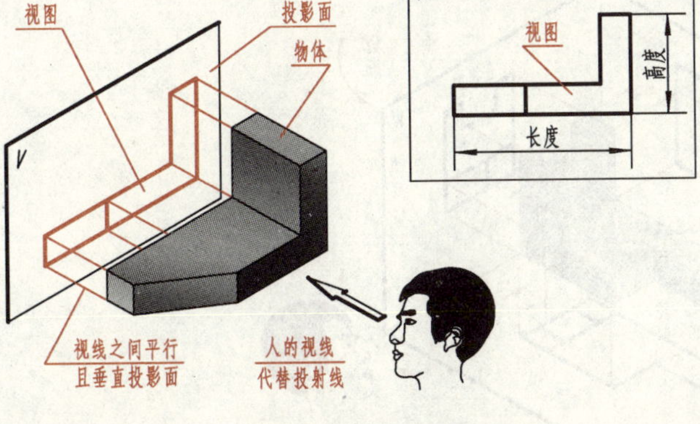

图 2-6　视图的概念

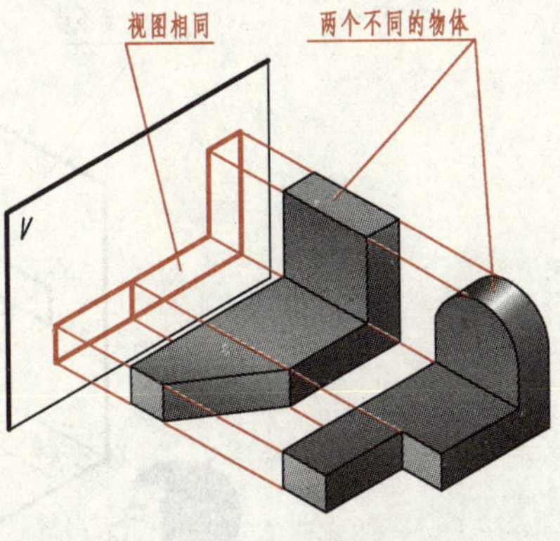

图 2-7　一个视图不能确定物体的形状

提示：绘制视图时，可见的棱线和轮廓线用粗实线绘制，不可见的棱线和轮廓线用细虚线绘制。

一般情况下，一个视图不能完整地表达物体的形状。由图2-6中可以看出，这个视图只反映物体的长度和高度，而没有反映物体的宽度。如图2-7所示，两个不同的物体，在同一投影面上的投影却相同。因此，要反映物体的完整形状，常需要从几个不同方向进行投射，获得多面正投影，以表示物体各个方向的形状，综合起来反映物体的完整形状。

第二节　三视图的形成及其对应关系

一、三投影面体系的建立

三投影面体系由三个相互垂直的正立投影面（简称正面或 V 面）、水平投影面（简称水平面或 H 面）和侧立投影面（简称侧面或 W 面）组成，如图2-8所示。

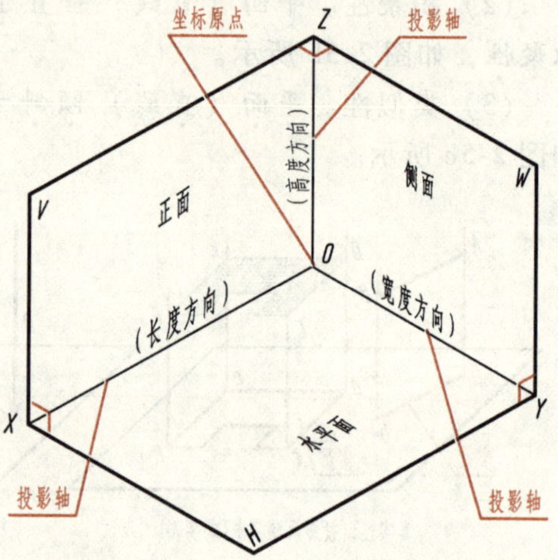

图2-8　三投影面体系

相互垂直的投影面之间的交线称为投影轴，它们分别是：

OX 轴（简称 X 轴），是 V 面与 H 面的交线，代表左右即长度方向。

OY 轴（简称 Y 轴），是 H 面与 W 面的交线，代表前后即宽度方向。

OZ 轴（简称 Z 轴），是 V 面与 W 面的交线，代表上下即高度方向。

三条投影轴相互垂直，其交点称为原点，用 O 表示。

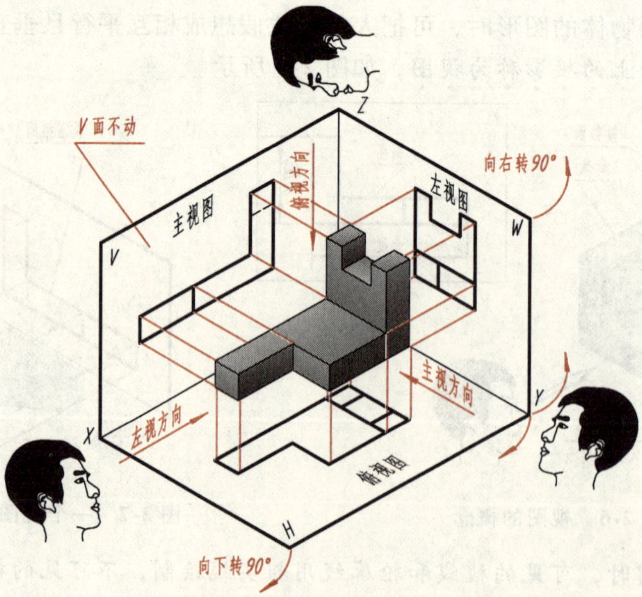

图2-9　三视图的形成

二、三视图的形成

将物体置于三投影面体系内，然后从物体的三个方向进行观察，就可以在三个投影面上得到三个视图，如图 2-9 所示。规定的名称是：

主视图——由前向后投射在正面所得的视图。

俯视图——由上向下投射在水平面所得的视图。

左视图——由左向右投射在侧面所得的视图。

这三个视图统称为三视图。

为把三个视图画在同一张图纸上，必须将相互垂直的三个投影面展开在同一个平面上。展开方法如图 2-9 所示，规定：V 面保持不动，将 H 面绕 OX 轴向下旋转 90°，将 W 面绕 OZ 轴向右旋转 90°，就得到展开后的三视图，如图 2-10a 所示。实际绘图时，应去掉投影面边框和投影轴，如图 2-10b 所示。

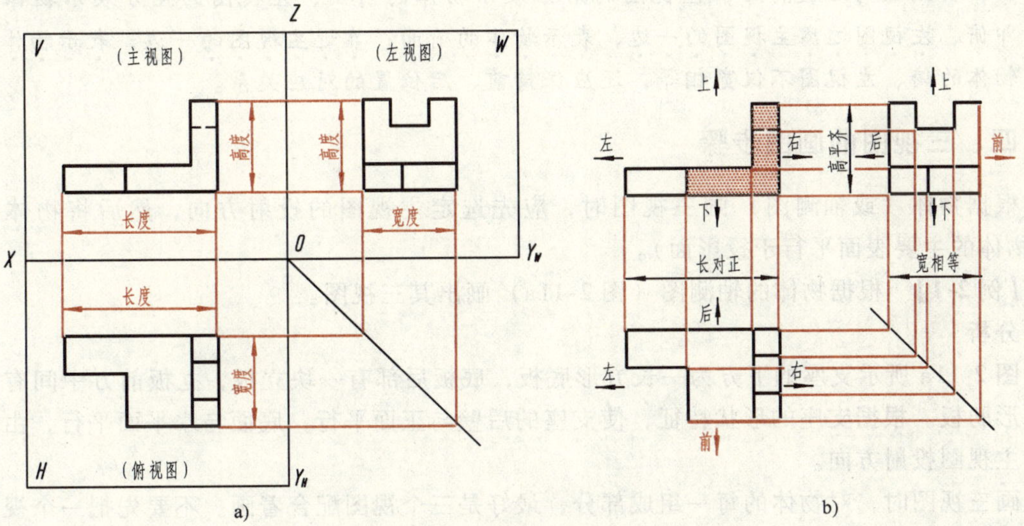

图 2-10 展开后的三视图

三、三视图之间的对应关系及投影规律

由三视图的形成过程可以总结出三视图之间的位置关系、投影规律及方位关系。

1. 位置关系

由三视图的展开过程可知，三视图之间的相对位置是固定的，即主视图定位后，俯视图在主视图的下方，左视图在主视图的右方。各视图的名称不需标注。

2. 投影规律

规定：物体左右之间的距离（X 方向）为长；物体前后之间的距离（Y 方向）为宽；物体上下之间的距离（Z 方向）为高。从图 2-10a 中可以看出，每一个视图只能反映物体两个方向的尺度，即：

主视图——反映物体的长度（X）和高度（Z）。

俯视图——反映物体的长度（X）和宽度（Y）。

左视图——反映物体的高度（Z）和宽度（Y）。

由此可得出三视图之间的投影规律（简称“三等”规律），即主俯长对正；主左高平齐；俯左宽相等。

三视图之间的“三等”规律不仅反映在物体的整体上，也反映在物体的任意一个局部结构上，如图2-10b所示。这一规律是画图和看图的依据，必须深刻理解和熟练运用。

3. 方位关系

物体有左右、前后、上下六个方位，搞清楚三视图的六个方位关系，对画图、看图是十分重要的。从图2-10b中可以看出，每一个视图只能反映物体两个方向的位置关系，即：

主视图反映物体的左、右和上、下位置关系（前、后重叠）。

俯视图反映物体的左、右和前、后位置关系（上、下重叠）。

左视图反映物体的上、下和前、后位置关系（左、右重叠）。

提示：画图与看图时，要特别注意俯视图和左视图的前、后对应关系。在三个投影面的展开过程中，由于水平面向下旋转，俯视图的下方表示物体的前面，俯视图的上方表示物体的后面；当侧面向右旋转后，左视图的右方表示物体的前面，左视图的左方表示物体的后面。即俯、左视图远离主视图的一边，表示物体的前面；靠近主视图的一边，表示物体的后面。物体的俯、左视图不仅宽相等，还应保持前、后位置的对应关系。

四、三视图的画图步骤

根据物体（或轴测图）画三视图时，应先选定主视图的投射方向，然后将物体摆正（使物体的主要表面平行于投影面）。

【例2-1】 根据物体的轴测图（图2-11a）画出其三视图。

分析

图2-11a所示支座的下方为一长方形底板，底板后部有一块立板，立板前方中间有一块三角形肋板。根据支座的形状特征，使支座的后壁与正面平行，底面与水平面平行，由前向后为主视图投射方向。

画三视图时，对物体的每一组成部分，最好是三个视图配合着画。不要先把一个视图画完后再画另一个视图。这样，不但可以提高绘图速度，还能避免漏线、多线。画物体某一部分的三视图时，应先画反映形状特征的视图，再按投影关系画出其他视图。具体画图步骤如图2-11b、c、d、e、f所示。

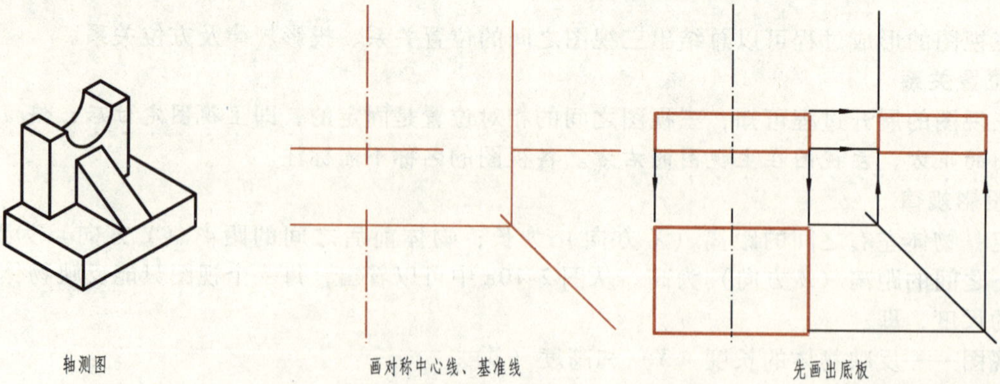

轴测图 a)　画对称中心线、基准线 b)　先画出底板 c)

图2-11　画支座三视图的步骤

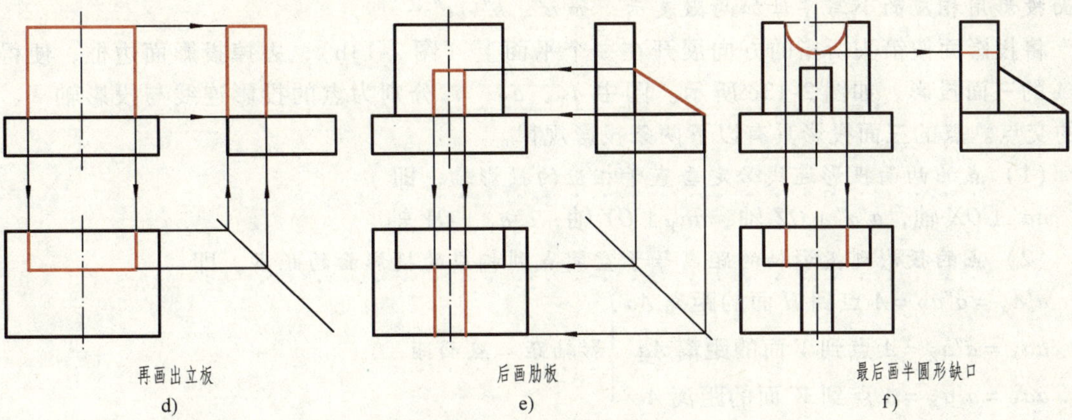

图 2-11 画支座三视图的步骤（续）

第三节 点的投影

点、直线、平面是构成物体表面的最基本的几何元素。图 2-12 所示的三棱锥就是由四个平面、六条棱线、四个顶点构成的。画出三棱锥的三视图，实际上就是画出构成三棱锥表面的这些点、直线和平面的投影。为了迅速、正确地画出物体的三视图，必须首先掌握这些几何元素的投影规律和作图方法。

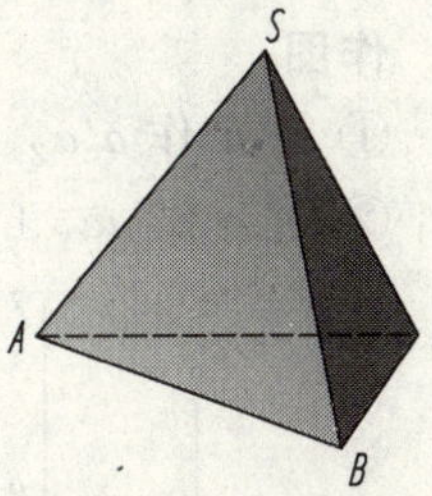

图 2-12 三棱锥

提示：为了叙述方便，以后将正投影简称为投影。

一、点的投影规律

如图 2-13a 所示，将空间点 A 置于三个相互垂直的投影面体系中，分别作垂直于 V 面、H 面、W 面的投射线，得到点 A 的正面投影 a'、水平投影 a 和侧面投影 a''。

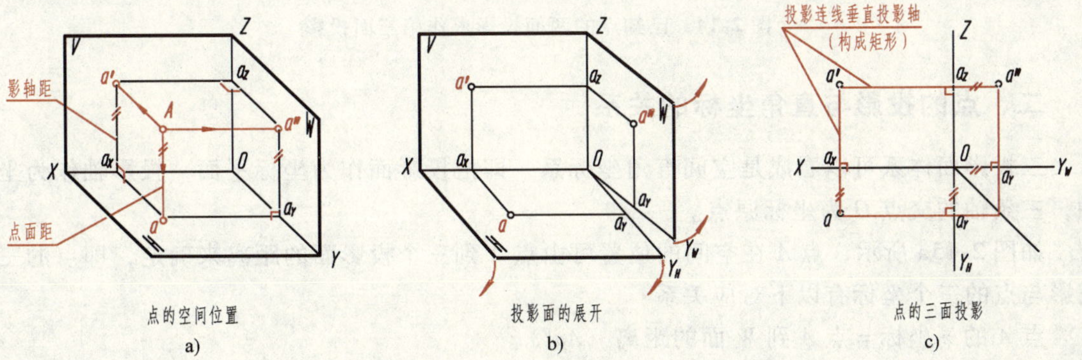

图 2-13 点的投影规律

提示：空间点用大写拉丁字母表示，如 A、B、C…；点的水平投影用相应的小写字母表示，如 a、b、c…；点的正面投影用相应的小写字母加一撇表示，如 a'、b'、c'…；点的侧面投影用相应的小写字母加两撇表示，如 a''、b''、c''…。

将投影面按箭头所指的方向展开在一个平面上（图2-13b），去掉投影面边框，便得到点 A 的三面投影，如图2-13c所示。图中 a_X、a_Y、a_Z 分别为点的投影连线与投影轴 X、Y、Z 的交点。点的三面投影具有以下两条投影规律。

（1）点的两面投影连线必定垂直于相应的投影轴，即

$aa' \perp OX$ 轴，$a'a'' \perp OZ$ 轴，$aa_Y \perp OY$ 轴，$a''a_Y \perp OY$ 轴

（2）点的投影到投影轴的距离等于空间点到相应的投影面的距离，即

$$\left.\begin{aligned} a'a_X = a''a_Y = A \text{ 点到 } H \text{ 面的距离 } Aa \\ aa_X = a''a_Z = A \text{ 点到 } V \text{ 面的距离 } Aa' \\ aa_Y = a'a_Z = A \text{ 点到 } W \text{ 面的距离 } Aa'' \end{aligned}\right\} \text{影轴距} = \text{点面距}$$

根据点的投影规律，在点的三面投影中，只要知道其中任意两面投影，即可求出第三面投影。

【例2-2】 已知点 A 的两面投影（图2-14a），求作第三面投影。

分析

根据点的投影规律可知，$a'a'' \perp Z$ 轴，a''必在 $a'a_Z$ 的延长线上；由 $a''a_Z = aa_X$，可确定 a''的位置。

作图

① 过 a'作 $a'a_Z \perp Z$ 轴并延长，如图2-14b所示。

② 过 a 作 $aa_Y \perp Y$ 轴并与45°（等宽）线相交，向上作垂线得到 a''，如图2-14c所示。

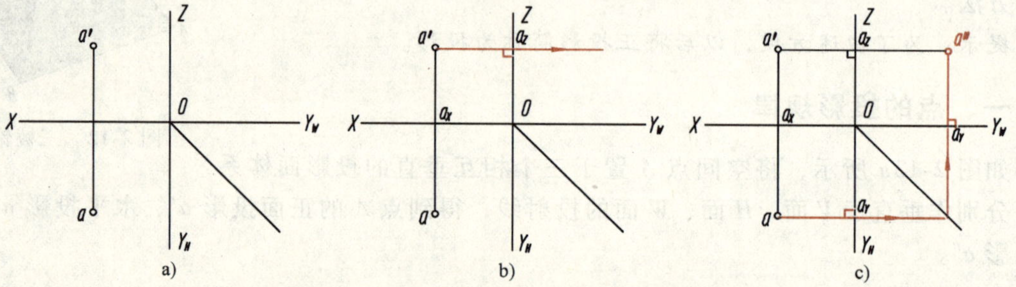

图2-14 已知点的两面投影求作第三面投影

二、点的投影与直角坐标的关系

三投影面体系可以看成是空间直角坐标系，即把投影面作为坐标平面，投影轴作为坐标轴，三条轴的交点 O 为坐标原点。

如图2-15a所示，点 A 在空间的位置可由点 A 到三个投影面的距离来确定，即点的三面投影与点的三个坐标有以下对应关系：

点 A 的 x 坐标 = 点 A 到 W 面的距离（Aa''）。

点 A 的 y 坐标 = 点 A 到 V 面的距离（Aa'）。

点 A 的 z 坐标 = 点 A 到 H 面的距离（Aa）。

由此可见，空间点的位置可由该点的坐标（x, y, z）确定。如图2-15b所示，点 A 三面投影的坐标分别为 a（x, y）、a'（x, z）、a''（y, z）。任一投影都包含两个坐标，所以

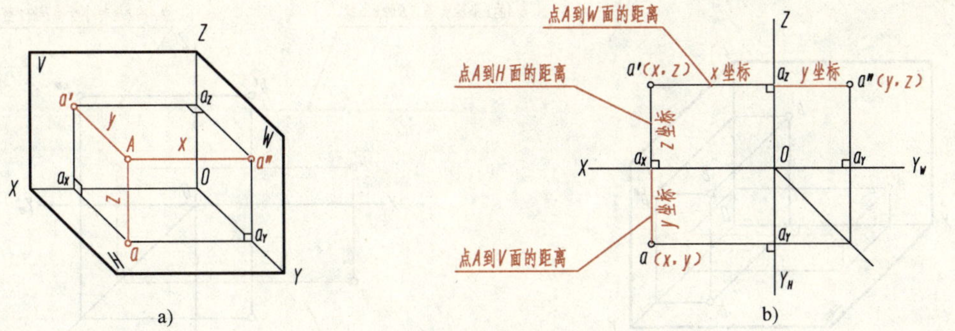

图 2-15 点的投影与坐标的关系

一个点的两面投影就包含了点的三个坐标，即确定了点的空间位置。

【例 2-3】 已知点 A（15，10，12），求作它的三面投影。

分析

已知空间点的三个坐标，便可作出该点的两面投影，进而求出第三面投影。

作图

① 画出投影轴，在 OX 轴上由点 O 向左量取 15，得 a_X，如图 2-16a 所示。

② 过 a_X 作 OX 轴垂线，自 a_X 向下量 10 得 a、向上量 12 得 a'，如图 2-16b 所示。

③ 根据 a、a' 求出 a''，如图 2-16c 所示。

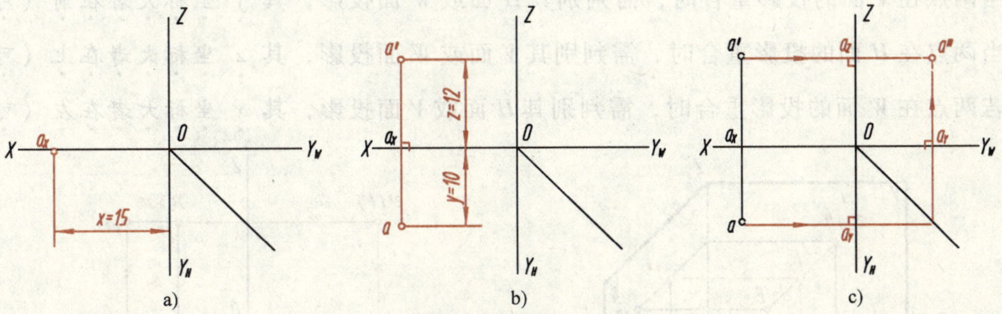

图 2-16 根据点的坐标求作投影

三、两点的相对位置

两点在空间的相对位置可以由两点的坐标来确定：

两点的左、右相对位置由 x 坐标确定，x 坐标值大者在左。

两点的前、后相对位置由 y 坐标确定，y 坐标值大者在前。

两点的上、下相对位置由 z 坐标确定，z 坐标值大者在上。

由此可知，若已知两点的三面投影，判断它们的相对位置时，可根据正面或水平面投影判断左、右关系，根据水平面或侧面投影判断前、后关系，根据正面或侧面投影判断上、下关系。

如图 2-17 所示，由于 $x_A > x_B$，故点 A 在点 B 的左方；由于 $y_A < y_B$，故点 A 在点 B 的后方；由于 $z_A < z_B$，故点 A 在点 B 的下方，即点 A 在点 B 的左、后、下方。

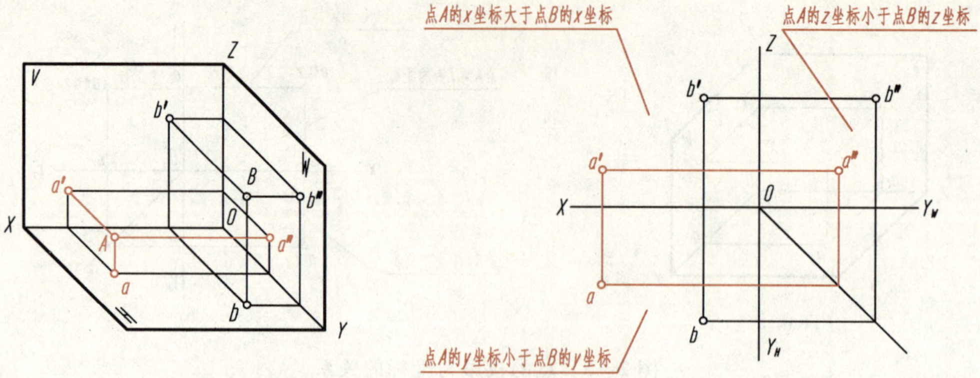

a)　　　　　　　　b)

图 2-17　两点的相对位置

在图 2-18 所示 E、F 两点的投影中，$x_E = x_F$、$z_E = z_F$，说明 E、F 两点的 x、z 坐标相同，即 E、F 两点处于对正面的同一条投射线上，其正面投影 e′和 f′重合，称为正面的重影点。虽然 e′、f′重合，但水平投影和侧面投影不重合，且 e 在前、f 在后，即 $y_E > y_F$。所以对正面来说，点 E 可见，点 F 不可见。对不可见的点，需加圆括号表示，点 F 的正面投影表示为（f′）。

重影点的可见性需根据这两点不重影的投影的坐标大小来判别，即：

当两点在 V 面的投影重合时，需判别其 H 面或 W 面投影，其 y 坐标大者在前（可见）。

当两点在 H 面的投影重合时，需判别其 V 面或 W 面投影，其 z 坐标大者在上（可见）。

若两点在 W 面的投影重合时，需判别其 H 面或 V 面投影，其 x 坐标大者在左（可见）。

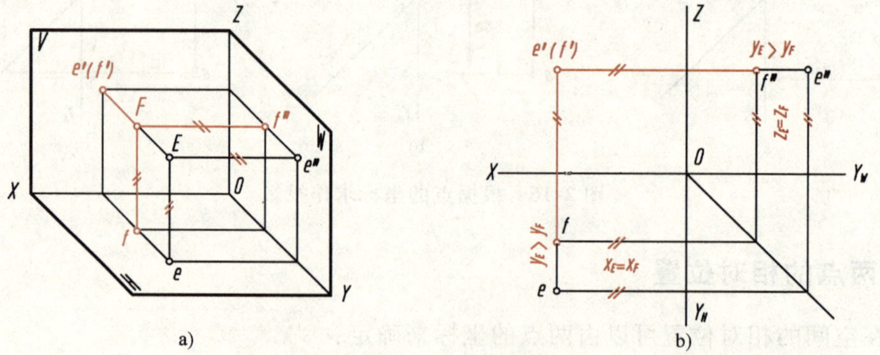

a)　　　　　　　　b)

图 2-18　重影点和可见性

【例 2-4】 在点 A 的三面投影（图 2-19a）中，作出点 B（16、8、0）的三面投影，并判断两点在空间的相对位置。

分析

点 B 的 $z=0$，说明点 B 在 H 面上，点 B 的正面投影 b′一定在 OX 轴上，侧面投影 b″一定在 OY 轴上。

作图

① 如图 2-19b 所示，在 OX 轴上向左量取 16，得 b′，由 b′向下作垂线并量取 8，得 b。

根据 b、b'，求得 b''，如图 2-19c 所示。

提示：b''一定在 W 面的 OY 轴上，而不在 H 面的 OY 轴上。

② 判别 A、B 两点在空间的相对位置：

因为 $x_B > x_A$，故点 A 在点 B 的右方。

因为 $y_A > y_B$，故点 A 在点 B 的前方。

因为 $z_A > z_B$，故点 A 在点 B 的上方。即点 A 在点 B 的右、前、上方。

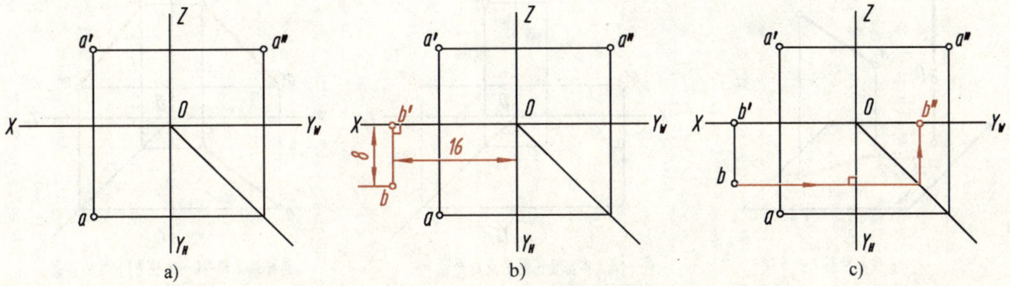

图 2-19 求点的三面投影并判别两点的相对位置

【例 2-5】 已知空间点 A（12，10，7），点 B 在点 A 的正上方 4，求作 A、B 两点的三面投影。

分析

点 B 在点 A 的正上方，说明点 B 与点 A 的 x 坐标与 y 坐标相等，可根据两点的 z 坐标差作出点 B 的三面投影。

作图

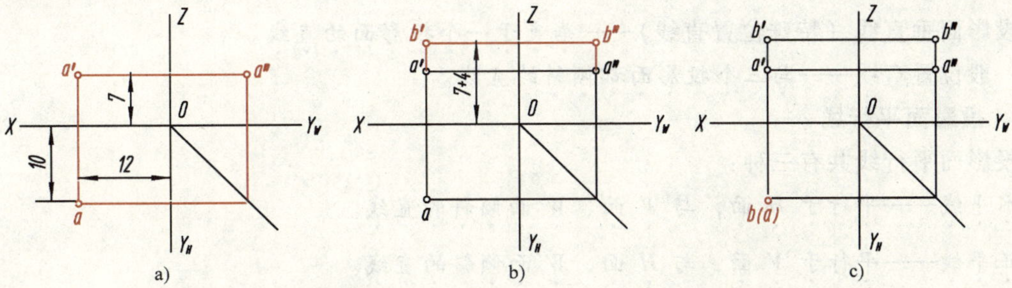

图 2-20 求出两点的三面投影

① 根据点 A 的三个坐标作出其三面投影 a、a'、a''，如图 2-20a 所示。

② 分别过 a'、a''向上延长 4（z 坐标差），作出 b'、b''，如图 2-20b 所示。

③ 判别可见性。因为点 B 的 z 坐标大于点 A 的 z 坐标，所以点 A 的水平投影 a 不可见，应加圆括号表示，如图 2-20c 所示。

第四节 直线的投影

一、直线的三面投影

一般说来，直线的投影仍是直线。特殊情况下，直线的投影积聚成一点。如图 2-21a 所

示的直线 AB，它在 H 面上的投影为 ab。直线 CD 垂直于 H 面，它在 H 面上的投影积聚成一点 $c(d)$。

求作直线的三面投影时，可分别作出直线两端点的三面投影，如图 2-21b 所示，然后将同一投影面上的投影（简称同面投影）连接起来，即得到直线的三面投影，如图 2-21c 所示。

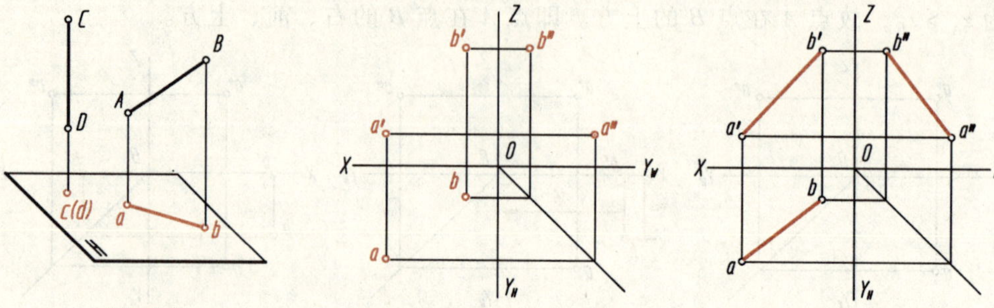

直线的投影　　作出直线两端点的投影　　连接端点即得(一般位置)直线的投影

a)　　b)　　c)

图 2-21　直线的投影

二、各种位置直线的投影特性

在三投影面体系中，按与投影面的相对位置，直线可分为以下三种：

投影面平行线（特殊位置直线）——平行于一个投影面，与其他两个投影面倾斜的直线。

投影面垂直线（特殊位置直线）——垂直于一个投影面的直线。

一般位置直线——与三个投影面都倾斜的直线。

1. 投影面平行线

投影面平行线共有三种：

水平线——平行于 H 面，与 V 面、W 面倾斜的直线。

正平线——平行于 V 面，与 H 面、W 面倾斜的直线。

侧平线——平行于 W 面，与 V 面、H 面倾斜的直线。

各种平行线的投影特性列于表 2-1 中。

表 2-1　投影面平行线的投影特性

名称	水平线	正平线	侧平线
实例	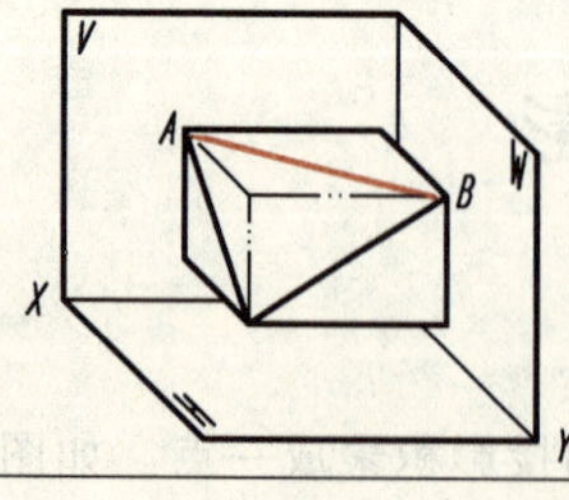	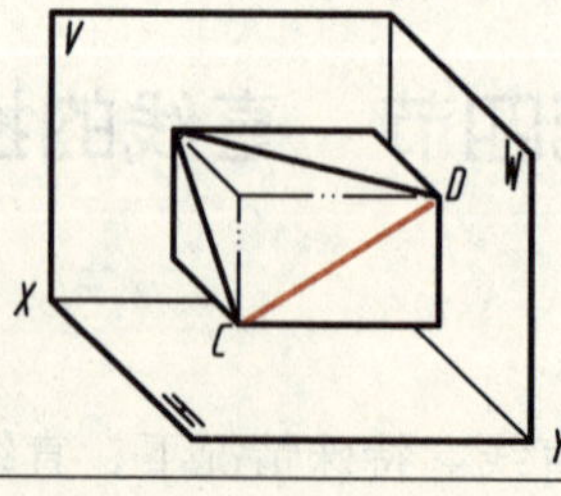	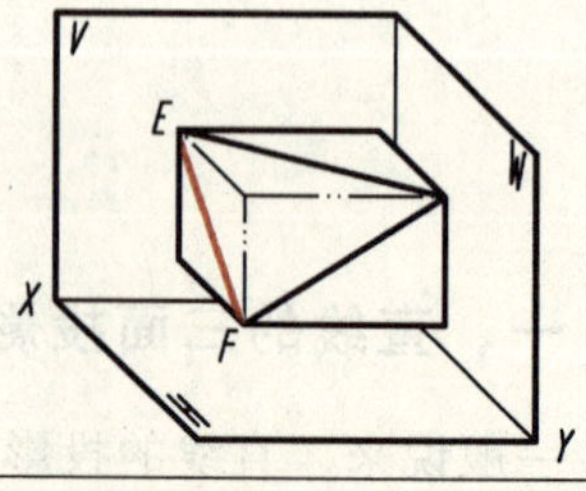

（续）

名称	水平线	正平线	侧平线
轴测图	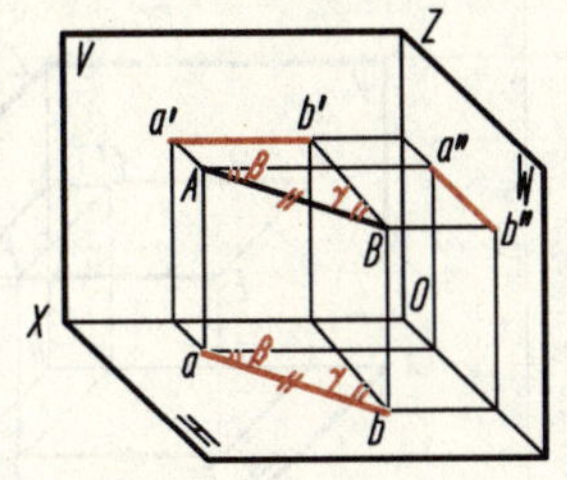	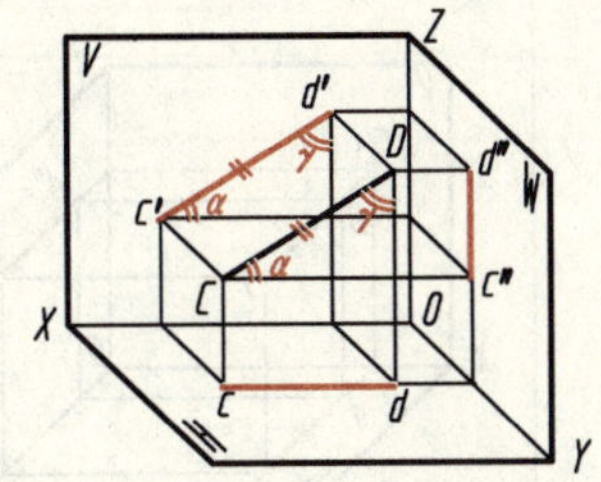	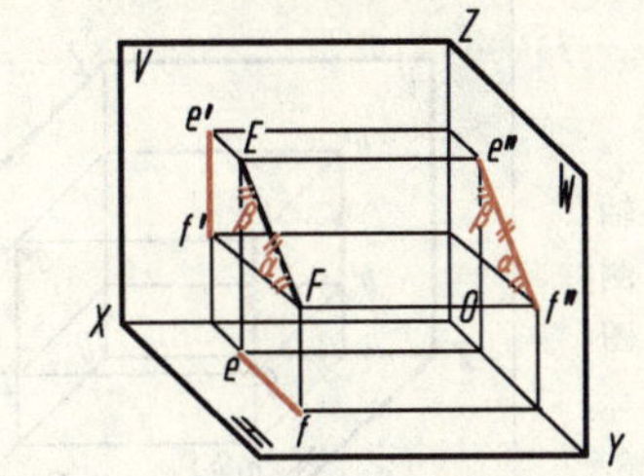
投影	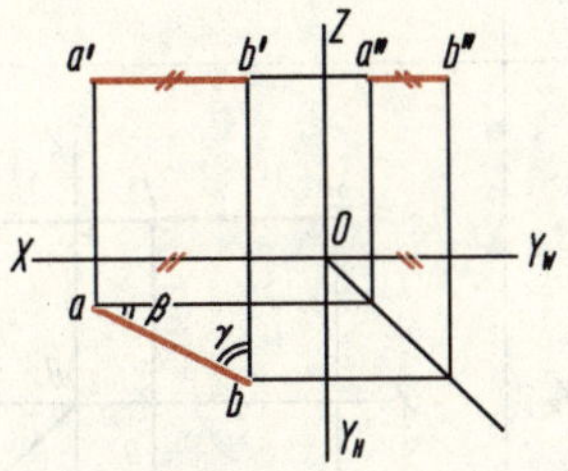	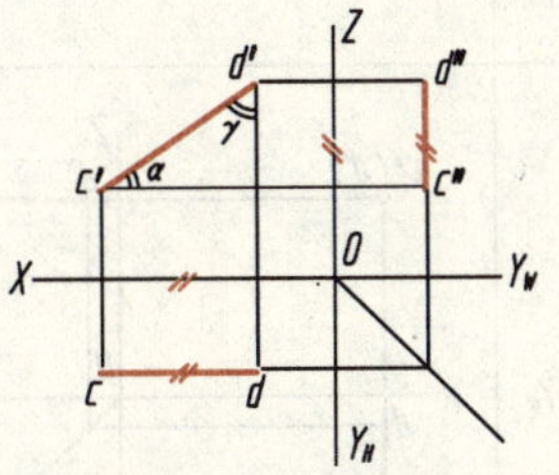	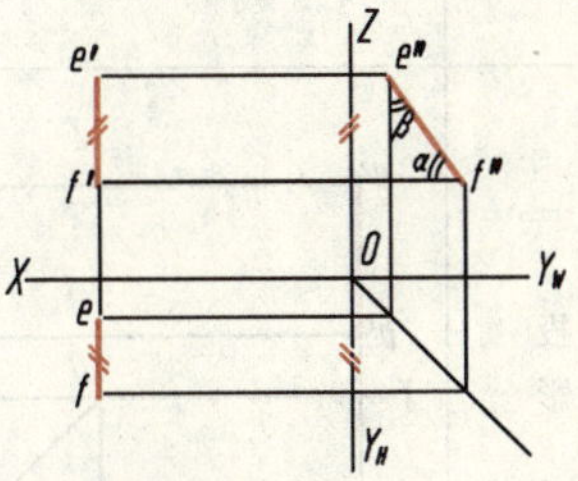
投影特性	①水平投影 $ab = AB$ ②正面投影 $a'b' // OX$ 轴，侧面投影 $a''b'' // OY$ 轴且不反映实长 ③ab 与 OX 和 OY 轴的夹角 β、γ 等于 AB 对 V、W 面的倾角	①正面投影 $c'd' = CD$ ②水平投影 $cd // OX$ 轴，侧面投影 $c''d'' // OZ$ 轴且不反映实长 ③$c'd'$ 与 OX 和 OZ 轴的夹角 α、γ 等于 CD 对 H、W 面的倾角	①侧面投影 $e''f'' = EF$ ②水平投影 $ef // OY$ 轴，正面投影 $e'f' // OZ$ 轴且不反映实长 ③$e''f''$ 与 OY 和 OZ 轴的夹角 α、β 等于 EF 对 H、V 面的倾角
	① 直线在所平行的投影面上的投影均反映实长 ②直线在其他两面投影平行于相应的投影轴 ③反映实长的投影与投影轴所夹的角度等于空间直线对相应投影面的倾角		

注：在三投影面体系中，直线对 H、V、W 面的倾角分别用 α、β、γ 表示。

2. 投影面垂直线

投影面垂直线也有三种：

铅垂线——垂直于 H 面的直线。

正垂线——垂直于 V 面的直线。

侧垂线——垂直于 W 面的直线。

各种垂直线的投影特性列于表 2-2 中。

表 2-2 投影面垂直线的投影特性

名称	铅垂线	正垂线	侧垂线
实例	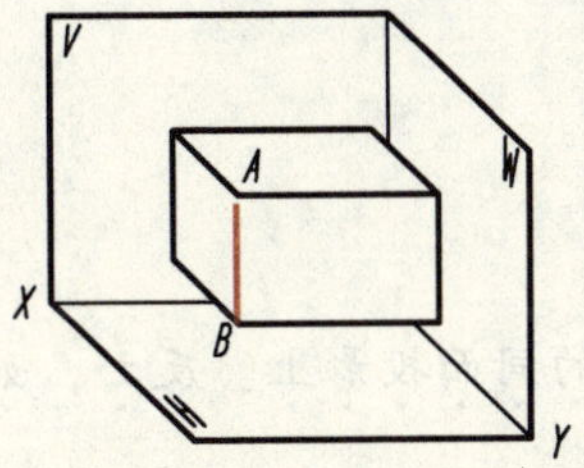	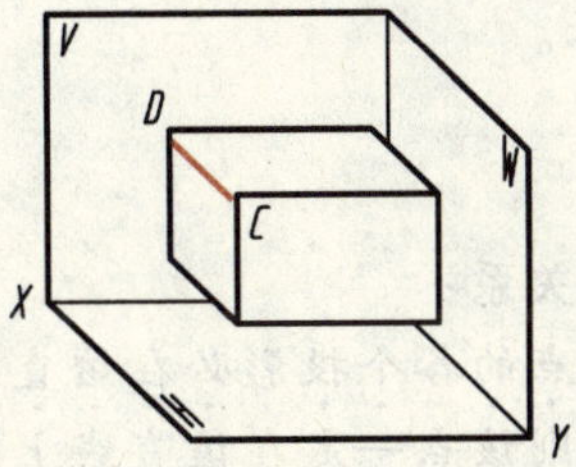	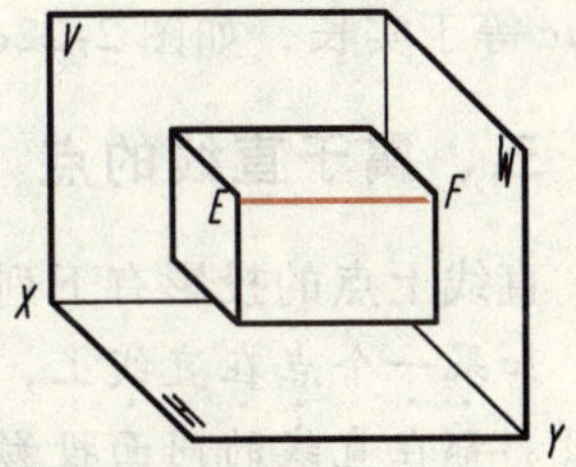

（续）

名称	铅垂线	正垂线	侧垂线
轴测图	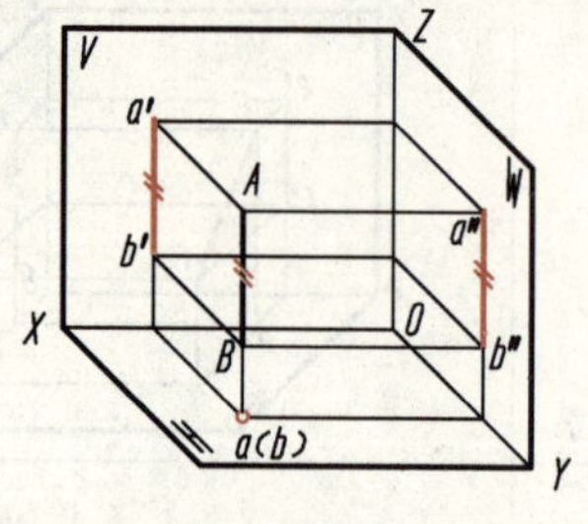	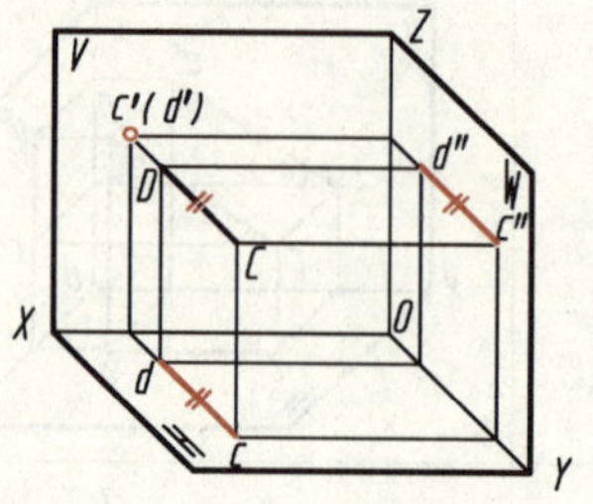	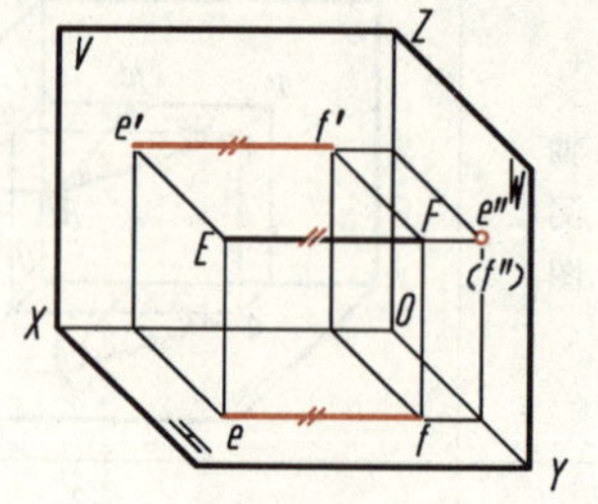
投影	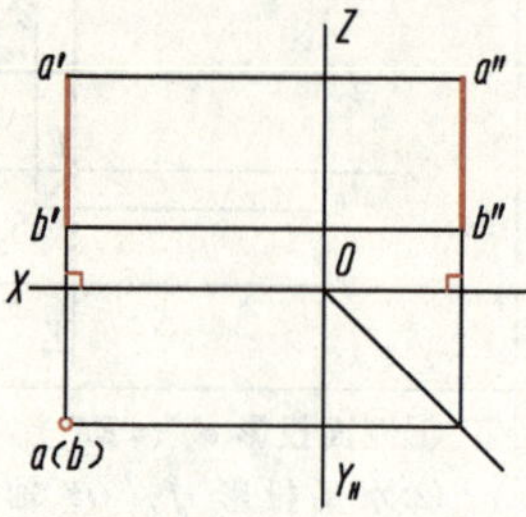	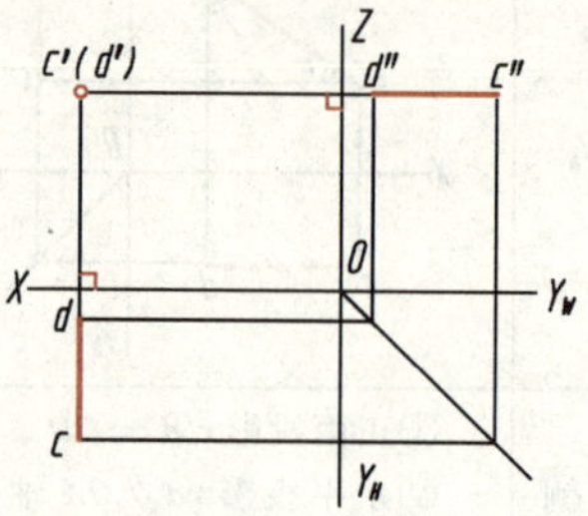	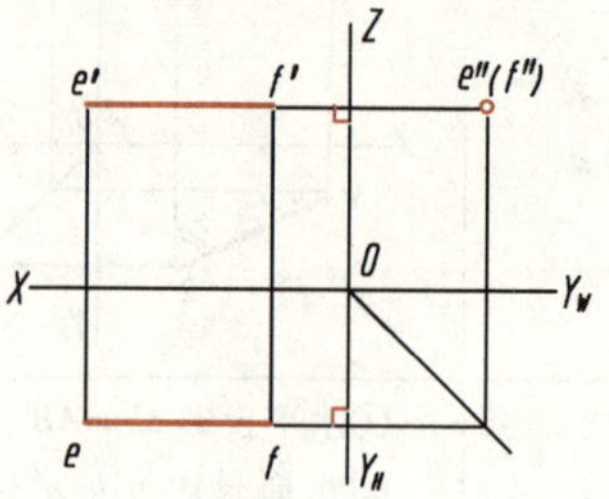
投影特性	①水平投影积聚成一点 $a(b)$ ② $a'b'=a''b''=AB$，且 $a'b'\perp OX$ 轴，$a''b''\perp OY$ 轴	①正面投影积聚成一点 $c'(d')$ ② $cd=c''d''=CD$，且 $cd\perp OX$ 轴，$c''d''\perp OZ$ 轴	①侧面投影积聚成一点 $e''(f'')$ ② $ef=e'f'=EF$，且 $ef\perp OY$ 轴，$e'f'\perp OZ$ 轴
	①直线在所垂直的投影面上的投影，积聚成一点 ②直线在其他两面投影反映该直线的实长，且分别垂直于相应的投影轴		

3. 一般位置直线

由于一般位置直线对三个投影面都倾斜，其三面投影都与投影轴倾斜，且均不反映实长，如图2-21c所示。

提示：一般位置直线与投影轴的夹角不反映空间直线与投影面的倾角。

【例2-6】 分析图2-22所示正三棱锥三条棱线 SA、SB、AC 与投影面的相对位置。

分析

（1）棱线 SA。SA 的三个投影 sa、$s'a'$、$s''a''$ 与投影轴都倾斜，可确定为一般位置直线，其三个投影均小于实长，如图2-22a所示。

（2）棱线 SB。sb 平行于 OY 轴，$s'b'$ 平行于 OZ 轴，可确定 SB 为侧平线，其侧面投影 $s''b''$ 等于实长，如图2-22b所示。

（3）棱线 AC。侧面投影 $a''(c'')$ 重影，可确定 AC 为侧垂线，其正面投影 $a'c'$ 和水平投影 ac 等于实长，如图2-22c所示。

三、属于直线的点

直线上点的投影有下列从属关系：

如果一个点在直线上，则此点的各个投影必在该直线的同面投影上。反之，如果点的各个投影都在直线的同面投影上，则该点一定在该直线上。

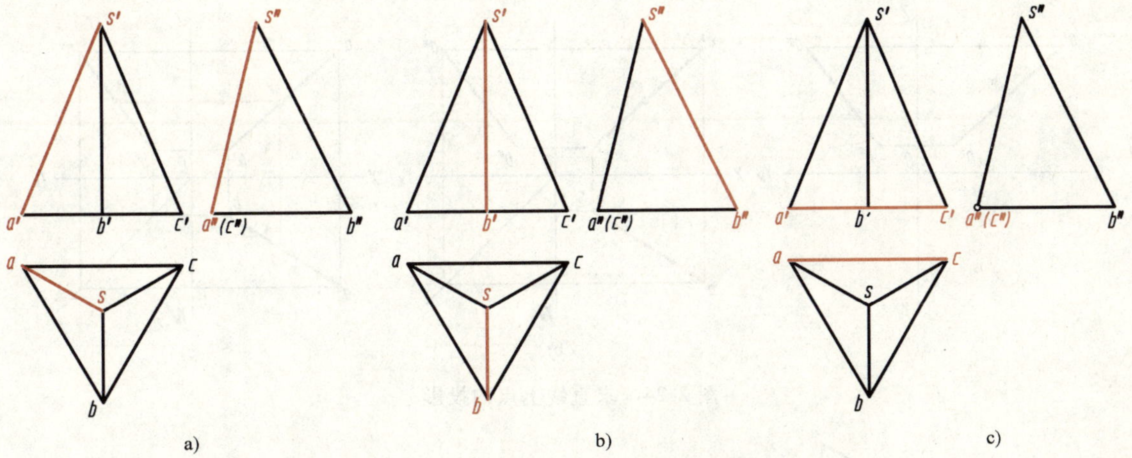

图 2-22 分析棱线与投影面的相对位置

如图 2-23 所示，点 K 在直线 AB 上，则 k 在 ab 上，k'在 $a'b'$上，k''在 $a''b''$上。

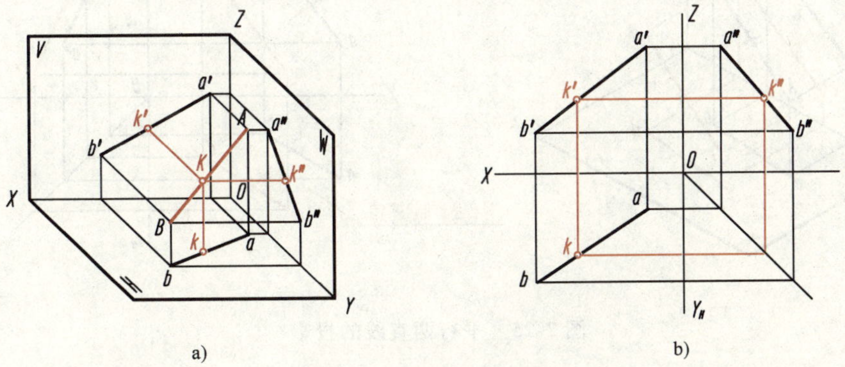

图 2-23 直线上点的投影

提示：若点的一个投影不在直线的同面投影上，则可判定该点不在该直线上。

【例 2-7】 已知点 M 在直线 AB 上，求作它们的第三面投影（图 2-24a）。

分析

由于点 M 在直线 AB 上，所以点 M 的另两面投影必在 AB 的同面投影上。

作图

① 首先求出直线 AB 的水平投影 ab，如图 2-24b 所示。

② 过 m'作 OX、OZ 轴垂线，分别与 ab、$a''b''$相交，求得 m 和 m''，如图 2-24c 所示。

四、两直线的相对位置

空间两直线的相对位置有三种，即平行、相交和交叉。平行两直线和相交两直线都可以组成一个平面，而交叉两直线则不能，所以交叉两直线又称为异面直线。

1. 平行两直线

若空间两直线相互平行，则其各组同面投影必相互平行；若两直线的各组同面投影分别相互平行，则空间两直线必相互平行。

如图 2-25 所示，$AB/\!/CD$，则 $ab/\!/cd$、$a'b'/\!/c'd'$、$a''b''/\!/c''d''$。

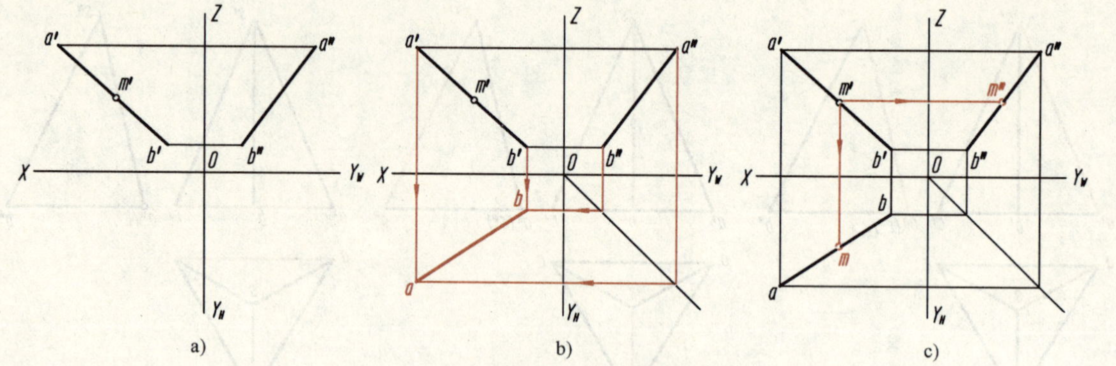

图 2-24　求直线上点的投影

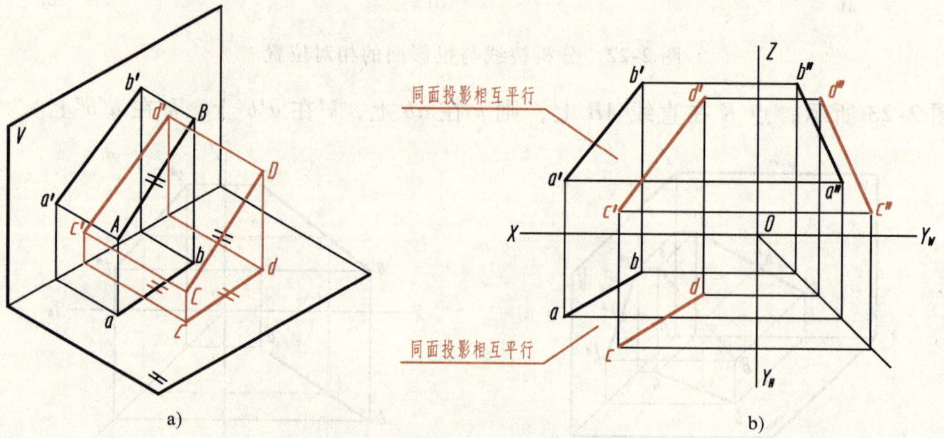

图 2-25　平行两直线的投影

对两条一般位置直线来说，只要有任意两个同面投影相互平行，就可判定这两条直线在空间一定平行。但对两条同为某一投影面的平行线来说，则需从两直线在该投影面上的投影来判定。

【例 2-8】 如图 2-26a 所示，判断 *AB* 与 *CD* 两直线是否平行。

分析

AB 和 *CD* 为两条侧平线。在这种情况下，仅凭 $ab \parallel cd$ 和 $a'b' \parallel c'd'$，还不能判定直线 *AB* 与直线 *CD* 是否平行，必须求出它们的侧面投影才能判定。

作图

① 首先求出直线 *AB* 的侧面投影 $a''b''$，如图 2-26b 所示。

② 再求出直线 *CD* 的侧面投影 $c''d''$。由于 $a''b''$ 不平行于 $c''d''$，故 *AB* 与 *CD* 不平行，如图 2-26c 所示。

同样，判定两水平线是否平行，应从它们的水平投影进行判定；判定两正平线是否平行，应从它们的正面投影进行判定。

2. 相交两直线

若空间两直线相交，则其各组同面投影必定相交，交点为两直线的共有点，且符合点的投影规律；若两直线的各组同面投影都相交，且交点符合点的投影规律，则两直线在空间必

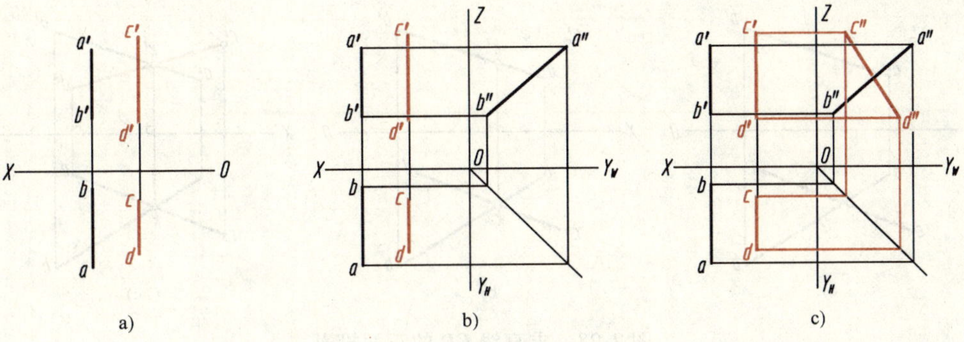

图 2-26　判断两直线是否平行

定相交。

如图 2-27a 所示，直线 AB 和 CD 相交于点 K，点 K 是直线 AB 和 CD 的共有点。根据点属于直线的投影特性，可知 k 既属于 ab，又属于 cd，即 k 一定是 ab 和 cd 的交点。同理，k' 必定是 $a'b'$ 和 $c'd'$ 的交点；k'' 也必定是 $a''b''$ 和 $c''d''$ 的交点。由于 k、k' 和 k'' 是同一点 K 的三面投影，因此，k、k' 的连线垂直于 OX 轴，k' 和 k'' 的连线垂直于 OZ 轴，如图 2-27b 所示。

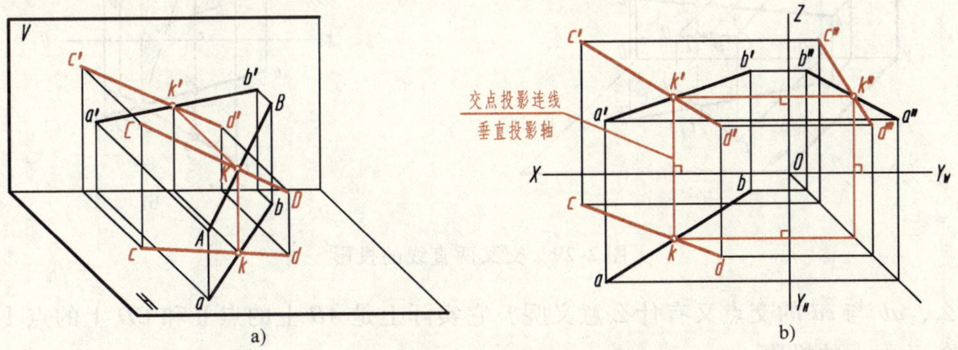

图 2-27　相交两直线的投影

对两条一般位置直线来说，只要任意两个同面投影交点的连线垂直于相应的投影轴，就可判定这两条直线在空间一定相交。

【例 2-9】　已知两相交直线 AB 和 CD 的水平投影 ab、cd，直线 AB 和点 C 的正面投影 $a'b'$、c'，求直线 CD 的正面投影（图 2-28a）。

分析

水平投影 ab 与 cd 的交点 k 应为交点 K 的水平投影。利用两直线相交的投影特性，即可求得交点 K 的正面投影 k'。d' 应在 $c'k'$ 的延长线上。

作图

① 过 ab 与 cd 的交点 k 作 OX 轴的垂线，与 $a'b'$ 相交于 k'，如图 2-28b 所示。

② 过 d 作 OX 轴的垂线，与 $c'k'$ 的延长线相交于 d'，$c'd'$ 即为所求，如图 2-28c 所示。

3. 交叉两直线

空间既不平行又不相交的两直线称为交叉两直线，亦称异面直线；如果两直线的投影不符合平行或相交两直线的投影规律，则可判定为空间交叉两直线。

如图 2-29a 所示，直线 AB 与 CD 不平行，它们的各组同面投影不会都平行（可能有一

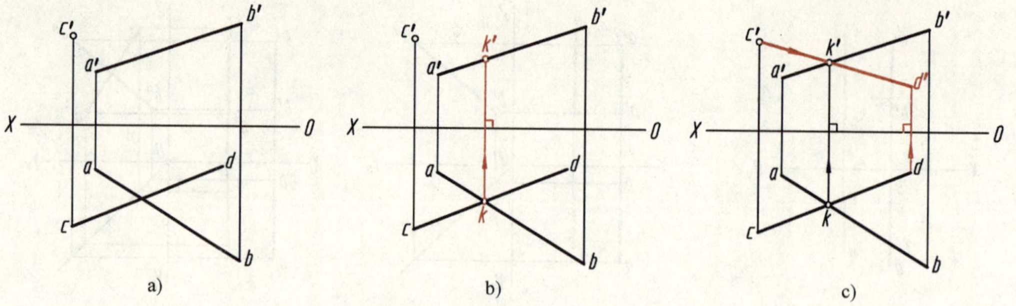

图 2-28　求直线 *CD* 的正面投影

两组平行）；又因 *AB*、*CD* 不相交，各组同面投影交点的连线不会垂直于相应的投影轴，即不符合点的投影规律，如图 2-29b 所示。

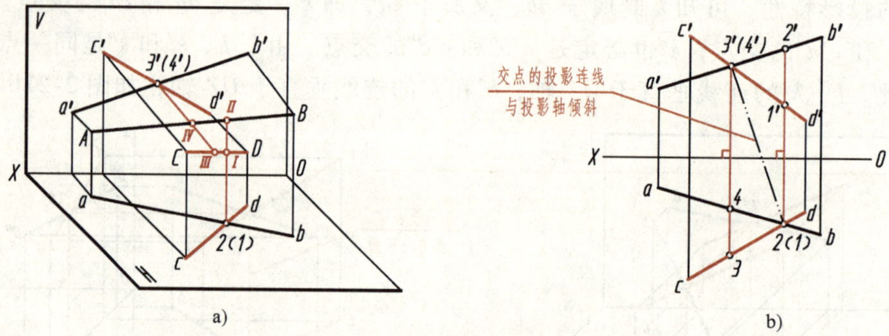

图 2-29　交叉两直线的投影

那么，*ab* 与 *cd* 的交点又有什么意义呢？它实际上是 *AB* 上的点Ⅱ和 *CD* 上的点Ⅰ这一对重影点在 *H* 面上的投影。

从正面投影可以看出：$z_{Ⅱ} > z_{Ⅰ}$，对水平投影来说，直线 *AB* 在直线 *CD* 的上方，点Ⅱ是可见的，而点Ⅰ是不可见的，故标记为 2（1）。

a'b' 与 *c'd'* 的交点，则是 *CD* 上的点Ⅲ和 *AB* 上的点Ⅳ这一对重影点在 *V* 面上的投影。由于 $y_{Ⅲ} > y_{Ⅳ}$，说明直线 *CD* 在直线 *AB* 的前方，因此点Ⅲ可见而点Ⅳ不可见，故标记为3′（4′）。

重影点这一概念常用来判别可见性。

【例 2-10】　试判别两根交叉管子 *AB* 和 *CD* 的相对位置，并判别可见性（图 2-30a）。

判别

① 首先将交叉两管子抽象成交叉两直线，如图 2-30b 所示。它们的水平投影 *ab* 和 *cd* 交于一点 2（1），即为交叉两直线对 *H* 面的重影点的投影。点Ⅱ比点Ⅰ高，故可判定直线 *CD* 在直线 *AB* 的上方，因此管子 *AB* 的水平投影被管子 *CD* 的水平投影遮挡；点 3′（4′）为交叉两直线对 *V* 面的重影点的投影。点Ⅲ在点Ⅳ的前面，故可判定直线 *AB* 在直线 *CD* 的前面，因此管子 *CD* 的正面投影被管子 *AB* 的正面投影遮挡。

② 根据以上分析，将正面投影和水平投影中被遮挡的管子用细虚线表示，如图2-30c 所示。

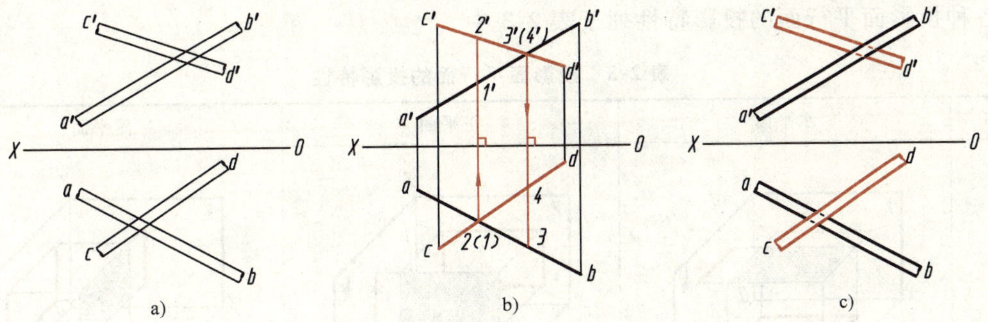

图 2-30　判别两根管子的可见性

第五节　平面的投影

一、平面的表示法

不属于同一直线的三点可确定一平面。因此，平面可以用图 2-31 中任何一组几何要素的投影来表示。在投影图中，常用平面图形来表示空间的平面。

二、各种位置平面的投影

在三投影面体系中，按与投影面的相对位置，平面可分为三种：

投影面平行面（特殊位置平面）——平行于一个投影面的平面，如图 2-32 中的 *A* 面、*B* 面和 *C* 面。

投影面垂直面（特殊位置平面）——垂直于一个投影面，与其他两个投影面倾斜的平面，如图 2-32 中的 *D* 面、*E* 面和 *F* 面。

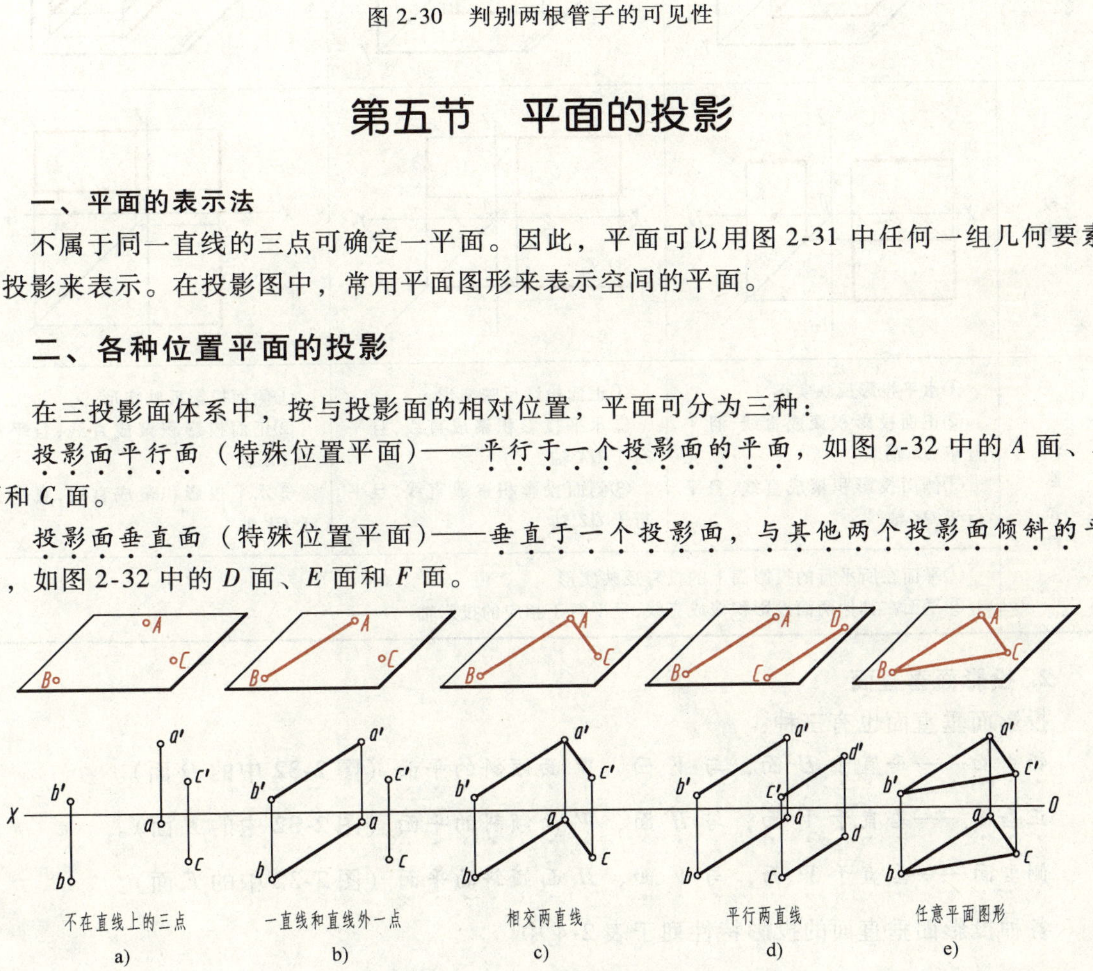

图 2-31　平面的表示法

一般位置平面——与三个投影面都倾斜的平面，如图 2-32 中的 *G* 面。

1. 投影面平行面

投影面平行面共有三种：

水平面——平行于 *H* 面的平面（图 2-32 中的 *A* 面）。

正平面——平行于 *V* 面的平面（图 2-32 中的 *B* 面）。

侧平面——平行于 *W* 面的平面（图 2-32 中的 *C* 面）。

各种投影面平行面的投影特性列于表2-3中。

表2-3 投影面平行面的投影特性

名称	水平面	正平面	侧平面
轴测图	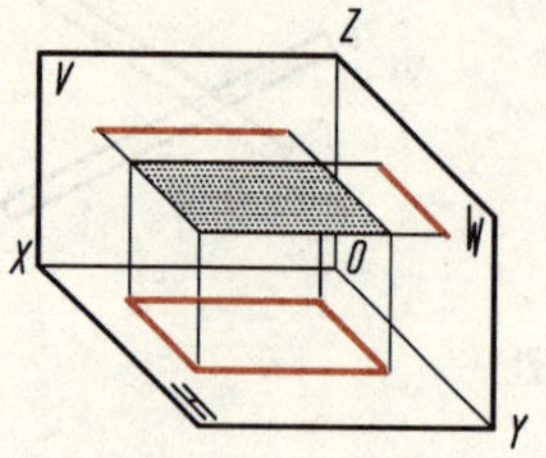	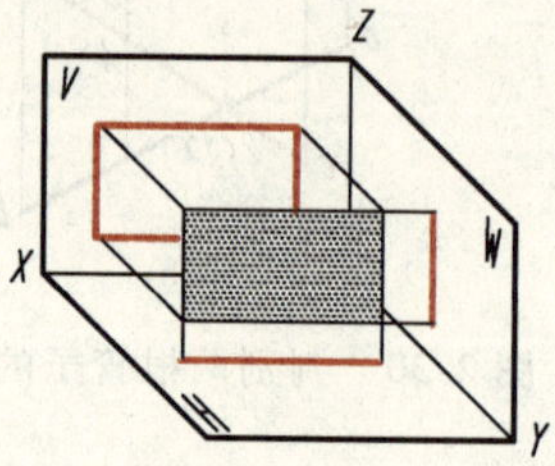	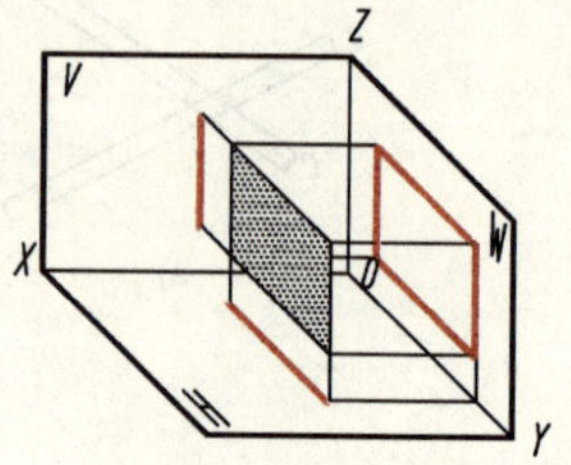
投影	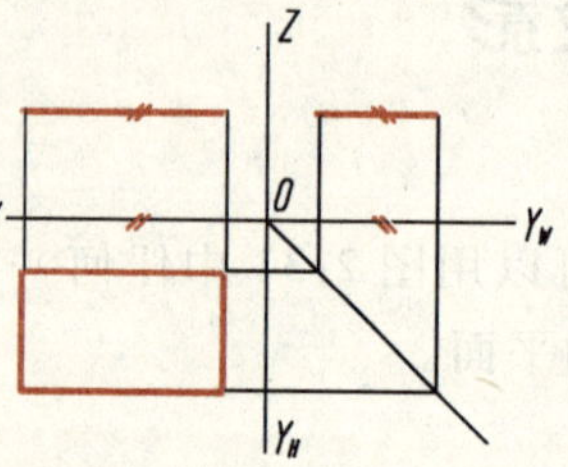	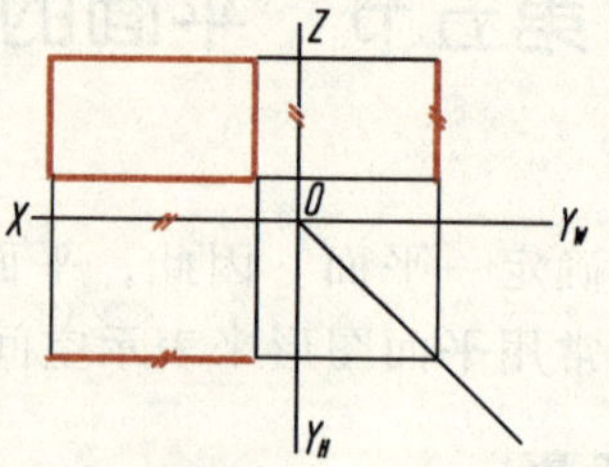	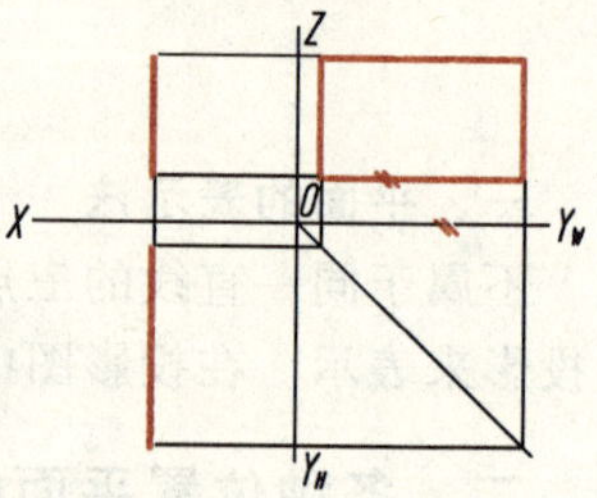
投影特性	①水平投影反映实形 ②正面投影积聚成直线，且平行于 *OX* 轴 ③侧面投影积聚成直线，且平行于 *OY* 轴	①正面投影反映实形 ②水平投影积聚成直线，且平行于 *OX* 轴 ③侧面投影积聚成直线，且平行于 *OZ* 轴	①侧面投影反映实形 ②正面投影积聚成直线，且平行于 *OZ* 轴 ③水平投影积聚成直线，且平行于 *OY* 轴
	①平面在所平行的投影面上的投影反映实形 ②平面在其他两面投影积聚成直线，且平行于相应的投影轴		

2. 投影面垂直面

投影面垂直面也有三种：

铅垂面——垂直于 *H* 面，与 *V* 面、*W* 面倾斜的平面（图2-32中的 *D* 面）。

正垂面——垂直于 *V* 面，与 *H* 面、*W* 面倾斜的平面（图2-32中的 *E* 面）。

侧垂面——垂直于 *W* 面，与 *V* 面、*H* 面倾斜的平面（图2-32中的 *F* 面）。

各种投影面垂直面的投影特性列于表2-4中。

表2-4 投影面垂直面的投影特性

名称	铅垂面	正垂面	侧垂面
轴测图	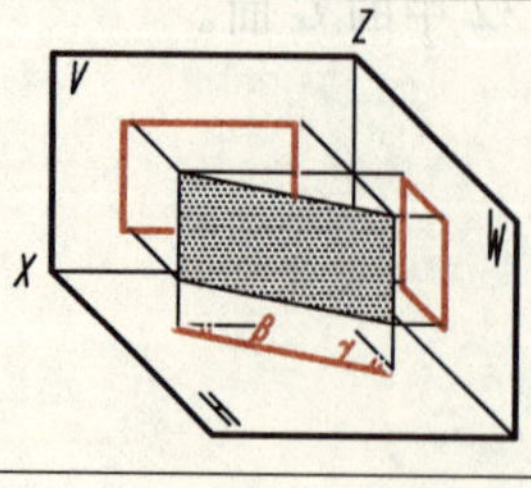	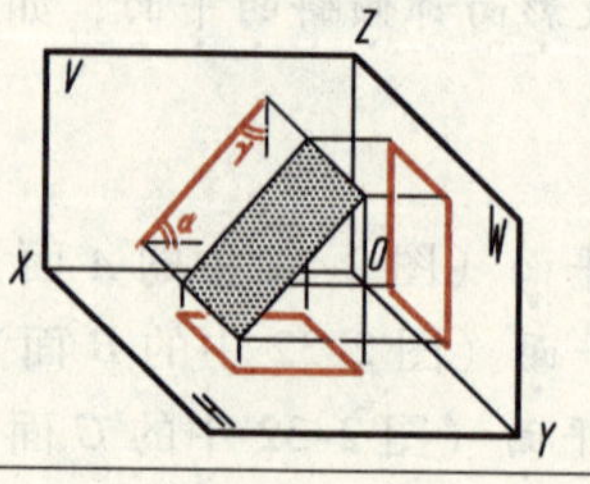	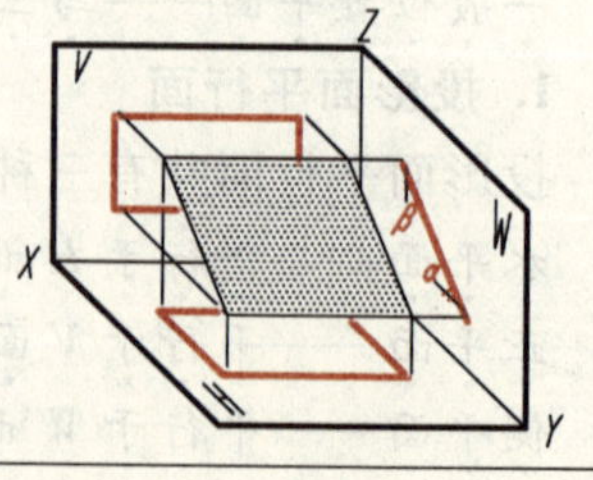

（续）

名称	铅垂面	正垂面	侧垂面
投影	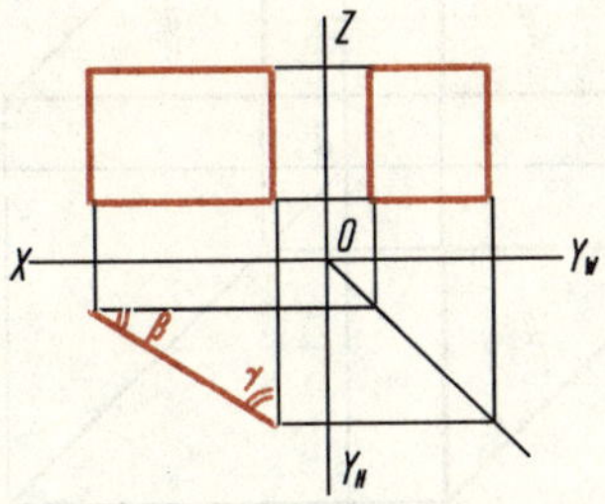	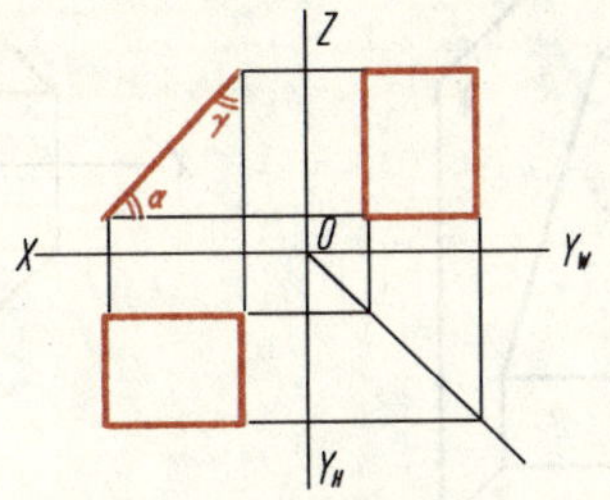	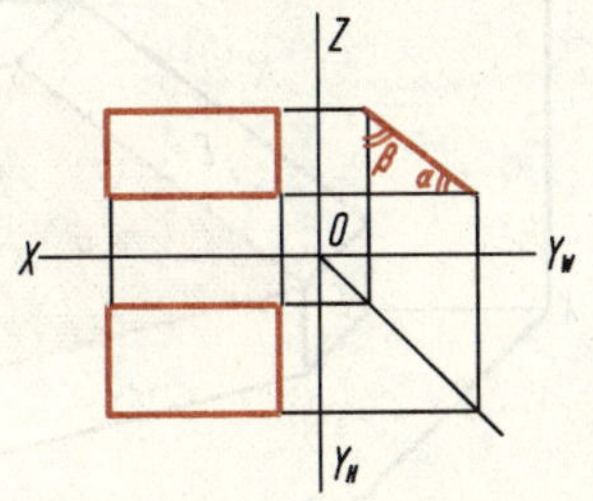
投影特性	①水平投影积聚成直线，该直线与 OX、OY 轴的夹角 β、γ，等于平面对 V、W 面的倾角 ②正面投影和侧面投影为原形的类似形	①正面投影积聚成直线，该直线与 OX、OZ 轴的夹角 α、γ，等于平面对 H、W 面的倾角 ②水平面投影和侧面投影为原形的类似形	①侧面投影积聚成直线，该直线与 OY、OZ 轴的夹角 α、β，等于平面对 H、V 面的倾角 ②正面投影和水平面投影为原形的类似形
	①平面在所垂直的投影面上的投影，积聚成与投影轴倾斜的直线，该直线与投影轴的夹角等于平面对相应投影面的倾角 ②平面在其他两面投影均为原形的类似形		

3. 一般位置平面

由于一般位置平面对三个投影面都倾斜，其三面投影均不反映实形，都是小于原平面的类似形。

如图 2-33a 所示，图中的 G 面对三个投影面都倾斜，其水平投影、正面投影和侧面投影都没有积聚性，均为小于实形的三角形，如图 2-33b 所示。

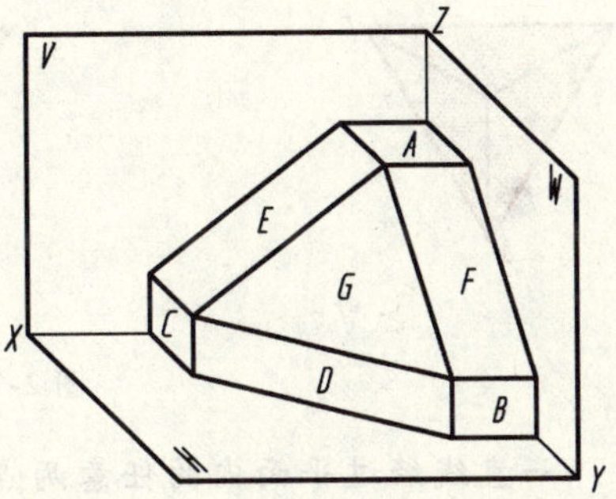

图 2-32　各种位置平面的投影

【例 2-11】　分析图 2-34 中正三棱锥的三个面（ABC、SAC、SAB）与投影面的相对位置。

分析

（1）底面 ABC。如图 2-34a 所示，其 V 面和 W 面的投影积聚成水平线，分别平行于 OX 轴和 OY 轴，可确定底面 ABC 是水平面，水平投影反映实形。

（2）棱面 SAC。如图 2-34b 所示，从 W 面投影中的重影点 $a''(c'')$ 可知，AC 边是侧垂线。根据几何定理，平面内的任一直线垂直于另一平面，则两平面相互垂直。由此可判断棱面 SAC 是侧垂面，侧面投影积聚成一直线。

（3）棱面 SAB。如图 2-34c 所示，棱面 SAB 的三个投影 sab、$s'a'b'$、$s''a''b''$都没有积聚性，均为类似形（三角形），由此可判断棱面 SAB 是一般位置平面。

三、平面内直线和点的投影

1. 平面内的直线

直线从属于平面的几何条件是：

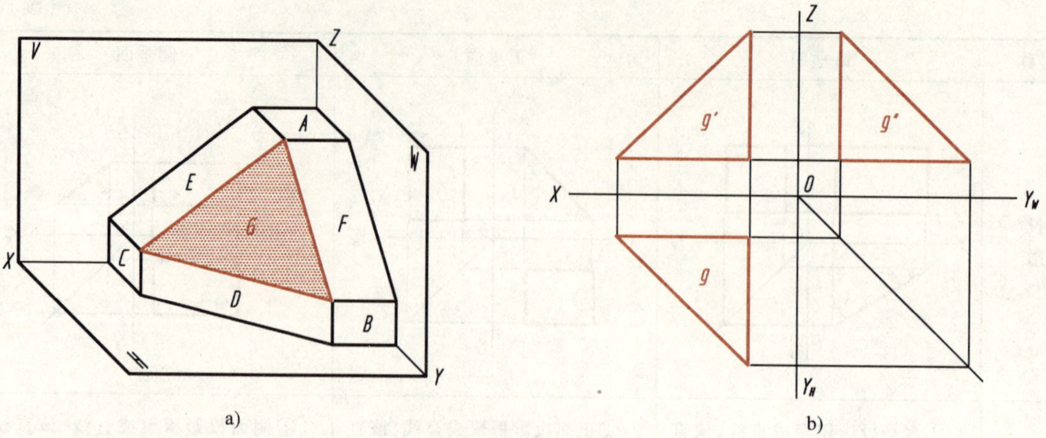

图 2-33　一般位置平面的投影特性

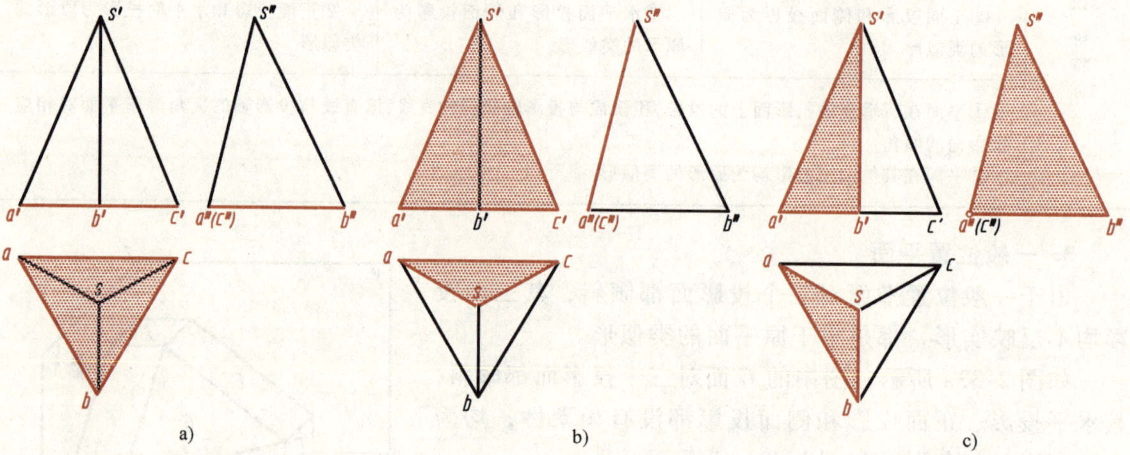

图 2-34　分析平面与投影面的相对位置

一直线经过平面内的任意两点；或一直线经过平面内的一点，且平行于平面内的另一已知直线。

【例 2-12】　已知△*ABC* 内的直线 *EF* 的正面投影 *e'f'*，求水平投影 *ef*（图 2-35a）。

分析

如图 2-35b 所示，直线 *EF* 在△*ABC* 平面内，延长 *EF*，可与△*ABC* 的边线交于 *M*、*N*，则直线 *EF* 是△*ABC* 上直线 *MN* 的一部分，它的投影必属于直线 *MN* 的同面投影。

作图

① 延长 *e'f'*，交 *a'b'* 于 *m'*、交 *b'c'* 于 *n'*，由 *m'*、*n'* 求得 *m*、*n* 并作连线，如图 2-35c 所示。

② 过 *e'f'* 作 *OX* 轴的垂线，在 *mn* 线上求得 *e* 和 *f*，连接 *ef* 即为所求，如图 2-35d 所示。

2. 平面内的点

点从属于平面的几何条件是：

若一点在平面内的任一直线上，则此点必定在该平面内。

因此，在平面内取点时，应先在平面内取直线，再在该直线上取点。

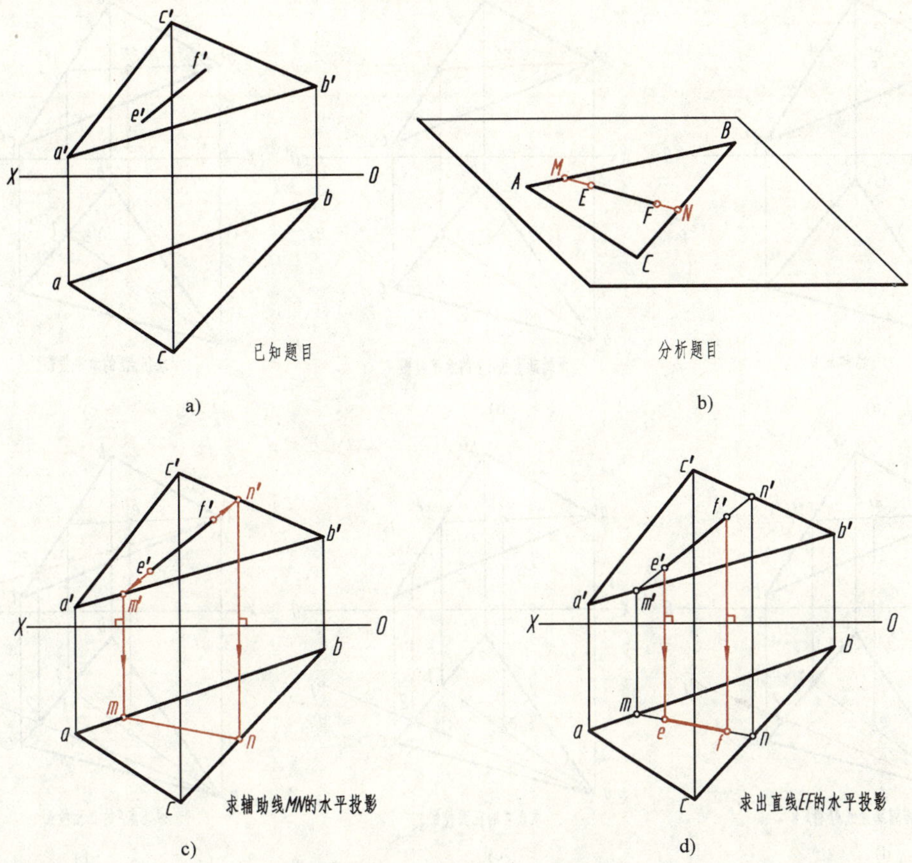

图 2-35　求平面内直线的投影

【例 2-13】　已知△ABC 内点 E 的正面投影 e'和点 F 的水平投影 f，求作它们的另一面投影（图 2-36a）。

分析

因为点 E、F 在△ABC 上，故过点 E、F 在△ABC 平面上各作一条辅助直线，则点 E、F 的两个投影必定在相应的辅助直线的同面投影上。

作图

① 过 e'任作一条辅助直线 $a'1'$，求出水平投影 $a1$，如图 2-36b 所示。

② 过 e'作 X 轴的垂线与 $a1$ 相交，交点 e 即为所求，如图 2-36c 所示。

③ 连接 fa 作为辅助直线，fa 与 bc 相交于 2，如图 2-36d 所示。

④ 过 2 作 X 轴的垂线与 $b'c'$相交，求出正面投影 $2'$，如图 2-36e 所示。

⑤ 过 f 作 X 轴的垂线，与 $a'2'$的延长线相交，交点 f'即为所求，如图 2-36f 所示。

【例 2-14】　在△ABC 平面上取一点 K，距离 V 面 14，距离 H 面 16（图 2-37a）。

分析

按题目要求，点 K 是已知平面上距离 V 面 14 的点，它一定位于该面上的一条距离 V 面为 14 的正平线上。同时点 K 距离 H 面 16，它也一定位于该面上的一条距离 H 面为 16 的水平线上。因此，点 K 必然是该面上的上述两投影面平行线的交点。

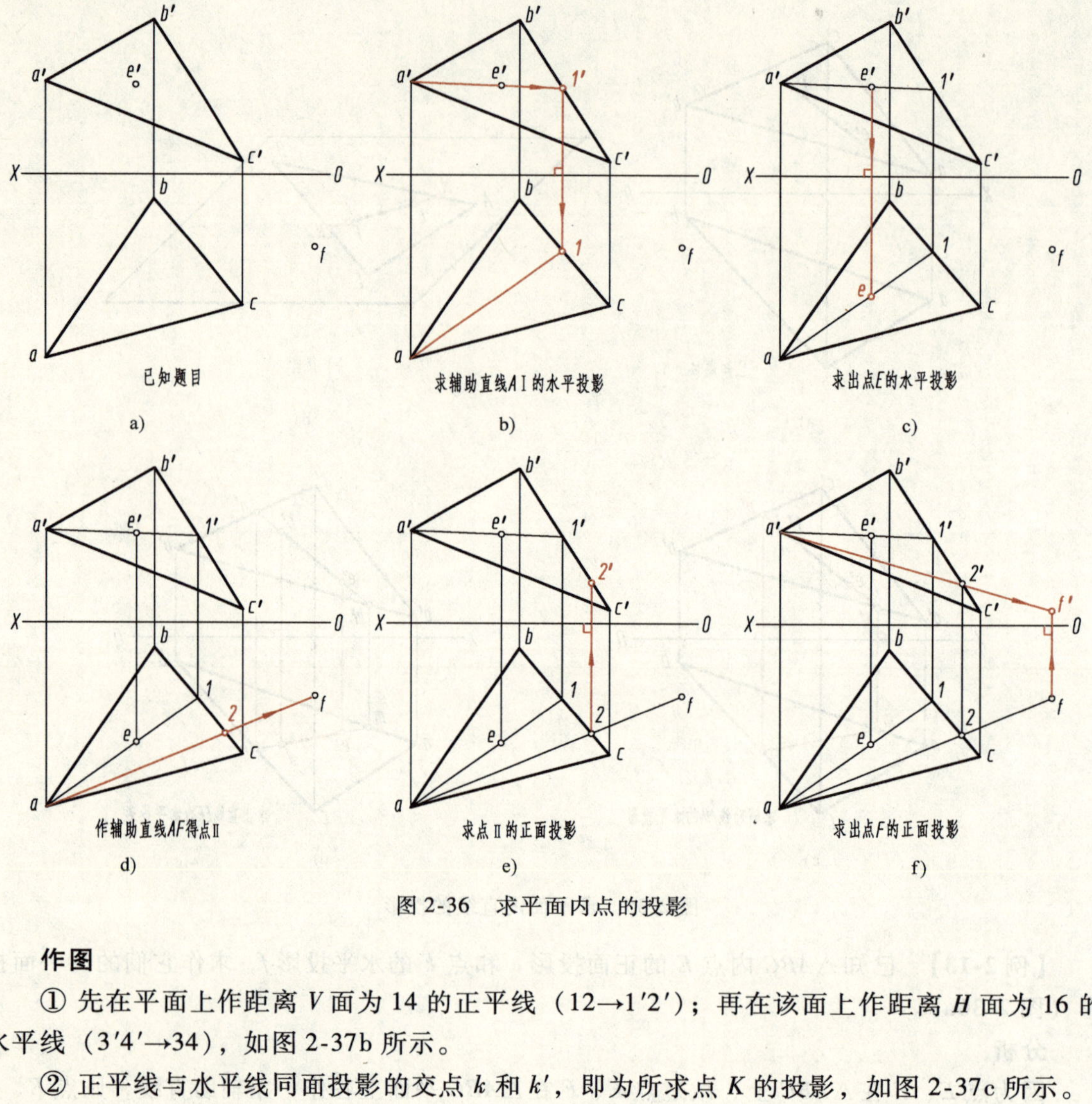

已知题目
a)

求辅助直线AⅠ的水平投影
b)

求出点E的水平投影
c)

作辅助直线AF得点Ⅱ
d)

求点Ⅱ的正面投影
e)

求出点F的正面投影
f)

图 2-36　求平面内点的投影

作图

① 先在平面上作距离 V 面为 14 的正平线（12→1′2′）；再在该面上作距离 H 面为 16 的水平线（3′4′→34），如图 2-37b 所示。

② 正平线与水平线同面投影的交点 k 和 k'，即为所求点 K 的投影，如图 2-37c 所示。

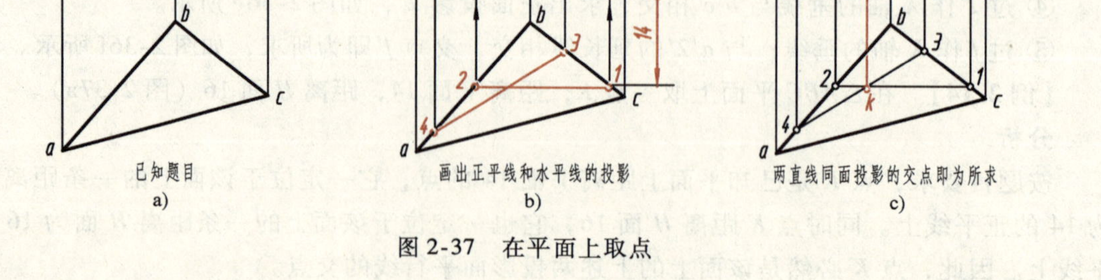

已知题目
a)

画出正平线和水平线的投影
b)

两直线同面投影的交点即为所求
c)

图 2-37　在平面上取点

第六节 变换投影面法

当空间的直线或平面对投影面处于一般位置时，它们的投影都不能直接反映真实大小、度量和定位关系，也不具有积聚性；但当它们和投影面处于特殊位置时，则它们的投影有可能直接真实地反映度量关系和定位关系或具有积聚性。若能把一般位置直线或平面改变成特殊位置直线或平面，问题就容易获得解决。变换投影面法就是解决这一问题常用的一种图解方法。

一、变换投影面法的基本概念

空间几何元素的位置保持不动，用新的投影面来代替某一旧的投影面，使空间几何元素对新的投影面的相对位置变成有利于解题的特殊位置，然后找出其在新投影面上的投影。这种方法称为变换投影面法，简称换面法。

如图 2-38a 所示，$\triangle ABC$ 平面为一铅垂面，该面在 V 面和 H 面的投影体系 $\left(即\dfrac{V}{H}体系\right)$ 中的两个投影都不反映实形。取一个平行于 $\triangle ABC$ 且垂直于 H 面的 V_1 面来代替 V 面，则新的 V_1 面和保留不变的 H 面相交成新的投影轴 X_1，构成一个新的两投影面体系 $\left(即\dfrac{V_1}{H}\right)$。$\triangle ABC$ 平面在 $\dfrac{V_1}{H}$ 体系中 V_1 面上的投影就反映了平面的实形。再将 V_1 面绕新投影轴 X_1 旋转展开到与 H 面成一个平面，从而获得 $\dfrac{V_1}{H}$ 体系的投影图，如图 2-38b 所示。

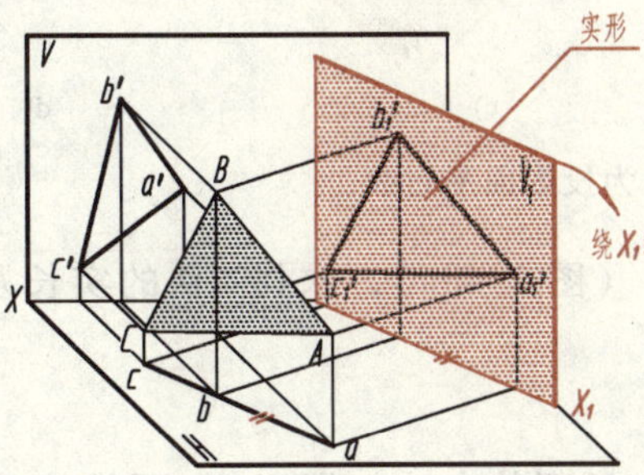

a)

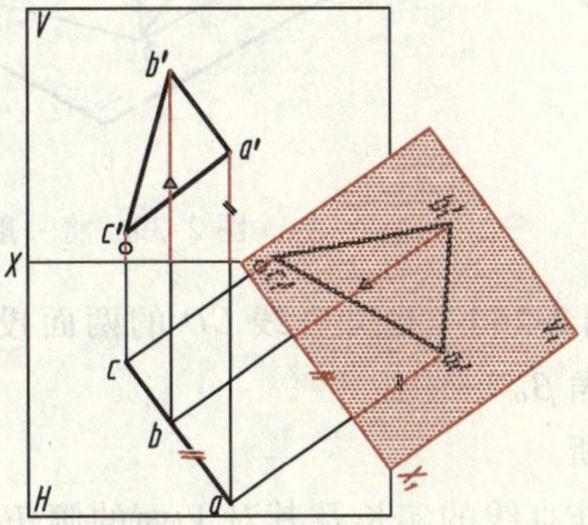

b)

图 2-38 $\dfrac{V}{H}$体系变换为$\dfrac{V_1}{H}$体系

新投影面 V_1 是不能任意选择的，首先要使空间几何元素在新的投影面上的投影能够有利于解题，并且新投影面 V_1 和保留不变的面 H 仍要构成一个直角两投影面体系，这样才能应用正投影原理作出新的投影图。即运用换面法时，新投影面的选择必须符合下面两个基本条件：

(1) 新投影面必须垂直于保留不变的那个投影面，以构成新的投影体系。

(2) 新投影面必须处在使空间几何元素有利于解题的位置。

二、求一般位置直线的实长及其对投影面的倾角

一般位置直线的投影不反映实长，也不反映直线对投影面的倾角。采用换面法，即增加

一个新投影面，可求出一般位置直线的实长及对投影面的倾角。

【例 2-15】 已知直线 AB 的两面投影 ab 和 $a'b'$（图 2-39a），求 AB 的实长及其对 H 面的倾角 α。

分析

求直线的实长及其对 H 面的倾角 α，可用变换 V 面的方法，即以 V_1 代替 V 面，使 V_1 垂直于 H 面且平行 AB，则 AB 成为 V_1 面的平行线，其实长和倾角 α 可在 AB 的新投影中反映出来，如图 2-39b、c 所示。

作图

① 在适当位置作新投影轴 $X_1 /\!/ ab$。

② 分别过 a、b 作 X_1 轴的垂线，量取 $a_x \to a' = a_{x1} \to a'_1$，$b_x \to b' = b_{x1} \to b'_1$。

③ 连接 $a'_1b'_1$，则 $a'_1b'_1 = AB$，$a'_1b'_1$ 与 X_1 轴的夹角即为一般位置直线与 H 面的倾角 α，如图 2-39d 所示。

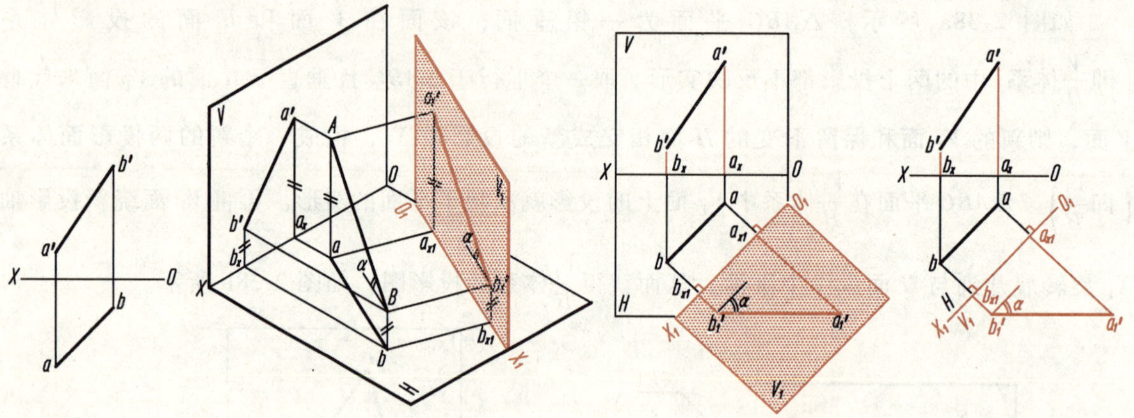

a)　　b)　　c)　　d)

图 2-39　将一般位置直线变换为投影面平行线

【例 2-16】 已知直线 CD 的两面投影 cd 和 $c'd'$（图 2-40a），求作 CD 的实长及其对 V 面的倾角 β。

分析

求作直线的实长及其对 V 面的倾角 β，可用变换 H 面的方法，即以 H_1 面代替 H 面，使 H_1 垂直于 V 面且平行于 CD，则 CD 成为 H_1 面的平行线，其实长和倾角 β 可在 CD 的新投影中反映出来。

作图

① 在适当位置作新投影轴 $O_1X_1 /\!/ c'd'$，如图 2-40b 所示。

② 分别过 c'、d' 作 O_1X_1 轴的垂线，并量取 $c_Xc = c_{X1}c_1$，$d_Xd = d_{X1}d_1$，如图 2-40c 所示。

③ 连接 c_1d_1，则 $c_1d_1 = CD$，c_1d_1 与 O_1X_1 轴的夹角即为一般位置直线与 V 面的倾角 β，如图 2-40d 所示。

三、求作投影面垂直面的实形

如图 2-38 所示，$\triangle ABC$ 为铅垂面，作新投影面 V_1 平行于 $\triangle ABC$，则 $\triangle ABC$ 在 V_1 面上

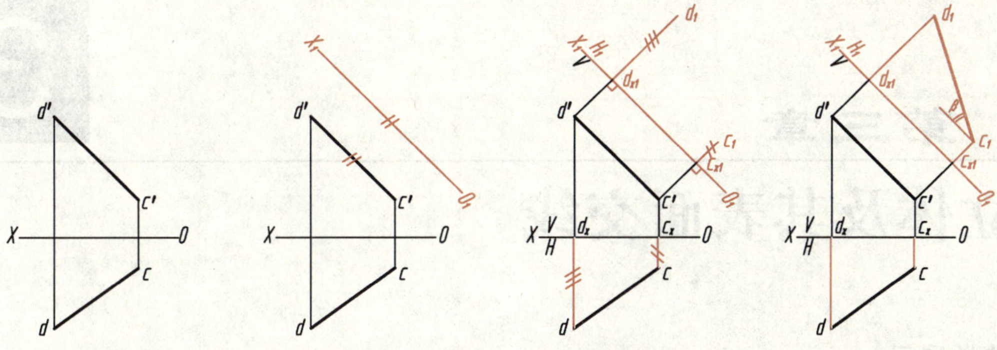

图 2-40　求线段的实长与倾角 β

的投影反映实形，由于已知平面垂直于 H 面，因此，所作新投影轴 O_1X_1 必与已知平面的积聚性投影平行。

【例 2-17】　求作图 2-41a 所示六棱柱上正垂面 P 的实形。

分析

如图 2-41b 所示，正垂面 P 是前后对称的七边形。求作它的实形，必须更换水平投影面 H，并使新投影面 H_1 与正垂面 P 平行，即新投影轴 O_1X_1 应与其正面投影 p' 平行。

作图

① 设 OX 轴与俯视图中正六边形的水平中心线重合，OY 轴与竖直中心线重合；在适当位置作新投影轴 O_1X_1 平行于 p'，作出对称中心 O 的新投影 O_1，如图 2-41c 所示。

② 根据 H 面投影中七边形各顶点至对称中心线的距离，确定新投影中各顶点的位置 a_1、b_1、c_1、d_1、e_1、f_1、g_1，连接各点完成 P 面实形，如图 2-41d 所示。

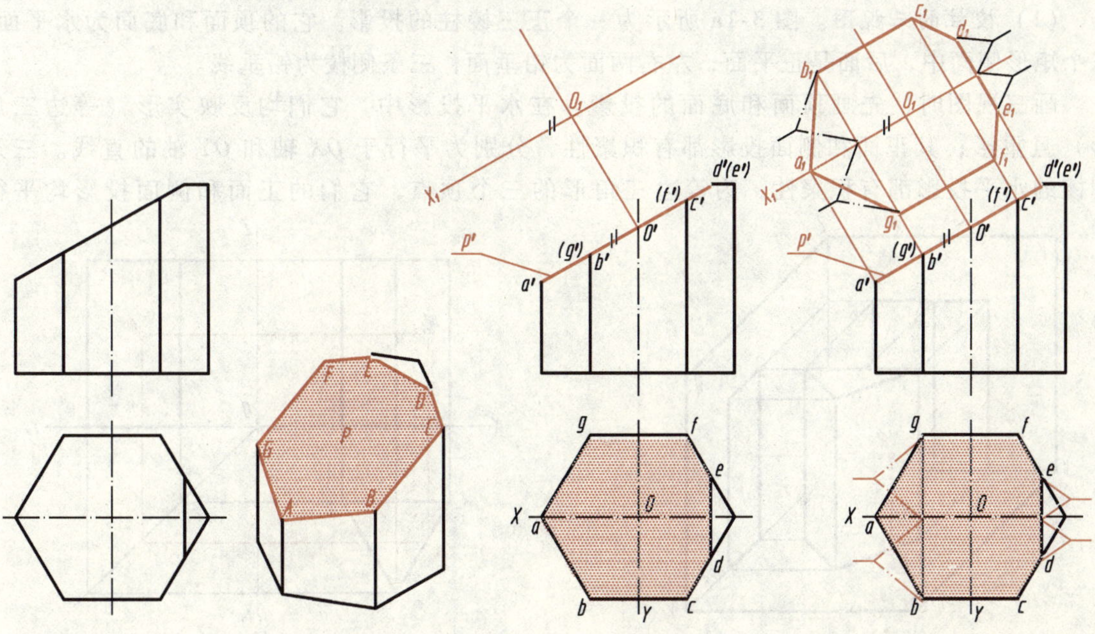

图 2-41　求作六棱柱上正垂面的实形

第三章

3

立体及其表面交线

教学提示

（1）掌握平面立体和曲面立体的投影特性及视图的画法。

（2）掌握在平面立体和曲面立体表面上取点、取线的作图方法。

（3）熟悉截交线的投影特性，掌握求作截交线的基本作图方法。

（4）熟悉相贯线的投影特性，掌握求作相贯线的基本作图方法。

第一节　几何体的投影

几何体分为平面立体和曲面立体两大类。表面均为平面的立体称为平面立体；表面由曲面或曲面与平面组成的立体称为曲面立体。

一、平面立体

1. 棱柱

（1）棱柱的三视图。图 3-1a 所示为一个正三棱柱的投影。它的顶面和底面为水平面；三个矩形侧面中，后面是正平面，左右两面为铅垂面；三条侧棱为铅垂线。

画三视图时，先画顶面和底面的投影。在水平投影中，它们均反映实形（等边三角形）且重影；其正面和侧面投影都有积聚性，分别为平行于 *OX* 轴和 *OY* 轴的直线。三条侧棱的水平投影都有积聚性，为等边三角形的三个顶点，它们的正面和侧面投影均平行

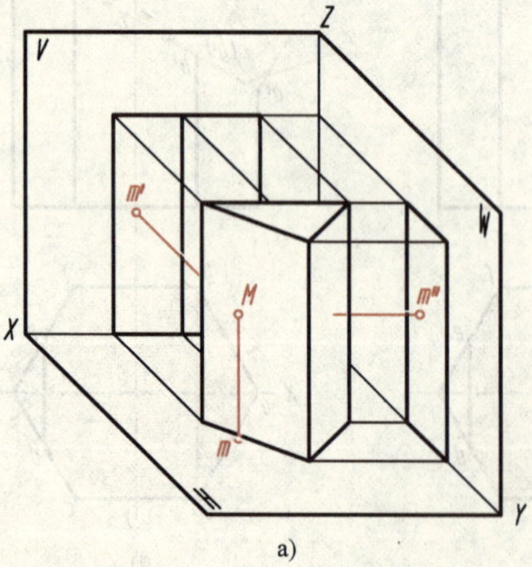

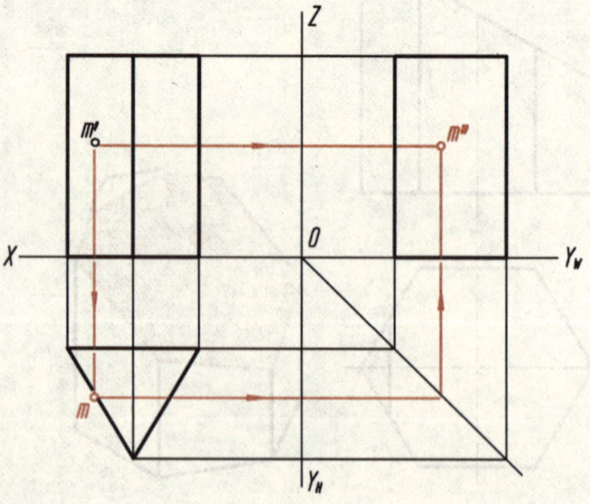

图 3-1　正三棱柱的三视图及其表面上点的求法

于 OZ 轴且反映了棱柱的高。画出这些面和棱线的投影，即得到三棱柱的三视图，如图 3-1b所示。

(2) 棱柱表面上的点。求立体表面上点的投影，应依据在平面上取点的方法作图，但需判别点的投影的可见性：若点所在表面的投影可见，则点的同面投影也可见；反之为不可见。对不可见的点的投影，需加圆括号表示。

如图 3-1b 所示，已知三棱柱上一点 M 的正面投影 m'，求 m 和 m'' 的方法是：按 m' 的位置和可见性，可判定点 M 在三棱柱的左侧棱面上。因点 M 所在平面为铅垂面，因此，其水平投影 m 必落在该平面有积聚性的水平投影上。于是，根据 m' 和 m 即可求出侧面投影 m''。由于点 M 在三棱柱的左侧面上，该棱面的侧面投影可见，故 m'' 可见（不加圆括号）。

2. 棱锥

(1) 棱锥的三视图。图 3-2a 所示为一个正三棱锥的投影。正三棱锥由底面和三个棱面所组成。底面为水平面，其水平投影反映实形，正面和侧面投影积聚成一条直线；棱面 $\triangle SAC$ 为侧垂面，其侧面投影积聚成一条直线，水平投影和正面投影都是类似形；棱面 $\triangle SAB$ 和 $\triangle SBC$ 为一般位置平面，其三面投影均为类似形；棱线 SB 为侧平线，棱线 SA、SC 为一般位置直线，棱线 AC 为侧垂线，棱线 AB、BC 为水平线。

画正三棱锥的三视图时，应先画出底面 $\triangle ABC$ 的各面投影（图 3-2b），再画出锥顶 S 的各面投影（图 3-2c），连接各顶点的同面投影，即为正三棱锥的三视图。

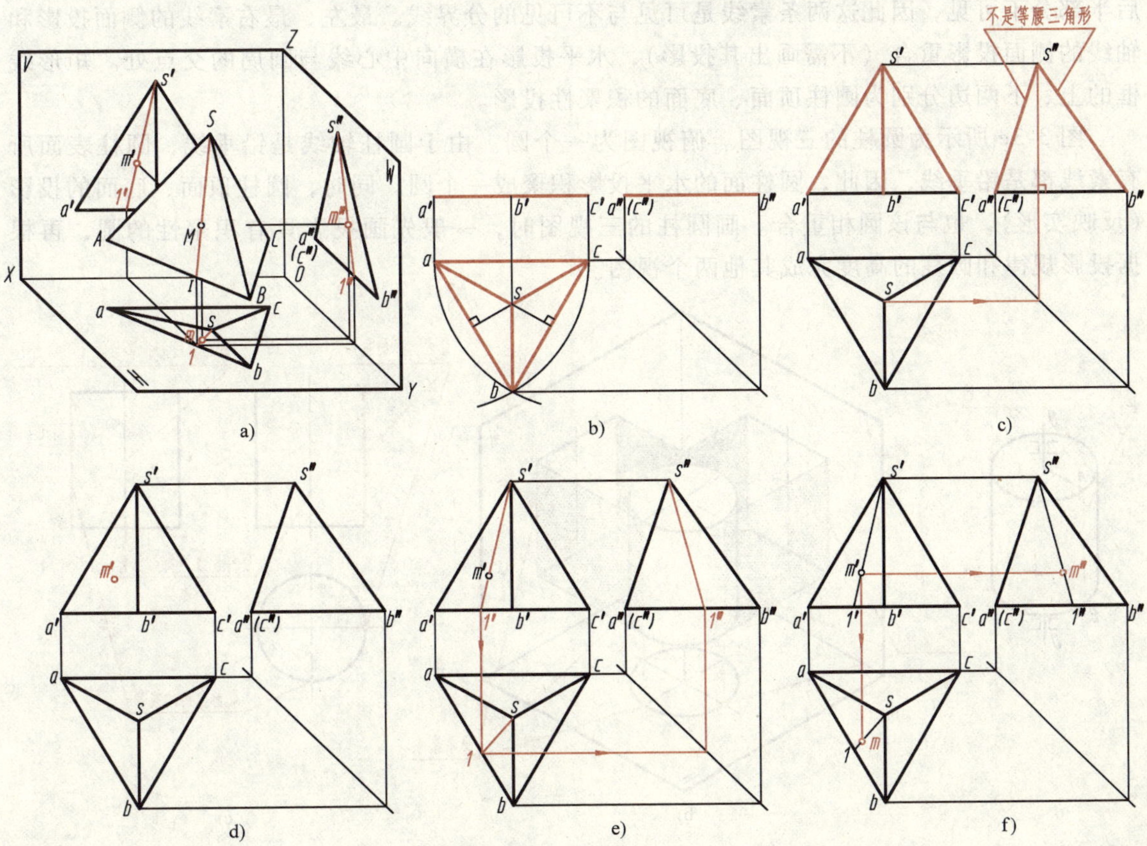

图 3-2　正三棱锥的三视图及其表面上点的求法

注意：正三棱锥的侧面投影不是等腰三角形。

（2）棱锥表面上的点。正三棱锥的表面有特殊位置平面，也有一般位置平面。对于特殊位置平面上的点的投影，可利用该平面投影的积聚性直接作图；对于一般位置平面上点的投影，可通过在平面上作辅助线的方法求得。

已知棱面△*SAB* 上点 *M* 的正面投影 m'（图 3-2d），求点 *M* 的其他两面投影。棱面△*SAB* 是一般位置平面，先过锥顶 *S* 及点 *M* 作一条辅助线 *SI*，求出辅助线的其他两面投影 *s*1 和 $s''1''$，如图 3-2e 所示；然后根据点在直线上的投影特性，由 m'求出其水平投影 *m* 和侧面投影 m''，如图 3-2f 所示。

二、曲面立体

1. 圆柱

（1）圆柱面的形成。如图 3-3a 所示，圆柱面可看作一条直线 *AB* 围绕与它平行的轴线 *OO* 回转而成。*OO* 称为回转轴，直线 *AB* 称为母线，母线转至任一位置时称为素线。这种由一条母线绕轴回转而形成的表面称为回转面；由回转面构成的立体称为回转体。

（2）圆柱的三视图。由图 3-3b 可以看出，圆柱的主视图为一个矩形线框，其中左、右两条轮廓线是两组由投射线组成（和圆柱面相切）的平面与 *V* 面的交线。这两条交线也正是圆柱面上最左、最右素线的投影，它们把圆柱面分为前后两部分，其投影前半部分可见，后半部分不可见，因此这两条素线是可见与不可见的分界线。最左、最右素线的侧面投影和轴线的侧面投影重合（不需画出其投影），水平投影在横向中心线与圆周的交点处。矩形线框的上、下两边分别为圆柱顶面、底面的积聚性投影。

图 3-3c 所示为圆柱的三视图。俯视图为一个圆。由于圆柱轴线是铅垂线，圆柱表面所有素线都是铅垂线，因此，圆柱面的水平投影积聚成一个圆。同时，圆柱顶面、底面的投影（反映实形），也与该圆相重合。画圆柱的三视图时，一般先画投影具有积聚性的圆，再根据投影规律和圆柱的高度完成其他两个视图。

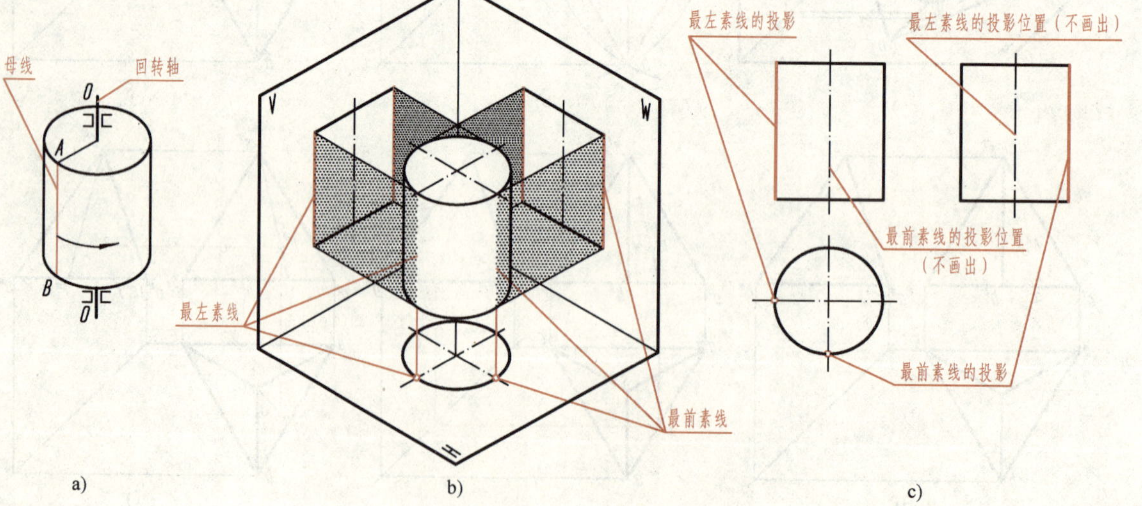

图 3-3 圆柱的形成及视图

（3）圆柱表面上的点。如图 3-4a 所示，已知圆柱面上点 M 的正面投影 m'和点 N 的侧面投影 n''，求另两面投影。根据给定的 m'的位置，可判定点 M 在前半圆柱面的左半部分；因圆柱面的水平投影有积聚性，故 m 必在前半圆周的左部，m''可根据 m'和 m 直接求得，如图 3-4b 所示；n''在圆柱面的最后素线上，其正面投影 n'在轴线上（不可见），水平投影 n 在圆的最上方，如图 3-4c 所示。

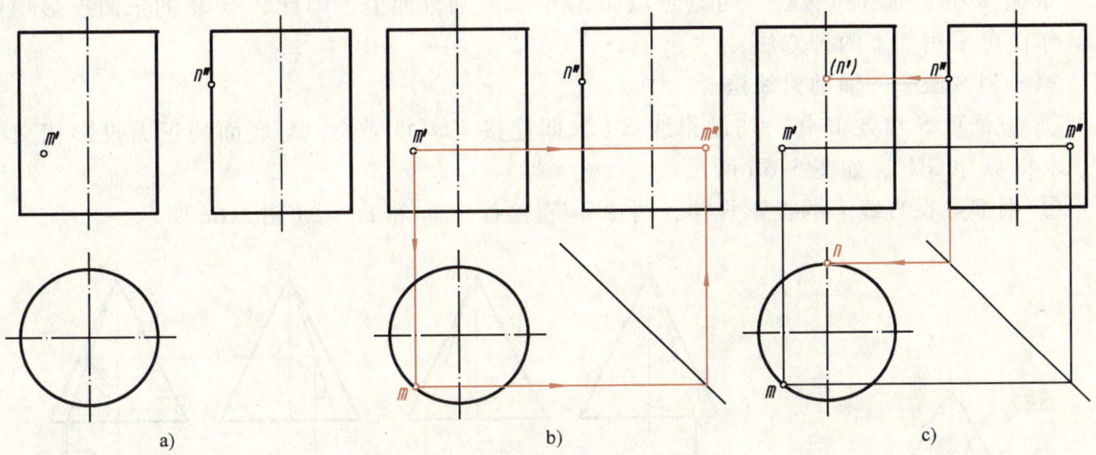

图 3-4　圆柱表面上点的求法

2. 圆锥

（1）圆锥面的形成。圆锥面可看作由一条直母线 SA 围绕与它相交的轴线回转而成，如图 3-5a 所示。

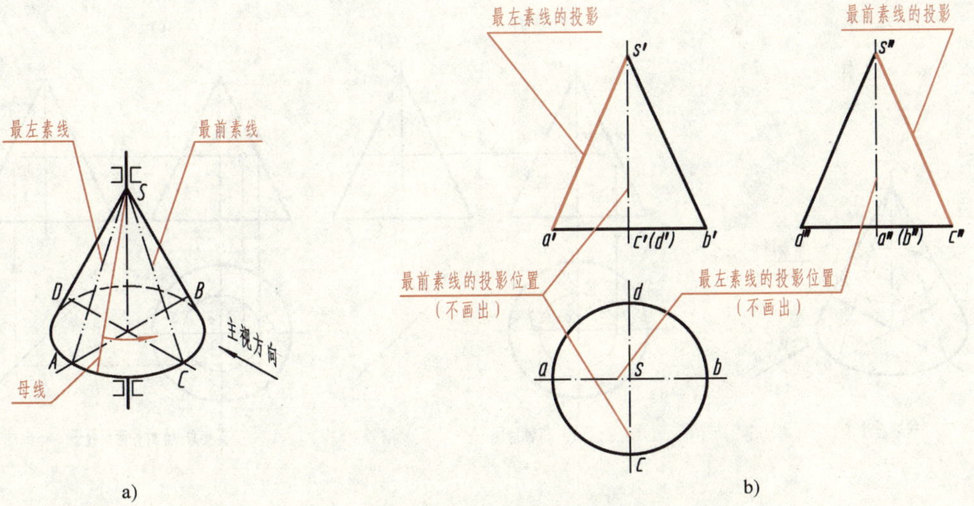

图 3-5　圆锥的形成及视图

（2）圆锥的三视图。图 3-5b 所示为圆锥的三视图。俯视图是圆形，反映圆锥底面的实形，同时也表示圆锥面的投影。主、左视图是等腰三角形，其底边为圆锥底面的积聚性投影。主视图中三角形的左、右两边分别表示圆锥面最左、最右素线 SA、SB（反映实长）的投影，它们是圆锥面正面投影可见与不可见部分的分界线。左视图中三角形的两边分别表示圆锥面最前、最后素线 SC、SD 的投影（反映实长），它们是圆锥面侧面投影可见与不可见部分的分界线。上述四条线的其他两面投影不画出。

画圆锥的三视图时，先画出圆锥底面的各个投影，再画出圆锥顶点的投影，然后分别画出特殊位置素线的投影，即完成圆锥的三视图。

（3）圆锥表面上的点。如图 3-6a 所示，已知圆锥面上的点 M 的正面投影 m'，求 m 和 m''。根据 M 的位置和可见性，可判定点 M 在前、左圆锥面上，因此，点 M 的三面投影均可见。作图可采用如下两种方法：

第一种方法——辅助素线法

① 过锥顶 S 和点 M 作一辅助素线 SⅠ，即连接 $s'm'$ 并延长，与底面的正面投影相交于 $1'$，求得 $s1$ 和 $s''1''$，如图 3-6b 所示。

② 根据点在直线上的投影规律，再由 m' 直接作出 m 和 m''，如图 3-6c 所示。

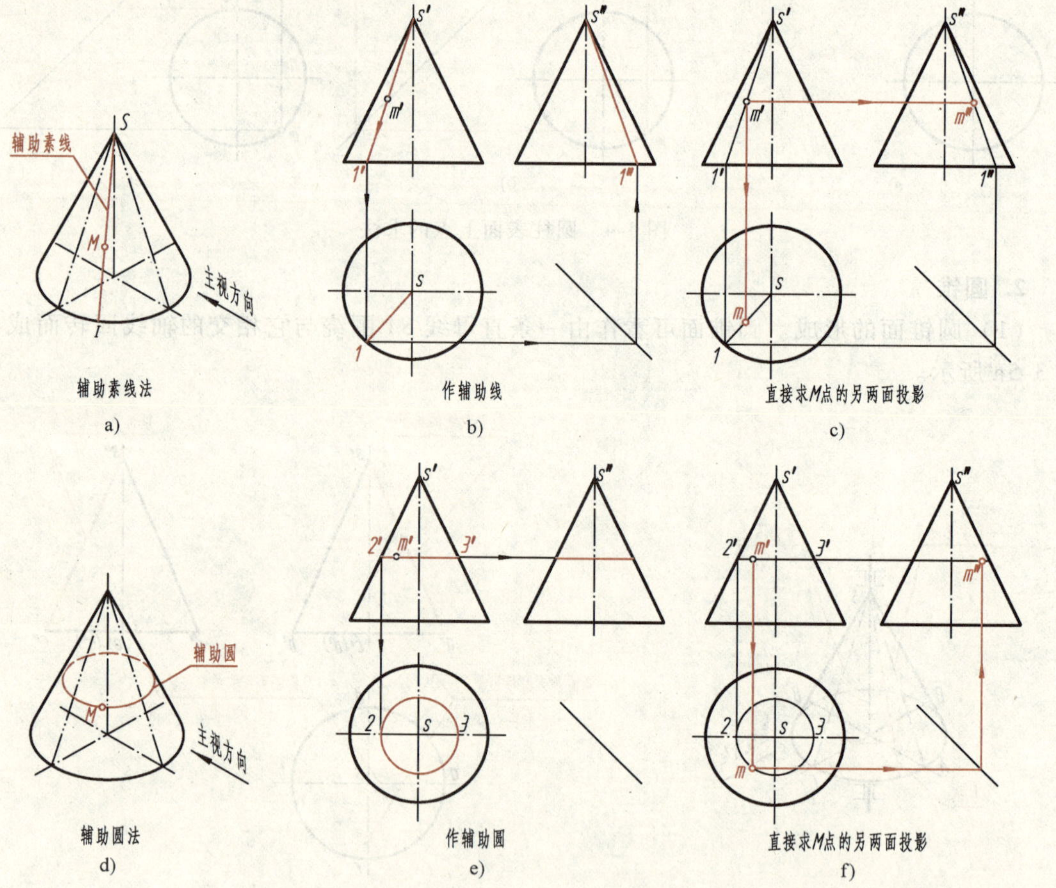

图 3-6　圆锥表面上点的求法

第二种方法——辅助圆法

① 如图 3-6d 所示，过点 M 在圆锥面上作垂直于圆锥轴线的水平辅助圆。该圆的正面投影积聚成一条直线，即过 m' 所作的 $2'3'$。它的水平投影为直径等于 $2'3'$ 的圆，圆心为 s，如图 3-6e 所示。

② 由 m'作 OX 轴的垂线，与辅助圆的交点即为 m，再根据 m'和 m 求出 m''，如图 3-6f 所示。

3. 圆球

(1) 圆球面的形成。如图 3-7a 所示，圆球面可看作一个圆（母线）围绕它的直径回转而成。

(2) 圆球的三视图。图 3-7b 所示为圆球的三视图。它们都是与圆球直径相等的圆，均表示圆球面的投影。圆球的各个投影虽然都是圆形，但各个圆的意义不同。

正面投影是平行于 V 面的圆素线的投影（前、后半球的分界线，圆球面在正面投影中可见与不可见的分界线）。

水平投影是平行于 H 面的圆素线的投影（上、下半球的分界线，圆球面在水平投影中可见与不可见的分界线）。

侧面投影是平行于 W 面的圆素线的投影（左、右半球的分界线，圆球面在侧面投影中可见与不可见的分界线）。

这三条圆素线的其他两面投影，都与圆的相应中心线重合。

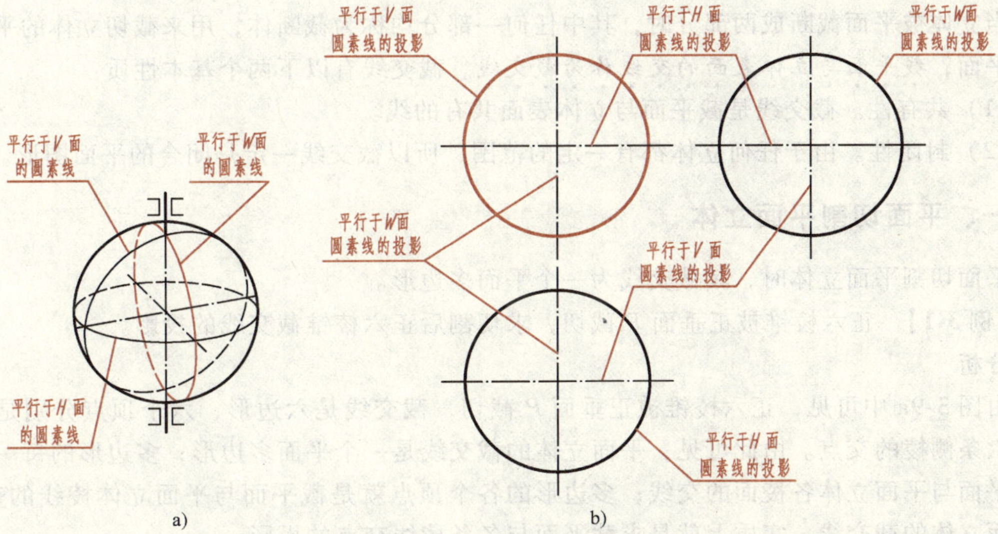

图 3-7　圆球的形成及视图

(3) 圆球表面上的点。如图 3-8a 所示，已知圆球面上点 M 的水平投影 m 和点 N 的正面投影 n'，求其他两面投影。根据点的位置和可见性，可判定：

① 点 N 在前、后两半球的分界线上，n 和 (n'') 可直接求出。因为点 N 在右半球，其侧面投影 n''不可见，需加圆括号，如图 3-8b 所示。

② 点 M 在前、左、上半球（点 M 的三面投影均为可见），需采用辅助圆法求 m'和 m''。过点 m 在球面上作一平行于正面的辅助圆（也可作平行于水平面或侧面的圆）。因点在辅助圆上，故点的投影必在辅助圆的同面投影上。作图时，先在水平投影中过 m 作 OX 轴的平行线 ef（ef 为辅助圆在水平投影面上的积聚性投影），其正面投影为直径等于 ef 的圆，由 m 作 OX 轴的垂线，与辅助圆正面投影的交点即为 m'，再由 m'求得 m''，如图 3-8c 所示。

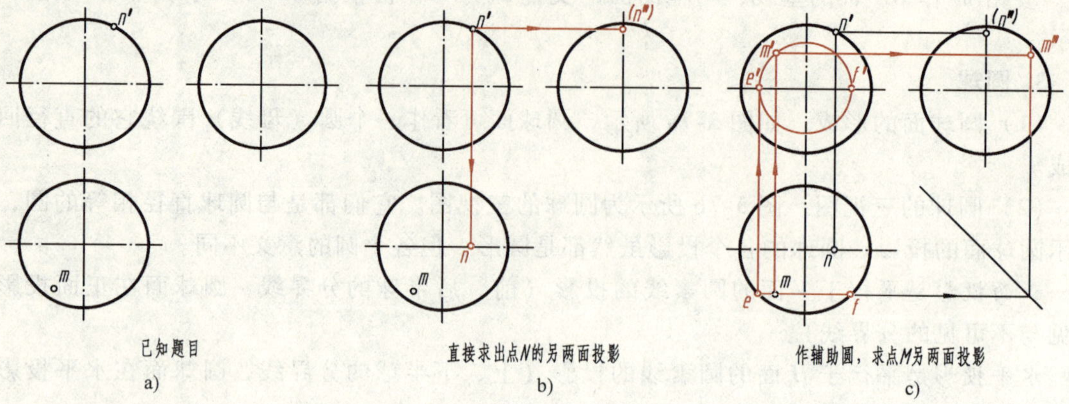

图 3-8 圆球表面上点的求法

第二节 截 交 线

当立体被平面截断成两部分时，其中任何一部分均称为截断体，用来截切立体的平面称为截平面，截平面与立体表面的交线称为截交线。截交线有以下两个基本性质：

（1）共有性。截交线是截平面与立体表面共有的线。

（2）封闭性。由于任何立体都有一定的范围，所以截交线一定是闭合的平面图形。

一、平面切割平面立体

平面切割平面立体时，其截交线为一个平面多边形。

【例 3-1】 正六棱锥被正垂面 P 截切，求切割后正六棱锥截交线的投影。

分析

由图 3-9a 中可见，正六棱锥被正垂面 P 截切，截交线是六边形，六个顶点分别是截平面与六条侧棱的交点。由此可见，平面立体的截交线是一个平面多边形；多边形的每一条边是截平面与平面立体各棱面的交线；多边形的各个顶点就是截平面与平面立体棱线的交点。求平面立体的截交线，实质上就是求截平面与各条棱线交点的投影。

作图

① 利用截平面的积聚性投影，先找出截交线各顶点的正面投影 a'、b'、c'、d'（B、C 各为前后对称的两个点）；再依据直线上点的投影特性，求出各顶点的水平投影 a、b、c、d 及侧面投影 a''、b''、c''、d''，如图 3-9b 所示。

② 擦去作图线，依次连接各顶点的同面投影，即为截交线的投影，如图 3-9c 所示。

提示：正六棱锥右边棱线在侧面投影中有一段不可见，应画成细虚线。

【例 3-2】 如图 3-10a 所示，在四棱柱上方切割一个矩形通槽，试完成切割矩形通槽后四棱柱的水平投影和侧面投影。

分析

如图 3-10b 所示，四棱柱上方的矩形通槽是由三个特殊位置平面切割而成的。槽底是水平面，其正面投影和侧面投影均积聚成水平方向的直线，水平投影反映实形。两侧壁是侧平

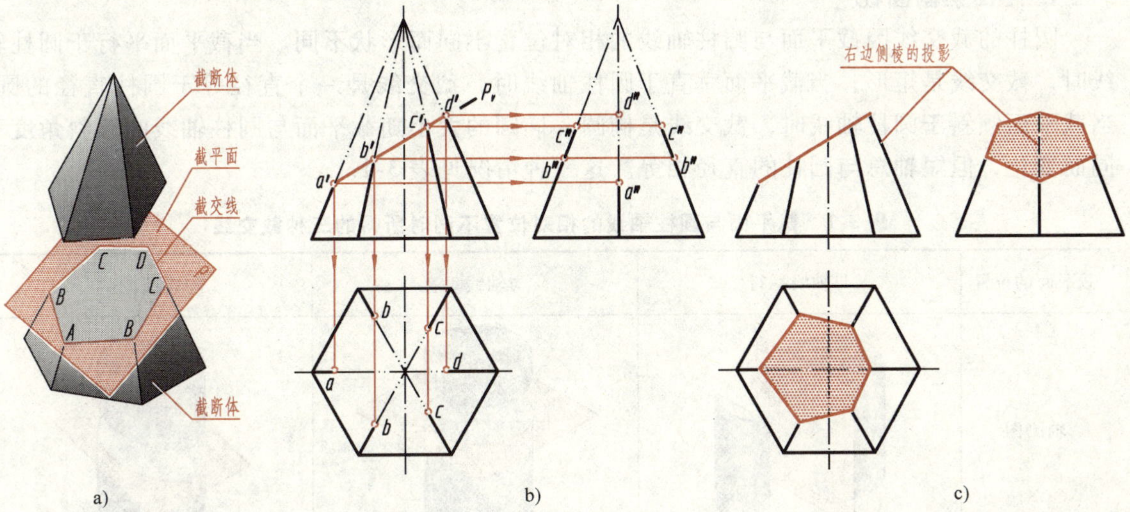

图 3-9　正六棱锥截交线的画法

面，其正面投影和水平投影均积聚成竖直方向的直线，侧面投影反映实形且重合在一起。可利用积聚性求出通槽的水平投影和侧面投影。

作图

① 根据通槽的主视图，先在俯视图中作出两侧壁的积聚性投影；再按“高平齐、宽相等”的投影规律，作出通槽的侧面投影，如图 3-10c 所示。

② 擦去作图线，校核切割后的图形轮廓，加深描粗，如图 3-10d 所示。

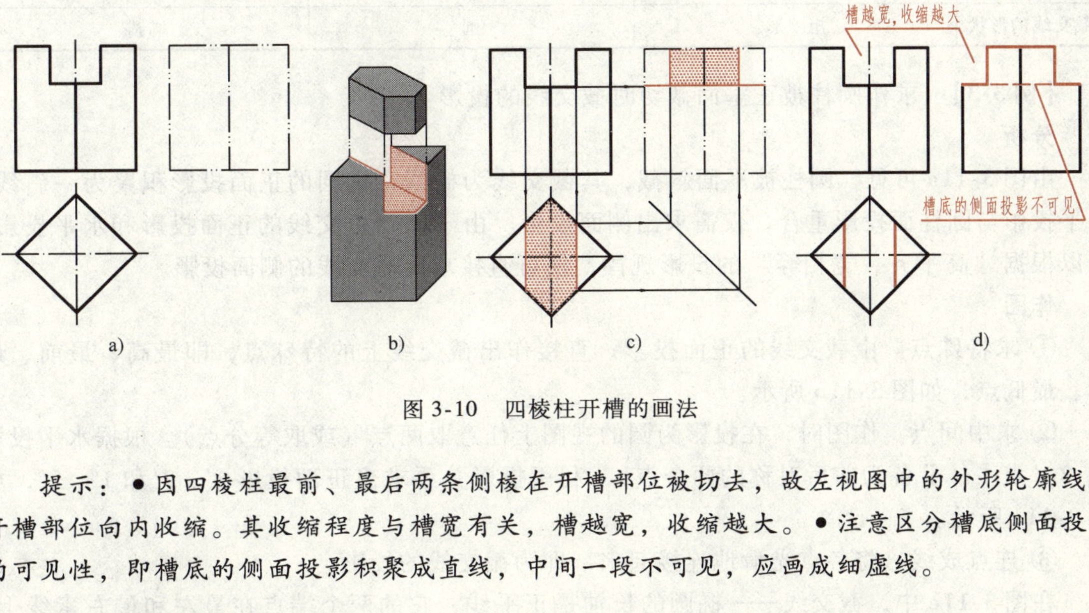

图 3-10　四棱柱开槽的画法

提示：● 因四棱柱最前、最后两条侧棱在开槽部位被切去，故左视图中的外形轮廓线在开槽部位向内收缩。其收缩程度与槽宽有关，槽越宽，收缩越大。● 注意区分槽底侧面投影的可见性，即槽底的侧面投影积聚成直线，中间一段不可见，应画成细虚线。

二、平面切割曲面立体

平面切割曲面立体时，截交线的形状取决于曲面立体的表面形状，以及截平面与曲面立体的相对位置。

1. 平面切割圆柱

圆柱的截交线因截平面与圆柱轴线的相对位置不同而形状不同。当截平面平行于圆柱轴线时，截交线是矩形；当截平面垂直于圆柱轴线时，截交线是一个直径等于圆柱直径的圆；当截平面倾斜于圆柱轴线时，截交线是椭圆，椭圆的大小随截平面与圆柱轴线的倾斜角度不同而变化，但短轴总与圆柱的直径相等。这三种情况见表 3-1。

表 3-1 截平面与圆柱轴线的相对位置不同时所得的三种截交线

截平面的位置	与轴线平行	与轴线垂直	与轴线倾斜
轴测图	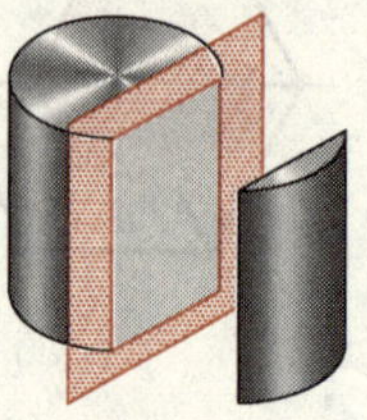	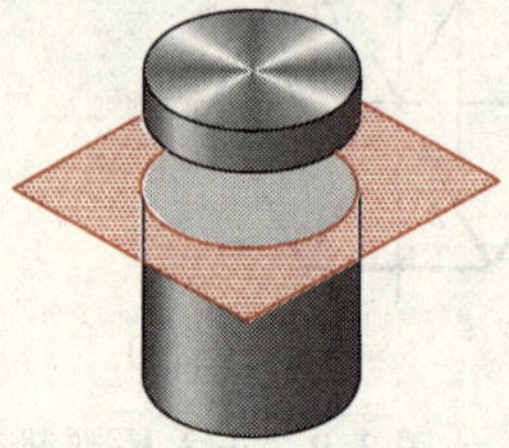	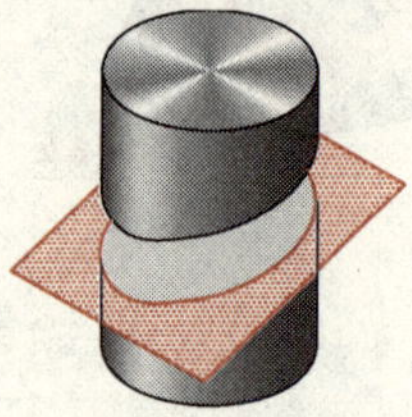
投影	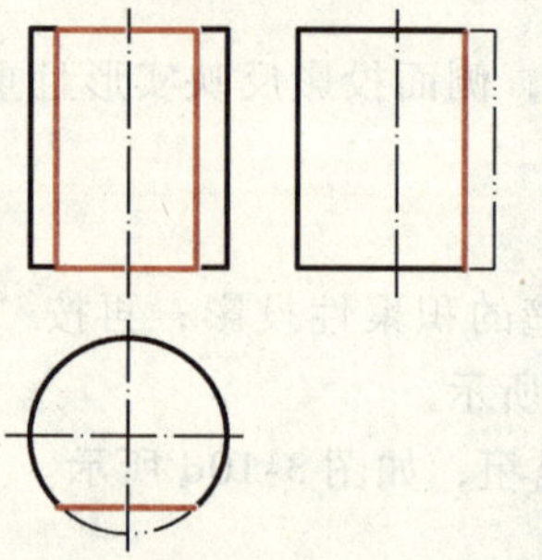	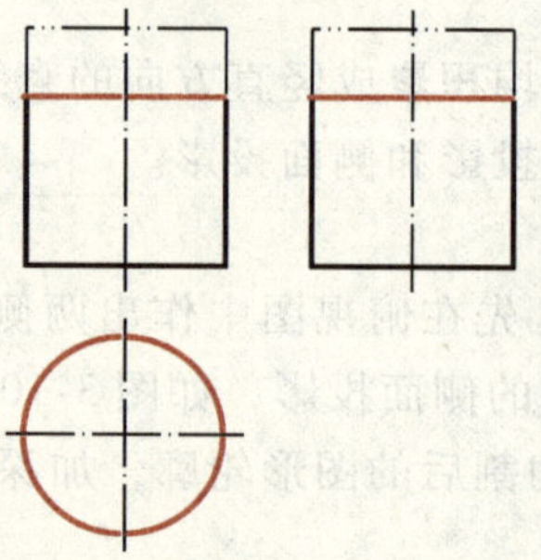	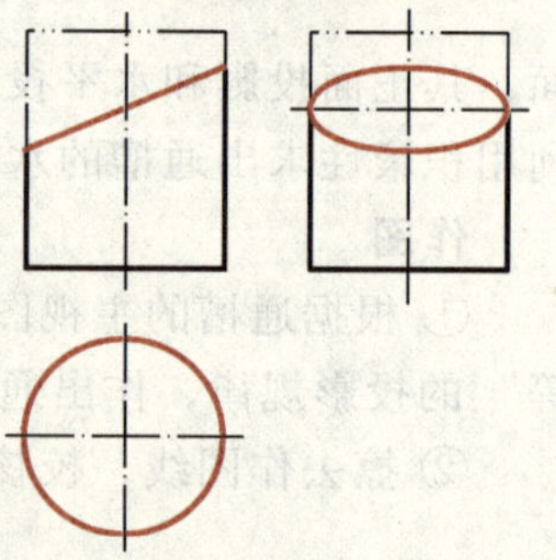
截交线的形状	矩 形	圆	椭圆

【例 3-3】 求作圆柱被正垂面截切时截交线的投影。

分析

由图 3-11a 可见，圆柱被平面斜截，其截交线为椭圆。椭圆的正面投影积聚为一斜线，水平投影与圆柱面投影重合，仅需求出侧面投影。由于已知截交线的正面投影和水平投影，所以根据“高平齐、宽相等”的投影规律，便可直接求出截交线的侧面投影。

作图

① 求特殊点。由截交线的正面投影，直接作出截交线上的特殊点，即最高、最前、最后、最低点，如图 3-11b 所示。

② 求中间点。作图时，在投影为圆的视图上任意取两点（或取等分点）。根据水平投影 1、2（点Ⅰ、Ⅱ各为前后对称的两个点），利用投影关系求出正面投影 1′、2′和 1″、2″，如图 3-11c 所示。

③ 连点成线。将各点光滑地连接起来，即为截交线的投影。

在图 3-11c 中，截交线——椭圆的长轴是正平线，它的两个端点在最左和最右素线上；短轴与长轴相互垂直平分，是一条正垂线，两个端点在最前和最后素线上。这两条轴的侧面投影仍然相互垂直平分，它们是截交线侧面投影椭圆的长轴和短轴。确定了长、短轴，就可以用近似画法作出椭圆。

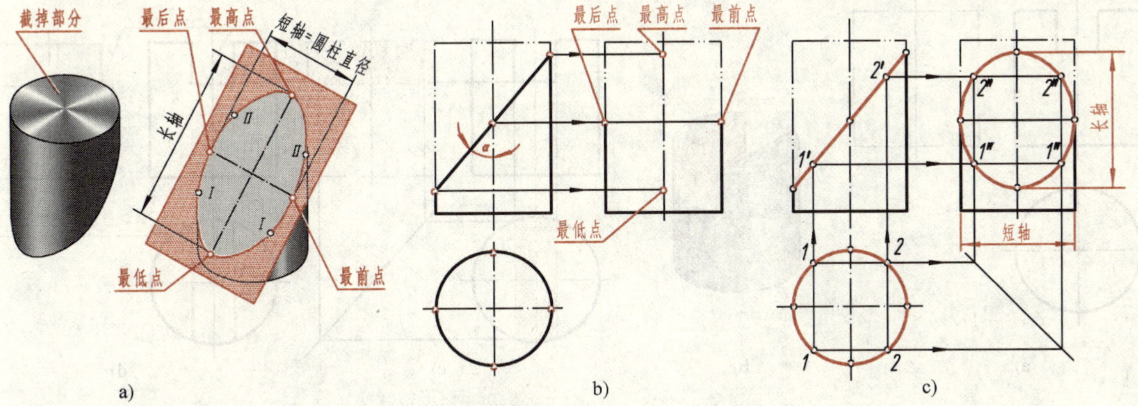

图 3-11 平面斜截圆柱时截交线的画法

随着截平面与圆柱轴线夹角 α 的变化（图 3-11b），椭圆的侧面投影也会发生如下变化：

当 $\alpha<45°$时，椭圆长轴与圆柱轴线方向相同，如图 3-11c 所示。

当 $\alpha=45°$时，椭圆长轴等于短轴（椭圆的投影为圆），如图 3-12a 所示。

当 $\alpha>45°$时，椭圆长轴垂直于圆柱轴线，如图 3-12b 所示。

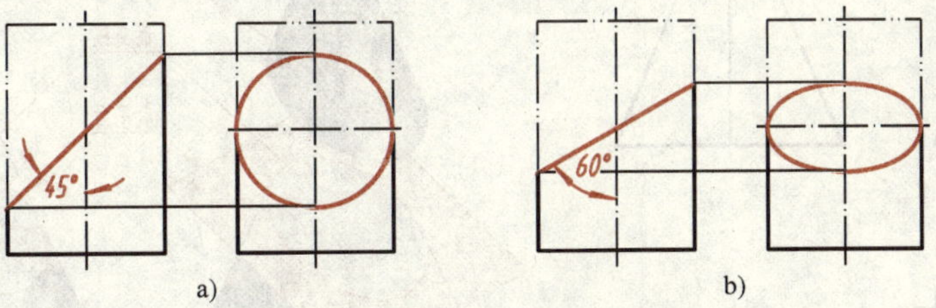

图 3-12 平面斜截圆柱时椭圆的变化

【例 3-4】 试完成开槽圆柱的水平投影和侧面投影（图 3-13a）。

分析

如图 3-13b 所示，开槽部分的侧壁是由两个侧平面、槽底是由一个水平面截切而成的，圆柱面上的截交线分别位于被切出的各个平面上。由于这些面均为投影面平行面，其投影具有积聚性或真实性，因此，截交线的投影应依附于这些面的投影，不需另行求出。

作图

① 根据开槽圆柱的主视图，先在俯视图中作出两侧壁的积聚性投影；再按“高平齐、宽相等”的投影规律作出通槽的侧面投影，如图 3-13c 所示。

② 擦去作图线，校核切割后的图形轮廓，加深描粗，如图 3-13d 所示。

提示：● 因圆柱的最前、最后两条素线均在开槽部位被切去，故左视图中的外形轮廓线在开槽部位向内收缩。其收缩程度与槽宽有关，槽越宽，收缩越大。● 注意区分槽底侧面投影的可见性，即槽底的侧面投影积聚成直线，中间一段不可见，应画成细虚线。

2. 平面切割圆锥

【例 3-5】 圆锥被倾斜于轴线的平面截切，试补全圆锥的水平投影和侧面投影（图 3-14a）。

分析

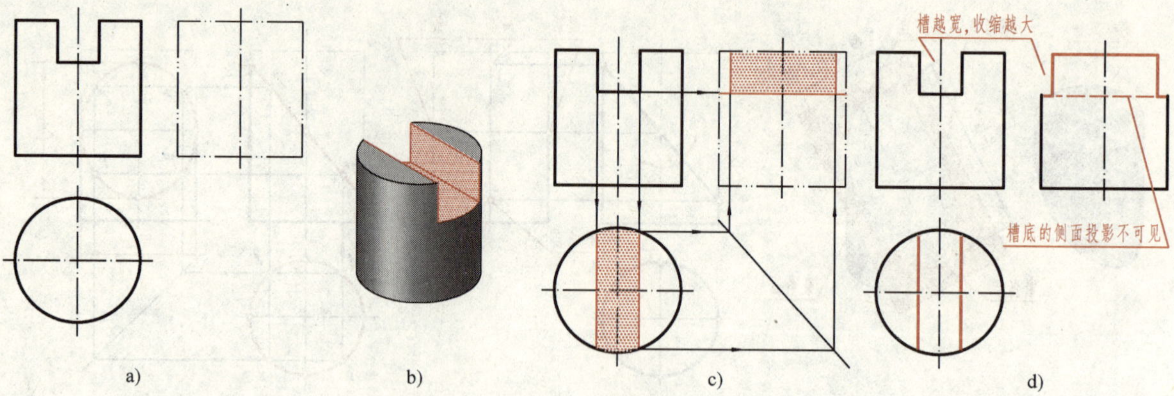

图 3-13　圆柱开槽的画法

如图 3-14b 所示，截交线上任一点 *M*，可看成是圆锥表面某一素线 *S* Ⅰ 与截平面 *P* 的交点。因点 *M* 在素线 *S* Ⅰ 上，故点 *M* 的三面投影分别在该素线的同面投影上。由于截平面 *P*

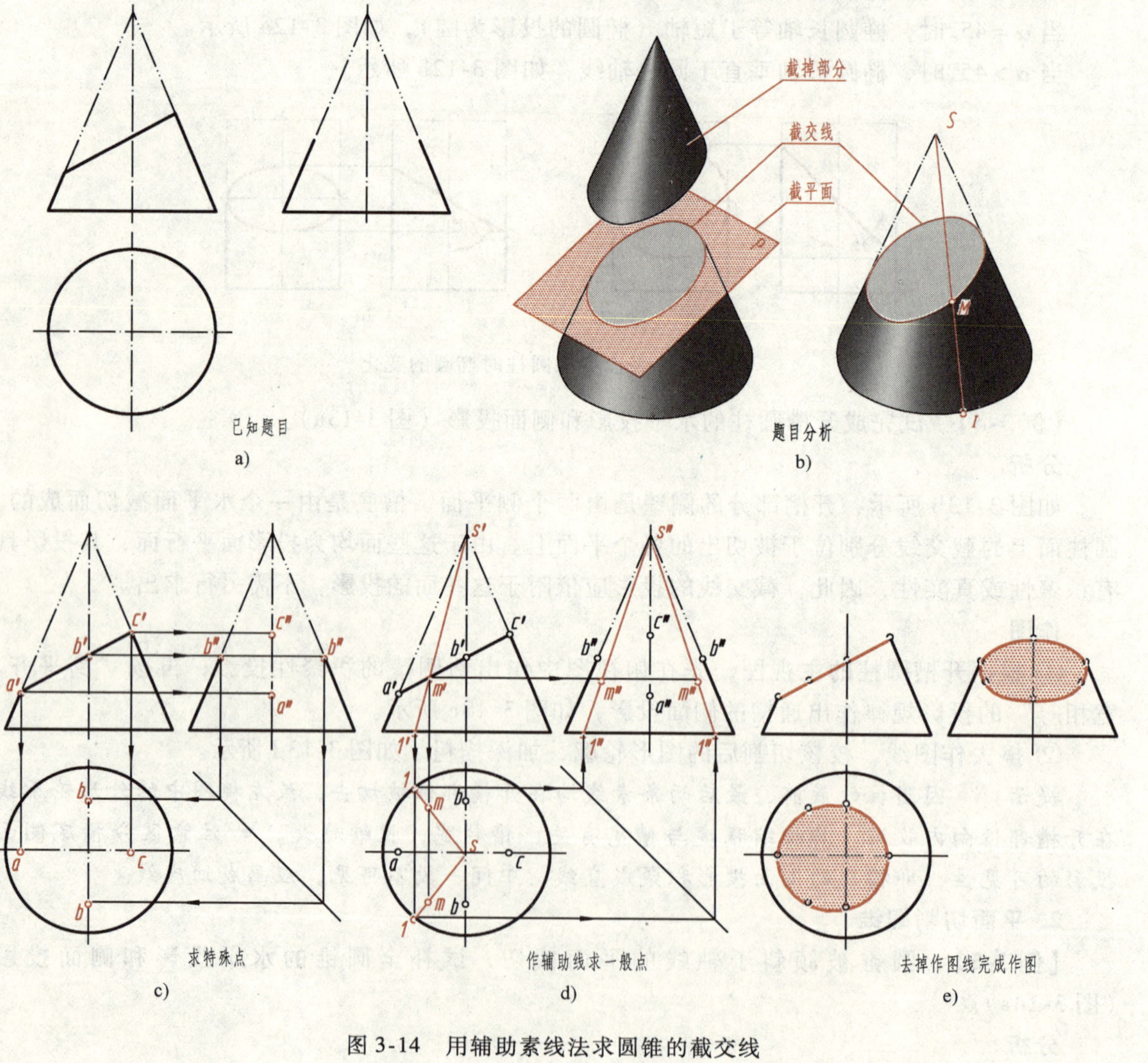

图 3-14　用辅助素线法求圆锥的截交线

为正垂面，截交线的正面投影积聚为一直线，故需求作截交线的水平投影和侧面投影。

作图

① 求特殊点。点 C 为最高点，根据 c'，可作出 c 及 c''；点 A 为最低点，根据 a'，可作出 a 及 a''；点 B 为最前、最后点（前后对称点），根据 b'，可作出 b''，进而求出 b，如图 3-14c 所示。

② 利用辅助线法求中间点。过锥顶作辅助线 $s'1'$，与截交线的正面投影相交于 m'，求出辅助线的其余两投影 $s1$ 及 $s''1''$，进而求出 m 和 m''，如图 3-14d 所示。

提示：若在 b'和 c'之间再作一条辅助线，又可求出两个中间点。中间点越多，求得的截交线越准确。

③ 连点成线。去掉多余图线，将各点依次连成光滑的曲线，即为截交线的投影，如图 3-14e 所示。

【例 3-6】 圆锥被平行于轴线的平面截切，试补全圆锥的正面投影（图 3-15a）。

分析

如图 3-15b 所示，作垂直于圆锥轴线的辅助平面 Q 与圆锥面相交，其交线为圆。此圆与截

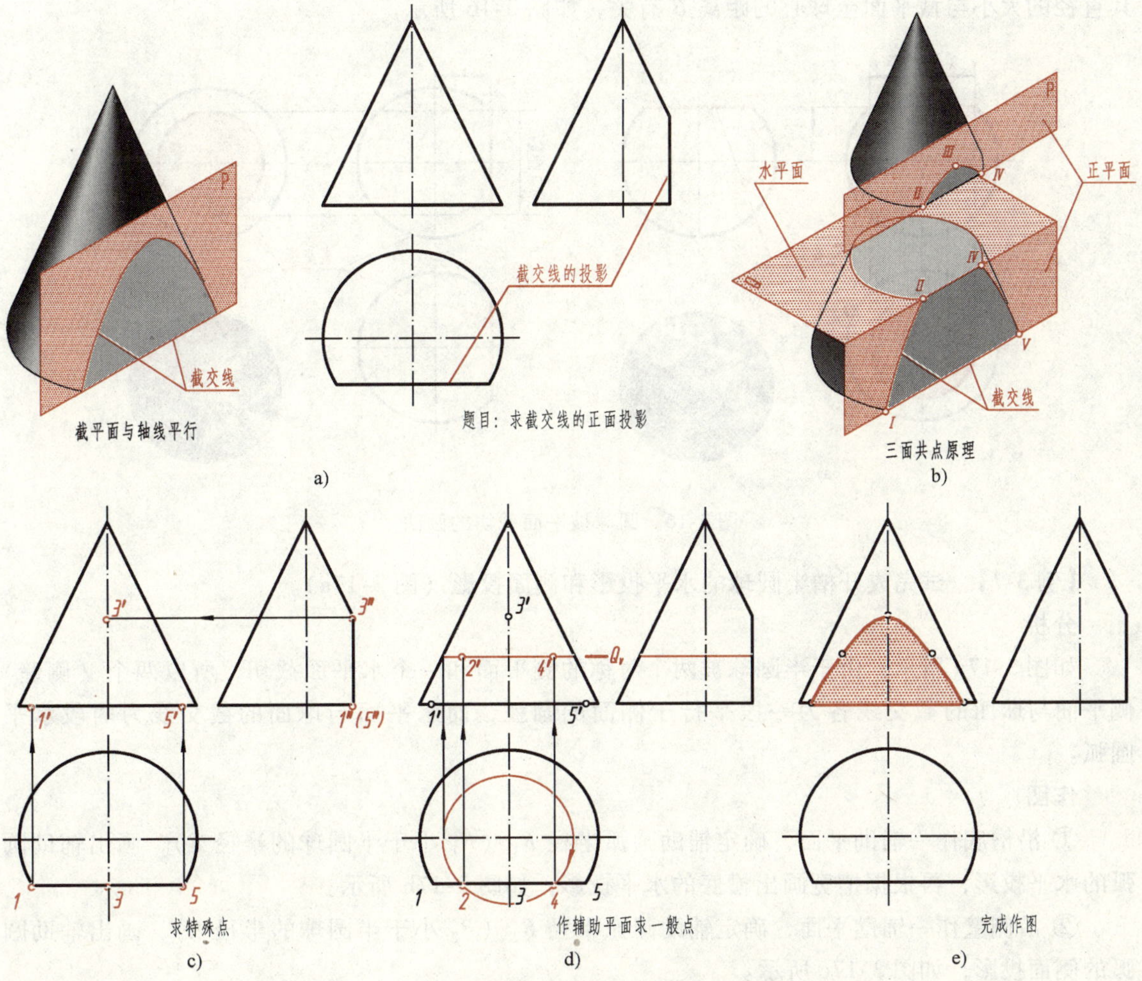

图 3-15　用辅助面法求圆锥的截交线

平面 P 相交得Ⅱ、Ⅳ两点，这两个点是圆锥面、截平面 P 和辅助平面 Q 三个面的共有点，当然也是截交线上的点。由于截平面 P 为正平面，截交线的水平投影和侧面投影分别积聚为一直线，故只需作出其正面投影。

作图

① 求特殊点。点Ⅲ为最高点，根据侧面投影 3″，可作出 3 及 3′；点Ⅰ、Ⅴ为最低点，根据水平投影 1 和 5，可作出 1′、5′及 1″、5″，如图 3-15c 所示。

② 利用辅助平面法求中间点。作辅助平面 Q 与圆锥相交，交线是圆（称为辅助圆）。辅助圆的水平投影与截平面的水平投影相交于 2 和 4，即为所求共有点的水平投影。根据 2 和 4，再求出 2′、4′，如图 3-15d 所示。

③ 连点成线。将 1′、2′、3′、4′、5′连成光滑的曲线，即为所求截交线的正面投影，如图 3-15e 所示。

3. 平面切割圆球

圆球被任意方向的平面截切，其截交线都是圆。当截平面为投影面平行面时，截交线在所平行的投影面上的投影为一圆，其余两面投影积聚为直线。该直线的长度等于切口圆的直径，其直径的大小与截平面至球心的距离 B 有关，如图 3-16 所示。

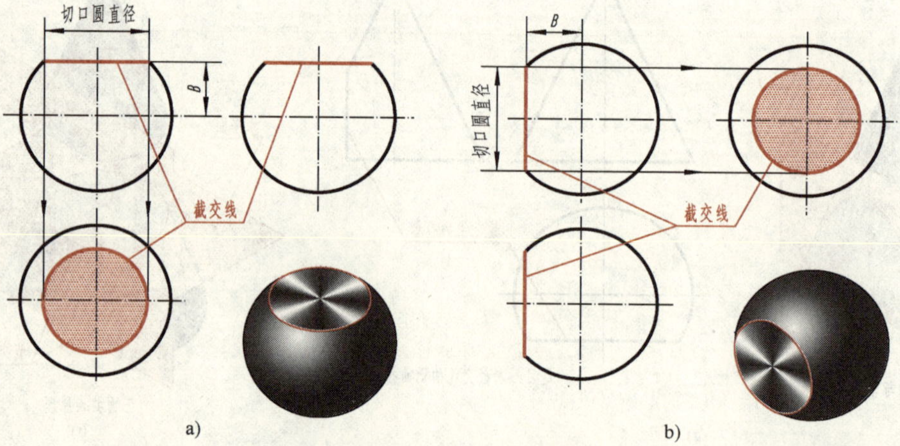

图 3-16 圆球被平面截切的画法

【例 3-7】 试完成开槽半圆球的水平投影和侧面投影（图 3-17a）。

分析

如图 3-17a 所示，由于半圆球被两个对称的侧平面和一个水平面截切，所以两个（侧壁）侧平面与球面的截交线各为一段平行于侧面的圆弧，而水平面与球面的截交线为两段水平圆弧。

作图

① 沿槽底作一辅助平面，确定辅助圆弧半径 R_1（R_1 小于半圆球的半径 R），画出辅助圆弧的水平投影，再根据槽宽画出槽底的水平投影，如图 3-17b 所示。

② 沿侧壁作一辅助平面，确定辅助圆弧半径 R_2（R_2 小于半圆球的半径 R），画出辅助圆弧的侧面投影，如图 3-17c 所示。

③ 去掉多余图线再描深，完成作图，如图 3-17d 所示。

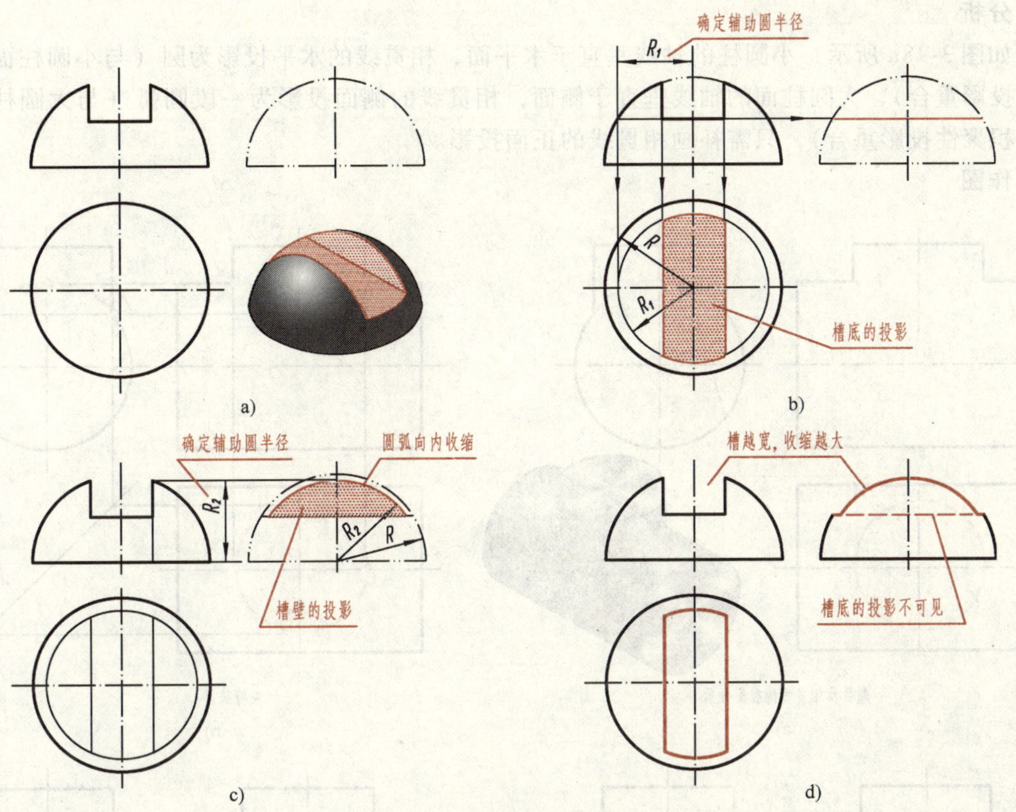

图 3-17 半圆球开槽的画法

提示：●因半圆球的最高处在开槽后被切掉，故左视图上方的外形轮廓线向内收缩，其收缩程度与槽宽有关，槽愈宽，收缩愈大。●注意区分槽底侧面投影的可见性，槽底的中间部分是不可见的，应画成细虚线。

第三节 相 贯 线

两立体表面相交时产生的交线称为相贯线。相贯线具有下列基本性质：

（1）共有性。相贯线是两立体表面上的共有线，也是两立体表面的分界线，所以相贯线上的所有点都是两立体表面上的共有点。

（2）封闭性。一般情况下，相贯线是闭合的空间曲线或折线，在特殊情况下是平面曲线或直线。

由于两相交立体的形状、大小和相对位置不同，相贯线的形状也比较复杂。本节仅以常见的两回转体（圆柱与圆柱、圆柱与圆锥）正交为例，介绍求两回转体相贯线的一般方法及简化画法。

一、圆柱与圆柱正交

1. 利用投影的积聚性求相贯线

【例 3-8】 圆柱与圆柱异径正交，补画相贯线的正面投影。

分析

如图3-18a所示，小圆柱的轴线垂直于水平面，相贯线的水平投影为圆（与小圆柱面的积聚性投影重合），大圆柱面的轴线垂直于侧面，相贯线的侧面投影为一段圆弧（与大圆柱面的部分积聚性投影重合），只需补画相贯线的正面投影。

作图

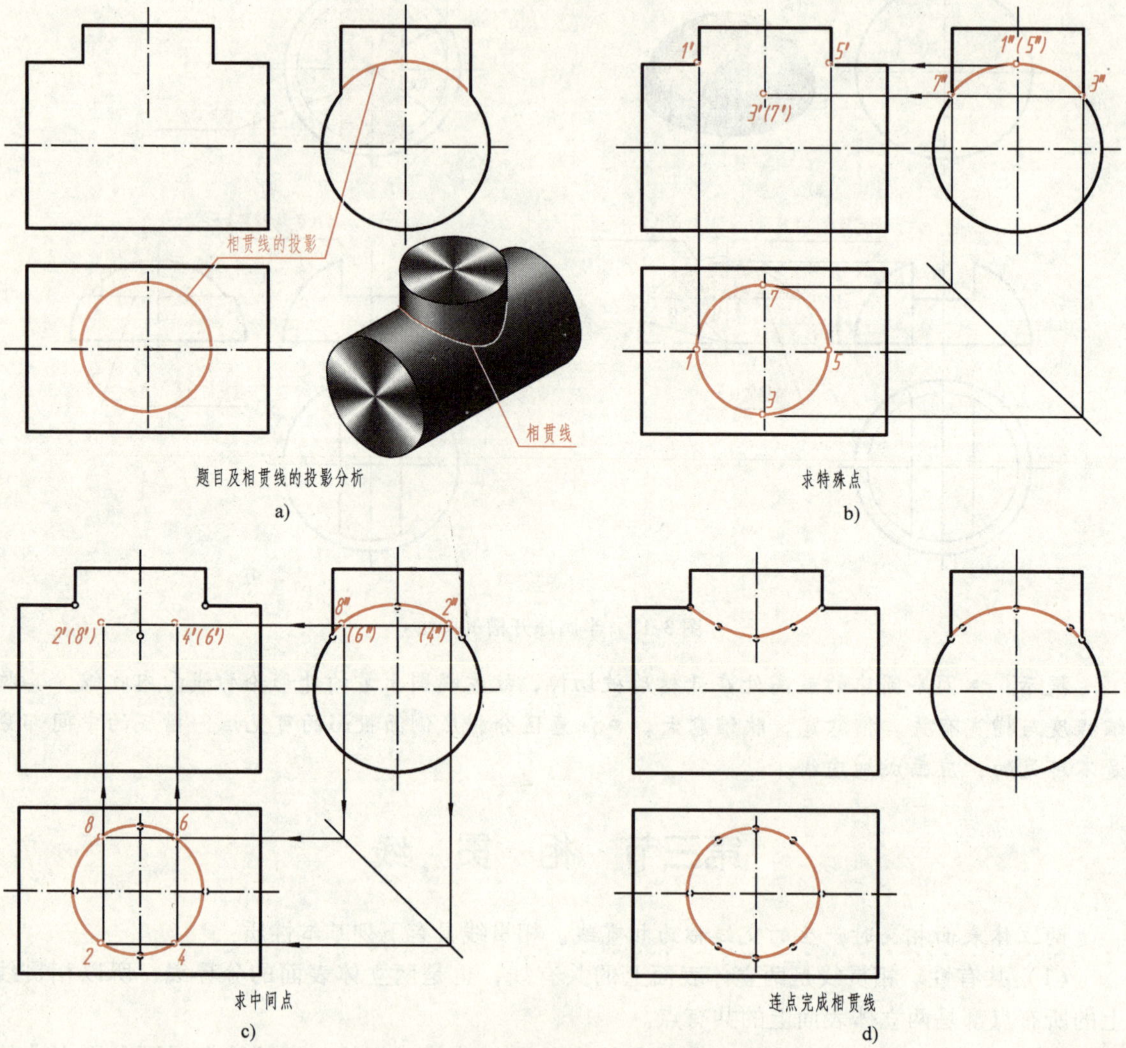

图 3-18 两圆柱异径正交的相贯线画法

① 求特殊点。如图3-18b所示，由水平投影看出，1、5两点既是最左、最右点的投影，也是最高点，同时也是两圆柱正面投影外形轮廓线的交点，可由1、5对应求出1″（5″）及1′、5′；由侧面投影看出，小圆柱与大圆柱的交点3″、7″，既是相贯线最低点的投影，也是最前、最后点的投影，由3″、7″可直接对应求出3、7及3′（7′）。

② 求中间点。中间点决定曲线的趋势。在侧面投影中，任取对称点2″（4″）及8″（6″），然后按点的投影规律，求出其水平投影2、4、6、8和正面投影2′（8′）及4′（6′），如图3-18c所示。

③ 连点成线。按顺序光滑地连接 1′、2′、3′、4′、5′各点，即得到相贯线的正面投影，如图 3-18d 所示。

2. 两圆柱正交时相贯线的变化

当两圆柱的相对位置不变，而两圆柱的直径发生变化时，相贯线的形状和位置也将随之变化。

当 $\phi_1 > \phi$ 时，相贯线的正面投影为两条上、下对称的曲线，如图 3-19a 所示。

当 $\phi_1 = \phi$ 时，相贯线在空间为两个相交的椭圆，其正面投影为两条相交的直线，如图 3-19b所示。

当 $\phi_1 < \phi$ 时，相贯线的正面投影为两条左、右对称的曲线，如图 3-19c 所示。

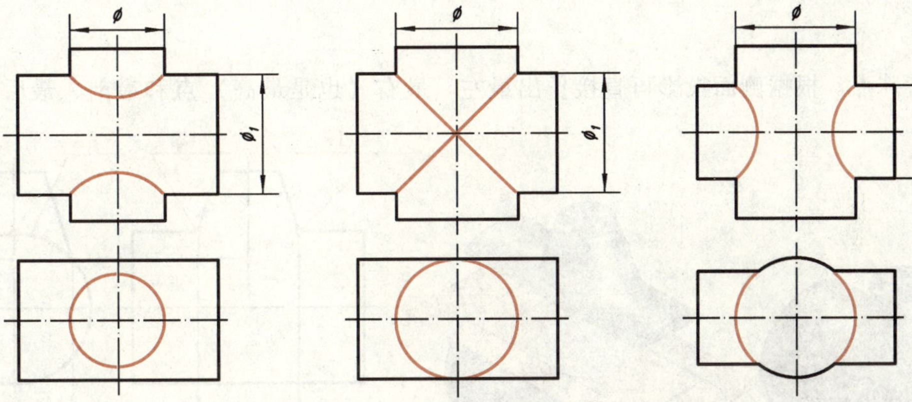

a) b) c)

图 3-19 两圆柱正交时相贯线的变化

提示：从图 3-19a、c 的正面投影中可以看出，两圆柱正交时相贯线的弯曲方向，朝向直径较大圆柱的轴线。

3. 两圆柱正交时相贯线的简化画法

为了简化作图，国家标准规定，允许采用简化画法作出相贯线的投影，即用圆弧代替非圆曲线。当两圆柱异径正交，且不需要准确地求出相贯线时，可采用简化画法作出相贯线的投影，作图方法如图 3-20 所示。

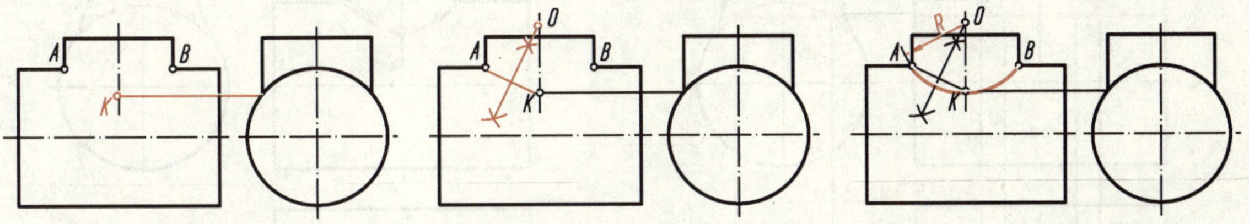

第一步：求出相贯线的最低点K　　第二步：作AK的垂直平分线与轴线相交于O　　第三步：以点 O为圆心、OA为半径画弧即可

a) b) c)

图 3-20 两圆柱正交时相贯线的简化画法

二、圆柱与圆锥正交

当两回转体的相贯线不能用积聚性直接求出时，可用辅助平面法求解。辅助平面法是求相

贯线上共有点的常用方法，一般适用于两回转体相贯的各种情况。

辅助平面法的作图原理 用一个辅助平面与两回转体同时相交，得到两组截交线。这两组截交线均处于辅助平面内，它们的交点为辅助平面与两回转体表面的共有点（三面共点），即相贯线上的点（图 3-21b）。应选取特殊位置平面作为辅助平面，并使辅助平面与两回转体的截交线为最简单图形——直线或圆。

【例 3-9】 圆柱与圆锥轴线正交，求作相贯线的投影。

分析

由于圆柱与圆锥两轴线垂直相交，相贯线是一条前后、左右对称，闭合的空间曲线。相贯线侧面投影与圆柱侧面投影（圆）的一部分重合，需利用辅助平面法求出相贯线的水平投影和正面投影。

作图

① 求特殊点。根据侧面投影可直接作出最左、最右（也是最高）点和最前、最后（也是

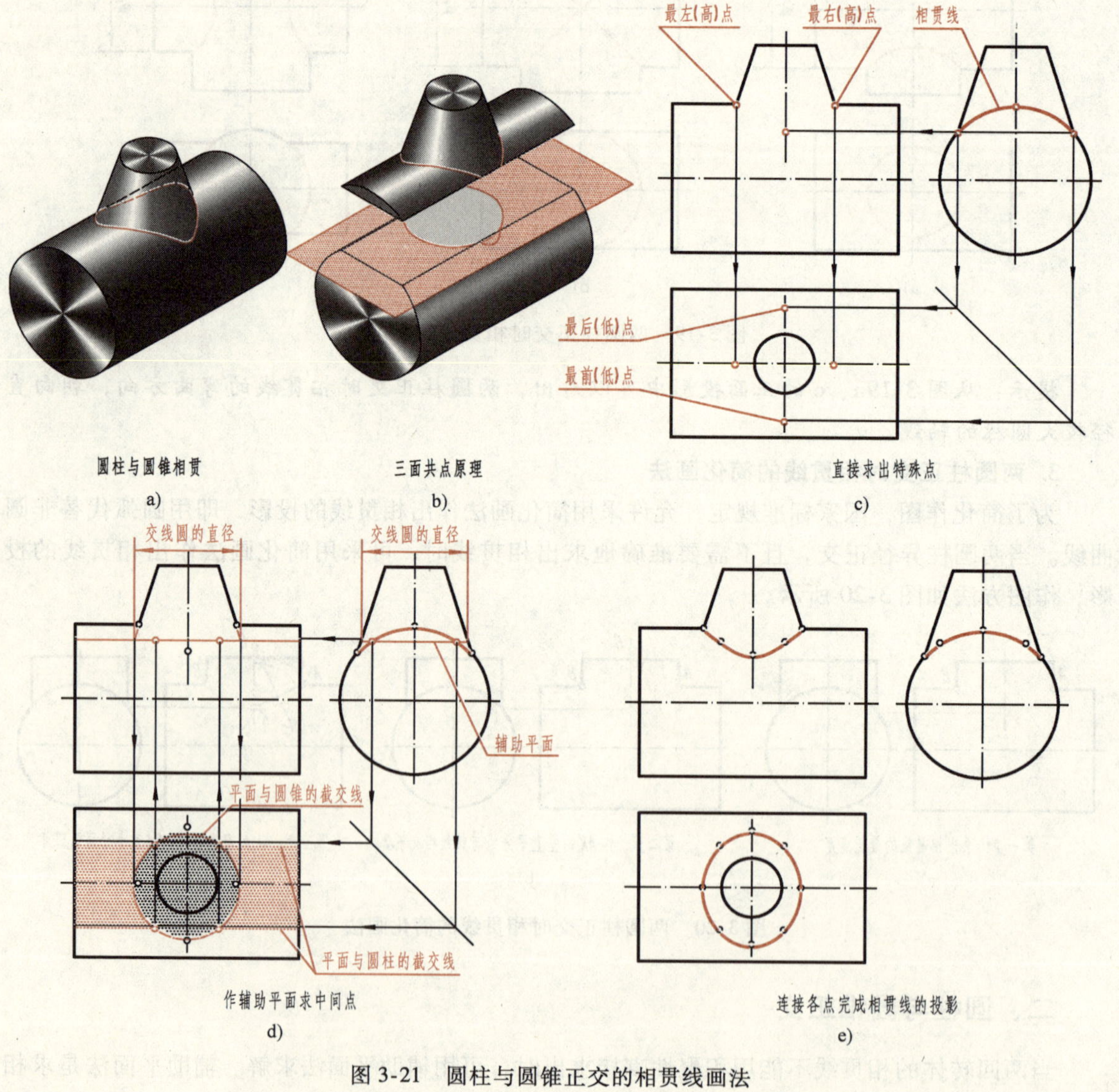

图 3-21 圆柱与圆锥正交的相贯线画法

最低）点的正面投影和水平投影，如图 3-21c 所示。

② 求中间点。在最高点和最低点之间作辅助平面（辅助平面为水平面，与圆锥面的轴线垂直、与圆柱面的轴线平行），它与圆锥面的交线为圆，与圆柱面的交线为两平行直线，圆与两平行线的交点即为相贯线上的点，如图 3-21d 所示。

③ 连点成线。顺次光滑连接各点的同面投影，即为相贯线的投影，如图 3-21e 所示。

三、内相贯线的画法

当圆筒上钻有圆孔时，则孔与圆筒外表面及内表面均有相贯线，如图 3-22a 所示。在内表面产生的交线称为内相贯线。内相贯线和外相贯线的画法相同，内相贯线的投影由于不可见而画成细虚线，如图 3-22b 所示。

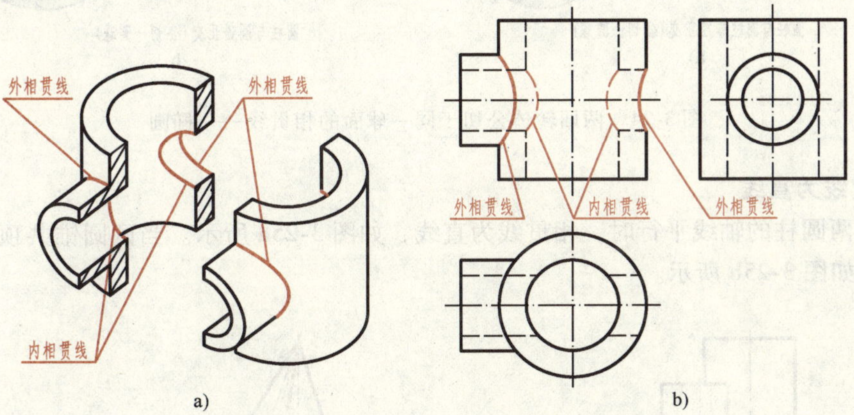

图 3-22　圆孔与圆孔相交时相贯线的画法

四、相贯线的特殊情况

两回转体相交，在一般情况下相贯线为空间曲线。但在特殊情况下，相贯线为平面曲线或直线。

1. 相贯线为平面曲线

（1）两个同轴回转体相交时，相贯线一定是垂直于轴线的圆。当回转体轴线平行于某一投影面时，这个圆在该投影面上的投影为垂直于轴线的直线，如图 3-23 中的红色图线所示。

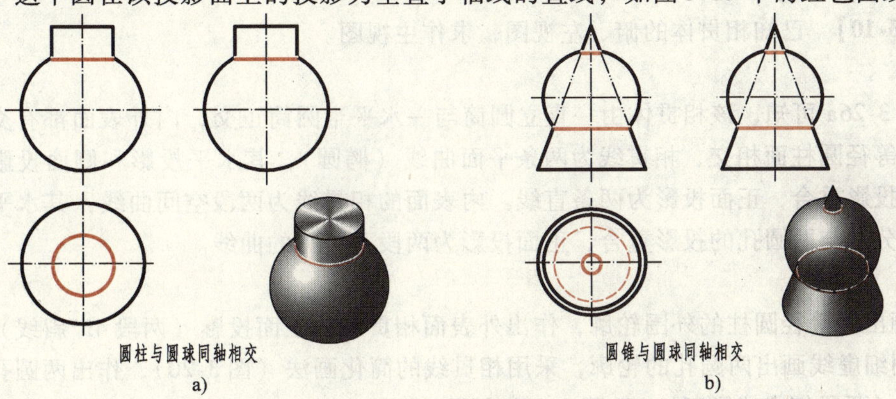

图 3-23　同轴回转体的相贯线——圆

（2）当轴线相交的两圆柱（或圆柱与圆锥）公切于同一球面时，相贯线一定是平面曲线，即两个相交的椭圆，如图3-24中的红色图线所示。

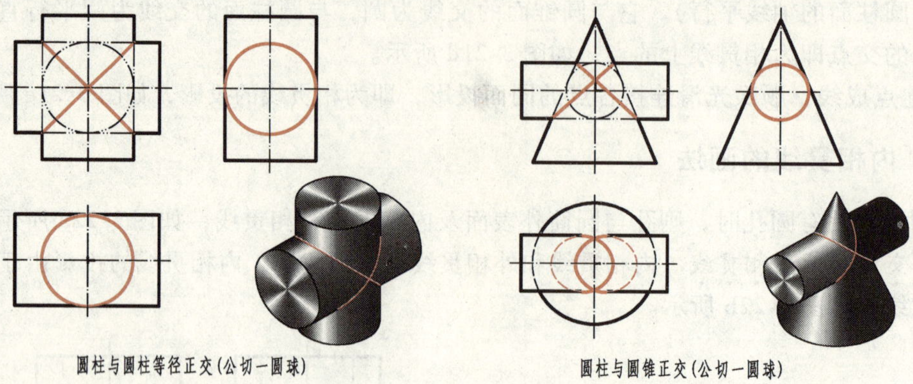

a)　b)

图3-24　两回转体公切于同一球面的相贯线——椭圆

2. 相贯线为直线

当相交两圆柱的轴线平行时，相贯线为直线，如图3-25a所示。当两圆锥共顶时，相贯线也是直线，如图3-25b所示。

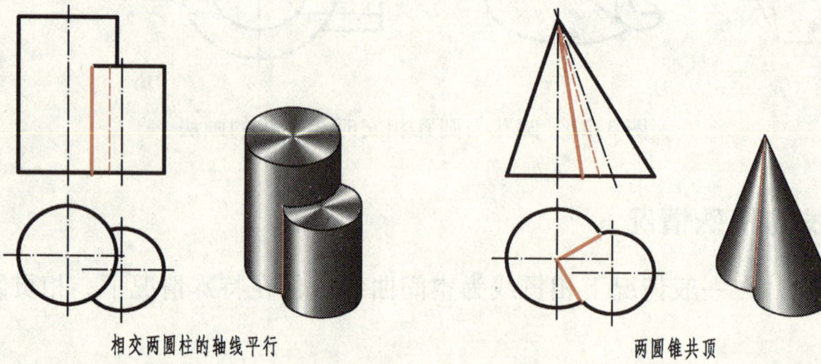

a)　b)

图3-25　相贯线为直线的情况

【例3-10】 已知相贯体的俯、左视图，求作主视图。

分析

由图3-26a可知，该相贯体由一直立圆筒与一水平半圆筒正交，内外表面都有交线。外表面为两个等径圆柱面相交，相贯线为两条平面曲线（椭圆），其水平投影和侧面投影分别与两圆柱面的投影重合，正面投影为两条直线。内表面的相贯线为两段空间曲线，其水平投影和侧面投影也分别与两圆孔的投影重合，正面投影为两段不可见的曲线。

作图

① 画出两等径圆柱的外围轮廓，作出外表面相贯线的正面投影（两段45°斜线）。

② 用细虚线画出两圆孔的轮廓，采用相贯线的简化画法（图3-20），作出两圆孔相贯线的正面投影（两段细虚线圆弧），如图3-26b所示。

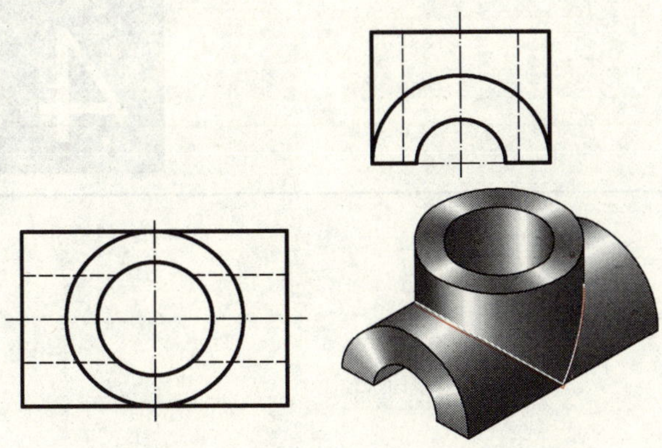
a)

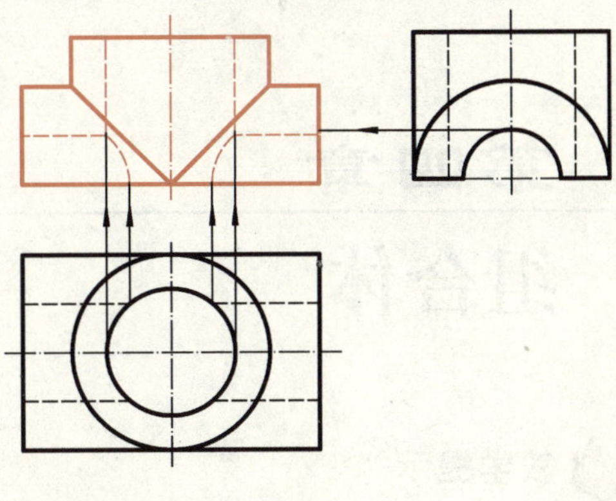
b)

图 3-26　根据俯、左视图求作主视图

第四章

4

组合体

教学提示

（1）理解形体分析法的含义，掌握组合体的组合形式。

（2）掌握绘制组合体视图和尺寸标注的方法，基本达到完整、准确、清晰的要求。

（3）基本掌握看组合体视图的方法，具备看懂组合体视图的能力。

第一节　组合体的组合形式

任何复杂的机器零件，从形体的角度来分析，都可以看成是由若干基本形体（圆柱、圆锥、圆球等）按一定的方式（叠加、切割或穿孔等）组合而成的。由两个或两个以上的基本形体组合构成的整体，称为组合体。

一、组合体的构成

组合体按其构成的方式，可分为叠加和切割两种。叠加型组合体是由若干基本形体叠加而成的，切割型组合体是由基本形体经过切割或穿孔后形成的。多数组合体则是既有叠加又有切割的综合型。

图 4-1a 所示的支座，可看成是由一块长方形底板（穿孔，即切去一个圆柱体）、两块尺寸相同的梯形立板、一块半圆形立板（穿孔，即切去一个圆柱体）叠加起来组成的综合

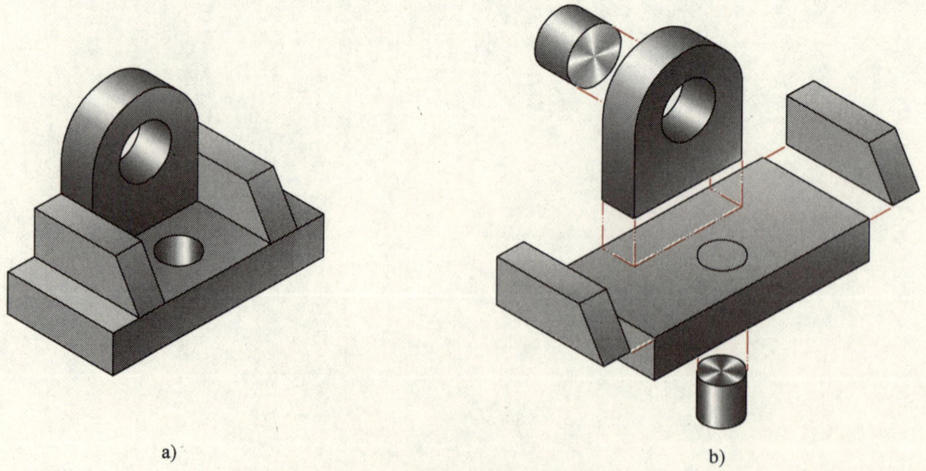

a)　　b)

图 4-1　支座的形体分析

型组合体，如图 4-1b 所示。

画组合体的三视图时，可采用“先分后合”的方法。即假想将组合体分解成若干个基本形体，然后按其相对位置逐个画出各基本形体的投影，综合起来即得到整个组合体的视图。这样，就可把一个比较复杂的问题分解成几个简单的问题加以解决。

为了便于画图，通过分析，将组合体分解成若干个基本形体，并搞清它们之间的相对位置和组合形式，这种方法称为形体分析法。

二、组合体相邻表面之间的连接关系及画法

讨论相邻两形体间的连接形式，以利于分析接合处两形体分界线的投影。

1. 共面

如图 4-2a 所示，两形体的邻接表面共面，在共面处没有交线，其主视图如图 4-2b 所示。图 4-2c 所示是多画线的错误图例。

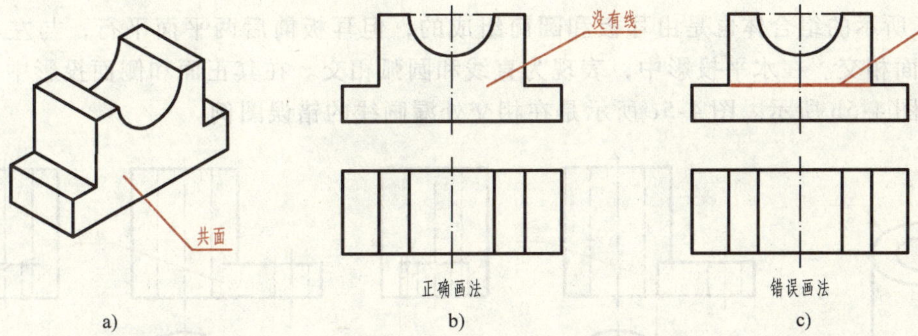

图 4-2　两形体共面的画法

如图 4-3a 所示，两形体的邻接表面不共面，绘制其主视图时，在两形体的连接处应画出交线，如图 4-3b 所示。图 4-3c 所示是漏画线的错误图例。

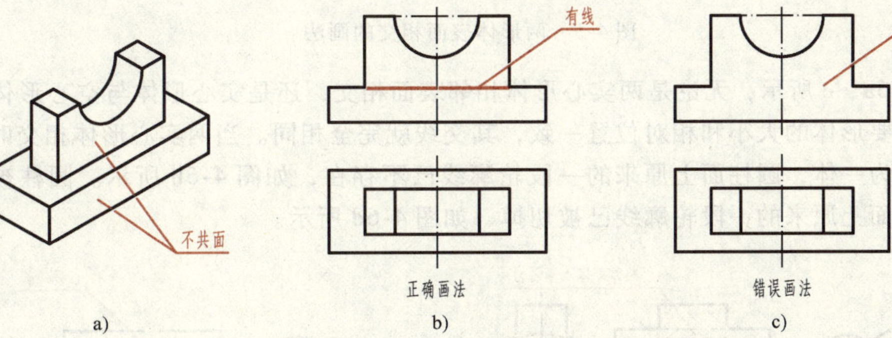

图 4-3　两形体不共面的画法

2. 相切

图 4-4a 所示的组合体由耳板和圆筒组成。耳板前后两平面与左右一小一大两圆柱面光滑连接，即相切。在水平投影中，表现为直线和圆弧相切。在其正面和侧面投影中，相切处不画线，耳板上表面的投影只画至切点处，如图 4-4b 所示。图 4-4c 所示是在相切处画线的错误图例。

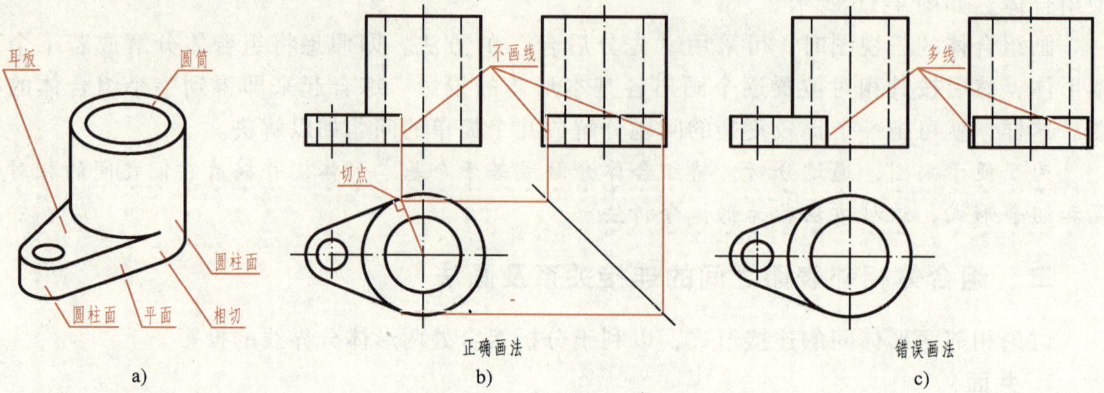

图 4-4　两形体表面相切的画法

3. 相交

图 4-5a 所示的组合体也是由耳板和圆筒组成的，但耳板前后两平面平行，与左右一小一大两圆柱面相交。在水平投影中，表现为直线和圆弧相交。在其正面和侧面投影中，应画出交线，如图 4-5b 所示。图 4-5c 所示是在相交处漏画线的错误图例。

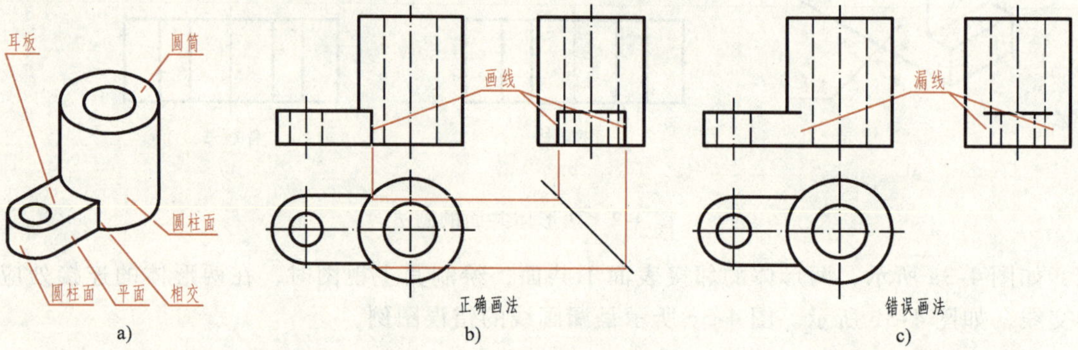

图 4-5　两形体表面相交的画法

如图 4-6a、c 所示，无论是两实心形体相邻表面相交，还是实心形体与空心形体相邻表面相交，只要形体的大小和相对位置一致，其交线就完全相同。当两实心形体相交时，两实心形体已融为一体，圆柱面上原来的一段轮廓线已不存在，如图 4-6b 所示。圆柱被穿矩形孔后，圆柱面上原来的一段轮廓线已被切掉，如图 4-6d 所示。

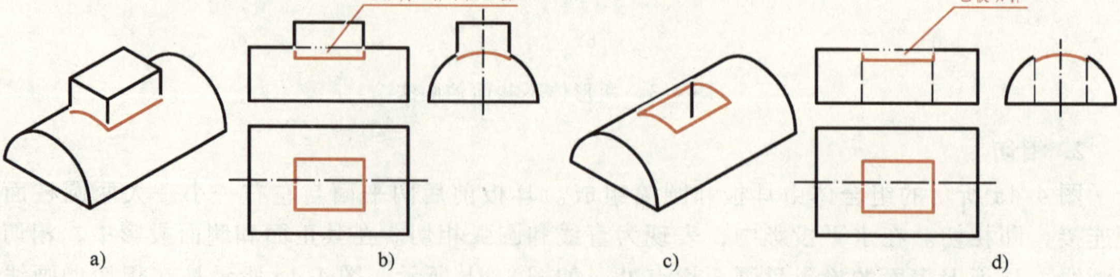

图 4-6　不同形体相交的比较

第二节 组合体三视图的画法

形体分析法是将复杂形体简单化的一种思维方法。画组合体视图一般采用形体分析法，将组合体分解为若干基本形体，分析它们的相对位置和组合形式，逐个画出各基本形体的三视图。

一、形体分析

看到组合体实物（或轴测图）后，首先应对它进行形体分析。要搞清楚它的前后、左右和上下六个面的形状，并根据其结构特点，想一想大致可以分成几个组成部分，它们之间的相对位置关系如何，是什么样的组合形式等。

图 4-7a 所示为支座，按其结构特点，该支座可分为直立圆筒、水平圆筒、底板和肋板四个部分，如图 4-7b 所示。水平圆筒和直立圆筒垂直相贯，且两孔贯通；底板的前后两侧面和直立圆筒外表面相切；肋板与底板叠加，与直立圆筒相贯。

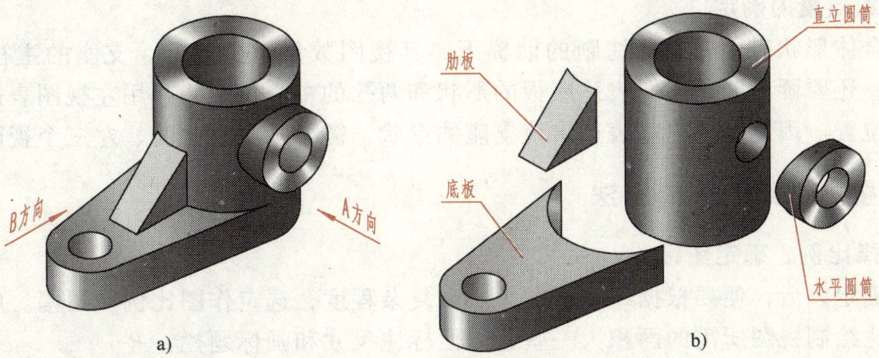

图 4-7 支座的形体分析

二、视图选择

视图选择的内容包含主视图的选择和视图数量的确定。

1. 主视图的选择

主视图是表达组合体的一组视图中最主要的视图。当主视图的投射方向确定之后，俯、左视图投射方向随之确定。选择主视图应符合以下三条要求：

（1）反映组合体的结构特征。一般应把反映组合体各部分形状和相对位置较多的一面作为主视图的投射方向。

（2）符合组合体的自然安放位置，主要面应平行于基本投影面。

（3）尽量减少其他视图的细虚线。

如图 4-7a 所示，将支座按自然位置安放后，按箭头所示的两个投射方向，可得到两组不同的三视图，如图 4-8 所示。从两组不同的三视图可以看出，选择 *A* 方向作为主视图的投射方向，显然比 *B* 方向好。这是因为组成支座的基本形体以及它们之间的相对位置关系等在 *A* 方向表达最清晰，能反映支座的整体结构形状特征，且细虚线相对较少。

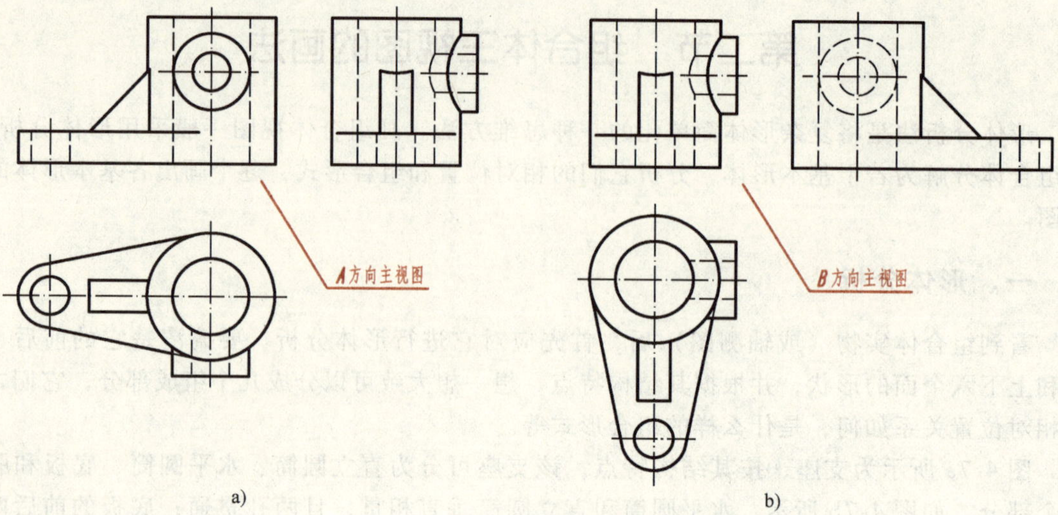

图 4-8 主视图的选择

2. 视图数量的确定

在组合体形状表达完整、清晰的前提下，其视图数量愈少愈好。支座的主视图按 *A* 方向确定后，还要画出俯视图，表达底板的形状和两孔的中心位置，并用左视图表达水平圆筒的形状和位置。因此，要完整表达出该支座的形状，需要画出主、俯、左三个视图。

三、叠加型组合体的画法

1. 选择比例，确定图幅

视图确定以后，便要根据组合体的大小和复杂程度，选定作图比例和图幅。应注意所选的幅面要比绘制视图所需的面积大一些，以便标注尺寸和画标题栏。

2. 布置视图

布图时，应将视图匀称地布置在幅面上，视图间的空档应保证能注全所需的尺寸。

3. 绘制底稿

支座的画图步骤如图 4-9 所示。为了迅速而正确地画出组合体的三视图，画底稿时，应注意以下两点：

（1）画图的先后顺序，一般应从形状特征明显的视图入手。先画主要部分，后画次要部分；先画可见部分，后画不可见部分；先画圆或圆弧，后画直线。

（2）画图时，对组合体的每一个组成部分，最好是三个视图配合着画。就是说，不要先把一个视图画完再画另一个视图。这样，不但可以提高绘图速度，还能避免多线或漏线。

4. 检查描深

底稿完成后，应在三视图中认真核对各组成部分的投影关系正确与否；分析清楚相邻两形体衔接处的画法有无错误，是否多线、漏线；再以实物（或轴测图）与三视图对照，确认无误后，描深图线，完成全图。

四、切割型组合体的画法

对基本几何体进行切割而形成的组合体即为切割型组合体。绘制切割型组合体视图时，

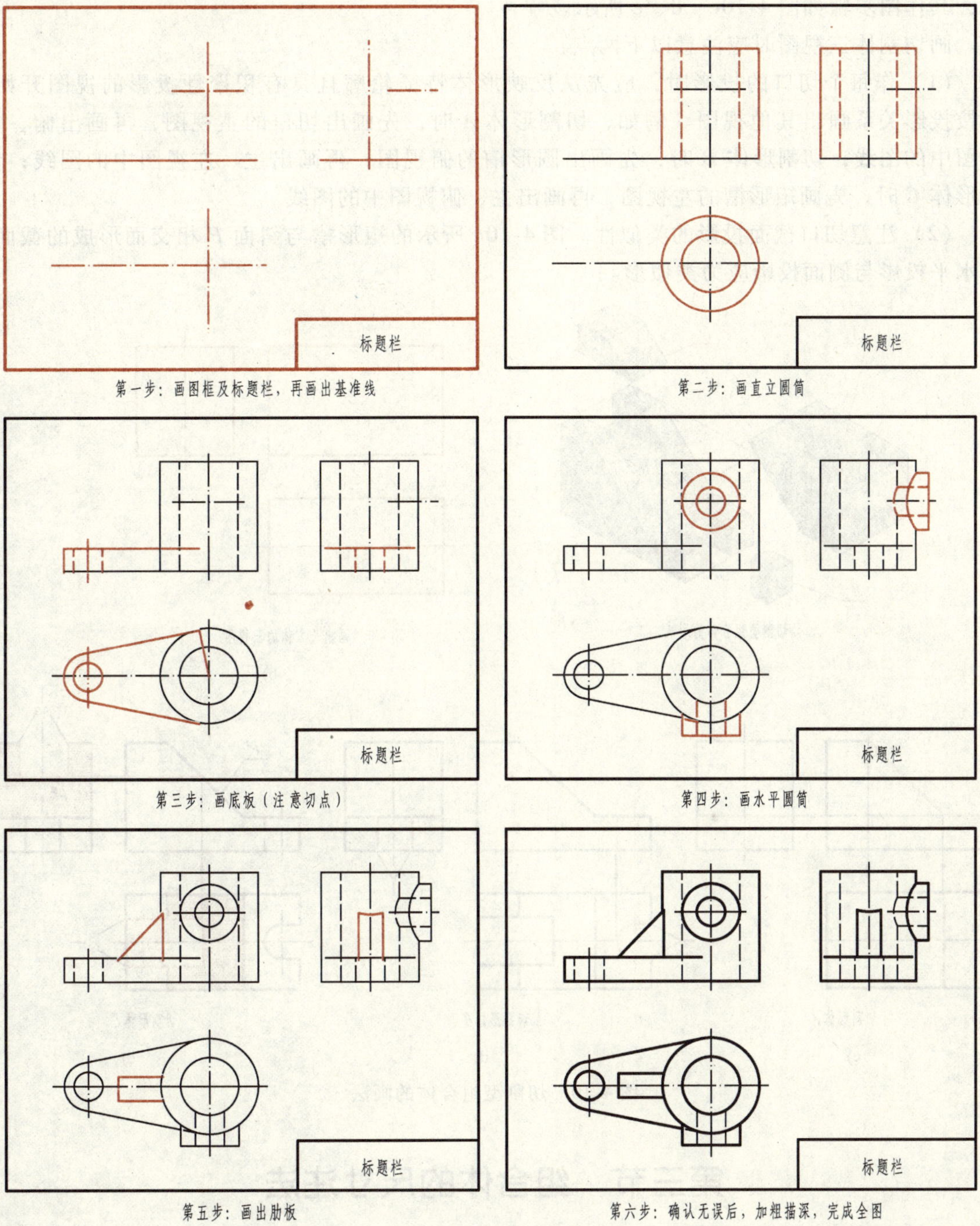

图 4-9 支座的画图步骤

通常先画出未切割前完整的基本几何体的投影，然后画出切割后的形体。各切口部分应从反映其形状特征的视图开始画起，再画出其他视图。

图 4-10a 所示组合体可看作由长方体切去形体 *A*、*B*、*C* 后而形成的。画图时，首先画出（未切割前）长方体的三视图，如图 4-10b 所示；然后，将 *A*、*B*、*C* 形体依次地切割下

来，其作图步骤如图 4-10c、d、e 所示。

画切割体三视图时应注意以下两点：

（1）作每个切口的投影时，应先从反映形体特征轮廓且具有积聚性投影的视图开始，再按投影关系画出其他视图。例如，切割形体 *A* 时，先画出切口的主视图，再画出俯、左视图中的图线；切割形体 *B* 时，先画出圆形槽的俯视图，再画出主、左视图中的图线；切割形体 *C* 时，先画矩形槽的左视图，再画出主、俯视图中的图线。

（2）注意切口截面投影的类似性。图 4-10e 所示的矩形槽与斜面 *P* 相交而形成的截面，其水平投影与侧面投影应为类似形。

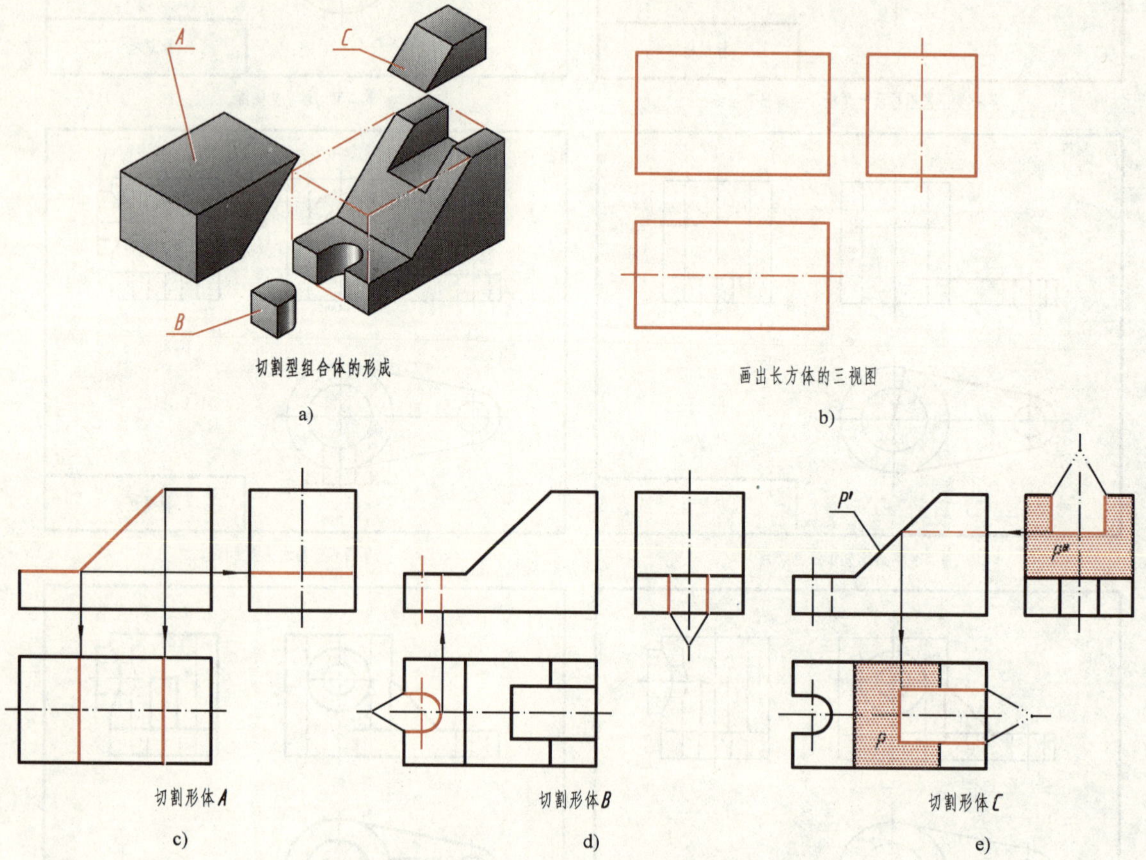

图 4-10　切割型组合体的画法

第三节　组合体的尺寸注法

视图只能表达组合体的结构和形状，要表示它的大小，则需通过图中所标注的尺寸。组合体尺寸标注的基本要求是：正确、完整、清晰。正确是指所注尺寸符合国家标准的规定；完整是指所注尺寸既不遗漏，也不重复；清晰是指尺寸注写布局整齐、清楚，便于看图。

一、基本几何体的尺寸注法

基本几何体的尺寸注法是组合体尺寸标注的基础。基本几何体的大小通常是由长、宽、高三个方向的尺寸来确定的。

1. 平面立体的尺寸注法

对于棱柱、棱锥及棱台，除了标注确定其顶面和底面形状大小的尺寸外，还要标注高度尺寸。为了便于看图，确定顶面和底面形状大小的尺寸宜标注在反映其实形的视图上，如图4-11所示。标注正方形尺寸时，在正方形边长尺寸数字前，加注正方形符号“□”，如图4-11b所示的正四棱台。

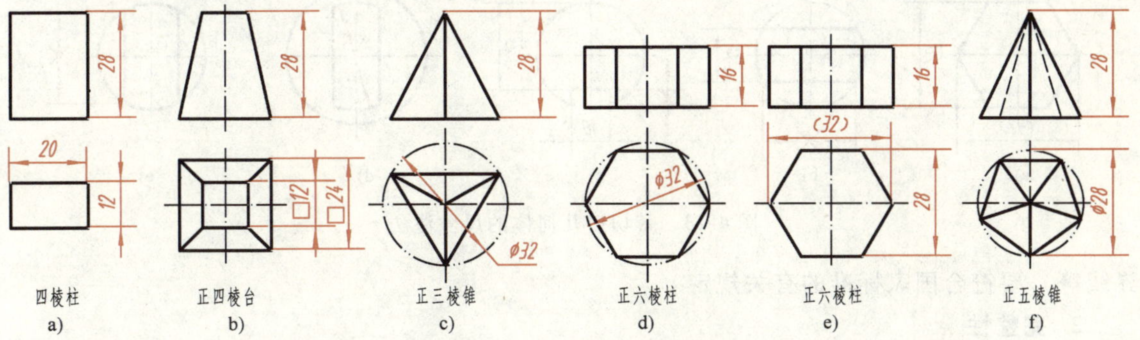

图4-11 平面立体的尺寸注法

2. 曲面立体的尺寸注法

对于圆柱、圆锥、圆台和圆环，应标注底圆直径和高度尺寸，并在直径数字前加注直径符号“ϕ”，如图4-12a、b、c、d所示。标注圆球、半圆球的尺寸时，在数字前加注球直径符号“$S\phi$”或球半径符号“SR”，如图4-12e、f所示。直径尺寸一般标注在非圆视图上。

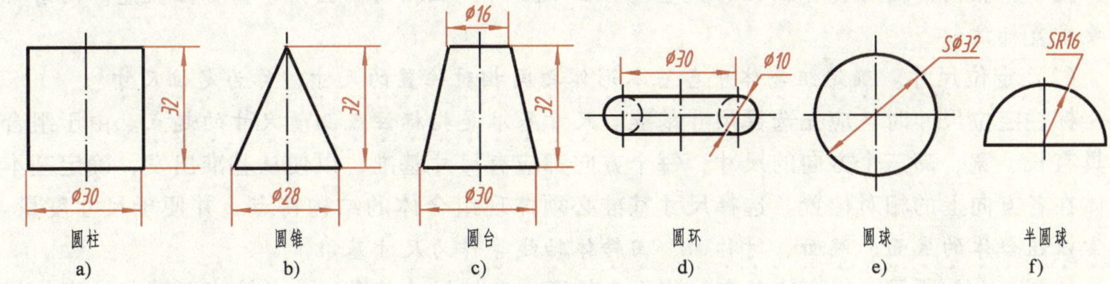

图4-12 曲面立体的尺寸注法

当尺寸集中标注在一个非圆视图上时，一个视图即可表达清楚它们的形状和大小。如图4-12所示，各基本几何体均用一个视图即可。

3. 带切口几何体的尺寸注法

对带切口的几何体，除标注基本几何体的尺寸外，还要注出确定截平面位置的尺寸。但要注意，由于几何体与截平面的相对位置确定后，切口的交线即完全确定，因此，不应在交线上标注尺寸。图4-13中画“×”的红色尺寸为多余尺寸。

二、尺寸标注的基本要求

1. 正确性

应确保尺寸数值正确无误，所注的尺寸（包括尺寸数字、符号、箭头、尺寸线和尺寸

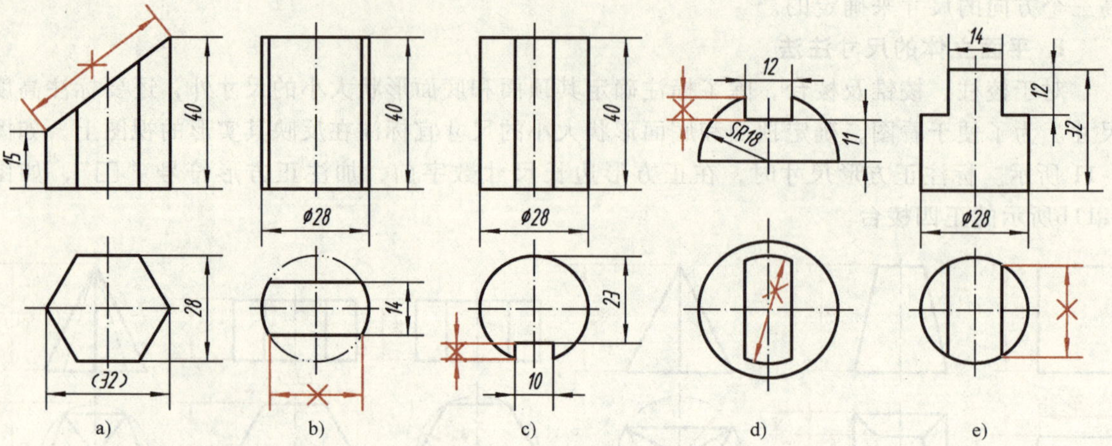

图 4-13　带切口几何体的尺寸注法

界线等）要符合国家标准的有关规定。

2. 完整性

为了将尺寸注得完整，应先按形体分析法注出确定各基本形体的定形尺寸，再标注确定它们之间相对位置的定位尺寸，最后根据组合体的结构特点，注出总体尺寸。

（1）定形尺寸。确定组合体中各基本形体的形状和大小的尺寸，称为定形尺寸。

如图 4-14a 所示，底板的定形尺寸有长 70、宽 40、高 12，圆孔直径 $2\times\phi10$，圆角半径 $R10$；立板的定形尺寸有长 32、宽 12、高 38，圆孔直径 $\phi16$。

提示：相同的圆孔要标注孔的数量（如 $2\times\phi10$），但相同的圆角不需标注数量。两者都不要重复标注。

（2）定位尺寸。确定组合体中各基本形体之间相对位置的尺寸，称为定位尺寸。

标注定位尺寸时，应先选择尺寸基准。尺寸基准是指标注或测量尺寸的起点。由于组合体具有长、宽、高三个方向的尺寸，每个方向都应有尺寸基准，以便从基准出发，确定基本形体在各方向上的相对位置。选择尺寸基准必须体现组合体的结构特点，并便于尺寸度量。通常以组合体的底面、端面、对称面、回转体轴线等作为尺寸基准。

如图 4-14b 所示，组合体左右对称面为长度方向的尺寸基准，由此注出两圆孔的定位尺寸 50；底板的后端面为宽度方向的尺寸基准，由此注出底板上圆孔的定位尺寸 30，立板与后端面的定位尺寸 8；底板的底面为高度方向的尺寸基准，由此注出立板上圆孔与底面的定位尺寸 34。

（3）总体尺寸。确定组合体外形的总长、总宽、总高尺寸称为总体尺寸。

如图 4-14c 所示，该组合体总长和总宽尺寸即底板的长 70、宽 40，不再重复标注。总高尺寸 50 从高度方向的尺寸基准注出。总高尺寸标注之后，要去掉立板的高度尺寸 38，否则会出现多余尺寸。

提示：当组合体的一端或两端为回转体时，总体尺寸是不能直接注出的，否则就会出现重复尺寸。如图 4-15a 所示组合体，其总长尺寸（$76=52+R12\times2$）和总高尺寸（$42=28+R14$）是间接确定的，因此，图 4-15b 所示标注总长 76、总高 42 是错误的。

综上所述，定形尺寸、定位尺寸、总体尺寸可以相互转化。实际标注尺寸时，应认真分

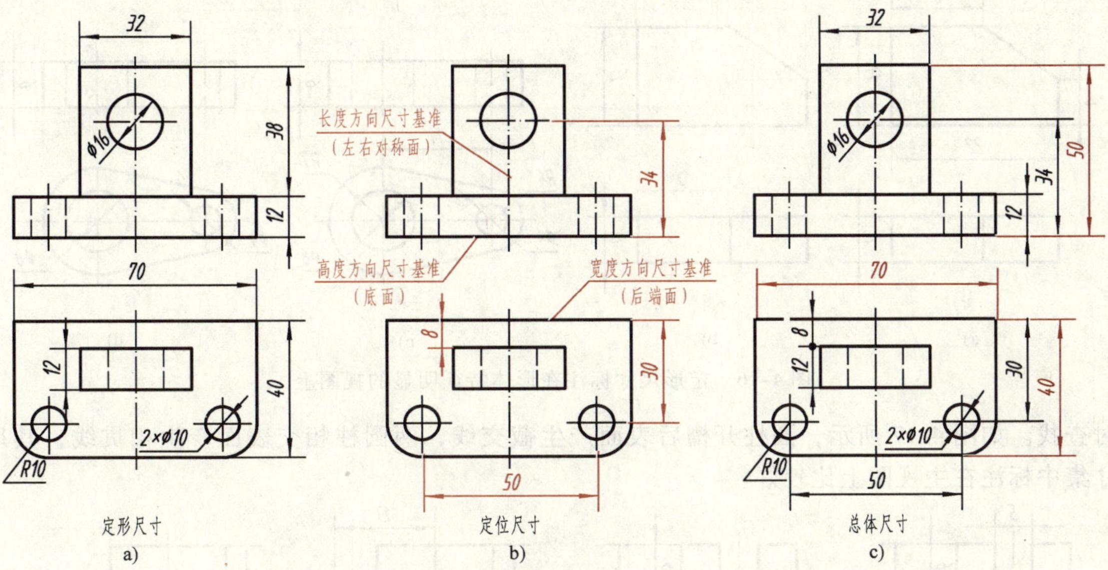

图 4-14 组合体的尺寸注法

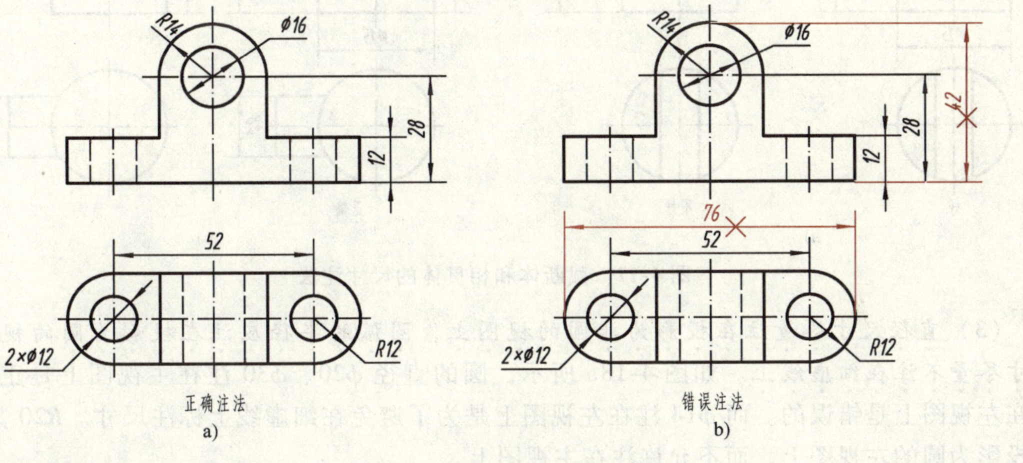

图 4-15 不注总体尺寸的情况

析，避免多注或漏注尺寸。

3. 清晰性

尺寸标注除要求完整外，还要求标得清晰、明显，以方便看图。为此，标注尺寸时应注意以下几个问题。

（1）定形尺寸尽可能标注在形体特征明显的视图上，定位尺寸尽可能标注在位置特征清楚的视图上。如图 4-16a 所示，将五棱柱的五边形尺寸标注在主视图上，比分开标注（图 4-16b）要好。如图 4-16c 所示，腰形板的俯视图形体特征明显，半径 $R4$、$R7$ 等尺寸标注在俯视图上是正确的，而图 4-16d 所示的标注是错误的。如图 4-14b 所示，底板上两圆孔的定位尺寸 50、30 注在俯视图上，则两圆孔的相对位置比较明显。

（2）同一形体的尺寸应尽量集中标注。如图 4-14c 所示，底板的长度 70、宽度 40、两圆孔直径 2 × ϕ10、圆角半径 R10、两圆孔定位尺寸 50、30 都集中注在俯视图上，便于看图

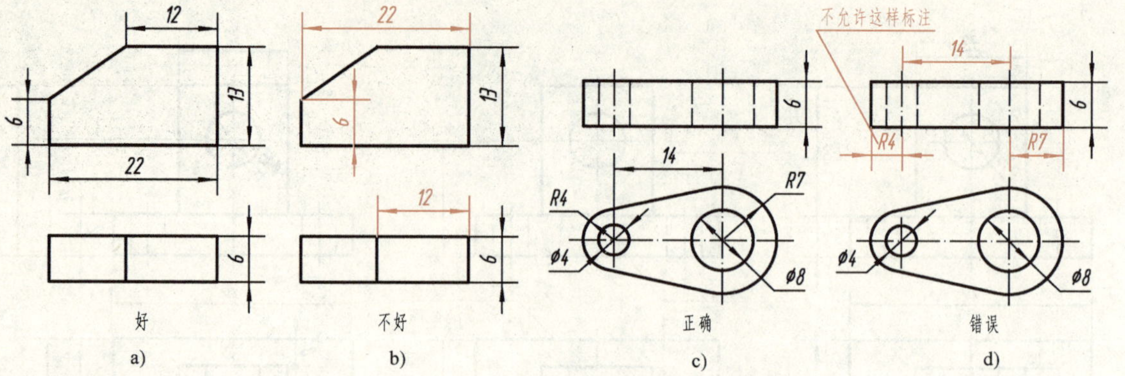

图 4-16　定形尺寸标注在形体特征明显的视图上

时查找。如图 4-17 所示，圆柱开槽后表面产生截交线，两圆柱相交表面产生相贯线，其尺寸集中标注在主视图上比较好。

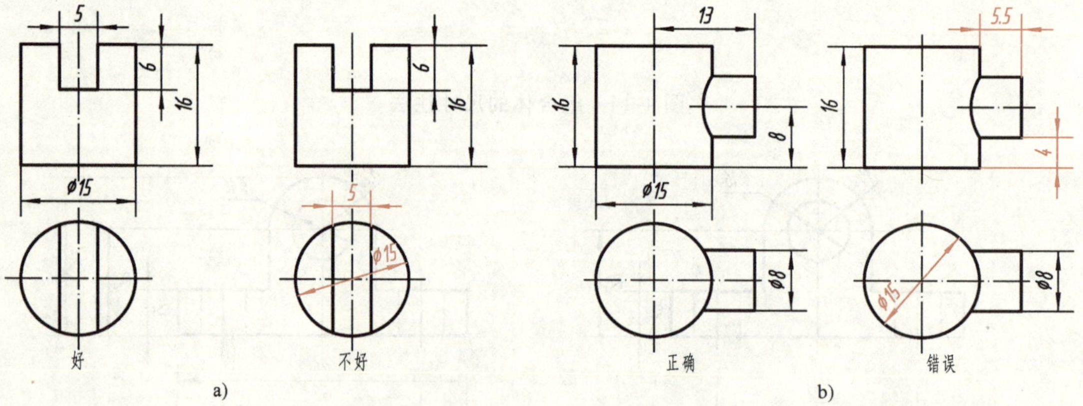

图 4-17　截断体和相贯体的尺寸注法

（3）直径尺寸尽量注在投影为非圆的视图上，圆弧的半径应注在投影为圆的视图上。尺寸尽量不注在细虚线上。如图 4-18a 所示，圆的直径 ϕ20、ϕ30 注在主视图上是正确的，注在左视图上是错误的。而 ϕ14 注在左视图上是为了避免在细虚线上标注尺寸。R20 只能注在投影为圆的左视图上，而不允许注在主视图上。

（4）平行排列的尺寸应将较小尺寸注在里面（靠近视图），大尺寸注在外面。如图 4-18a所示，12、16 两个尺寸应注在 42 的里面，注在 42 的外面是错误的，如图 4-18b 所示。

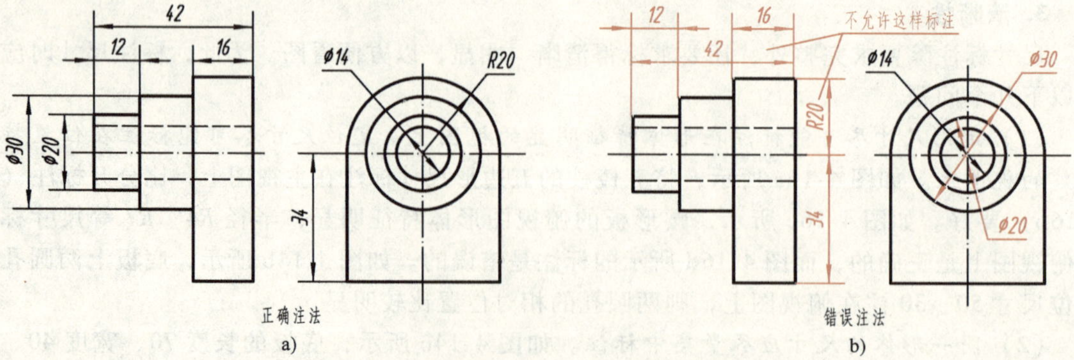

图 4-18　直径与半径、大尺寸与小尺寸的注法

（5）尺寸应尽量注在视图外边，相邻视图的相关尺寸最好注在两个视图之间，避免尺寸线、尺寸界线与轮廓线相交，如图 4-19a 所示。图 4-19b 所示的尺寸注法不够清晰。

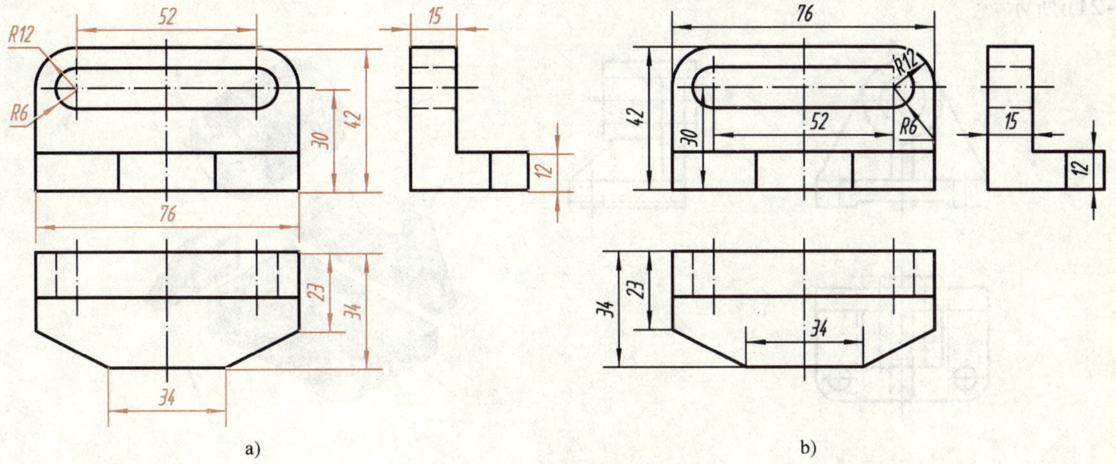

图 4-19　尺寸注法的清晰性

三、常见结构的尺寸注法

组合体常见结构的尺寸注法如图 4-20 所示。

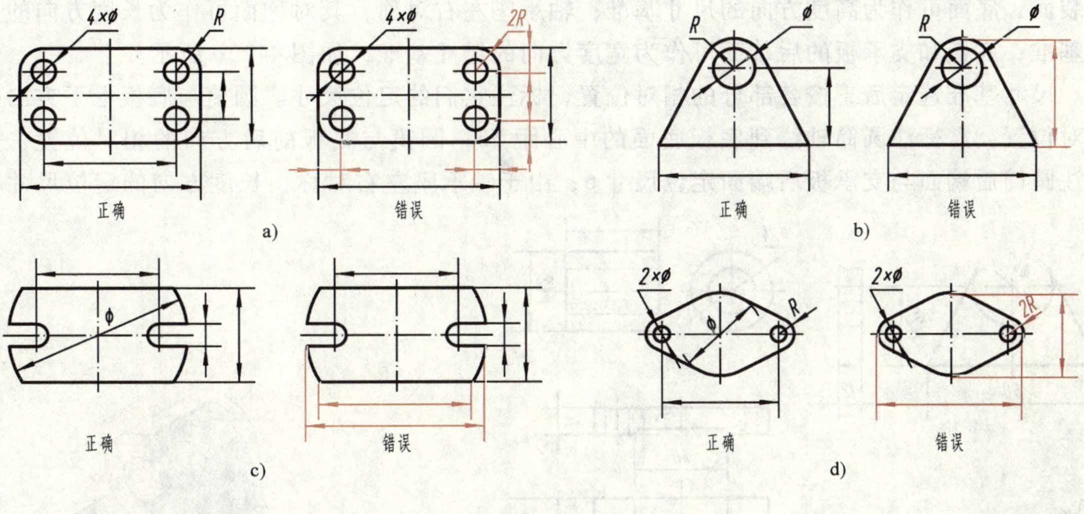

图 4-20　组合体常见结构的尺寸注法

四、组合体的标注示例

组合体是由一些基本形体按一定的连接关系组合而成的。因此，在标注组合体的尺寸时，首先应按形体分析法将组合体分解为若干基本形体，再注出各基本形体的定形尺寸和各基本形体之间的定位尺寸，以及组合体长、宽、高三个方向的总体尺寸。

【例 4-1】　标注图 4-21a 所示轴承座的尺寸。

分析

根据轴承座的结构特点，将轴承座分解成底板、圆筒、支承板和肋板四部分，如图4-21b所示。

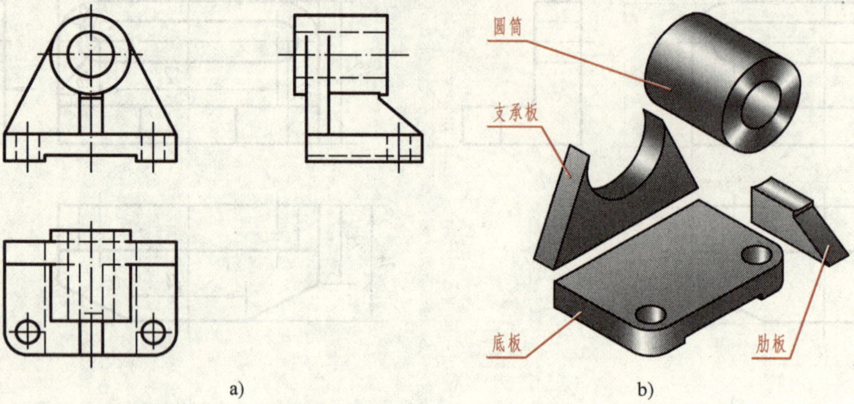

图 4-21　轴承座及形体分析

标注

① 逐个注出各基本形体的定形尺寸。标注尺寸时，应先进行形体分析，将轴承座分解成底板、圆筒、支承板、肋板四部分，分别注出其定形尺寸，如图 4-22a 所示。

② 选定尺寸基准，标注定位尺寸。由轴承座的结构特点可知，底板的底面是轴承座的安装面，底面可作为高度方向的尺寸基准；轴承座左右对称，其对称面可作为长度方向的尺寸基准；底板和支承板的后端面可作为宽度方向的尺寸基准，如图 4-22b 所示。

尺寸基准选定后，按各部分的相对位置，标注它们的定位尺寸。圆筒与底板上下方向的相对位置，需标注圆筒轴线到底板底面的中心距56；圆筒与底板前后方向的相对位置，需标注圆筒后端面与支承板后端面定位尺寸6；由于轴承座左右对称，长度方向的定位尺寸可

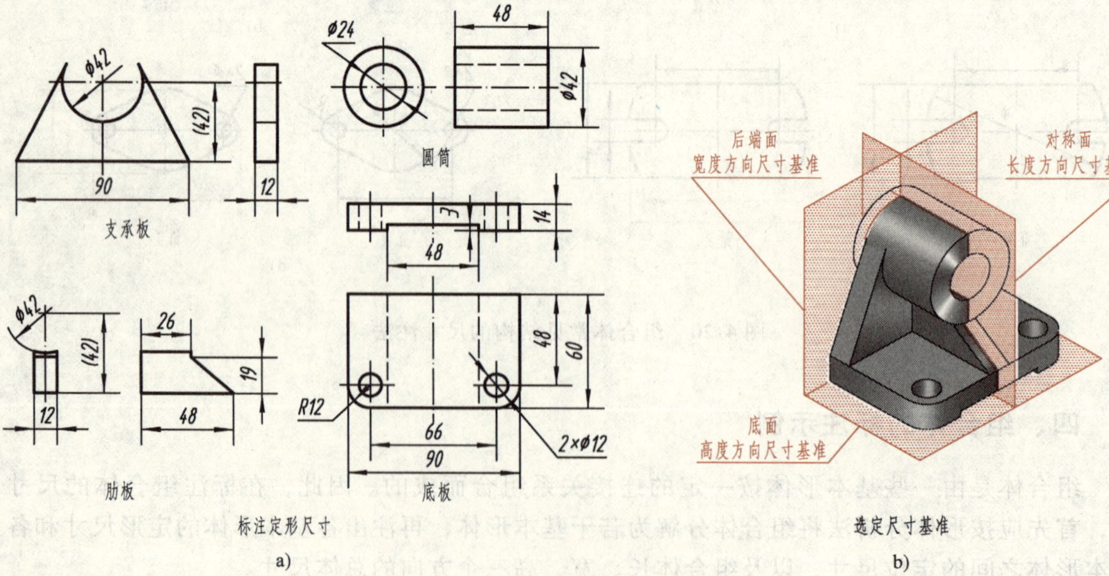

图 4-22　轴承座的尺寸标注

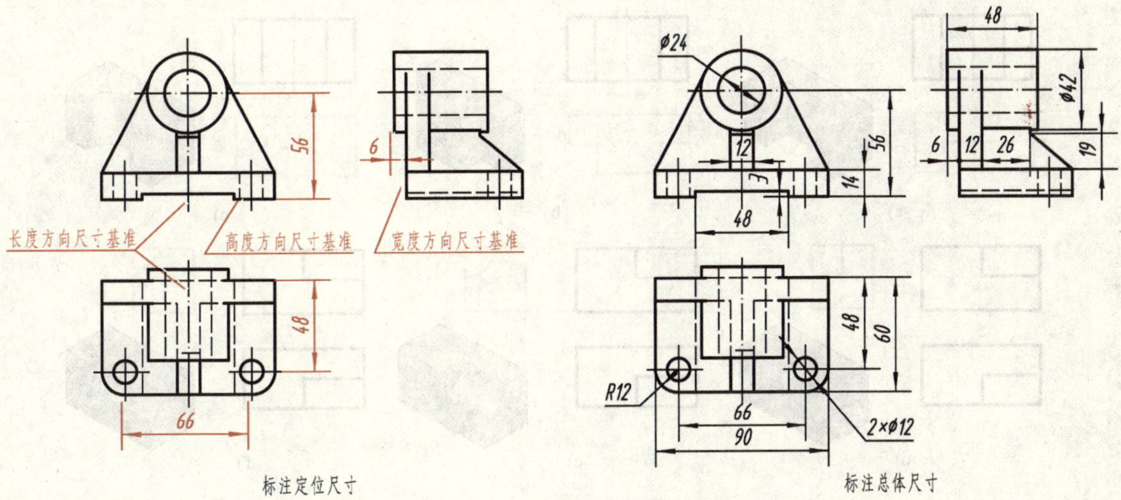

c) d)

图 4-22 轴承座的尺寸标注（续）

以省略不注；标注底板上两个圆孔的定位尺寸 66、48，如图 4-22c 所示。

③ 标注总体尺寸。如图 4-22d 所示，底板的长度 90 是轴承座的总长（与定形尺寸重合，不另行注出）；总宽由底板宽度 60 和圆筒在支承板后面伸出的长度 6 所确定；总高由圆筒的定位尺寸 56 加上圆筒外径 $\phi 42$ 的 1/2 所确定。

按上述步骤注出尺寸后，还要按形体逐个检查有无重复或遗漏，然后修正和调整。

第四节 看组合体视图的方法

画图，是将物体用正投影法表示在二维平面上；看图，则是依据视图，通过投影分析想象出物体的形状，是通过二维图形建立三维物体的过程。画图与看图是相辅相成的，看图是画图的逆过程。“照物画图”与“依图想物”相比，后者的难度要大一些。为了能够正确而迅速地看懂组合体视图，必须掌握看图的基本要领和基本方法，通过反复实践，不断培养空间思维能力，提高看图水平。

一、看图的基本要领

1. 将几个视图联系起来看

一个视图不能确定物体的形状。如图 4-23a、b、c 所示，三个主视图都相同，但所表示的是三个不同的物体。有时只看两个视图，也无法确定物体的形状。如图 4-23d、e、f 所示，它们的主、俯两个视图完全相同，但实际上也是三个不同的物体。

由此可见，看图时，必须把所给的视图联系起来看，才能想象出物体的确切形状。

2. 理解视图中图线和线框的含义

视图是由一个个封闭线框组成的，而线框又是由图线构成的。因此，弄清图线及线框的含义是十分必要的。

（1）图线的含义。如图 4-24 所示，视图中常见的图线有粗实线、细虚线和细点画线。

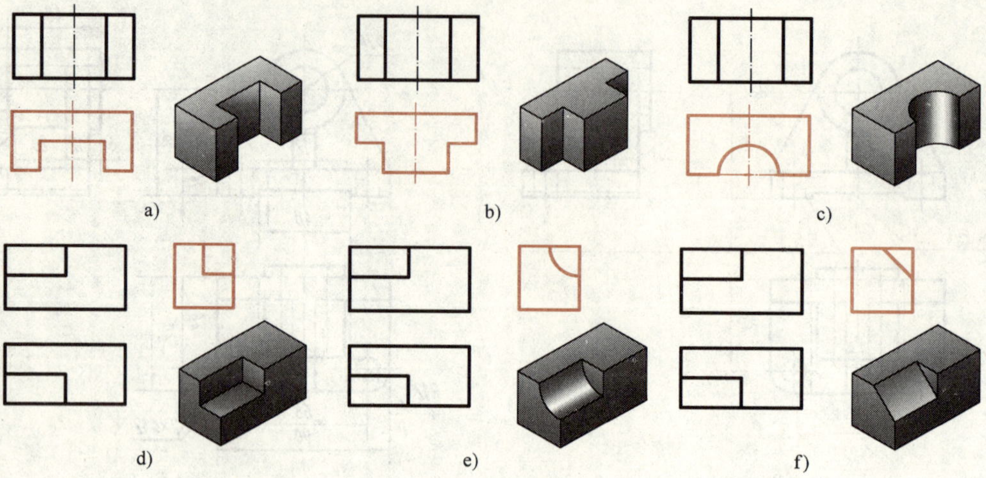

图 4-23　一个或两个视图不能确切表示物体的形状

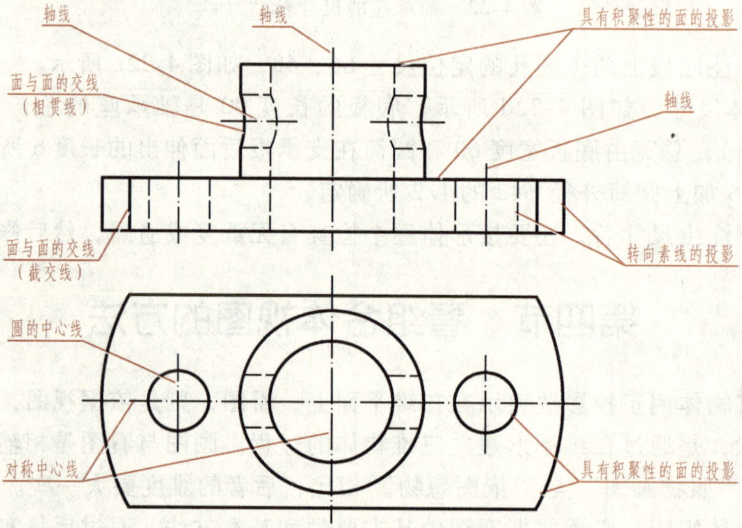

图 4-24　视图中图线的含义

① 粗实线或细虚线（包括直线和曲线）可以表示：具有积聚性的面（平面或柱面）的投影；面与面（两平面、两曲面或平面与曲面）交线的投影；曲面转向素线的投影。

② 细点画线可以表示：回转体的轴线；对称中心线；圆的中心线。

（2）线框的含义。如图 4-25 所示，视图中的线框有以下三种情况。

① 一个封闭的线框。表示物体的一个面（可能是平面、曲面、组合面）或孔洞，如图 4-25a 所示。

② 相邻的两个封闭线框。表示物体上位置不同的两个面。由于不同线框代表不同的面，它们表示的面有左右、前后、上下的相对位置关系，可以通过这些线框在其他视图中的对应投影加以判断，如图 4-25b 所示。

③ 大封闭线框包含小线框。表示在大平面体（或曲面体）上凸出或凹进的各个小平面体（或曲面体），如图 4-25c 所示。

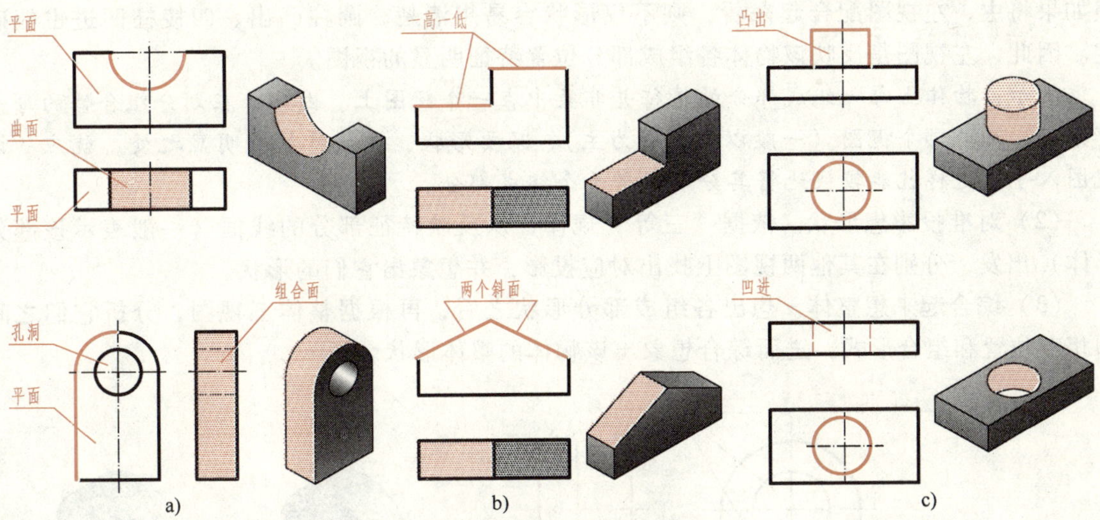

图 4-25 视图中线框的含义

二、看图的方法和步骤

1. 形体分析法

形体分析法是看图的基本方法。运用形体分析法看图，关键在于掌握分解复杂图形的方法。只有将复杂的图形分解为几个简单图形，才能通过对简单图形的识读后加以综合，达到较快看懂复杂图形的目的。看图的步骤如下：

（1）抓住特征分部分。所谓特征，是指物体的形状特征和组成物体的各基本形体之间的位置特征。

① 形状特征。如图 4-26a 所示，若只看俯、左两视图，则无法确定物体的结构形状。如果将主、俯视图（或主、左视图）配合起来看，即使不要另一个视图，也能想象出它的结构形状。因此，主视图是形状特征明显的视图。如图 4-26b 所示，若只看主、左两视图，则除了板厚以外，其他形状就很难分析了。如果将主、俯视图配合起来看，即使不要左视图，也能想象出它的全貌。因此，俯视图是反映该物体形状特征明显的视图；采用同样的分析方法，图 4-26c 所示的左视图是形状特征明显的视图。

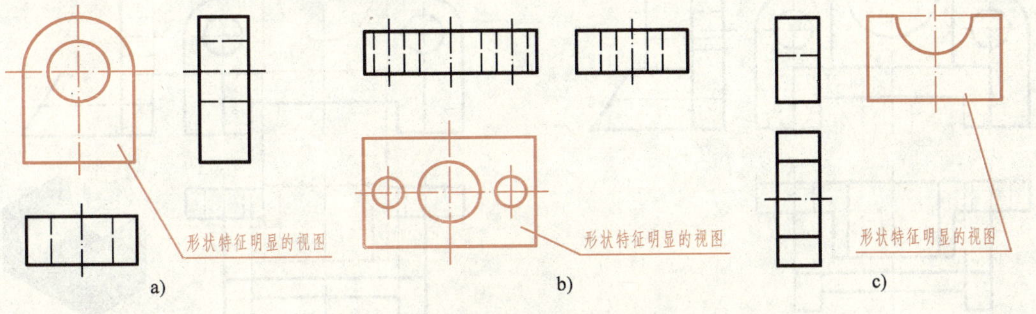

图 4-26 形状特征明显的视图

② 位置特征。在图 4-27a 所示的主视图中，大线框中包含两个小线框（一个圆、一个矩形），如果只看主、俯视图，无法确定两个形体哪个凸出、哪个凹进，如图 4-27b 所示。

但如果将主、左视图配合起来看，则不仅形状容易想清楚，圆柱凸出、四棱柱凹进也能确定。因此，左视图是反映该物体各组成部分位置特征明显的视图。

提示：物体上每一组成部分的特征并非集中在一个视图上。因此，在划分组合体的每一部分时，无论哪个视图（一般以主视图为主），只要形状、位置特征有明显之处，就应从该视图入手，这样就能较快地将其分解成若干个组成部分。

（2）对准投影想形状。依据“三等”规律，从反映特征部分的线框（一般表示该部分形体）出发，分别在其他两视图上找出对应投影，并想象出它们的形状。

（3）综合起来想整体。想出各组成部分形状之后，再根据整体三视图，分析它们之间的相对位置和组合形式，进而综合想象出该物体的整体形状。

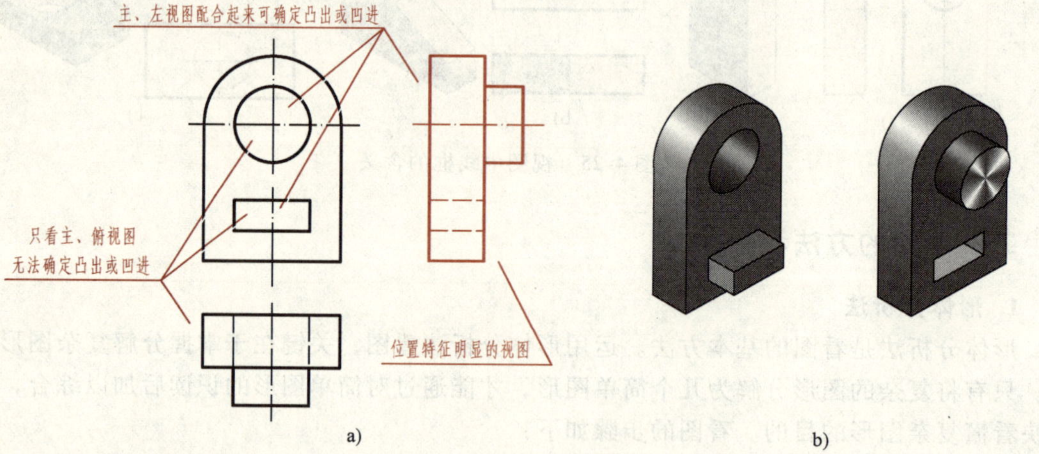

图 4-27　位置特征明显的视图

【例 4-2】　看懂图 4-28a 所示底座的三视图。

看图步骤

① 抓住特征分部分。通过形体分析可知，主视图较明显地反映出形体Ⅰ、Ⅱ、Ⅲ的特征，据此，该底座可大体分为三部分，如图 4-28a 所示。

② 对准投影想形状。依据“三等”规律，分别在其他两视图上找出对应投影（图中的

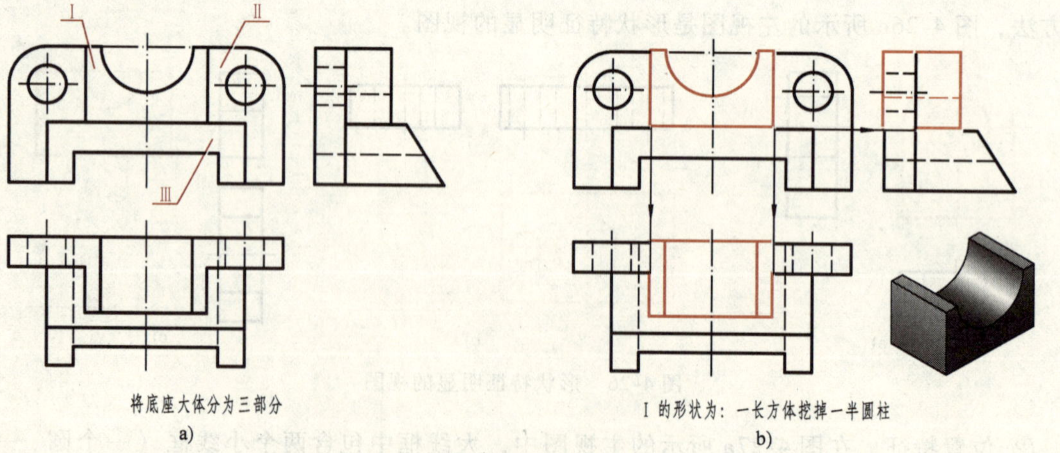

图 4-28　底座的看图方法

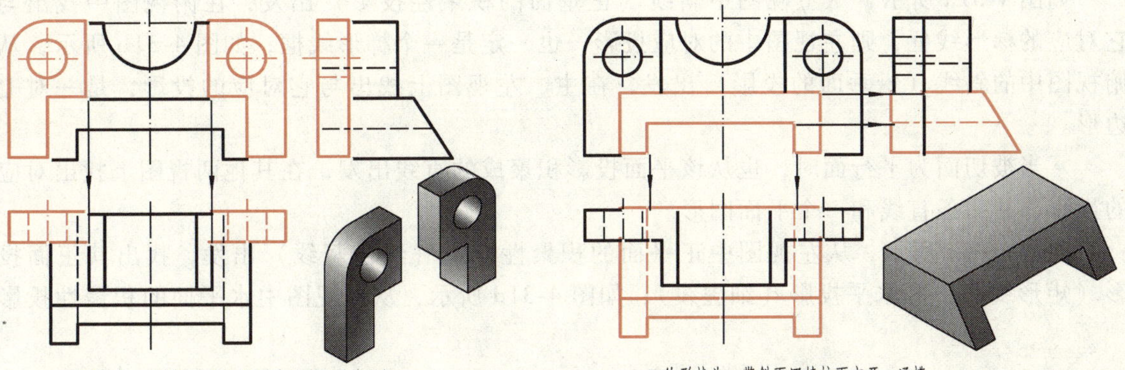

Ⅱ的形状为：带圆角和圆孔且形状对称的两块平板

c)

Ⅲ的形状为：带斜面四棱柱下方开一通槽

d)

图 4-28 底座的看图方法（续）

红色粗实线），并想象出它们的形状，如图 4-28b、c、d 中的轴测图所示。

③ 综合起来想整体。长方体Ⅰ在底板Ⅲ的上面，两形体的对称面重合且后面靠齐；侧板Ⅱ在长方体Ⅰ、底板Ⅲ的左、右两侧，且与其相接，后面靠齐。综合想象出物体的整体形状，如图 4-29 所示。

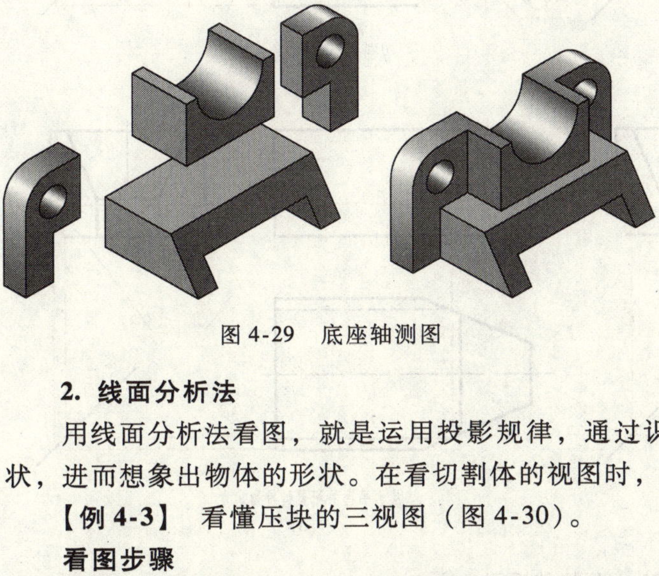

图 4-29 底座轴测图

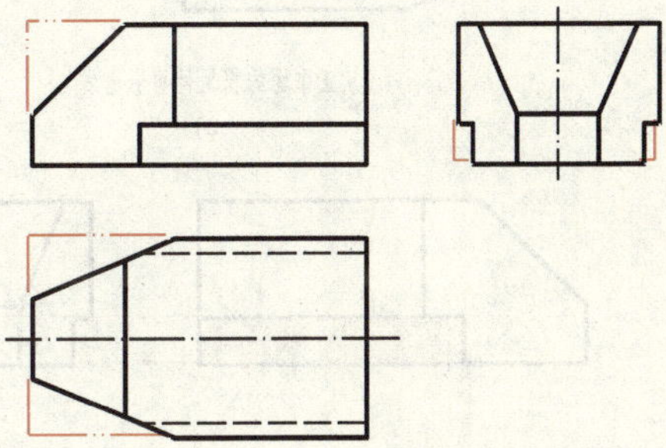

图 4-30 压块三视图

2. 线面分析法

用线面分析法看图，就是运用投影规律，通过识别线、面等几何要素的空间位置、形状，进而想象出物体的形状。在看切割体的视图时，主要靠线面分析法。

【例 4-3】 看懂压块的三视图（图 4-30）。

看图步骤

① 进行形体分析。由于压块三个视图的轮廓基本都是矩形（只切掉了几个角），所以它的原始形体是长方体，如图 4-30 所示。

② 进行线面分析。从压块的外表面来看，主视图左上方的缺角是用正垂面切出的；俯视图左端的前、后缺角是用两个铅垂面切出的；左视图下方前、后的缺块，则是用正平面和水平面切出的。可见，压块的外形是一个长方体被几个特殊位置平面切割后形成的。在搞清被切面的空间位置后，再根据平面的投影特性，分清各切面的几何形状。

• 当被切面为“垂直面”时，从该平面投影积聚成的直线出发，在其他两视图上找出对应的线框，是一对边数相等的类似形。

如图4-31a所示，从主视图中斜线（正垂面的积聚性投影）出发，在俯视图中找出与它对应的梯形线框，则左视图中的对应投影，也一定是一个梯形线框；如图4-31b所示，从俯视图中的斜线（铅垂面的投影）出发，在主、左视图上找出与它对应的投影，是一对七边形。

• 当被切面为平行面时，也从该平面投影积聚成的直线出发，在其他两视图上找出对应的投影，是一条直线和一个平面图形。

如图4-31c所示，从左视图中正平面的积聚性投影（红色竖线）出发，找出其正面投影（矩形线框）和水平投影（细虚线）；如图4-31d所示，从左视图中水平面的积聚性投影

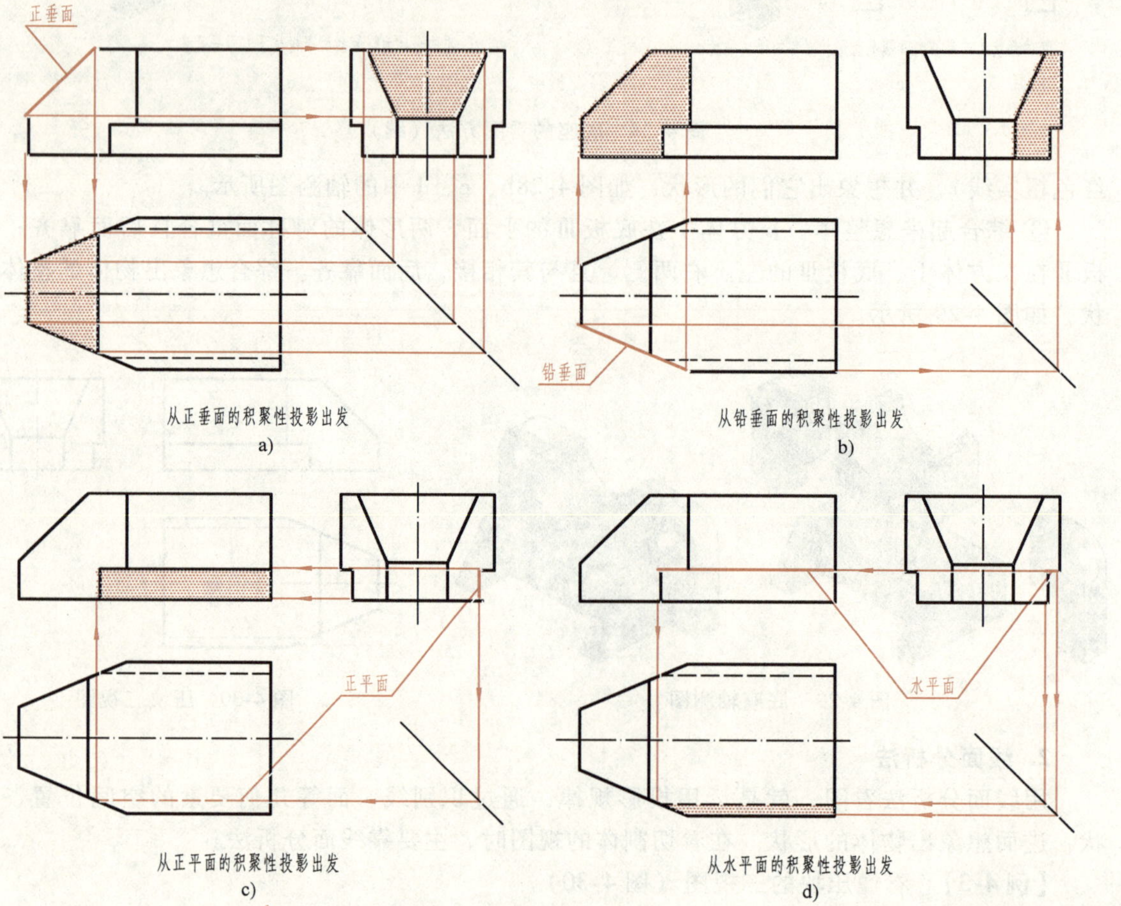

图4-31 压块的看图方法

（红色横线）出发，找出其水平投影（四边形）和正面投影（一条直线）。

③ 综合起来想整体。在看懂压块各表面的空间位置与形状后，还必须根据视图搞清面与面之间的相对位置，进而综合想象出压块的整体形状，如图4-32所示。

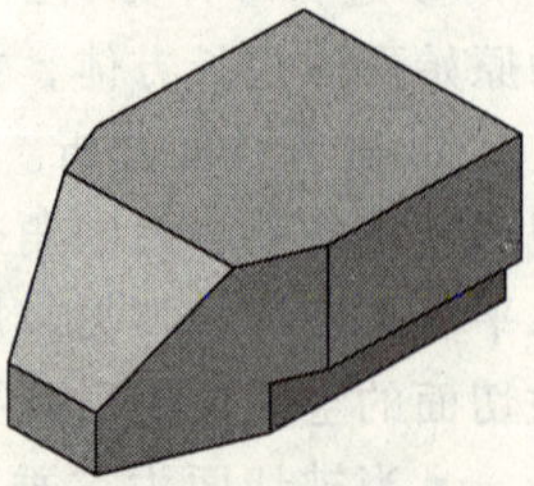

图4-32 压块的轴测图

应当指出，在上述看图过程中，没有利用尺寸来帮助看图。有时，图中的尺寸是有助于分析物体的形状的，如直径符号 ϕ 表

示圆孔或圆柱，半径符号 R 则表示圆角等。

三、由已知两视图补画第三视图

由已知两视图补画第三视图是训练看图能力、培养空间想象力的重要手段。补画视图实际上是看图和画图的综合练习，一般可分如下两步进行：

(1) 根据已知视图按前述方法看懂视图，并想出物体的形状。

(2) 在想出形状的基础上，应根据已知的两个视图，按各组成部分逐个地作出第三视图，进而完成整个物体的第三视图。

【例 4-4】 已知支架的主、俯两视图，想象出它的形状，补画左视图。

分析

如图 4-33a 所示，主视图中有 a'、b'、c'三个线框，对照主、俯两视图可以看出，三个线框分别表示三个不同位置的表面。c'线框是一个凹形板，处于支架的前下方；a'线框中有一个小圆线框，与俯视图中的两条虚线对应，是半圆形竖板上穿了一个圆孔，半圆形竖板处于支架的后面；线框 b'的上方有个半圆形槽，在俯视图中可找到对应的两条竖线，它处于 A 面和 C 面之间。该支架是由凹形板、半圆形槽板和半圆形竖板（分三层）叠加而成的。

作图

① 根据主、俯视图的对照分析，画出左视图的外轮廓，分出支架三部分的前后、高低层次，如图 4-33b 所示。

② 在前层切出凹形槽，补画左视图中的细虚线，如图 4-33c 所示。

③ 在中间层切出半圆形槽，补画左视图中的细虚线，如图 4-33d 所示。

④ 在后层挖出圆孔，补画左视图中的细虚线。检查无误后完成作图，如图 4-33e 所示。

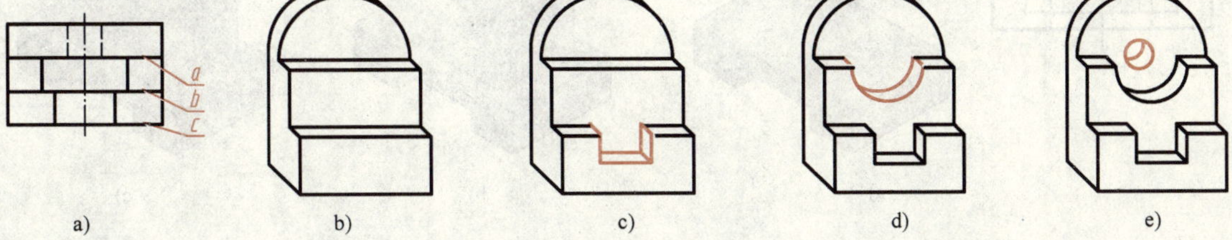

图 4-33 补画支架的左视图

【例 4-5】 已知机座的主、俯两视图，想象出它的形状，补画左视图。

分析

如图 4-34a 所示，根据机座的主、俯视图，想象出它的形状。乍一看，机座由带矩形通

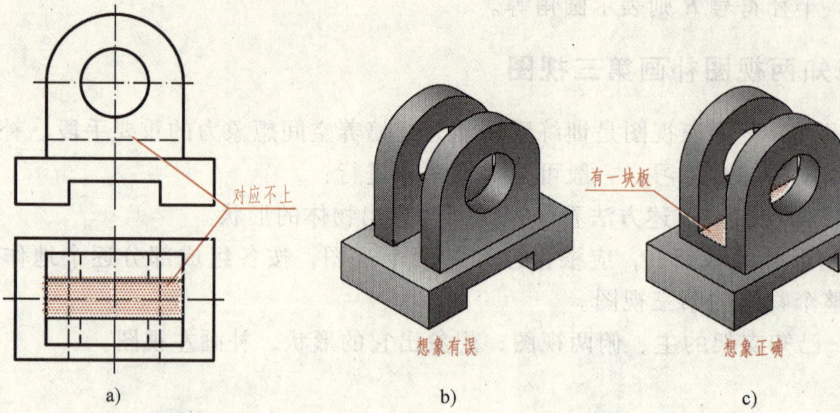

图 4-34 机座的视图及分析

槽的底板、两个带圆孔的半圆形竖板组成，如图 4-34b 所示。但仔细分析主视图中的虚线和俯视图中与之对应的实线，在两个带圆孔的半圆形竖板之间，还应有一块矩形板，机座的整体形状如图 4-34c 所示。

作图

① 根据主、俯视图，画出对称中心线及带矩形通槽底板的左视图，如图 4-35a 所示。

② 画出两个带圆孔的半圆形竖板的左视图，如图 4-35b 所示。

③ 画出矩形板的左视图（只是添加一条横线，但要去掉半圆形竖板上的一小段线），完成作图，如图 4-35c 所示。

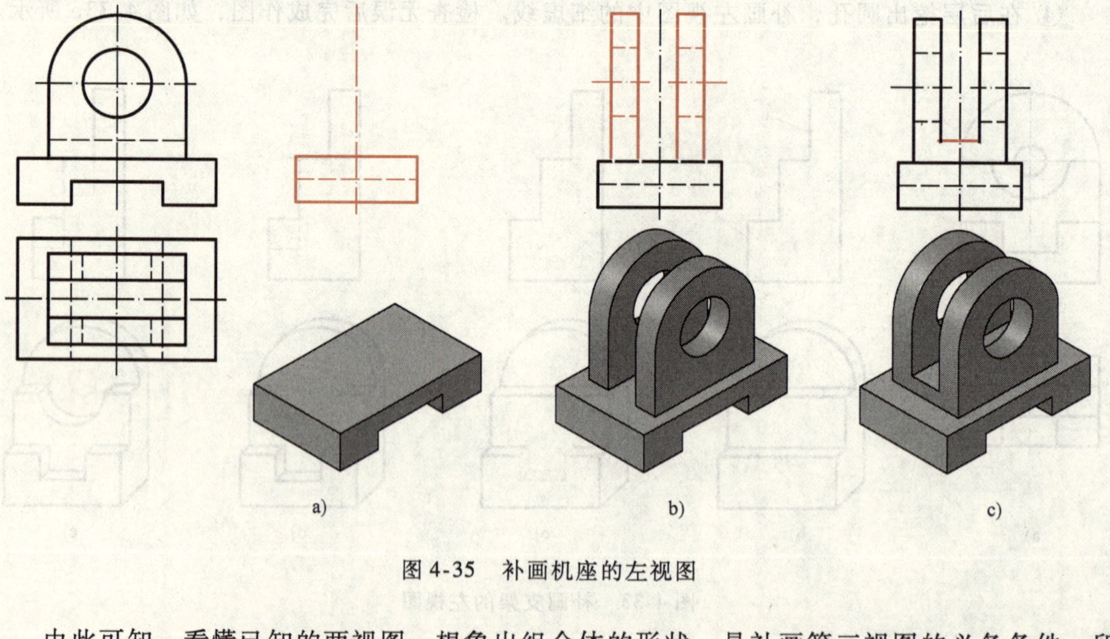

图 4-35 补画机座的左视图

由此可知，看懂已知的两视图，想象出组合体的形状，是补画第三视图的必备条件。所以，看图和画图是密切相关的。在整个看图过程中，一般是以形体分析法为主，边分析、边想象、边修正、边作图，这样就能较快地看懂组合体的视图，想象出其整体形状，正确地补画出第三视图。

四、补画视图中的漏线

补画漏线就是在已知的三视图中补画缺漏的图线。首先，运用形体分析法，看懂三视图所表达的组合体结构形状，然后仔细检查组合体的投影是否有漏画的图线，最后将缺漏的图线补画出来。

【例 4-6】 补画组合体三视图（图 4-36a）中缺漏的图线。

分析

如图 4-36a 所示，组合体三视图所表达的组合体由圆柱体和座板组成，组合形式为叠加，两组成部分分界处的表面是相切的。对照各组成部分在三视图中的投影，发现在主视图中相切处（座板最前面）缺少一段实线；在左视图中缺少座板顶面的投影（一条细虚线）。将它们逐一补画出来，如图 4-36b 所示。

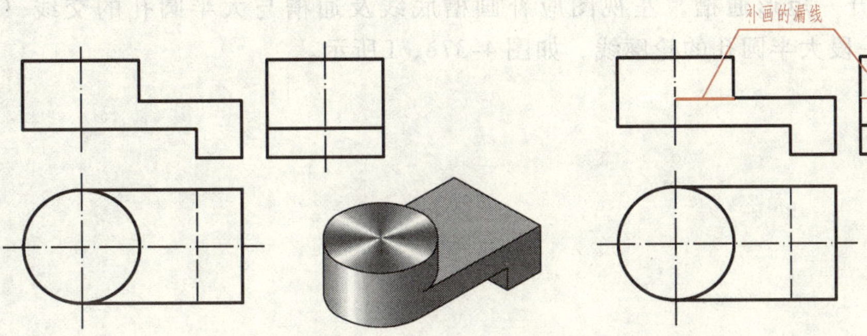

a)　　　b)

图 4-36　补画组合体视图中缺漏的图线

【例 4-7】 补画（图 4-37a）主、左视图中缺漏的图线。

分析、补漏线

如图 4-37b 所示，组合体三视图所表达的组合体由两个四棱柱组成，组合形式为叠加，两四棱柱的前面及左右两侧面不平齐，主、左视图缺两条（红色）粗实线，如图 4-37c 所示；俯视图中两同心半圆弧与主视图中的竖向细虚线相对应，是两个半圆孔（阶梯孔），主视图应补画两半圆孔的分界线，左视图应补画两半圆孔的轮廓线及分界线，如图 4-37d 所

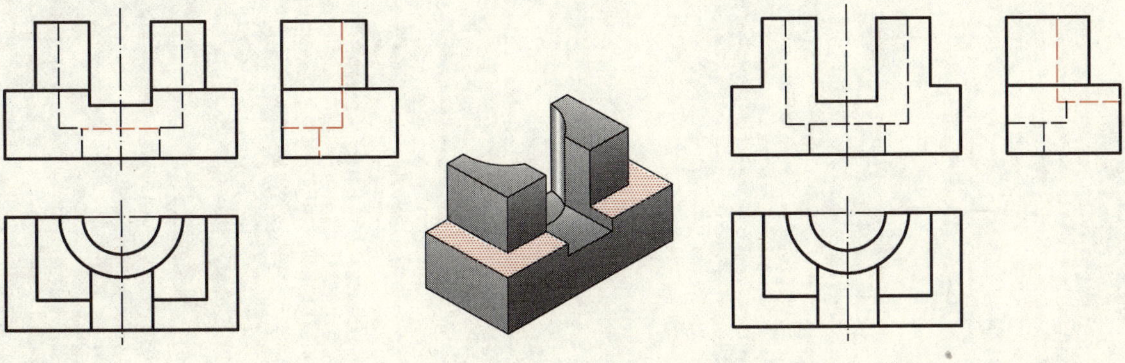

a)　　　b)　　　c)

图 4-37　补画主、左视图中缺漏的图线

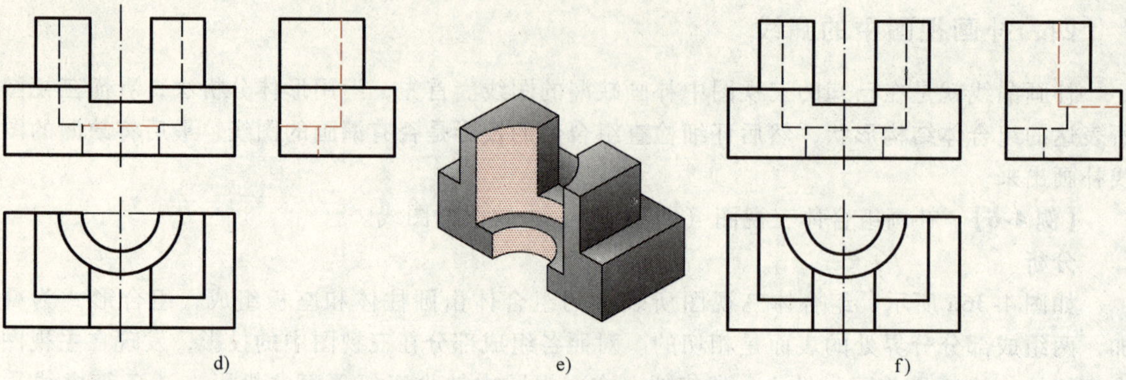

图4-37　补画主、左视图中缺漏的图线（续）

示；组合体上方开一矩形通槽，左视图应补画槽底线及通槽与大半圆孔的交线（向里收缩），并应去掉一段大半圆孔的轮廓线，如图4-37e、f所示。

第五章 轴测图

5

教学提示

（1）了解轴测图的基本知识。

（2）重点掌握正等轴测图的绘制方法。基本掌握斜二等轴测图的绘制方法。

（3）了解轴测剖视图的绘制方法。

第一节　轴测图的基本知识

在机械图样中，主要是通过视图和尺寸来表达物体的形状和大小。由于视图是按正投影法绘制的，每个视图只能反映其二维空间大小，缺乏立体感。轴测图是用平行投影法绘制的单面投影图，由于轴测图能同时反映出物体长、宽、高三个方向的形状，所以具有立体感。但轴测图的度量性差，作图复杂，因此在机械图样中只能用作辅助图样。

一、轴测图的形成

将物体连同其参考直角坐标体系，沿不平行于任一坐标平面的方向，用平行投影法将其投射在单一投影面上所得到的图形，称为轴测投影图，简称轴测图，如图 5-1 所示。

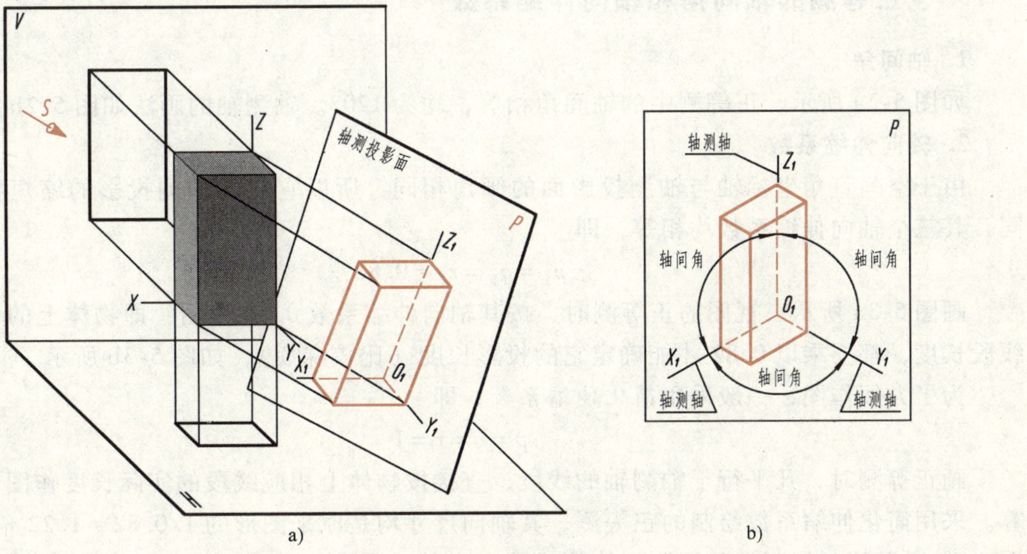

图 5-1　轴测图的获得

二、轴间角和轴向伸缩系数

1. 轴测轴

直角坐标轴在轴测投影面上的投影称为轴测轴，如图 5-1b 中的 O_1X_1、O_1Y_1、O_1Z_1 轴。

2. 轴间角

轴测投影中，任意两根坐标轴在轴测投影面上的投影之间的夹角称为轴间角，如图 5-1b 中的 $\angle X_1O_1Y_1$、$\angle Y_1O_1Z_1$、$\angle X_1O_1Z_1$。

3. 轴向伸缩系数

直角坐标轴的轴测投影的单位长度与相应直角坐标轴上的单位长度的比值称为轴向伸缩系数。X、Y、Z 轴的轴向伸缩系数分别用 p_1、q_1、r_1 表示，即

$$p_1 = O_1X_1/OX;\ q_1 = O_1Y_1/OY;\ r_1 = O_1Z_1/OZ$$

简化伸缩系数分别用 p、q、r 表示。为了便于作图，轴向伸缩系数之比值，即 $p:q:r$ 应采用简单的数值。

三、轴测图的投影特性

由于轴测图是用平行投影法绘制的，所以具有平行投影的特性。

（1）物体上与坐标轴平行的线段，在轴测图中平行于相应的轴测轴。

（2）物体上相互平行的线段，在轴测图中相互平行。

第二节　正等轴测图

使确定物体的空间直角坐标轴对轴测投影面的倾角相等，用正投影法将物体连同其坐标轴一起投射到轴测投影面上，所得到的轴测图称为正等轴测图，简称正等测。

一、正等测的轴间角和轴向伸缩系数

1. 轴间角

如图 5-2a 所示，正等测中的轴间角相等，均为 120°。轴测轴的画法如图 5-2b 所示。

2. 轴向伸缩系数

由于空间直角坐标轴与轴测投影面的倾角相同，所以它们的轴测投影的缩短程度也相同，其三个轴向伸缩系数均相等，即

$$p_1 = q_1 = r_1 \approx 0.82$$

画图 5-3a 所示三视图的正等测时，按其轴向伸缩系数 0.82 作图，即物体上的每个轴向线段长度，都要乘以 0.82 才能确定它的投影长度（比较麻烦），如图 5-3b 所示。

为了方便作图，一般采用简化伸缩系数，即

$$p = q = r = 1$$

画正等测时，凡平行于轴测轴的线段，直接按物体上相应线段的实际长度作图，不需换算。采用简化伸缩系数绘制的正等测，其轴向尺寸均是原来图形的 1/0.82≈1.22 倍。例如，图 5-3c 所示的正等测是采用简化伸缩系数画出的，图形虽然大了一些，但形状和直观性都没有发生变化。

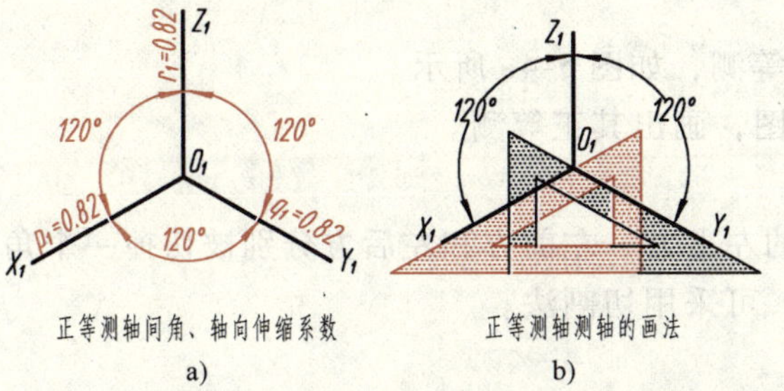

图 5-2 正等测轴间角、轴向伸缩系数及轴测轴画法

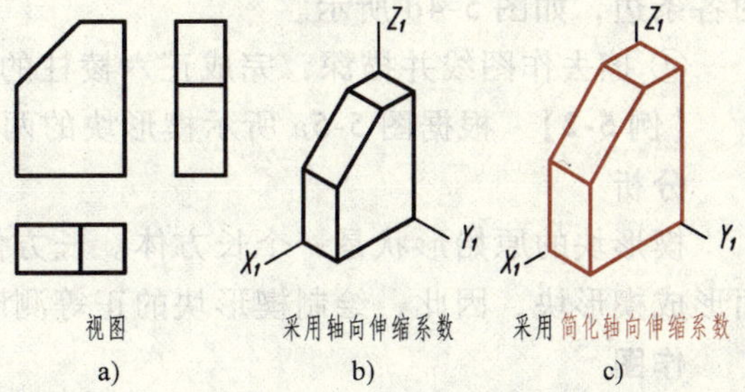

图 5-3 轴向伸缩系数不同的两种正等测的比较

二、平面立体的正等测画法

绘制平面立体轴测图的基本方法是坐标法和切割法。用坐标法作图时，是沿坐标轴测量，画出各顶点的轴测投影，连接各顶点形成物体的轴测图；对于不完整的物体，可先按完整物体画出，再用切割法画出其不完整的部分。

1. 棱柱的正等测画法

【例 5-1】 根据图 5-4a 所示正六棱柱的两视图，画出其正等测。

分析

由于正六棱柱前后、左右对称，故选择顶面的中点作为坐标原点，棱柱的轴线作为 Z 轴，顶面的两条中心线作为 X、Y 轴，如图 5-4a 所示。用坐标法从顶面开始作图，可直接作出顶面六边形各顶点的正等测。

作图

① 画出轴测轴，定出点Ⅰ、Ⅱ、Ⅲ、Ⅳ；通过点Ⅰ、Ⅱ，作 X_1 轴的平行线，如图 5-4b 所示。

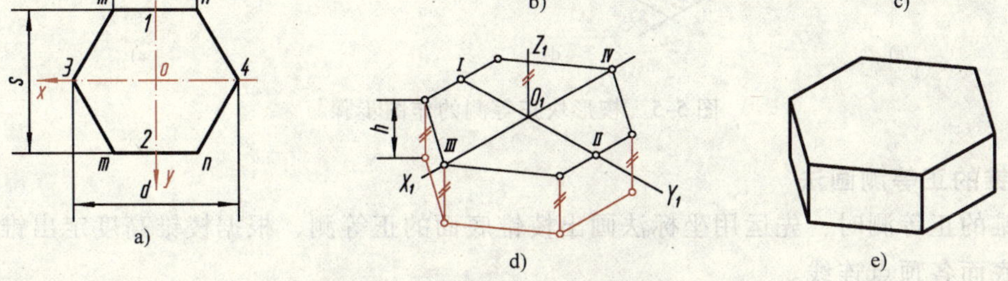

图 5-4 正六棱柱正等测的作图步骤

② 在过点Ⅰ、Ⅱ的平行线上，确定点 M、N，连接各顶点得到六边形的正等测，如图 5-4c所示。

③ 过六边形的各顶点，向下作 Z_1 轴的平行线，并在其上截取高度 h，画出底面上可见

的各条边，如图 5-4d 所示。

④ 擦去作图线并描深，完成正六棱柱的正等测，如图 5-4e 所示。

【例 5-2】 根据图 5-5a 所示楔形块的两视图，画出其正等测。

分析

楔形块的原始形状是一个长方体。长方体的左上方、左前方和左后方分别被切掉一个角而形成楔形块，因此，绘制楔形块的正等测时，可采用切割法。

作图

① 因为楔形块前、后对称，所以在俯视图中将对称中心线确定为 X 轴，如图 5-5a 所示。

② 按给定的尺寸 L_1、K_1、H 画出长方体的正等测，如图 5-5b 所示。

③ 按给定的尺寸 h、L_3 确定斜面上线段端点的位置，画出左上方斜面的正等测，如图 5-5c 所示。

④ 按给定的尺寸 L_2、K_2 确定左前方和左后方斜面上线段端点的位置，画出左前方和左后方两个斜面的正等测，如图 5-5d 所示。

⑤ 擦去作图线并描深，完成楔形块的正等测，如图 5-5e 所示。

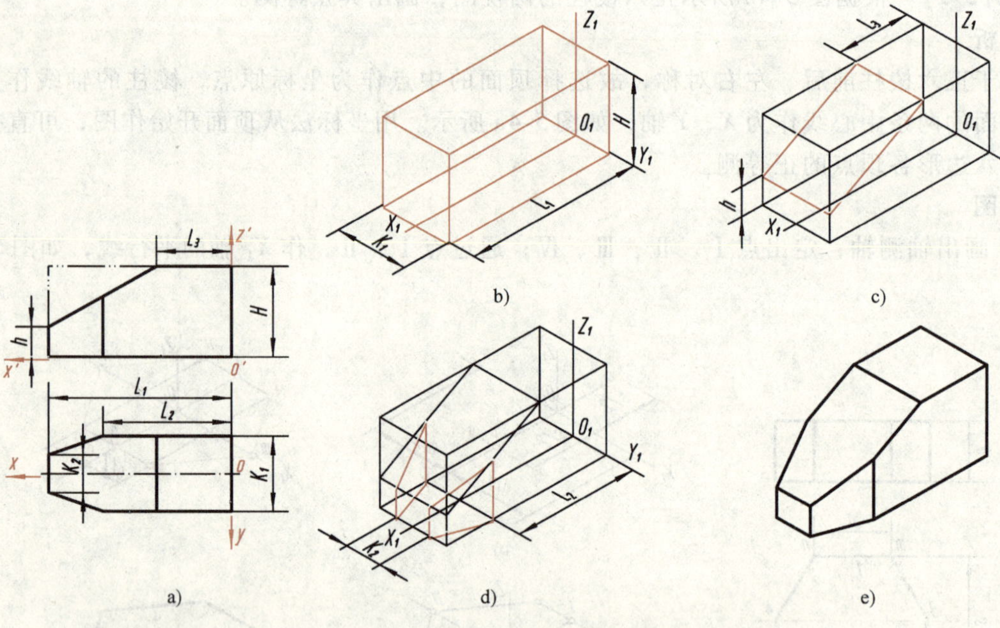

图 5-5 楔形块正等测的作图步骤

2. 棱锥的正等测画法

画棱锥的正等测时，先运用坐标法画出棱锥底面的正等测，根据棱锥高度定出锥顶，再由锥顶与底面各顶点连线。

【例 5-3】 根据图 5-6a 所示四棱锥的两视图，画出其正等测。

分析

四棱锥前后、左右对称，四棱锥的底面为矩形，锥高与底面垂直并通过底面的中心，故选择锥底面的中心点作为坐标原点，锥高作为 OZ 轴，如图 5-6a 所示。

作图

① 画出轴测轴 O_1X_1、O_1Y_1，按给定的尺寸 L、K 画出底面的正等测，如图 5-6b 所示。

② 按给定的棱锥高度 H 定出锥顶，如图 5-6c 所示。

③ 过锥顶与底面各顶点连线，如图 5-6d 所示。

④ 擦去作图线并描深，完成四棱锥的正等测，如图 5-6e 所示。

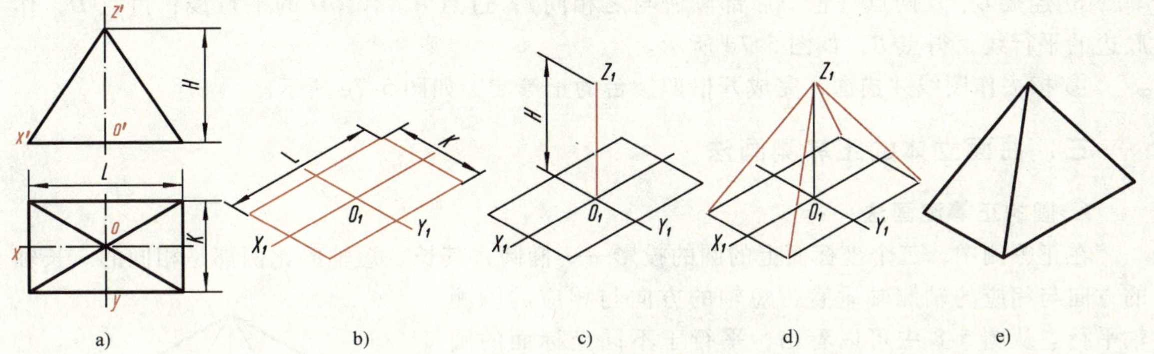

图 5-6 四棱锥正等测的作图步骤

【例 5-4】 根据图 5-7a 所示开槽四棱台的两视图，画出其正等测。

分析

如图 5-7a 所示，开槽四棱台前后、左右对称，四棱台上底和下底是两个相互平行但尺寸不同的矩形，锥高与上底和下底垂直并通过底面的中心。将对称中心线确定为轴测轴，对称中心线的交点作为坐标原点。应注意，四棱台的槽口（AB、CD）部分与轴测轴不平行，可利用图中给出的尺寸 m、n、h 间接求出。

作图

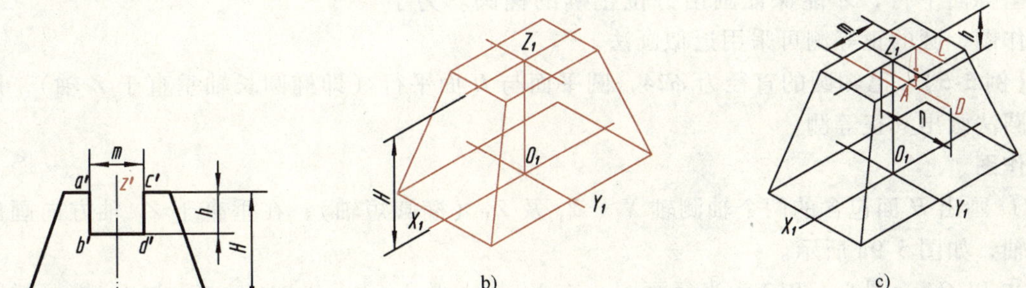

图 5-7 开槽四棱台正等测的作图步骤

① 画出轴测轴；先画出下底的正等测，再按给定的尺寸 H，画出上底的正等测；将对应的各顶点相连，得到完整四棱台的正等测，如图 5-7b 所示。

② 利用图中给出的尺寸 m，沿 Y_1 轴方向画出槽口上方的两条平行线，得到 A、C 两点；沿 Z_1 轴方向向下画出长度为 h 的直线，再沿 Y_1 轴方向画出长度为 n 的直线，得到点 D，如图 5-7c 所示。

③ 连接 C、D 两点（槽口后部画法与之相同）；过点 A，作 CD 的平行线；过点 D，作底边的平行线，得点 B，如图 5-7d 所示。

④ 擦去作图线并描深，完成开槽四棱台的正等测，如图 5-7e 所示。

三、曲面立体的正等测画法

1. 圆的正等测画法

在正等测中，三个坐标面上的圆的投影——椭圆，其长、短轴的比例都是相同的。长轴的方向与相应的轴测轴垂直，短轴的方向与相应的轴测轴平行。从图 5-8 中可以看出，平行于不同坐标面的圆的正等测，除了椭圆长、短轴方向不同外，其画法都一样。椭圆长、短轴具有如下特征：

圆所在的平面平行于水平面（XOY 坐标面）时，O_1Z_1 轴为椭圆短轴方向，椭圆长轴垂直于 O_1Z_1 轴。

圆所在的平面平行于正面（XOZ 坐标面）时，O_1Y_1 轴为椭圆短轴方向，椭圆长轴垂直于 O_1Y_1 轴。

圆所在的平面平行于侧面（YOZ 坐标面）时，O_1X_1 轴为椭圆短轴方向，椭圆长轴垂直于 O_1X_1 轴。

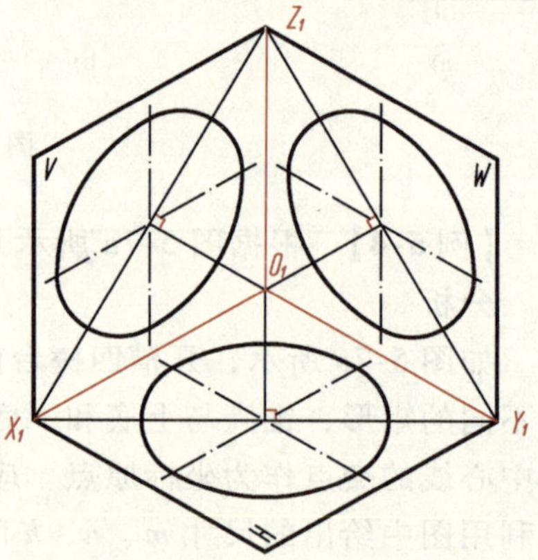

图 5-8 不同坐标面上圆的正等测

画回转体的正等测时，只有明确圆所在的平面与哪一个坐标面平行，才能保证画出方位正确的椭圆。为了简化作图，圆的正等测可采用近似画法。

【例 5-5】 已知圆的直径为 $\phi24$，圆平面与 H 面平行（即椭圆长轴垂直于 Z 轴），用六点共圆法画出其正等测。

作图

① 画出 H 面包含的两个轴测轴 X_1、Y_1 及 Z_1（椭圆短轴），在垂直于 Z_1 轴方向画出椭圆长轴，如图 5-9a 所示。

② 以 O_1 为圆心、$R12$ 为半径画圆，交 Y_1、X_1 得 A、B、C、D 四点，与 Z_1 轴（椭圆短轴）相交，得点 1、点 2，如图 5-9b 所示。

③ 连接 $A2$ 和 $D2$，与椭圆长轴交于点 3、点 4，如图 5-9c 所示。

④ 分别以点 1、点 2 为圆心、R（$2A$）为半径画大圆弧；再分别以点 3、点 4 为圆心、r（$4D$）为半径画小圆弧，四段圆弧相切于 A、B、C、D 四点，如图 5-9d 所示。

提示：画圆的正等测时，必须搞清圆平行于哪一个坐标面。根据椭圆长、短轴的特征，先确定椭圆的短轴方向；再作短轴的垂线，确定椭圆的长轴方向，进而画出圆的正等测。平行于正面的圆的正等测画法如图 5-10 所示，平行于侧面的圆的正等测画法如图 5-11 所示，具体作图步骤与图 5-9 所示基本相同。

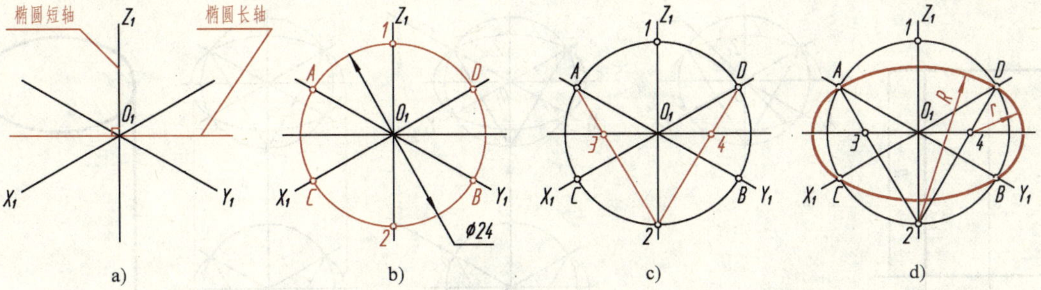

图 5-9 六点共圆法画圆的正等测

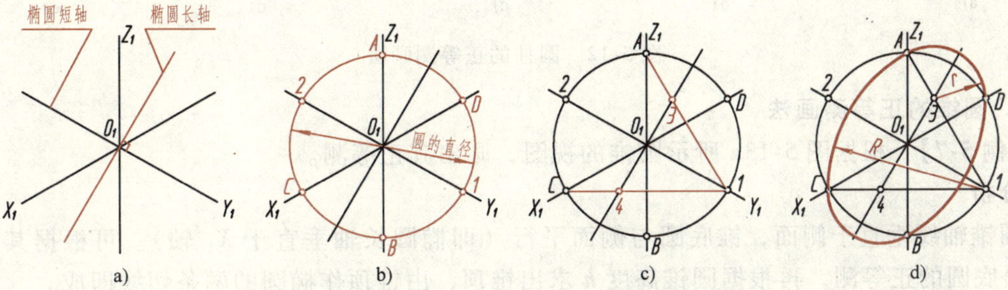

图 5-10 平行于正面的圆的正等测画法

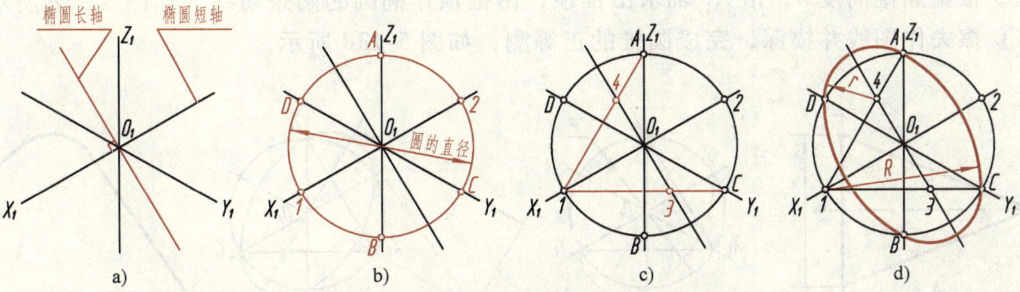

图 5-11 平行于侧面的圆的正等测画法

2. 圆柱的正等测画法

【例 5-6】 根据图 5-12a 所示圆柱的视图，画出其正等测。

分析

圆柱轴线垂直于水平面，其上、下底两个圆与水平面平行（即椭圆长轴垂直 Z_1 轴）且大小相等。可根据直径 d 和高度 h 作出大小完全相同、中心距为 h 的两个椭圆，然后作两个椭圆的公切线即成。

作图

① 采用六点共圆法，画出上底圆的正等测，如图 5-12b 所示。

② 向下量取圆柱的高度 h，画出下底圆的正等测，如图 5-12c 所示。

③ 分别作两椭圆的公切线，如图 5-12d 所示。

④ 擦去作图线并描深，完成圆柱的正等测，如图 5-12e 所示。

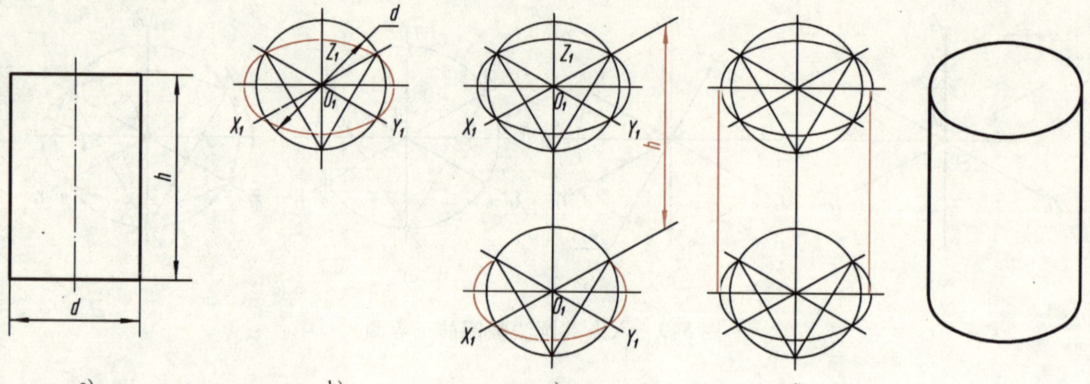

图 5-12　圆柱的正等测画法

3. 圆锥的正等测画法

【例 5-7】　根据图 5-13a 所示圆锥的视图，画出其正等测。

分析

圆锥轴线垂直于侧面，锥底圆与侧面平行（即椭圆长轴垂直于 X_1 轴）。可根据其直径 ϕ 画出底圆的正等测，再根据圆锥高度 h 求出锥顶，由锥顶作椭圆的两条切线即成。

作图

① 采用六点共圆法，画出底圆的正等测，如图 5-13b 所示。

② 根据圆锥高度 h，沿 X_1 轴求出锥顶，由锥顶作椭圆的两条切线，如图 5-13c 所示。

③ 擦去作图线并描深，完成圆锥的正等测，如图 5-13d 所示。

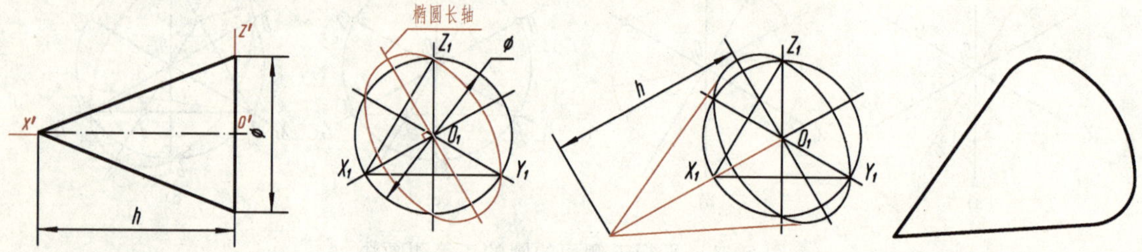

图 5-13　圆锥的正等测画法

4. 圆角的简化画法

【例 5-8】　根据图 5-14a 所示带圆角平板的两视图，画出其正等测。

分析

平行于坐标面的圆角是圆的一部分，其正等测是椭圆的一部分。特别是常见的四分之一圆周的圆角，其正等测恰好是近似椭圆的四段圆弧中的一段。从切点作相应棱线的垂线，即可获得圆弧的圆心。

作图

① 首先画出平板上面（矩形）的正等测，如图 5-14b 所示。

② 沿棱线分别量取 R，确定圆弧与棱线的切点；过切点作棱线的垂线，垂线与垂线的

交点即为圆心，圆心到切点的距离即连接弧半径 R_1 和 R_2；分别画出连接弧，如图 5-14c 所示。

③ 分别将圆心和切点向下平移 h（板厚），如图 5-14d 所示。

④ 画出平板下面（矩形）和相应圆弧的正等测，作出左右两段小圆弧的公切线，如图 5-14e 所示。

⑤ 擦去作图线并描深，完成带圆角平板的正等测，如图 5-14f 所示。

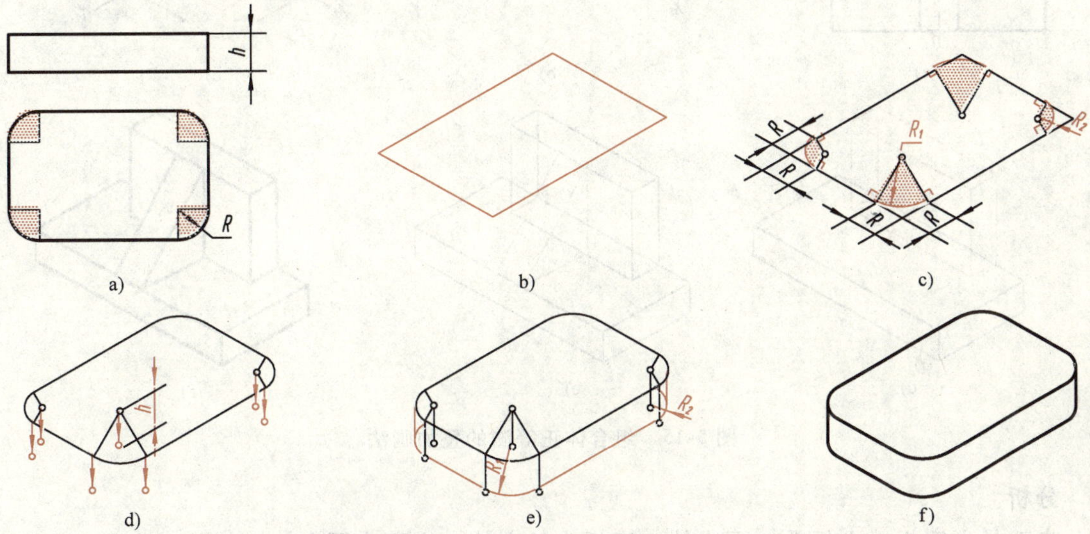

图 5-14 圆角正等测的简化画法

四、组合体的正等测画法

画组合体轴测图的基本方法是叠加法和切割法，有时也可两种方法并用。

叠加法 先将组合体分解成若干基本形体，再按其相对位置逐个画出各基本形体的正等测，然后完成整体的正等测。

切割法 先画出完整的几何体的正等测，再按其结构特点逐个切去多余部分，然后完成切割后形体的正等测。

【例 5-9】 根据图 5-15a 所示的三视图，画出其正等测。

分析

该组合体是由底板、立板及一块三角形肋板叠加而成的。组合体左右对称，底板和立板的后表面共面，三部分均以底板上面为结合面。坐标原点选在底板后、下棱与对称面的交点处。

作图

① 画轴测图时，按叠加法进行。先画出底板，如图 5-15b、c 所示。

② 再按其相对位置尺寸添加立板，如图 5-15d 所示。

③ 在立板前面添加三角形肋板，如图 5-15e 所示。

④ 最后，擦去作图线并描深，完成组合体的正等测，如图 5-15f 所示。

【例 5-10】 根据图 5-16a 所示支架的两视图，画出其正等测。

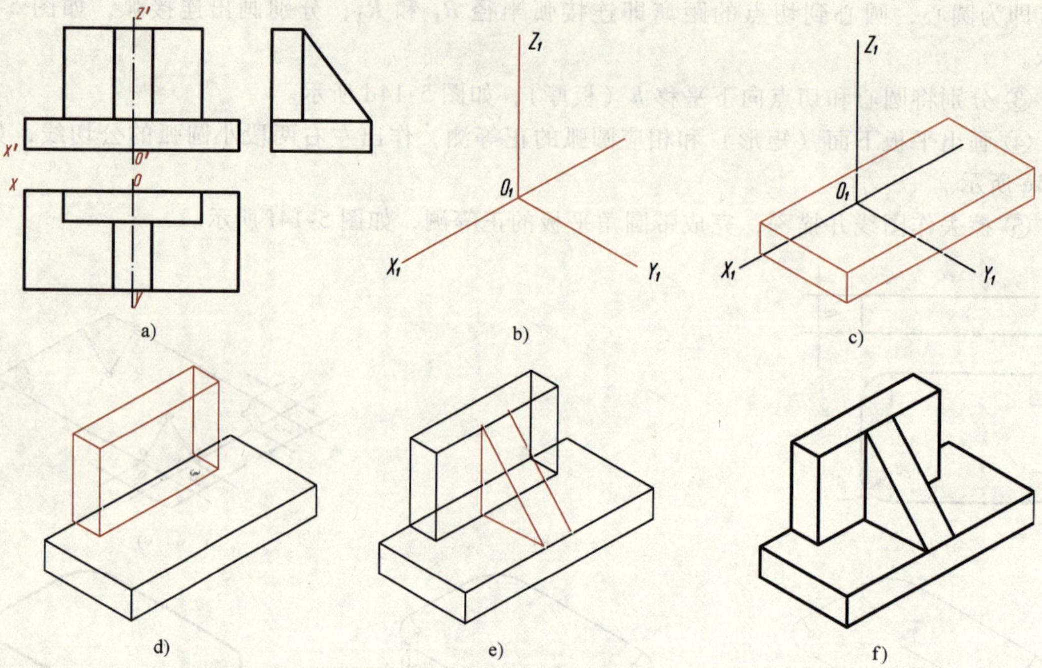

图 5-15　组合体正等测的叠加画法

分析

支架是由底板、立板叠加而成的。底板为长方体，有两个圆角；立板的上半部为半圆柱面，下半部为长方体，中间有一通孔。支架左右对称，底板和立板后表面共面，并以底板上面为结合面。为方便作图，坐标原点选在底板的上面后侧棱线与对称中心线的交点处。画轴测图时，先采用叠加法，再用切割法。

作图

① 先画出底板的正等测，如图 5-16b 所示。

② 按相对位置尺寸叠加立板（长方体），如图 5-16c 所示。

③ 画细节。在底板上采用圆角的简化画法，切割出两个圆角；采用六点共圆法，画出立板上方半圆柱面的正等测，如图 5-16d 所示。

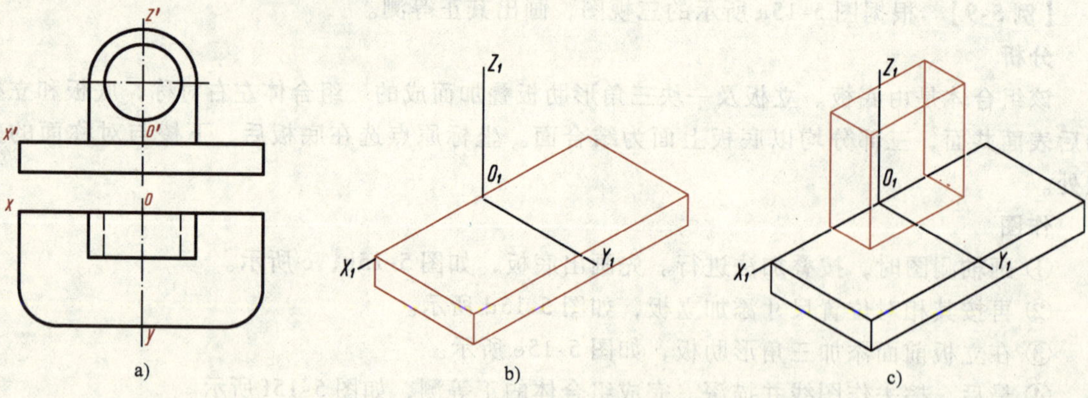

图 5-16　支架的正等测画法

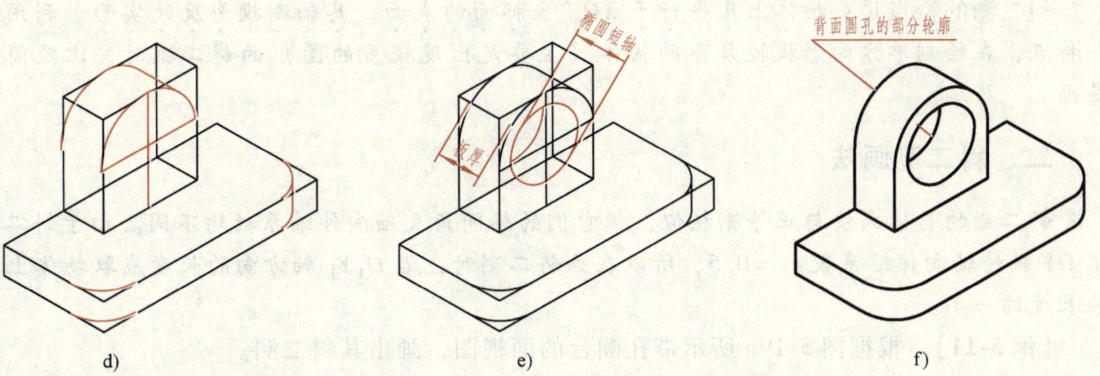

图 5-16　支架的正等测画法（续）

④ 采用六点共圆法，切割出立板上方的圆孔，如图 5-16e 所示。

⑤ 擦去作图线并描深，完成支架的正等测，如图 5-16f 所示。

提示：若椭圆短轴尺寸大于板厚尺寸时，则立板背面圆孔的部分轮廓应漏出一部分，如图 5-16e 所示。

第三节　斜二等轴测图

一、斜二等轴测图的形成及投影特点

在确定物体的直角坐标系时，使 X 轴和 Z 轴平行轴测投影面 P，用斜投影法将物体连同其坐标轴一起向 P 面投射，所得到的轴测图称为斜二等轴测图，简称斜二测，如图 5-17 所示。

由于 XOZ 坐标面与轴测投影面平行，X、Z 轴的轴向伸缩系数相等，即 $p_1=r_1=1$，轴间角 $\angle X_1O_1Z_1=90°$。为了便于绘图，国家标准规定：选取 Y 轴的轴向伸缩系数 $q_1=0.5$，轴间角 $\angle X_1O_1Y_1=\angle Y_1O_1Z_1=135°$，如图 5-18a 所示。随着投射方向的不同，$Y_1$ 轴的方向可以任意选定，如图 5-18b 所示。按照这些规定绘制出来的斜轴测图，称为斜二测。

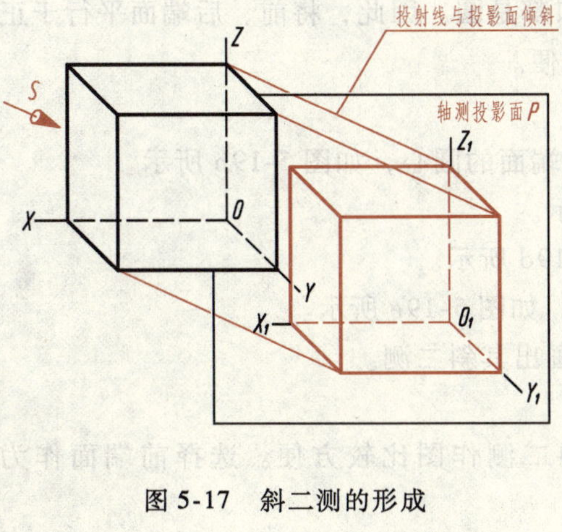

图 5-17　斜二测的形成

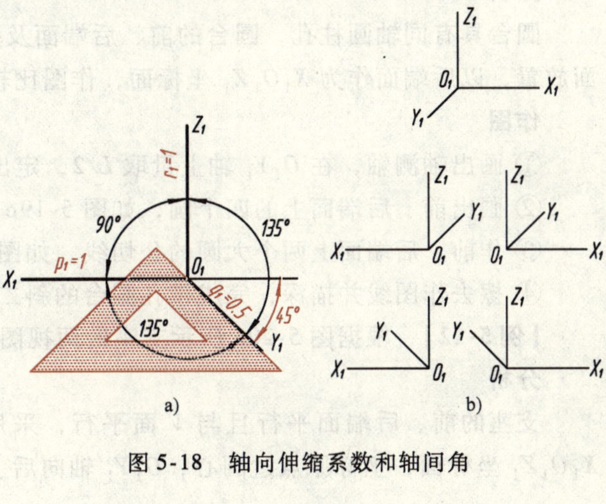

图 5-18　轴向伸缩系数和轴间角

斜二测的特点是：物体上凡平行于 XOZ 坐标面的表面，其轴测投影反映实形。利用这一特点，在绘制单方向形状较复杂的物体（主要是出现较多的圆）的斜二测时，比较简便易画。

二、斜二测画法

斜二测的具体画法与正等测相似，但它们的轴间角及轴向伸缩系数均不同。由于斜二测中 OY 轴的轴向伸缩系数 $q_1=0.5$，所以在画斜二测时，沿 O_1Y_1 轴方向的长度应取物体上相应长度的一半。

【例 5-11】 根据图 5-19a 所示带孔圆台的两视图，画出其斜二测。

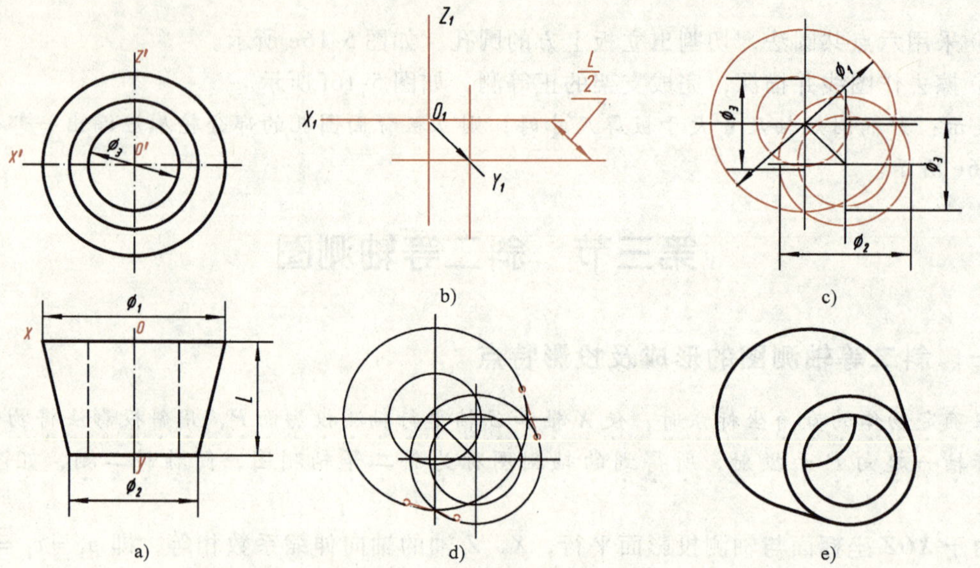

图 5-19 带孔圆台的斜二测画法

分析

圆台具有同轴圆柱孔，圆台的前、后端面及孔口都是圆。因此，将前、后端面平行于正面放置，以后端面作为 $X_1O_1Z_1$ 坐标面，作图比较方便。

作图

① 画出轴测轴，在 O_1Y_1 轴上量取 $L/2$，定出前端面的圆心，如图 5-19b 所示。

② 画出前、后端面上的四个圆，如图 5-19c 所示。

③ 作前、后端面上两个大圆的公切线，如图 5-19d 所示。

④ 擦去作图线并描深，完成带孔圆台的斜二测，如图 5-19e 所示。

【例 5-12】 根据图 5-20a 所示支座的两视图，画出其斜二测。

分析

支座的前、后端面平行且与 V 面平行，采用斜二测作图比较方便。选择前端面作为 $X_1O_1Z_1$ 坐标面，坐标原点过圆心，O_1Y_1 轴向后。

作图

① 画出前端面的斜二测（主视图的重复），如图 5-20b 所示。

② 过圆心向后作 O_1Y_1 轴，在 Y_1 轴上量取 $L/2$，定出后端面的圆心，画出后端面上的两个圆；过底板的顶点，作 O_1Y_1 轴的平行线，如图 5-20c 所示。

③ 过后端面大圆与中心线交点、作 O_1Z_1 轴的平行线，与 O_1Y_1 轴的平行线相交；进而作出 O_1X_1 轴的平行线，完成底板的斜二测；作前、后端面两个大圆的公切线，如图 5-20d 所示。

④ 擦去作图线并描深，完成支座的斜二测，如图 5-20e 所示。

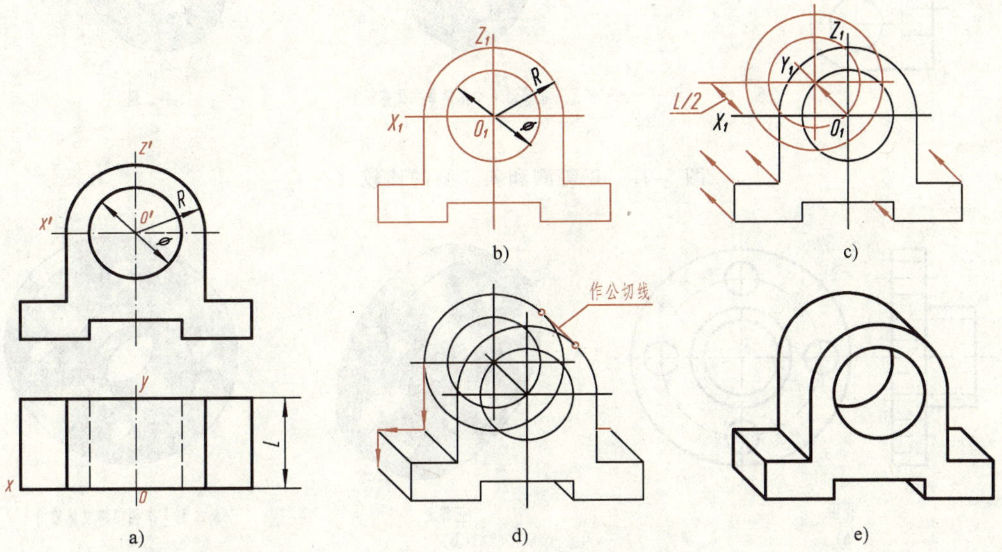

图 5-20 支座的斜二测画法

三、两种轴测图的比较

前面介绍了正等测和斜二测的画法。绘图时，应根据物体的结构特点来选用，既要使所画的轴测图立体感强、度量性好，又要使作图简便。

在立体感和度量方面，正等测较斜二测好。正等测在三个轴测轴方向上都可直接度量长度；斜二测只能在两个方向上直接度量，另一个方向（O_1Y_1 轴）则按比例缩短了，作图时增加了麻烦。当物体在平行于某一投影面的方向上形状较复杂或圆较多，而其他方向形状较简单或无圆时，采用斜二测画图就显得非常方便。对于在三个方向上均有圆或圆弧的物体，则采用正等测画图较为适宜。

图 5-21 所示的物体，在三个方向上都有圆和圆弧，因此，采用正等测画法较为合适，而且立体感也比斜二测好。

图 5-22 所示的物体，沿其径向方向具有较多的圆，而其轴线方向的形状则较为简单，故采用斜二测画法最为适宜，可简化作图。

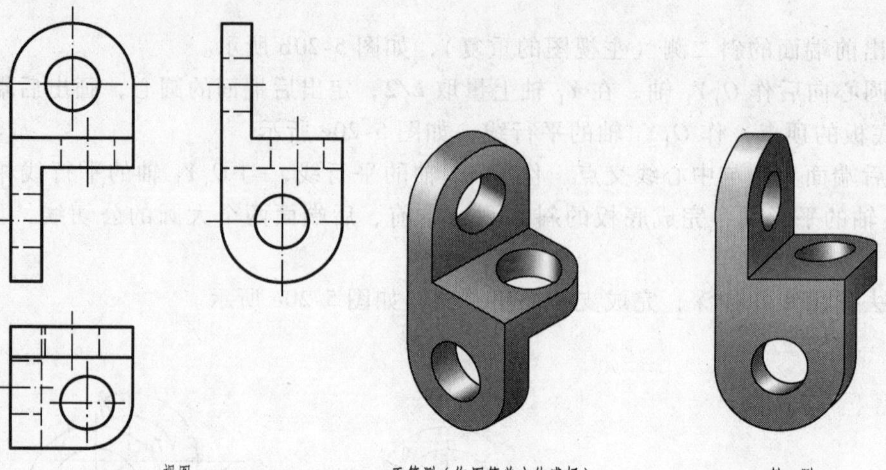

图 5-21　正等测和斜二测的比较（一）

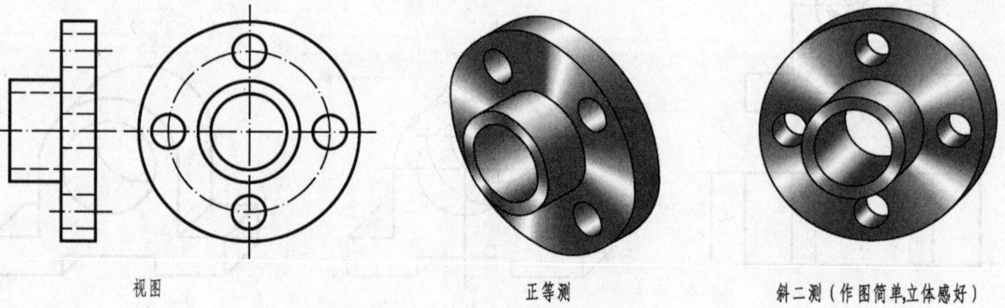

图 5-22　正等测和斜二测的比较（二）

第四节　轴测剖视图

在轴测图中，为了表达物体内部的结构形状，常采用剖切的画法，这种剖切后的轴测图称为轴测剖视图。

一、轴测图中的剖切位置

为了不影响物体的完整形状，在轴测图中剖切时，应尽量使图形明显、清晰。在空间一般应选用两个相互垂直的剖切平面（剖切平面的方向应平行于轴测投影面），将物体切掉四分之一，以完整地显示出物体的内、外形状，如图 5-23a 所示。

剖切时，不论物体是否对称，应避免在空间用一个剖切平面将物体切去一半，即避免在轴测图上用沿一个轴测投影面（或其平行面）的剖切平面剖切。采用一个剖切平面剖切会影响物体整体形状的表达，如图 5-23b 所示。同时，也要避免选择不恰当的剖切位置，如图 5-23c 所示。

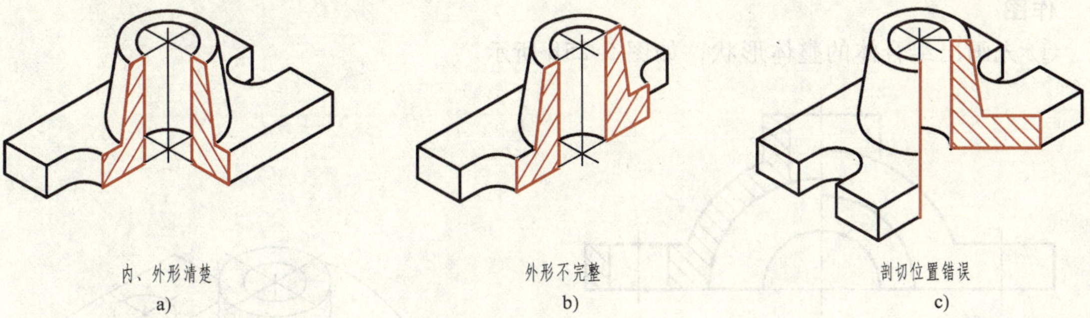

图 5-23　轴测图的剖切位置

二、轴测剖视图中剖面线的方向

1. 正等测中剖面线的画法

在坐标面内画轴测剖视图的剖面线时，可在该坐标面相关的两轴测轴上，任取相等的单位长度定点，然后连线，即为该坐标面轴测图的剖面线方向，如图 5-24a 所示。绘图效果如图 5-24b 所示。

2. 斜二测中剖面线的画法

斜二测中剖面线的画法与正等测的不同之处是，在 O_1Y_1 轴上取 1/2 单位长度，其他画法与正等测剖面线的画法相同，如图 5-24c 所示。绘图效果如图 5-24d 所示。

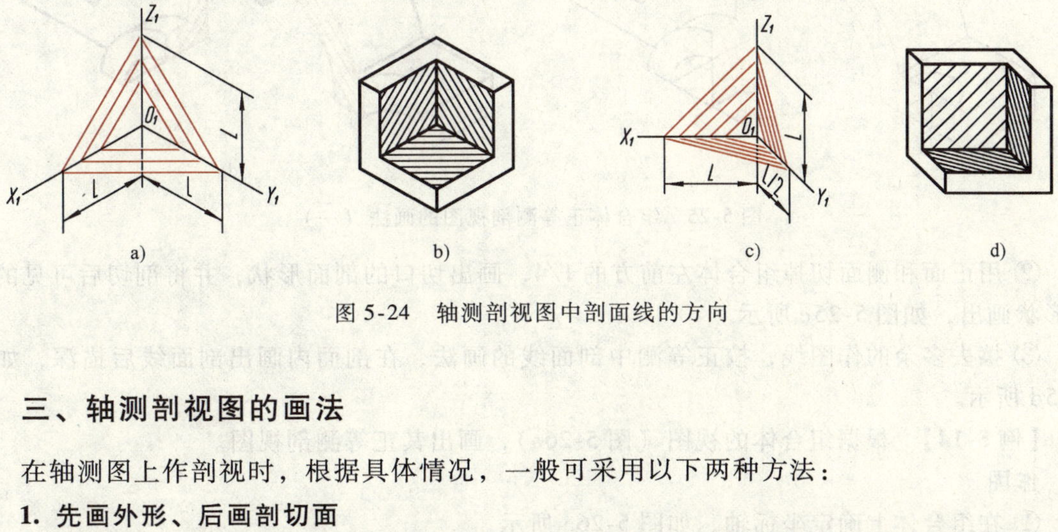

图 5-24　轴测剖视图中剖面线的方向

三、轴测剖视图的画法

在轴测图上作剖视时，根据具体情况，一般可采用以下两种方法：

1. 先画外形、后画剖切面

先画出物体外形的正等测，然后按所选的剖切位置画出剖面轮廓，再将剖切后可见的内部形状画出，最后将被剖去的部分擦掉，画出剖面线并描深。这种方法初学时较容易掌握。

2. 先画剖切面、后画外形

先画出剖面形状，然后画出与剖面有联系的形状，再将剖切后的可见形状画出并描深。这种方法可减少不必要的作图线，但不易掌握。

初学画轴测剖视图时，可先用第一种方法，待熟练后再用第二种方法。

【例 5-13】　根据组合体的两视图（图 5-25a），画出其正等测剖视图。

作图

① 先画出组合体的整体形状，如图 5-25b 所示。

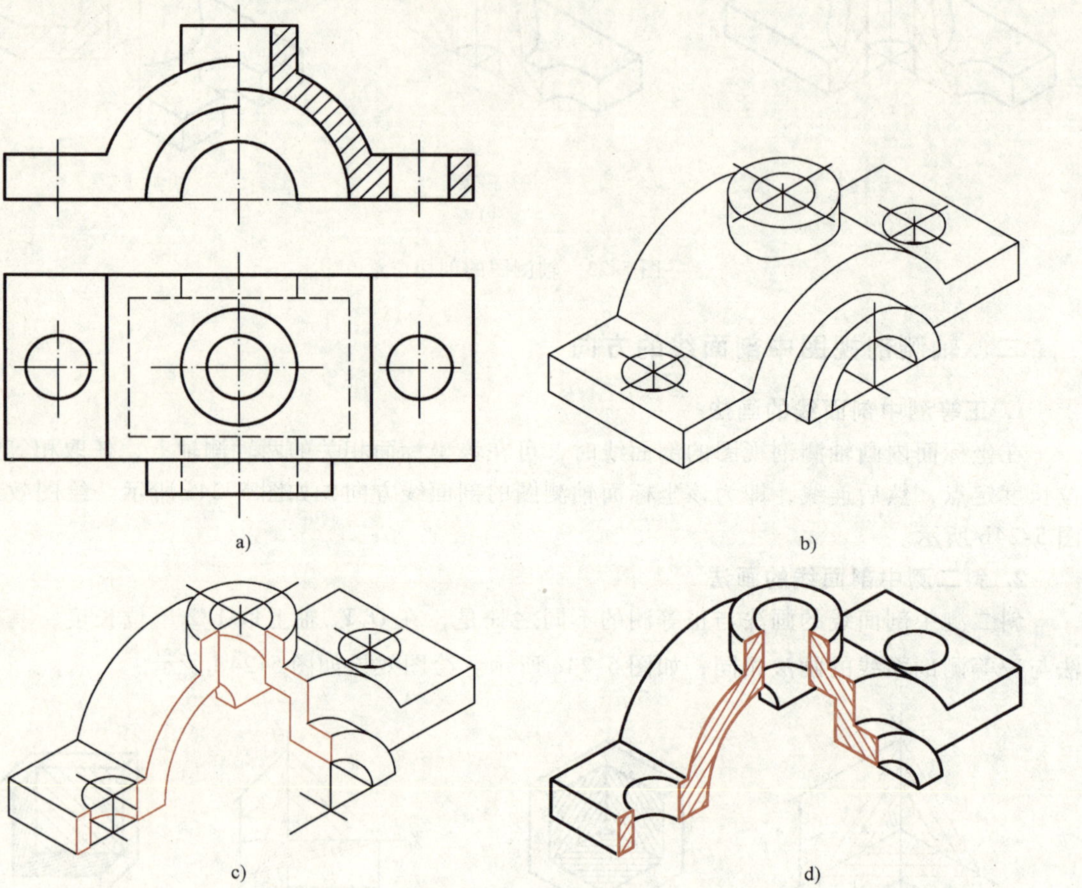

图 5-25 组合体正等测剖视图的画法（一）

② 用正面和侧面切掉组合体左前方的 1/4，画出切口的剖面形状，并将剖切后可见的内部形状画出，如图 5-25c 所示。

③ 擦去多余的作图线，按正等测中剖面线的画法，在剖面内画出剖面线后描深，如图 5-25d 所示。

【例 5-14】 根据组合体的视图（图 5-26a），画出其正等测剖视图。

作图

① 在组合体上确定坐标轴，如图 5-26a 所示。

② 先画 $X_1O_1Z_1$ 和 $Y_1O_1Z_1$ 坐标面内的断面形状，如图 5-26b 所示。

③ 画出断面后面可见部分的轮廓线，如图 5-26c 所示。

④ 擦去多余的作图线，描深轮廓线，在肋板纵向对称面内画出小点，完成全图，如图 5-26d 所示。

提示：当剖切平面通过肋板或薄壁等结构的纵向对称平面时，这些结构不画剖面线，而用粗实线将它们与邻接部分分开。在轴测剖视图中，允许在肋板和薄壁部分用小点表示被剖切部分。

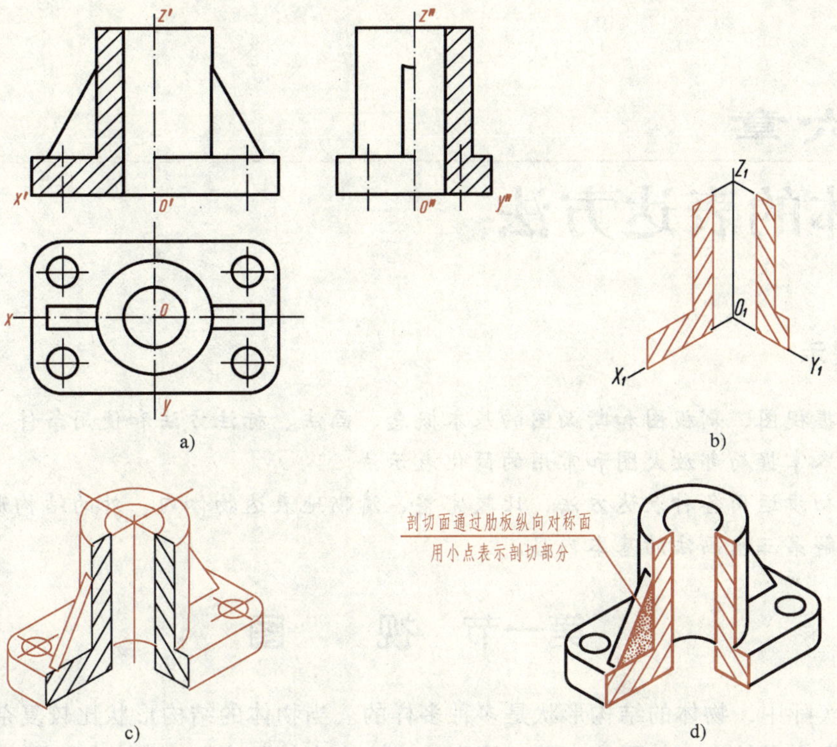

图 5-26　组合体正等测剖视图的画法（二）

第六章 物体的表达方法

6

教学提示

(1) 掌握视图、剖视图和断面图的基本概念、画法、标注方法和使用条件。

(2) 基本掌握局部放大图和常用的简化表示法。

(3) 能初步运用各种表达方法，比较完整、清晰地表达物体内、外的结构形状。

(4) 了解第三角画法的基本内容。

第一节 视　　图

在生产实际中，物体的结构形状是多种多样的。当物体的结构形状比较复杂时，仅用三视图是难以把它们的内、外形状完整、清晰地表达出来的。为此，《技术制图　图样画法》、《机械制图　图样画法》及《技术制图　简化表示法》国家标准规定了视图、剖视图、断面图、局部放大图及简化画法等表示法。

一、基本视图（GB/T 17451—1998）

根据有关标准和规定，用正投影法所绘制出的物体的图形称为视图。视图主要用于表达物体的可见部分，必要时才画出其不可见部分。

将物体向基本投影面投射所得的视图称为基本视图。

当物体的构形复杂时，为了完整、清晰地表达物体的形状，国家标准规定，在原有三个投影面的基础上，再增设三个投影面，组成一个正六面体，六面体的六个面称为基本投影面，如图 6-1a 所示。将物体置于六面体中，由 *A*、*B*、*C*、*D*、*E*、*F* 六个方向分别向基本投影面投射，即在主视图、俯视图、左视图的基础上，又得到了右视图、仰视图和后视图，如图 6-1b 所示。这六个视图，称为基本视图。

主视图（或称 *A* 视图）——由前向后投射所得的视图。

俯视图（或称 *B* 视图）——由上向下投射所得的视图。

左视图（或称 *C* 视图）——由左向右投射所得的视图。

右视图（或称 *D* 视图）——由右向左投射所得的视图。

仰视图（或称 *E* 视图）——由下向上投射所得的视图。

后视图（或称 *F* 视图）——由后向前投射所得的视图。

六个基本投影面展开的方法如图 6-2 所示，即正面保持不动，其他投影面按箭头所示方向旋转到与正面共处于同一平面。

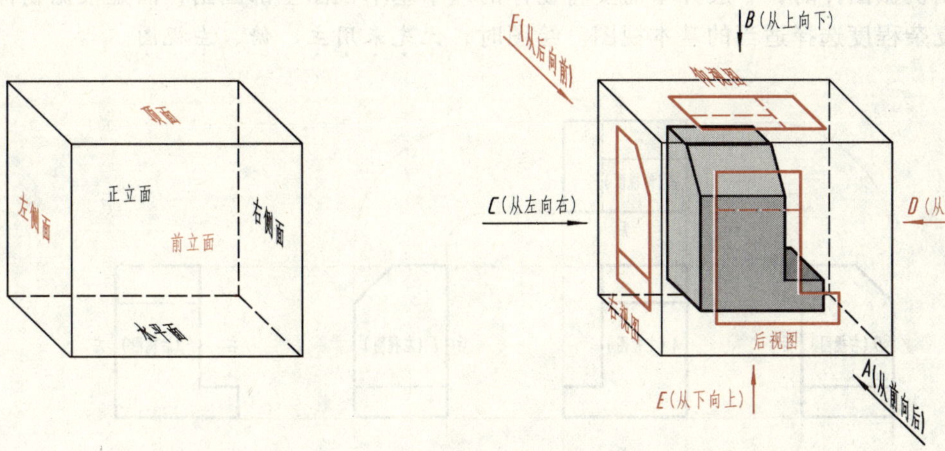

a) b)

图 6-1 基本视图的获得

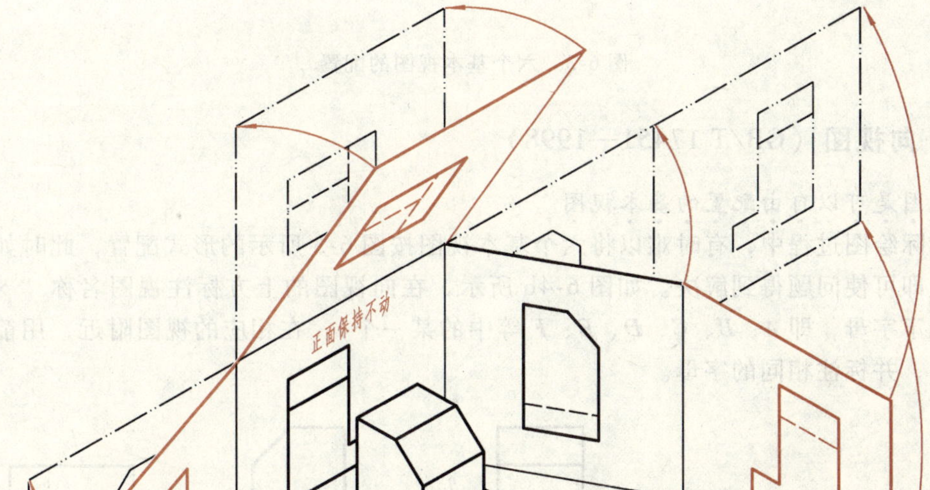

图 6-2 六个基本投影面的展开

六个基本视图在同一张图样内按图 6-3 所示配置时，各视图一律不注图名。六个基本视图仍符合“长对正、高平齐、宽相等”的投影规律。除后视图外，其他视图靠近主视图的一边是物体的后面，远离主视图的一边是物体的前面。

在绘制机械图样时，一般并不需要将物体的六个基本视图全部画出，而是根据物体的结构特点和复杂程度选择适当的基本视图。绘图时，优先采用主、俯、左视图。

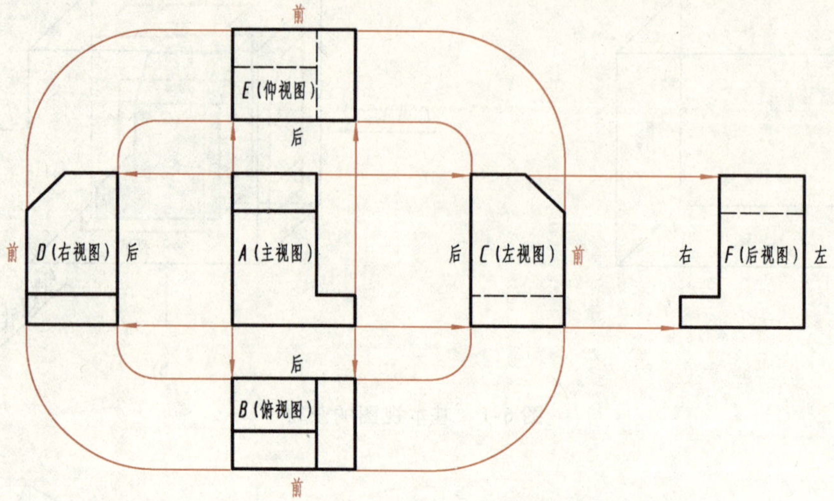

图6-3　六个基本视图的配置

二、向视图（GB/T 17451—1998）

向视图是可以自由配置的基本视图。

在实际绘图过程中，有时难以将六个基本视图按图6-3所示的形式配置，此时如采用自由配置，即可使问题得到解决。如图6-4b所示，在向视图的上方标注视图名称“×”（×为大写拉丁字母，即*A*、*B*、*C*、*D*、*E*、*F*等中的某一个），在相应的视图附近，用箭头指明投射方向，并标注相同的字母。

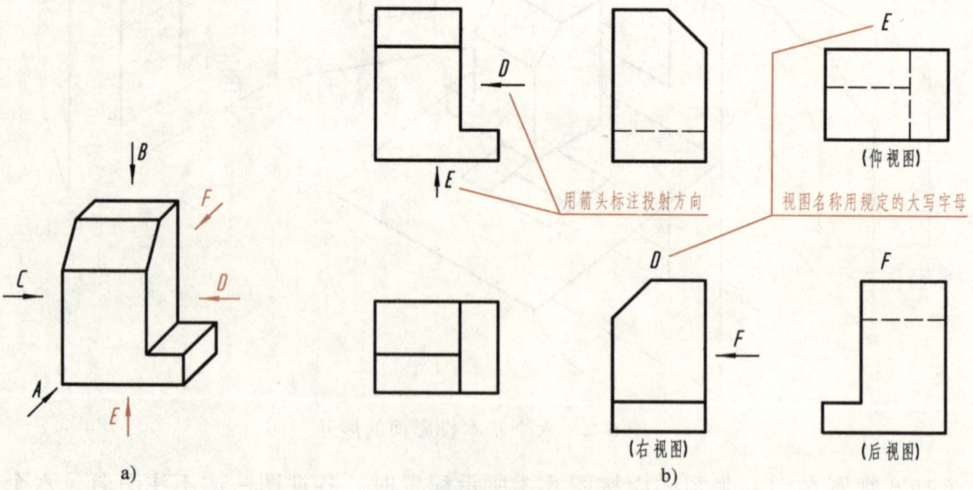

图6-4　向视图

向视图是基本视图的一种表达形式。向视图与基本视图的主要区别在于视图的配置形式不同。

三、局部视图（GB/T 17451—1998）

将物体的某一部分向基本投影面投射所得的视图称为局部视图。

如图 6-5a 所示，组合体左侧有一个凸台。在主、俯视图中，圆筒和底板的结构已表达清楚，而凸台在主、俯视图中未表达清楚，如图 6-5b 所示。若画出完整的左视图，可以将凸台结构表达清楚，但大部分是重复的，如图 6-5d 所示。

此时采用 *A* 向局部视图，只画出基本视图的一部分表达凸台，而省略大部分左视图。这种方法可使图形重点更突出，更加清晰明确。画局部视图时，局部视图的断裂边界通常以波浪线（或双折线）表示，并可按向视图的配置形式配置并标注，即在局部视图上方标出视图的名称“×”（大写拉丁字母），在相应的视图附近用箭头指明投射方向，并注上同样的字母，如图 6-5b、c 所示。

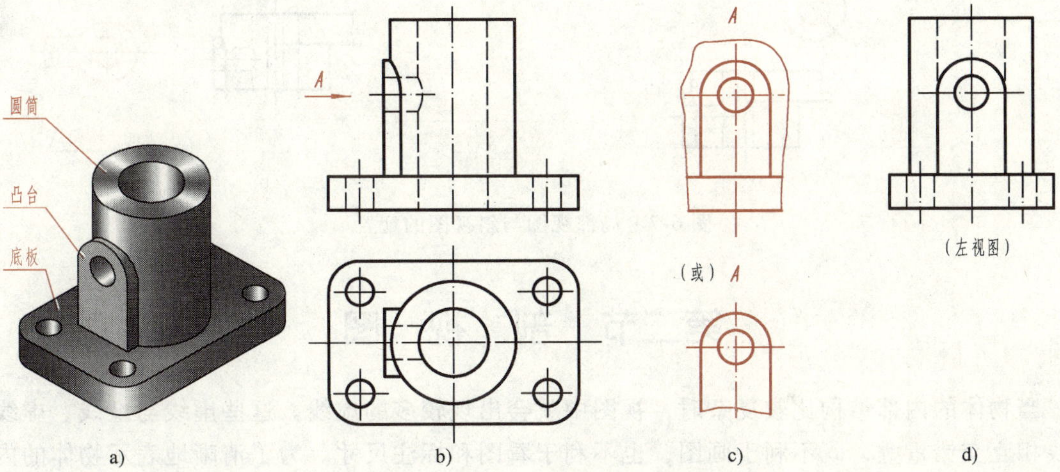

图 6-5　局部视图

当所表示的局部结构是完整的，且外轮廓又封闭时，波浪线可省略不画，如图 6-7a 中的 *C* 向局部视图。当局部视图按基本视图的形式配置，中间又无其他图形隔开时，可省略标注，如图 6-7b 中的俯视图。

四、斜视图（GB/T 17451—1998）

将物体向不平行于基本投影面的平面投射所得的视图称为斜视图。斜视图通常用于表达物体上的倾斜部分。

如图 6-6 所示，物体左侧部分与基本投影面倾斜，其基本视图不反映实形，给绘图和看图带来一定的困难。为简化作图，增设一个与倾斜部分平行的辅助投影面 *P*（*P* 面垂直于 *V* 面），将倾斜部分向 *P* 面投射，然后将 *P* 面旋转到与 *V* 面重合的位置，即可得到反映该部分实形的视图，

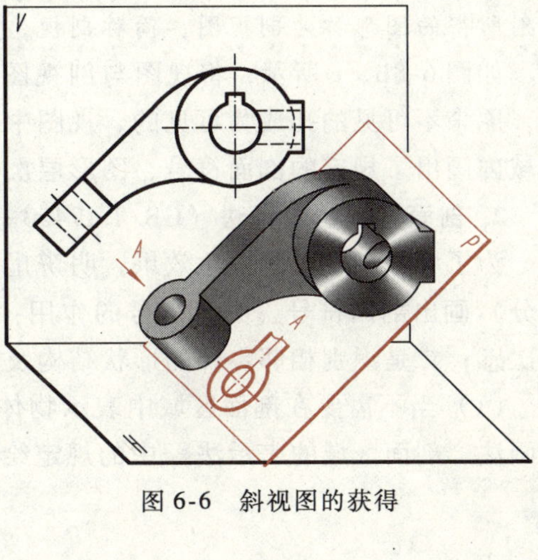

图 6-6　斜视图的获得

即斜视图。

斜视图一般只画出倾斜部分的局部形状，其断裂边界用波浪线表示，并通常按向视图的配置形式配置并标注，如图6-7a中的“A”图。

必要时，允许将斜视图旋转配置。此时，表示该视图名称的大写拉丁字母要靠近旋转符号的箭头端；也允许将旋转角度标注在字母之后，如图6-7b中的“⌒A45°”。旋转符号的箭头指向，应与实际旋转方向一致。旋转符号是一个半圆，其半径应等于字体高度h。

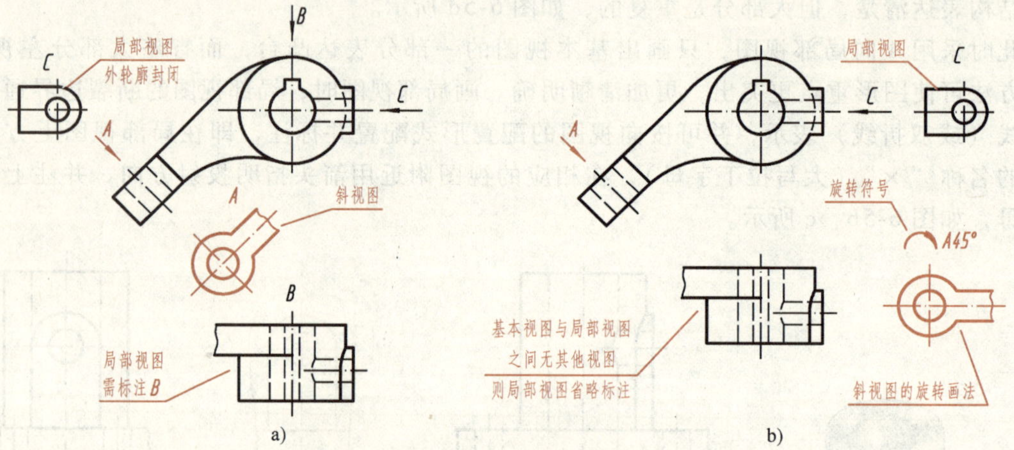

图6-7 局部视图与斜视图的配置

第二节 剖视图

当物体的内部结构比较复杂时，视图中就会出现较多的虚线。这些虚线与虚线、虚线与实线相互交错重叠，既不利于画图，也不利于看图和标注尺寸。为了清晰地表示物体的内部形状，国家标准规定了剖视图的画法。

一、剖视图的基本概念

1. 剖视图的获得（GB/T 17452—1998、GB/T 4458.6—2002）

假想用剖切面剖开物体，将处在观察者和剖切面之间的部分移去，将其余部分向投影面投射所得的图形称为剖视图，简称剖视，如图6-8a所示。

如图6-8b、c所示，将视图与剖视图相比较可以看出，由于主视图采用了剖视图的画法，原来不可见的孔成为可见的，视图中的细虚线在剖视图中变成了粗实线，再加上在剖面区域内画出了规定的剖面符号，图形层次分明，更加清晰。

2. 剖面区域的表示法（GB/T 17453—2005）

为了增强剖视图的表达效果，明辨虚实，通常要在剖面区域（即剖切面与物体的接触部分）画出剖面符号。剖面符号的作用：一是明显地区分切到与未切到部分，增强剖视的层次感；二是识别相邻零件的形状结构及其装配关系；三是区分材料的类别。

(1) 当不需要在剖面区域中表示物体的材料类别时，应根据国家标准《技术制图 图样画法 剖面区域的表示法》中的规定绘制，即：

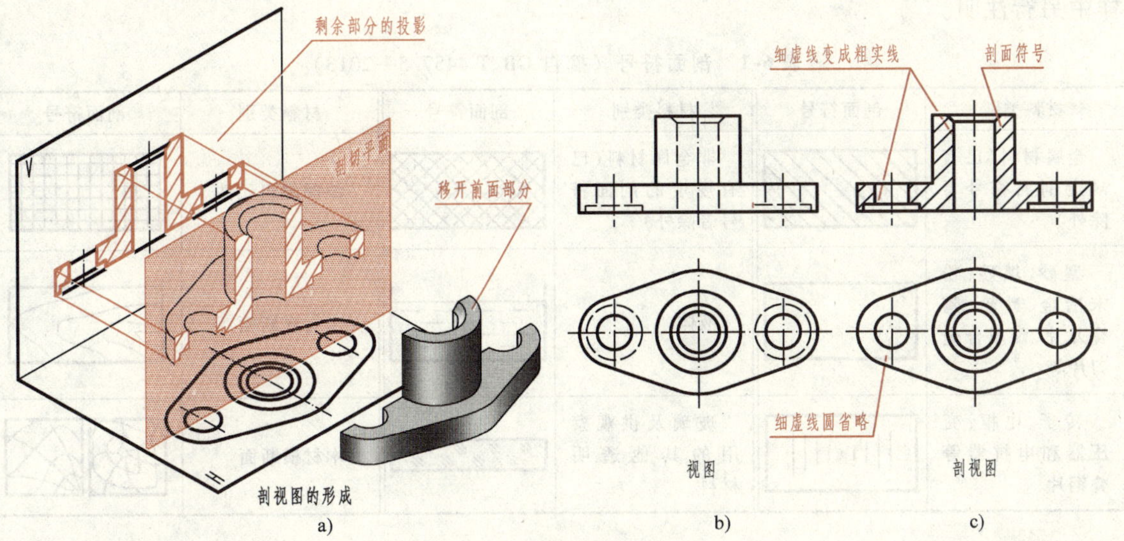

图 6-8　剖视图的获得

① 剖面符号用通用剖面线表示。通用剖面线是与图形的主要轮廓线，是与剖面区域的对称中心线成 45°角，且间距（≈3mm）相等的细实线，向左或向右倾斜均可，如图 6-9 所示。

② 同一物体的各个剖面区域，其剖面线的方向及间隔应一致。

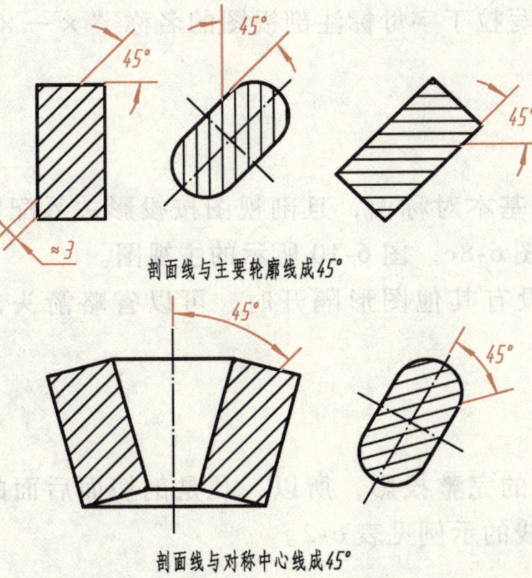

图 6-9　通用剖面线的画法

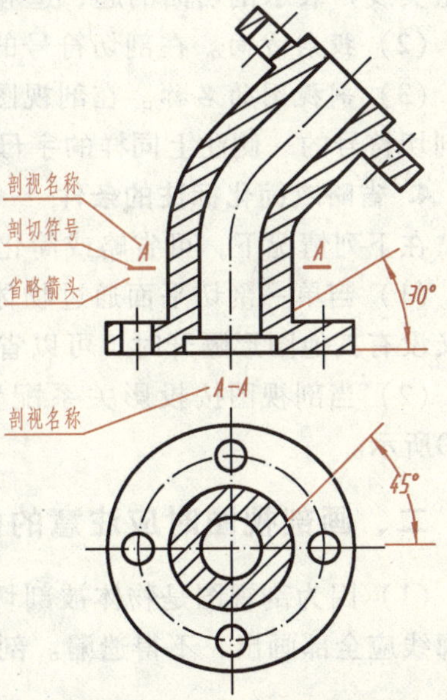

图 6-10　30°或 60°剖面线的画法

在图 6-10 所示的主视图中，由于物体倾斜部分的轮廓线与底面成 45°，不宜将剖面线画成与主要轮廓线成 45°时，可将该图形的剖面线画成与底面成 30°或 60°的平行线，但其倾斜方向仍应与其他图形的剖面线一致。

（2）当需要在剖面区域中表示物体的材料类别时，应根据国家标准 GB/T 4457.5—1984《机械制图　剖面符号》中的规定绘制。常用的剖面符号见表 6-1。由表中可见，金属材料的剖面符号与通用剖面线一致。剖面符号仅表示材料的类别，材料的名称和代号需在机械图样中另行注明。

表6-1 剖面符号（摘自GB/T 4457.5—2013）

材料类别	剖面符号	材料类别	剖面符号	材料类别	剖面符号
金属材料（已有规定剖面符号者除外）	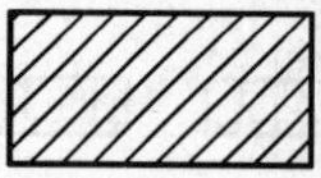	非金属材料（已有规定的剖面符号者除外）		线圈绕组元件	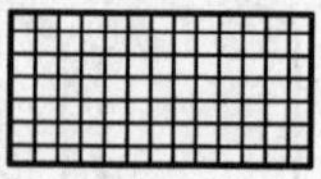
型砂、填砂、粉末冶金、砂轮、陶瓷刀片、硬质合金刀片等	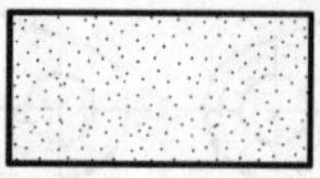	液体	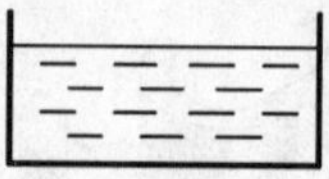	木材纵断面	
转子、电枢、变压器和电抗器等叠钢片	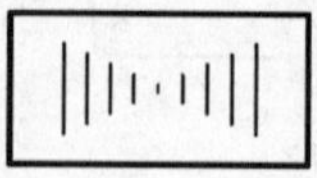	玻璃及供观察用的其他透明材料	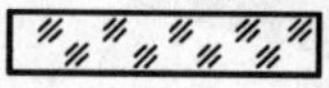	木材横断面	

3. 剖视图的标注

为便于看图，在画剖视图时，应将剖切位置、剖切后的投射方向和剖视图名称标注在相应的视图上。标注的内容有以下三项：

（1）*剖切符号*。用以表示剖切面的位置。在相应的视图上，用剖切符号（线长5~8mm的粗实线）表示剖切面的起、迄和转折处位置，并尽可能不与图形的轮廓线相交。

（2）*投射方向*。在剖切符号的两端外侧，用箭头指明剖切后的投射方向。

（3）*剖视图的名称*。在剖视图的上方用大写拉丁字母标注剖视图的名称"×—×"，并在剖切符号的一侧注上同样的字母。

4. 省略或简化标注的条件

在下列情况下，可省略或简化标注。

（1）当单一剖切平面通过物体的对称面或基本对称面，且剖视图按投影关系配置，中间又没有其他图形隔开时，可以省略标注，如图6-8c、图6-10所示的主视图。

（2）当剖视图按投影关系配置，中间又没有其他图形隔开时，可以省略箭头，如图6-10所示。

二、画剖视图时应注意的问题

（1）因为剖视图是物体被剖切后剩余部分的完整投影，所以，凡是剖切面后面的可见轮廓线应全部画出，不得遗漏。剖视图中漏画线的示例见表6-2。

表6-2 剖视图中漏画线的示例

轴测剖视	正确画法	漏线示例
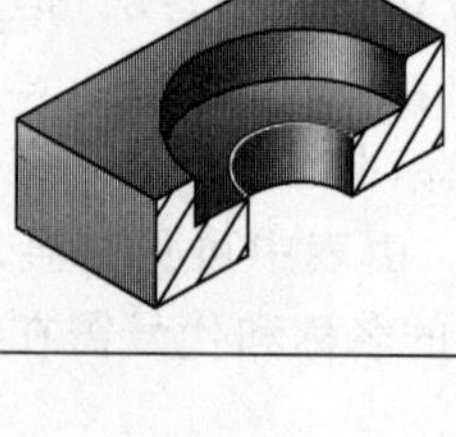	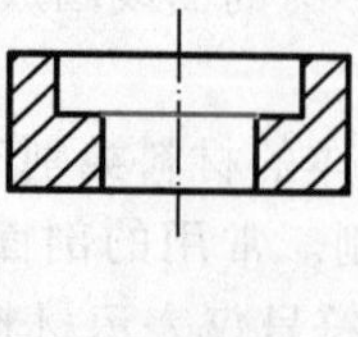	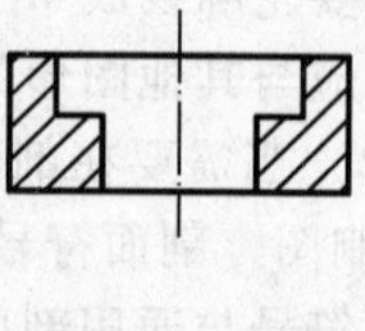

（续）

轴测剖视	正确画法	漏线示例
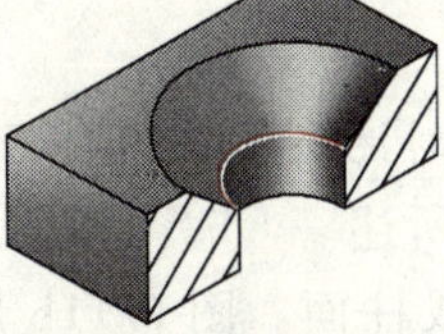	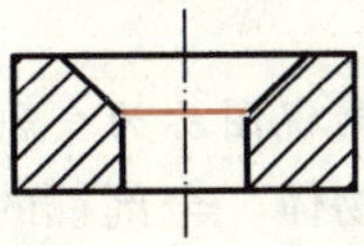	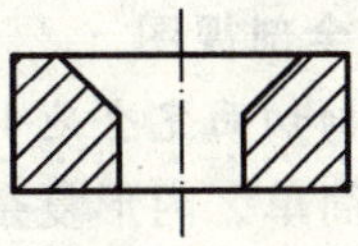
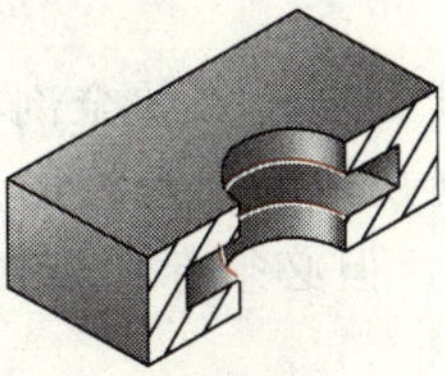	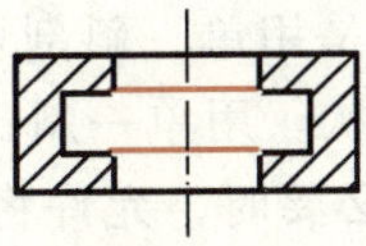	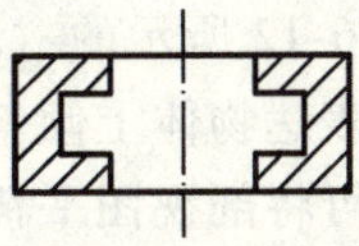
	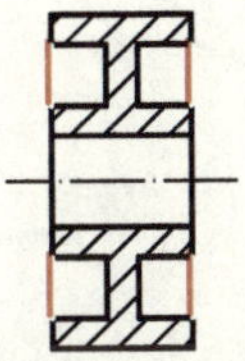	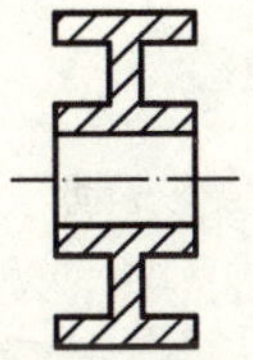

（2）在剖视图中，表示物体不可见部分的细虚线一般情况下省略不画；在其他视图中，若不可见部分已表达清楚，细虚线也可省略不画，如图 6-8c 所示。

（3）剖切面一般应通过物体的对称面、基本对称面或内部孔、槽的轴线，并与投影面平行。如图 6-11b 所示，剖切面通过物体的前后对称面，且平行于正面。

（4）由于剖视图是一种假想画法，并不是真的将物体切去一部分，因此当物体的一个视图画成剖视图后，其他视图应该完整地画出，如图 6-11b 中的俯视图仍应画成完整的。图 6-11c 中俯视图的画法是错误的。

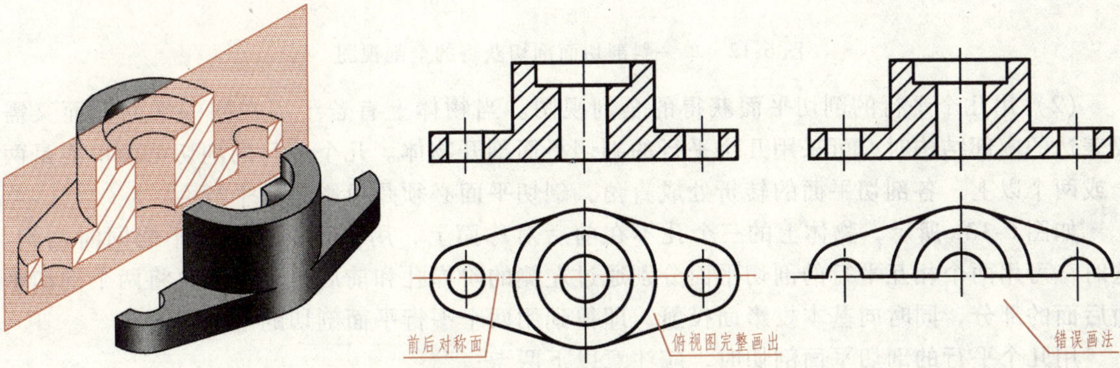

a)　　b)　　c)

图 6-11　用单一剖切平面剖切获得的全剖视图

三、剖视图的种类

根据剖开物体的范围，可将剖视图分为全剖视图、半剖视图和局部剖视图。国家标准规定，剖切面可以是平面也可以是曲面，可以是单一的剖切面也可以是组合的剖切面。绘图时，应根据物体的结构特点，恰当地选用单一剖切面、几个平行的剖切平面或几个相交的剖切面（交线垂直于某一投影面），绘制物体的全剖视图、半剖视图或局部剖视图。

1. 全剖视图

用剖切面完全地剖开物体所得的剖视图称为全剖视图，简称全剖视。全剖视主要用于表达外形简单、内形复杂而又不对称的物体。全剖视的标注规则如前所述。

（1）用单一剖切面获得的全剖视图。单一剖切面通常指平面或柱面。图 6-11b 所示是用单一剖切平面剖切得到的全剖视图，是最常用的剖切形式。

图 6-12 所示的“*A*—*A*”剖视图是用单一斜剖切面完全地剖开物体得到的全剖视，主要用于表达物体上倾斜部分的结构形状。用单一斜剖切面获得的剖视图一般按投影关系配置，也可将剖视图平移到适当位置。必要时，允许将图形旋转配置，但必须标注旋转符号。对此类剖视图必须进行标注，不能省略。

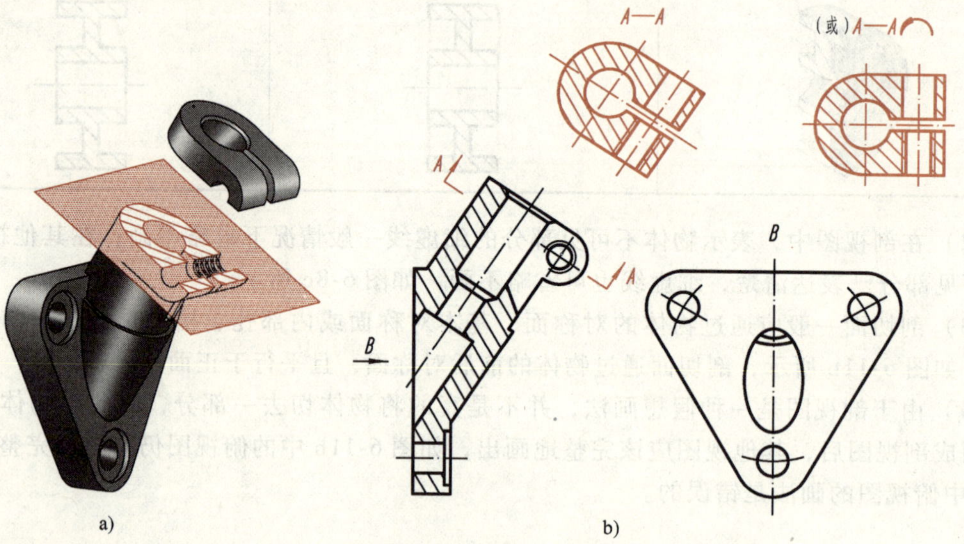

图 6-12　单一斜剖切面剖切获得的全剖视图

（2）用几个平行的剖切平面获得的全剖视图。当物体上有若干不在同一平面上而又需要表达的内部结构时，可采用几个平行的剖切平面剖开物体。几个平行的剖切平面可能是两个或两个以上，各剖切平面的转折处成直角，剖切平面必须是投影面的平行面。

如图 6-13a 所示，物体上的三个孔不在前后对称面上，用一个剖切平面不能同时剖到。这时，可用两个相互平行的剖切平面分别通过左侧的阶梯孔和前后对称面，再将两个剖切平面后面的部分，同时向基本投影面投射，即得到用两个平行平面剖切的全剖视图。

用几个平行的剖切平面剖切时，应注意以下两点：

① 在剖视图的上方，用大写拉丁字母标注图名“×—×”，在剖切平面的起、迄和转折处画出剖切符号，并注上相同的字母。若剖视图按投影关系配置，中间又没有其他图形隔开时，允许省略箭头，如图 6-13b 所示。

② 在剖视图中一般不应出现不完整的结构要素，如图 6-14a 所示。在剖视图中不应画出剖切平面转折处的界线，且剖切平面的转折处也不应与图中的轮廓线重合，如图 6-14b

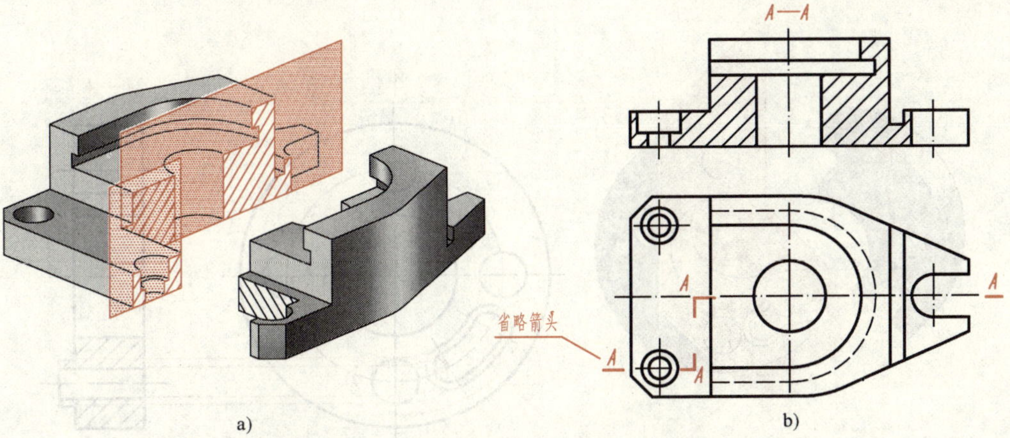

a) b)

图 6-13 两个平行的剖切平面获得的全剖视图

所示。

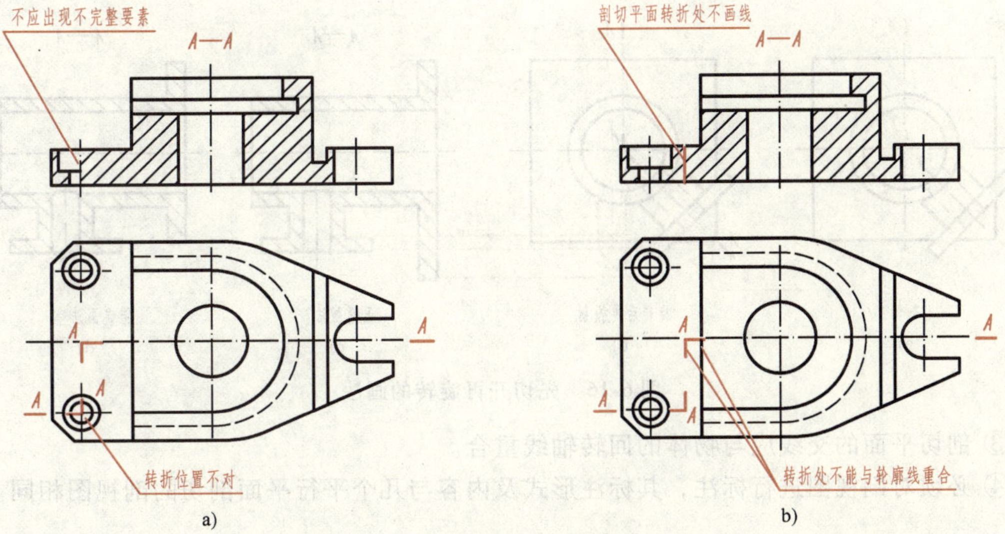

a) b)

图 6-14 用几个平行平面剖切时的错误画法

(3) 用几个相交的剖切面获得的全剖视图。当物体上的孔（槽）等结构不在同一平面上、但却沿物体的某一回转轴线分布时，可采用几个相交于回转轴线的剖切面剖开物体，将剖切面剖开的结构及有关部分旋转到与选定的投影面平行后再进行投射。几个相交剖切面（包括平面或柱面）的交线必须垂直于某一基本投影面。

如图 6-15a 所示，用相交的侧平面和正垂面（其交线垂直于正面）将物体剖切，并将倾斜部分绕轴线旋转到与侧面平行后再向侧面投射，即得到用两个相交平面剖切的全剖视图，如图 6-15b 所示。

用几个相交的剖切面剖切时，应注意以下四点：

① 这里强调的是先切开、再旋转，而不是将要表达的结构先旋转，然后再切开。因此，采用几个相交剖切面剖切时，有些部分的图形往往会伸长，如图 6-16c 所示。

② 剖切面后边的其他结构一般仍按原来的位置进行投射，如图 6-17b 所示。

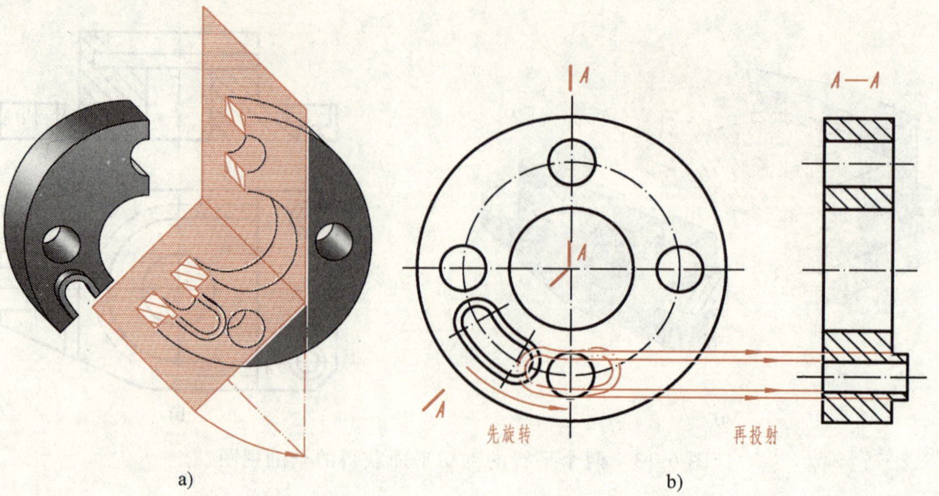

图 6-15　两个相交剖切平面获得的全剖视图

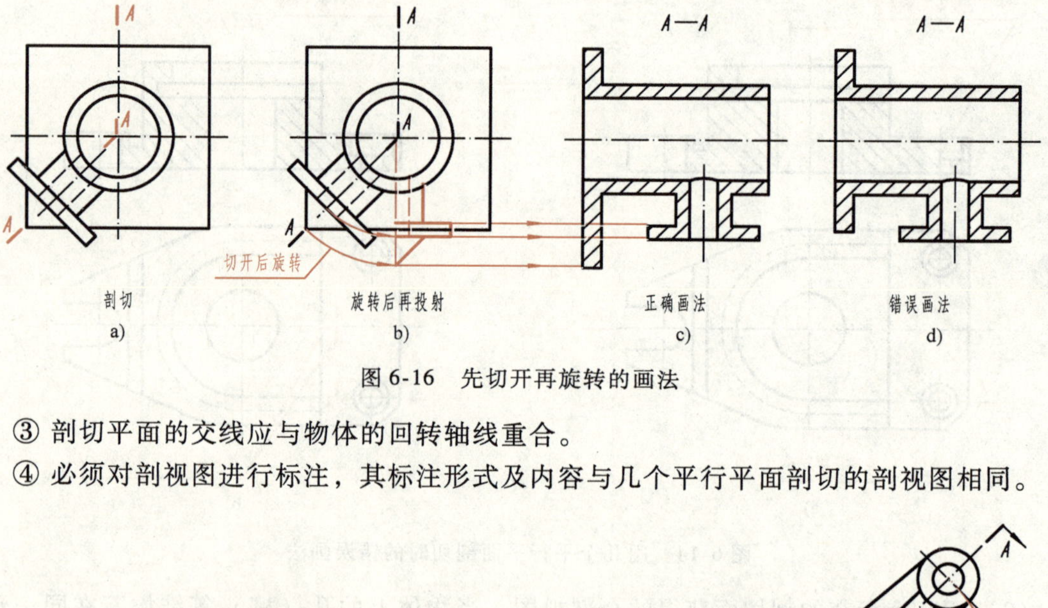

图 6-16　先切开再旋转的画法

③ 剖切平面的交线应与物体的回转轴线重合。

④ 必须对剖视图进行标注，其标注形式及内容与几个平行平面剖切的剖视图相同。

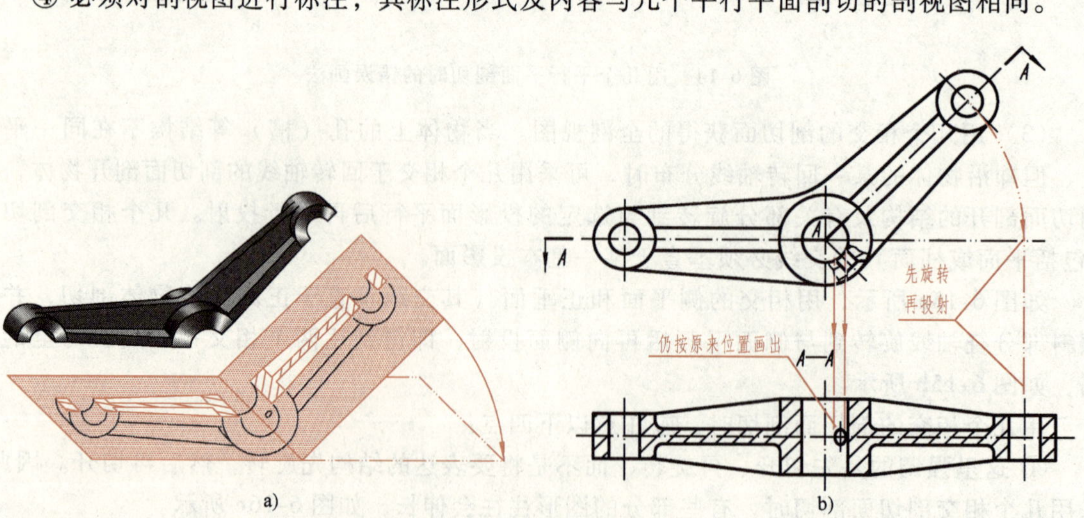

图 6-17　剖切平面后的结构画法

2. 半剖视图

当物体具有垂直于投影面的对称平面时，对在该投影面上投射所得的图形，可以对称中心线为界，一半画成剖视图，另一半画成视图，这种组合的图形称为半剖视图，简称半剖视，如图 6-18 所示。半剖视图主要用于内、外形状都需要表达的对称物体。画半剖视应注意以下几点。

(1) 视图部分和剖视图部分必须以细点画线为界。在半剖视图中，剖视部分的位置通常可按以下原则配置：

——在主视图中，位于对称中心线的右侧。

——在俯视图中，位于对称中心线的下方。

——在左视图中，位于对称中心线的右侧。

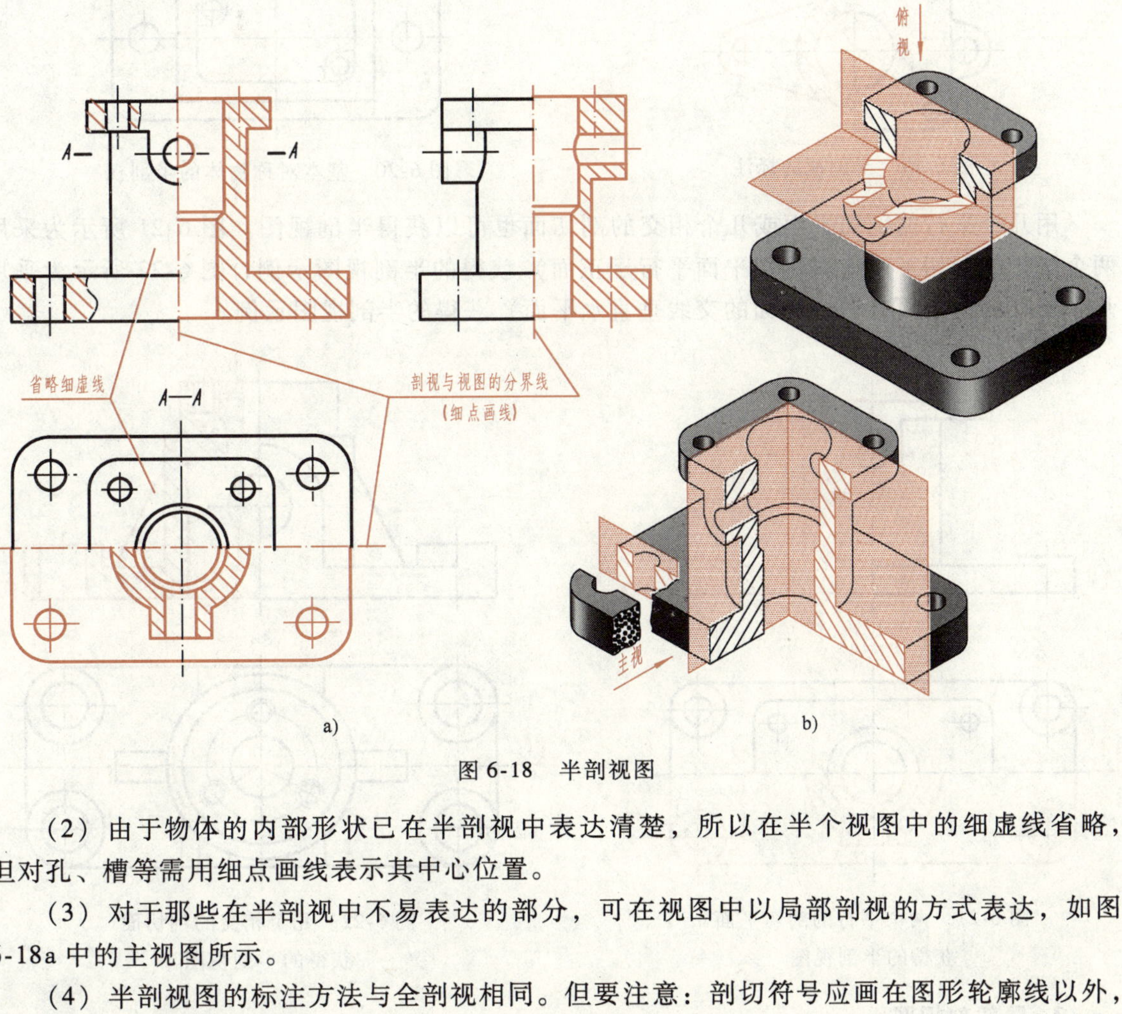

图 6-18　半剖视图

(2) 由于物体的内部形状已在半剖视中表达清楚，所以在半个视图中的细虚线省略，但对孔、槽等需用细点画线表示其中心位置。

(3) 对于那些在半剖视中不易表达的部分，可在视图中以局部剖视的方式表达，如图 6-18a 中的主视图所示。

(4) 半剖视图的标注方法与全剖视相同。但要注意：剖切符号应画在图形轮廓线以外，如图 6-18 主视图中的“*A*—　—*A*”。

(5) 在半剖视图中标注对称结构的尺寸时，由于结构形状未能完整显示，则尺寸线应略超过对称中心线，并只在另一端画出箭头，如图 6-19 所示。

(6) 当物体形状接近对称，且不对称部分已在其他视图中表达清楚时，也可画成半剖视图，如图 6-20 所示。

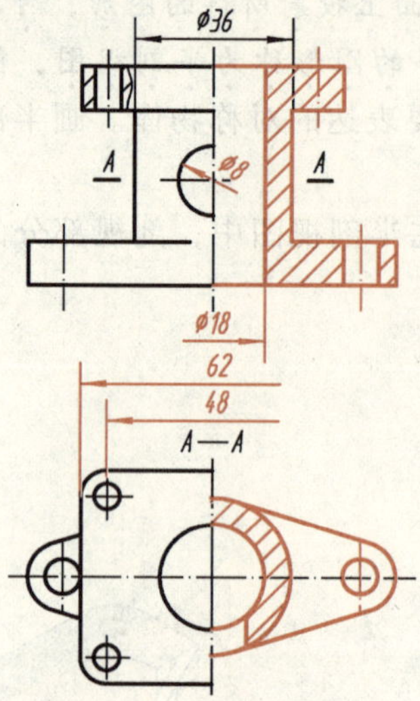

图 6-19　半剖视的标注

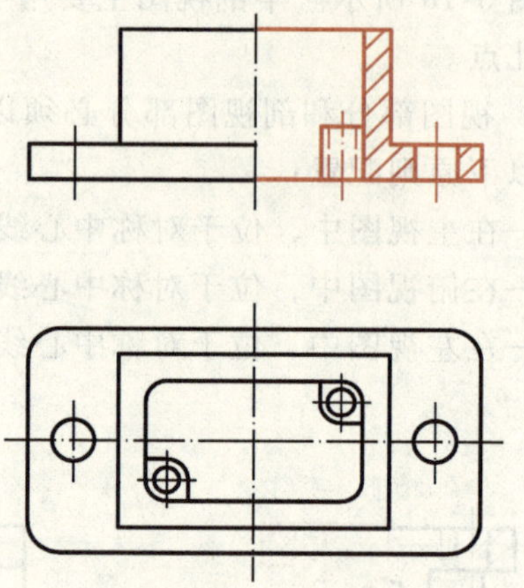

图 6-20　基本对称物体的半剖视

用几个平行的剖切平面或几个相交的剖切面也可以获得半剖视图。图 6-21 所示为采用两个平行的剖切平面（其剖切平面平行于正面）获得的半剖视图示例，图 6-22 所示为采用几个相交的剖切面（其剖切面的交线垂直水平面）获得的半剖视图示例。

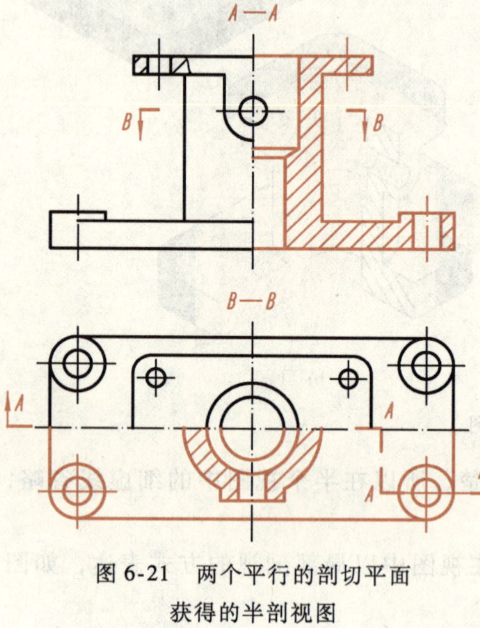

图 6-21　两个平行的剖切平面获得的半剖视图

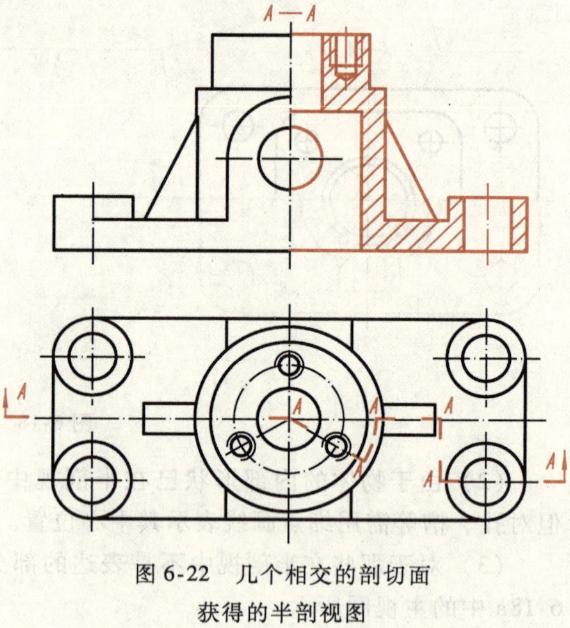

图 6-22　几个相交的剖切面获得的半剖视图

3. 局部剖视图

用剖切面局部地剖开物体所得的剖视图称为局部剖视图，简称局部剖视。当物体只有局部内形需要表示，而又不宜采用全剖视时，可采用局部剖视表达，如图 6-23 所示。

局部剖视是一种灵活、便捷的表达方法。它的剖切位置和剖切范围可根据实际需要确定。但在一个视图中，过多地选用局部剖视会使图形零乱，给看图造成困难。

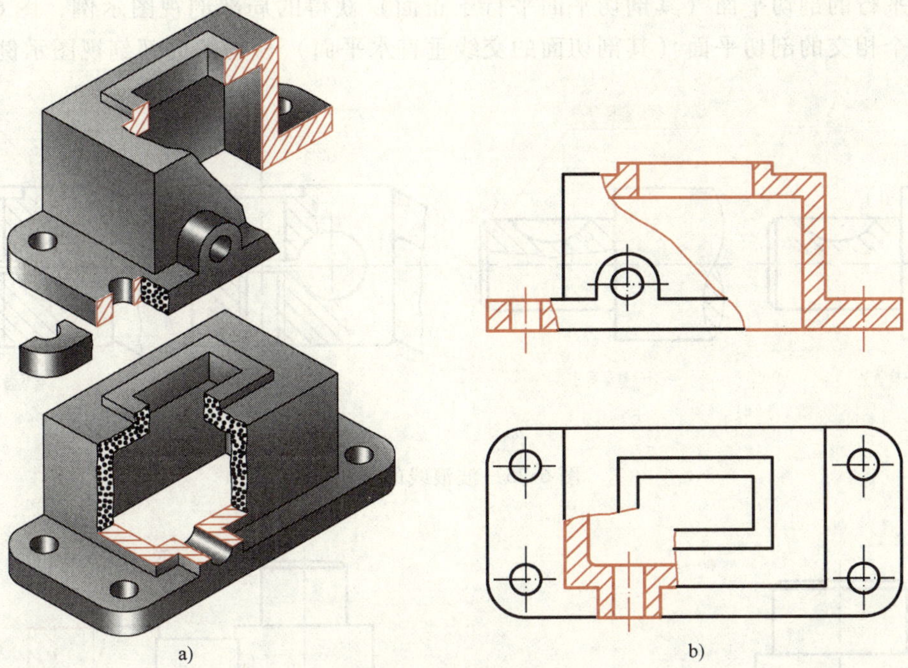

图 6-23　局部剖视图

画局部剖视时应注意以下几点：

(1) 当被剖结构为回转体时，允许将该结构的轴线作为局部剖视与视图的分界线，如图 6-24a 所示。当对称物体的内部（或外部）轮廓线与对称中心线重合而不宜采用半剖视时，可采用局部剖视，如图 6-24b 所示。

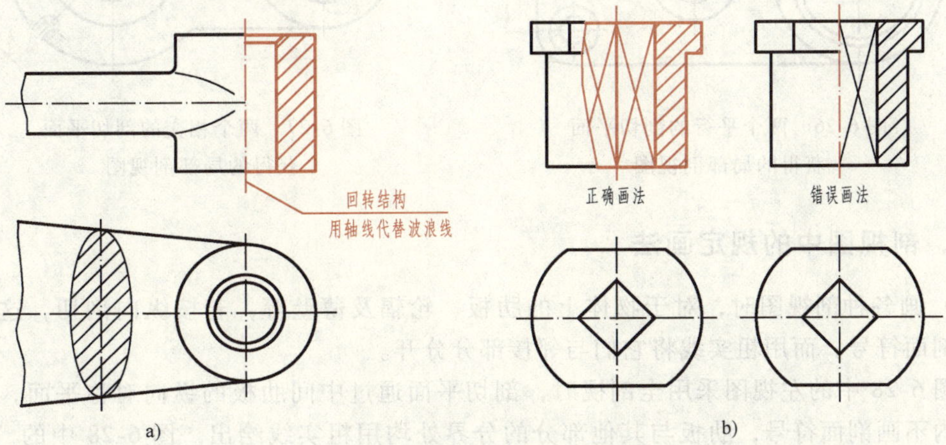

图 6-24　局部剖视的特殊情况

(2) 局部剖视的视图部分和剖视部分以波浪线分界。波浪线要画在物体的实体部分，不应超出视图的轮廓线，也不能与其他图线重合，如图 6-25 所示。

(3) 对于剖切位置明显的局部剖视，一般不予标注，如图 6-23、图 6-24 所示。必要时，可按全剖视的标注方法标注。

用几个平行的剖切平面或几个相交的剖切平面也可以获得局部剖视图。图 6-26 所示为采用两个平行的剖切平面（其剖切平面平行于正面）获得的局部剖视图示例，图6-27所示为采用两个相交的剖切平面（其剖切面的交线垂直水平面）获得的局部剖视图示例。

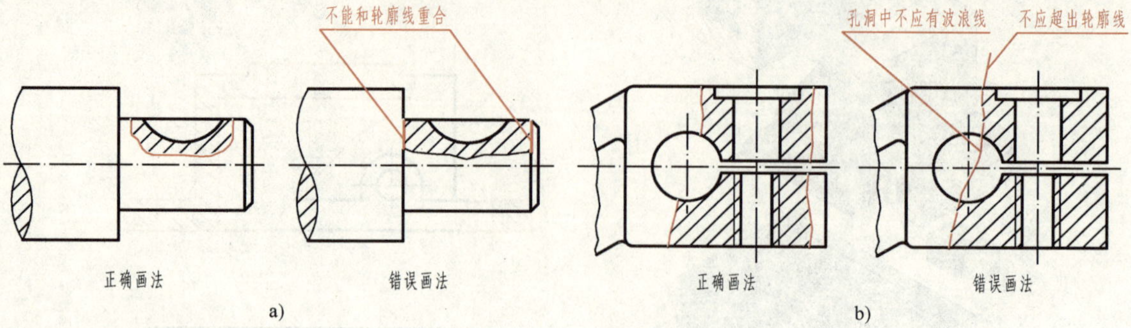

图6-25　波浪线的画法

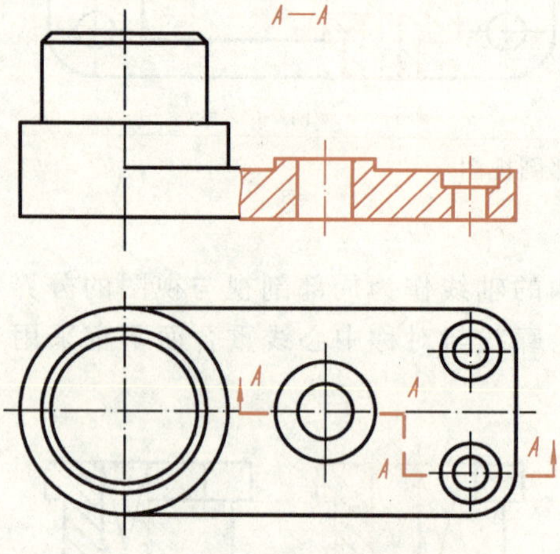

图6-26　两个平行的剖切平面获得的局部剖视图

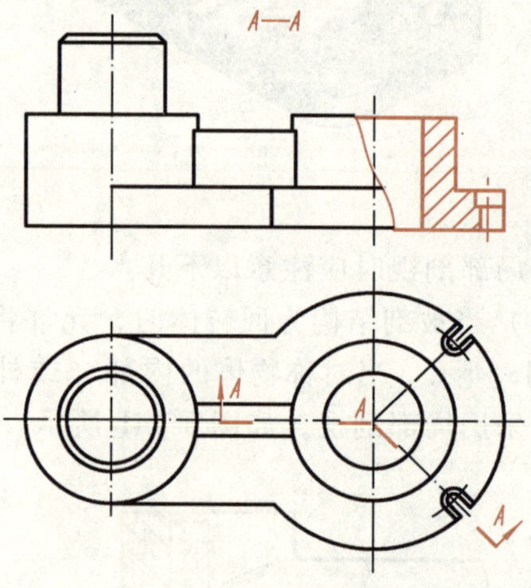

图6-27　两个相交的剖切平面获得的局部剖视图

四、剖视图中的规定画法

（1）画各种剖视图时，对于物体上的肋板、轮辐及薄壁等，若按纵向剖切，这些结构都不画剖面符号，而用粗实线将它们与邻接部分分开。

如图6-28中的左视图采用全剖视时，剖切平面通过中间肋板的纵向对称平面，在肋板的范围内不画剖面符号，肋板与其他部分的分界处均用粗实线绘出。图6-28中的“*A—A*”剖视图，因为剖切平面垂直于肋板和支承板（即横向剖切），所以仍要画出剖面符号。

（2）回转体上均匀分布的肋板、孔等结构不处于剖切平面上时，可假想将这些结构旋转到剖切平面上画出；对均匀分布的孔，可只画出一个，用中心线表示其他孔的位置即可，如图6-29所示。

（3）当剖切平面通过辐条的基本轴线（即纵向）时，剖视图中辐条部分不画剖面符号，且不论辐条数量是奇数还是偶数，在剖视图中都要画成对称的，如图6-30a所示。

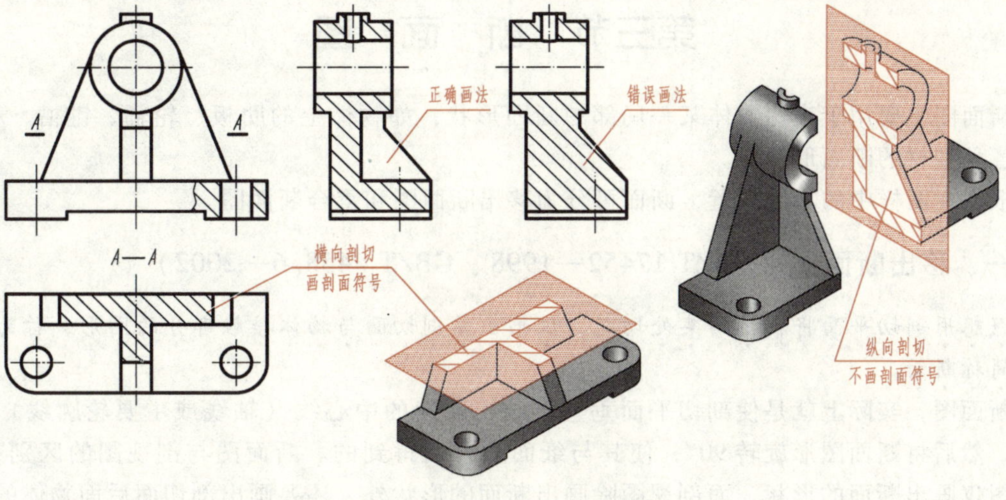

图 6-28　剖视中肋板的画法

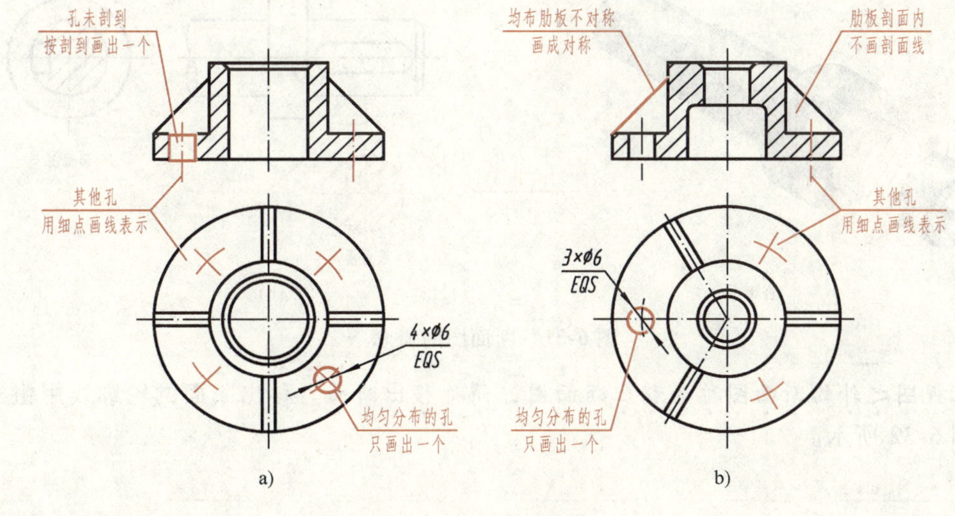

图 6-29　回转体上均布结构的简化画法

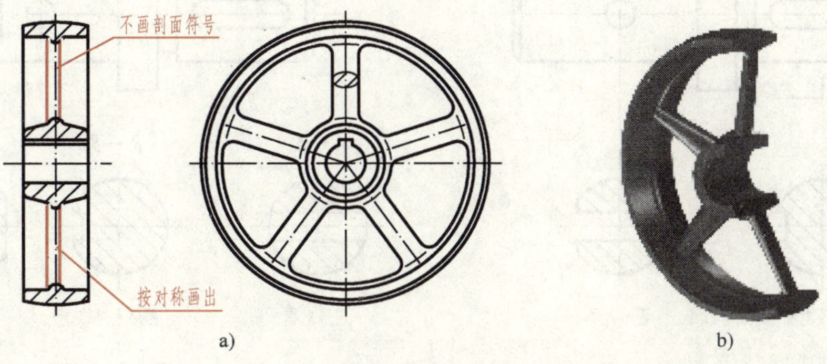

图 6-30　剖视图中辐条的画法

第三节　断　面　图

断面图主要用于表达物体某一局部的断面形状，如物体上的肋板、轮辐、键槽、小孔，以及各种型材的断面形状等。

根据在图样中的不同位置，断面可分为移出断面图和重合断面图。

一、移出断面图（GB/T 17452—1998、GB/T 4458.6—2002）

假想用剖切平面将物体的某处切断，仅画出该剖切面与物体接触部分的图形，称为断面图，简称断面。

断面图，实际上就是使剖切平面垂直于结构要素的中心线（轴线或主要轮廓线）进行剖切，然后将断面图形旋转90°，使其与纸面重合而得到的。断面图与剖视图的区别在于：断面图仅画出断面的形状，而剖视图除画出断面的形状外，还要画出剖切面后面物体的完整投影，如图6-31所示。

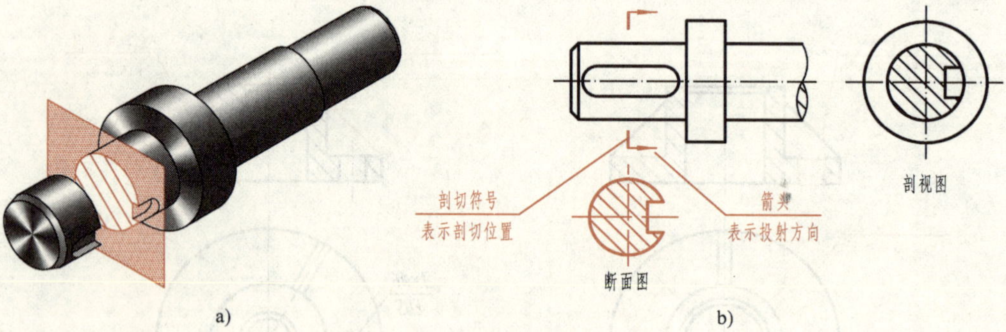

图6-31　断面图的概念

画在视图之外的断面图称为移出断面图，简称移出断面。移出断面的轮廓线用粗实线绘制，如图6-32所示。

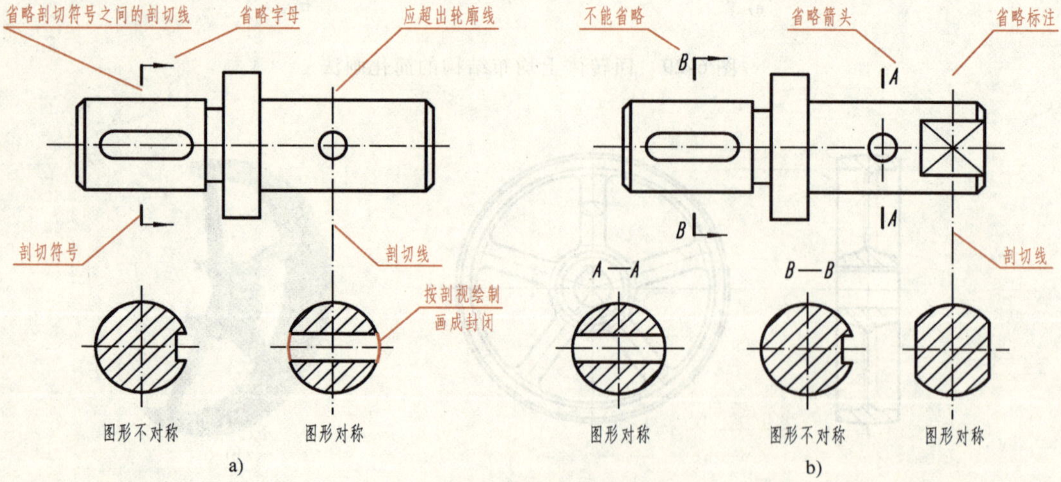

图6-32　移出断面的配置及标注

1. 画移出断面图的注意事项

（1）移出断面应尽量配置在剖切符号或剖切线的延长线上，如图 6-32a 所示；移出断面也可配置在其他适当位置，如图 6-32b 中的“*A*—*A*”、“*B*—*B*”断面。

（2）当剖切平面通过回转面形成的孔（或凹坑）的轴线时，这些结构按剖视图绘制，如图 6-33 所示。

（3）当剖切平面通过非圆孔，会导致出现完全分离的两个断面时，则这些结构按剖视图绘制，如图 6-34 所示。

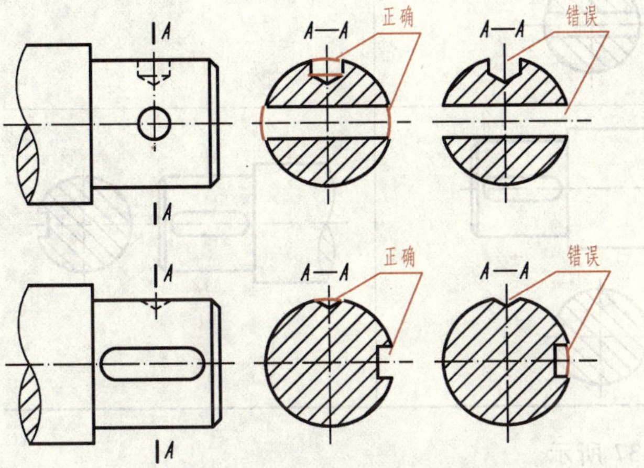

图 6-33　带有孔或凹坑的断面图

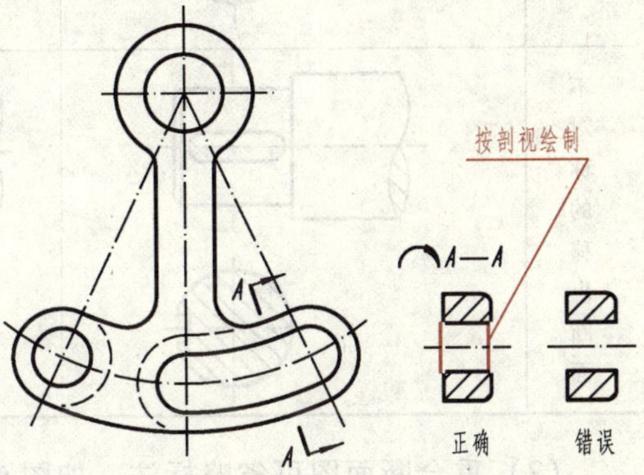

图 6-34　按剖视图绘制的移出断面图

（4）断面图的图形对称时，可画在视图的中断处，如图 6-35 所示。当移出断面图是由两个或多个相交的剖切平面剖切而形成时，断面图的中间应断开，如图 6-36 所示。

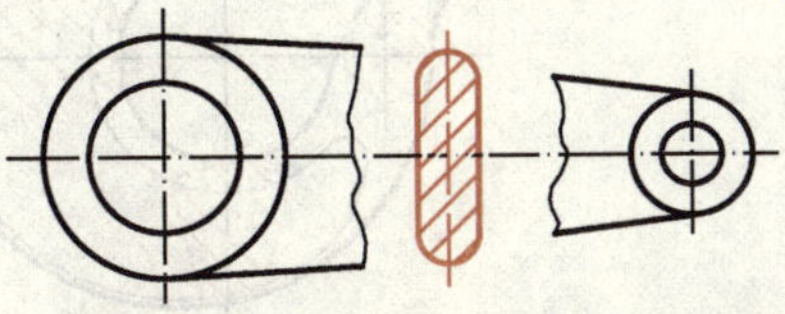

图 6-35　画在视图中断处的移出断面图

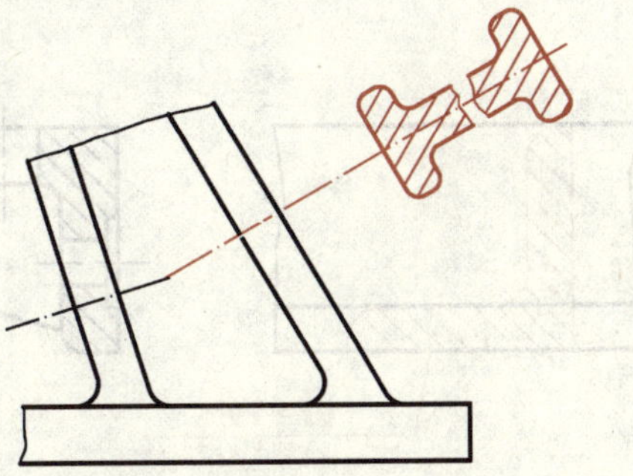

图 6-36　断开的移出断面图

2. 移出断面图的标注

移出断面的标注形式及内容与剖视图相同。标注可根据具体情况简化或省略，见表 6-3。

二、重合断面图（GB/T 17452—1998、GB/T 4458. 6—2002）

画在视图之内的断面图称为重合断面图，简称重合断面。重合断面图的轮廓线用细实线绘制，如图 6-37 所示。画重合断面图应注意以下两点：

（1）重合断面图与视图中的轮廓线重叠时，视图的轮廓线应连续画出，不可间断，如图 6-37a 所示。

表 6-3 移出断面的标注

断面类型	剖切平面的位置		
	配置在剖切线或剖切符号延长线上	不在剖切符号的延长线上	按投影关系配置
对称的移出断面	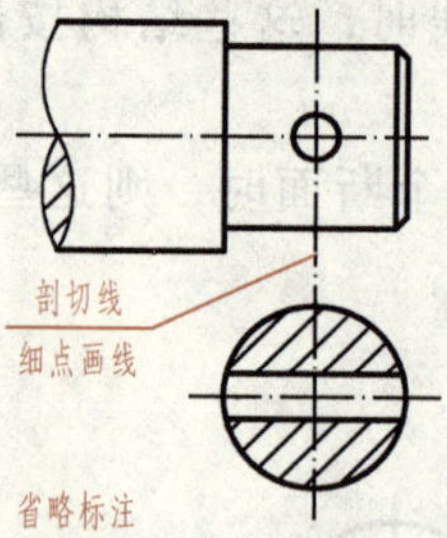 剖切线 细点画线 省略标注	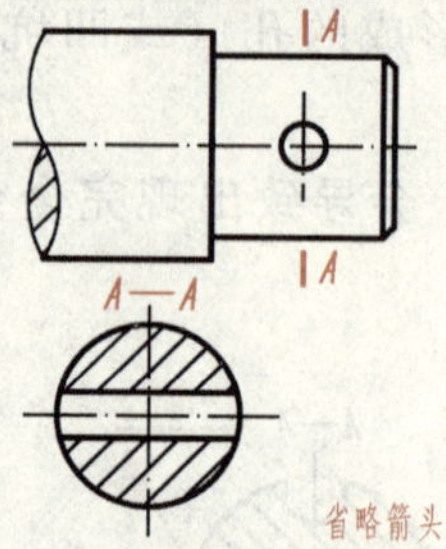 A A—A A 省略箭头	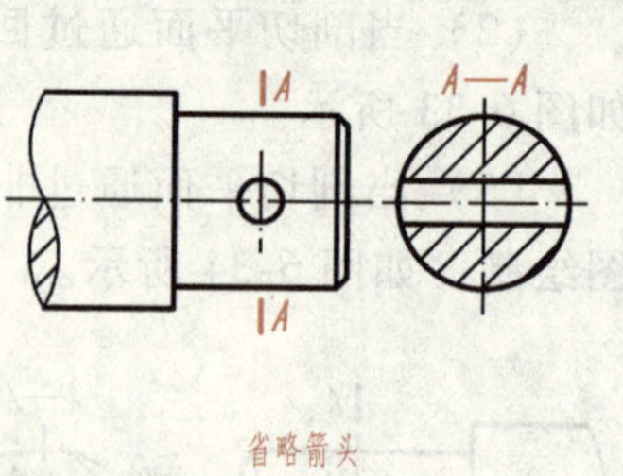 A A—A A 省略箭头
不对称的移出断面	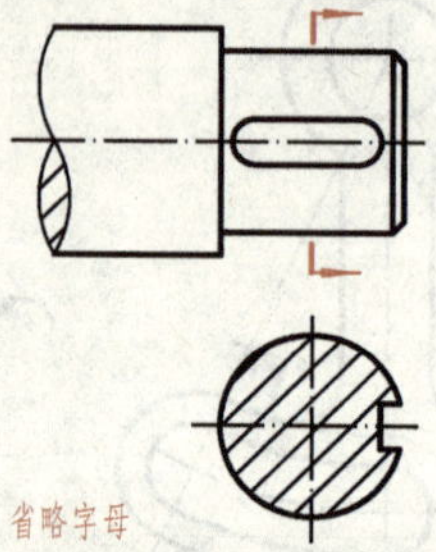 省略字母	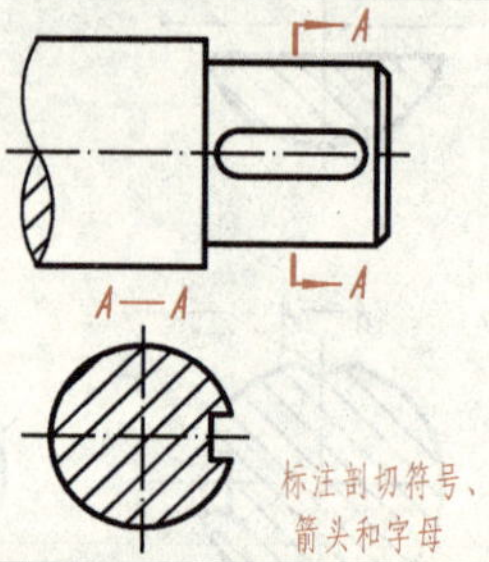 A A—A A 标注剖切符号、箭头和字母	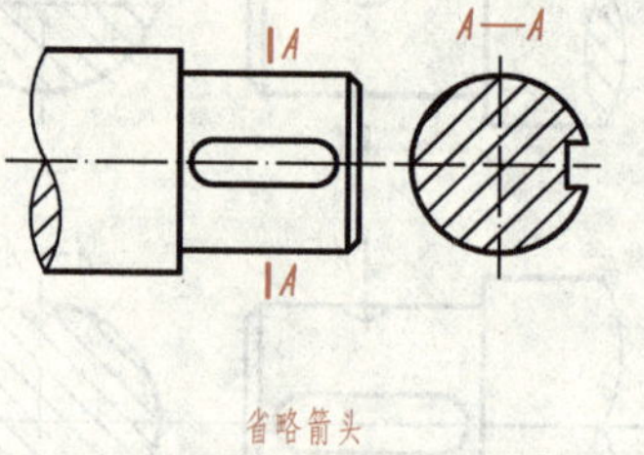 A A—A A 省略箭头

（2）重合断面图可省略标注，如图 6-37 所示。

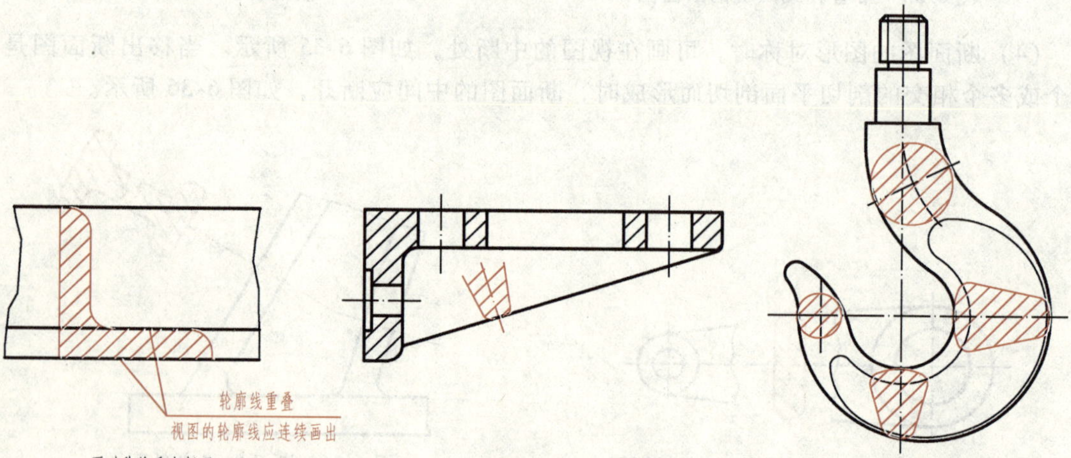

图 6-37 重合断面图

第四节 局部放大图和简化画法

一、局部放大图（GB/T 4458.1—2002）

当物体上的细小结构在视图中表达不清楚或不便于标注尺寸时，可采用局部放大图。将图样中所表示的物体的部分结构，用大于原图形的比例所绘出的图形，称为局部放大图，如图 6-38 所示。

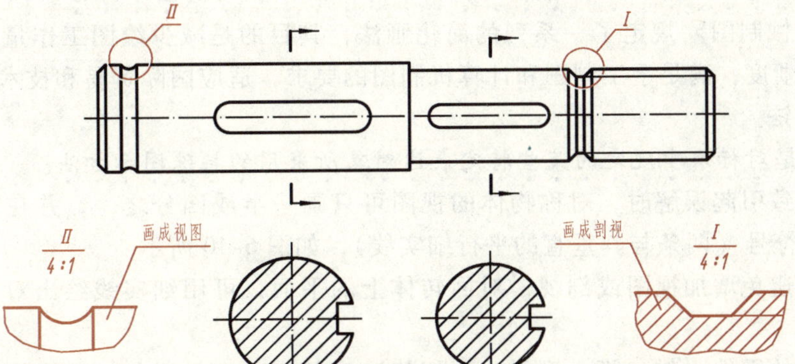

图 6-38　局部放大图（一）

局部放大图的比例指该图形中物体要素的线性尺寸与实际物体相应要素的线性尺寸之比，与原图形所采用的比例无关。

局部放大图可以画成视图、剖视和断面，与被放大部分的原表达方式无关。

画局部放大图应注意以下几点：

（1）局部放大图应尽量配置在被放大部位附近，用细实线圈出被放大的部位。当同一物体上有几处被放大的部位时，必须用罗马数字依次标明被放大的部位，并在局部放大图的上方标注相应的罗马数字和所采用的比例，如图 6-38 所示。

（2）当物体上只有一处被放大时，在局部放大图的上方只需注明所采用的比例，如图 6-39a 所示。

（3）同一物体上不同部位的局部放大图，其图形相同或对称时，只需画出一个，如图 6-39b 所示。

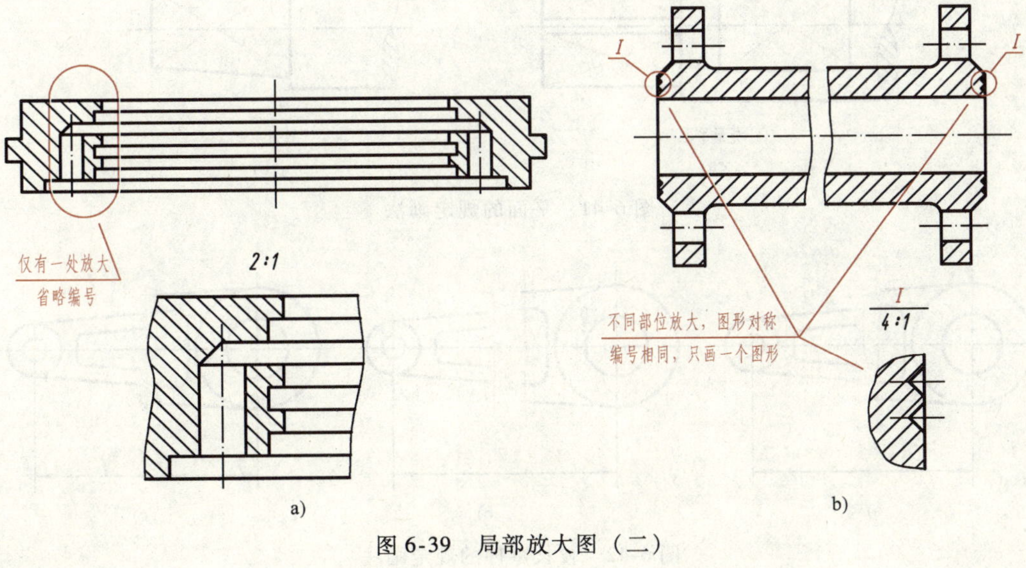

图 6-39　局部放大图（二）

二、简化画法（GB/T 16675.1—2012、GB/T 4458.1—2002）

简化画法是包括规定画法、省略画法、示意画法等在内的图示方法。国家标准《技术制图》和《机械制图》规定了一系列的简化画法，其目的是减少绘图工作量，提高设计效率及图样的清晰度，满足手工制图和计算机制图的要求，适应国际贸易和技术交流的需要。

1. 规定画法

规定画法是对标准中规定的某些特定表达对象所采用的特殊图示方法。

（1）在不致引起误解时，对称物体的视图可只画一半或四分之一，并在对称中心线的两端画出对称符号（两条与其垂直的平行细实线），如图6-40所示。

（2）为了避免增加视图或剖视，对回转体上的平面，可用细实线绘出对角线表示，如图6-41所示。

（3）较长的零件（轴、杆、型材、连杆等）沿长度方向的形状一致或按一定规律变化时，可断开后（缩短）绘制，其断裂边界可用波浪线绘制，也可用双折线或细双点画线绘制，如图6-42所示。但在标注尺寸时，要标注零件的实长。

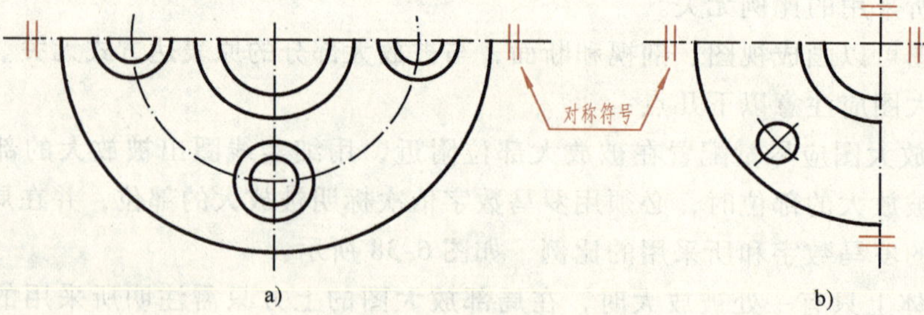

图6-40 对称物体的规定画法

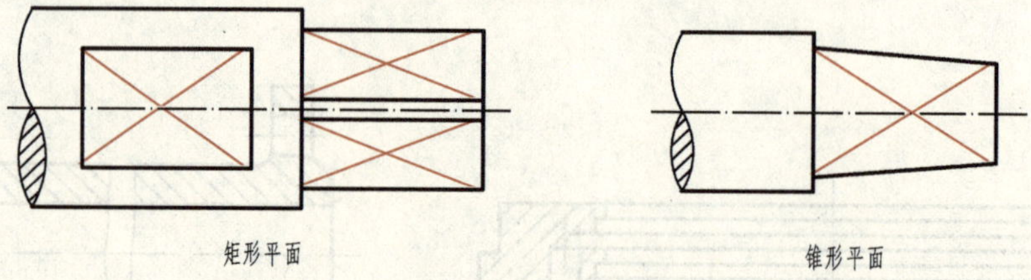

图6-41 平面的规定画法

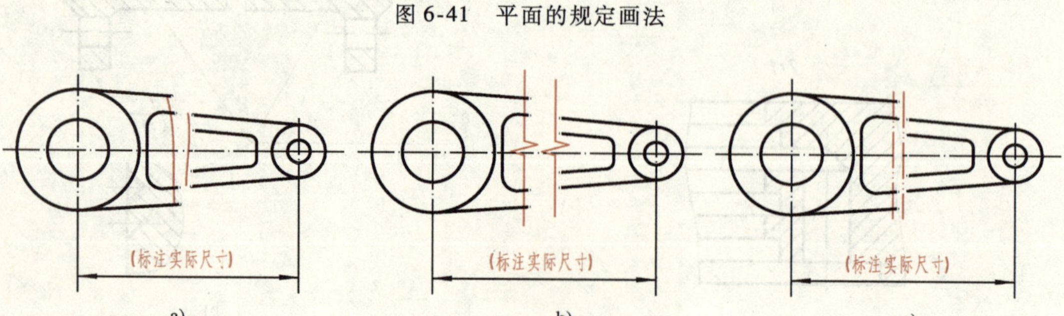

图6-42 较长零件的规定画法

（4）在需要表示位于剖切平面前的结构时，这些结构可假想地用细双点画线绘制，如图 6-43 所示。

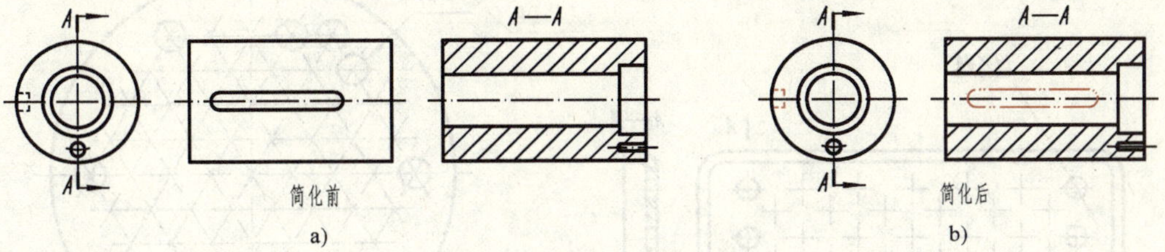

图 6-43 局部视图的规定画法

2. 省略画法

省略画法是通过省略重复投影、重复要素、重复图形等达到使图样简化的图示方法。

（1）在不致引起误解时，图形中的过渡线、相贯线可以简化，可用圆弧或直线代替非圆曲线，如图 6-44a 所示；也可以采用模糊画法表示相贯线，如图 6-44b 所示。

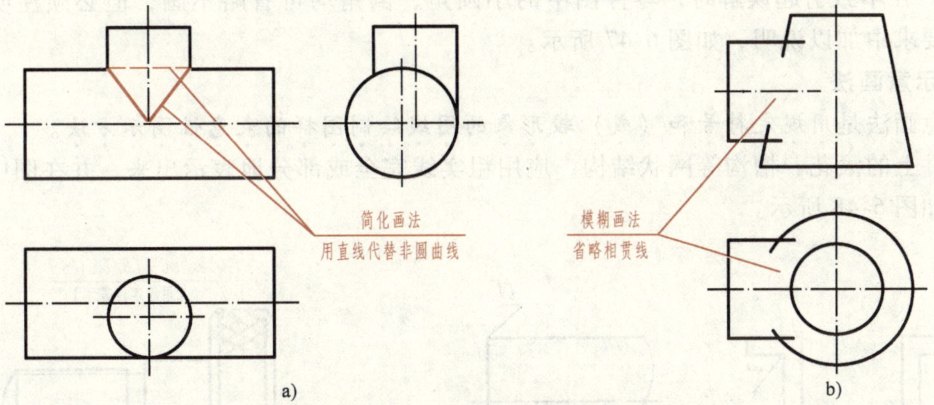

图 6-44 相贯线的省略画法

（2）零件中成规律分布的重复结构，允许只绘制出其中一个或几个完整的结构，但需反映其分布情况，并在零件图中注明重复结构的数量和类型。对称的重复结构，用细点画线表示各对称结构要素的位置，如图 6-45a 所示。不对称的重复结构，则用相连的细实线代替，如图 6-45b 所示。

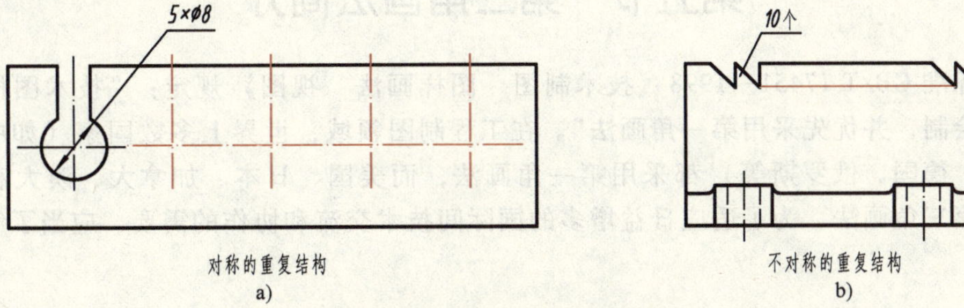

图 6-45 重复结构的省略画法

（3）若干直径相同且成规律分布的孔（圆孔、螺孔、沉孔等），可以仅画一个或少量几个，其余只需用细点画线表示其中心位置，但在零件图中要注明孔的总数，如图 6-46 所示。

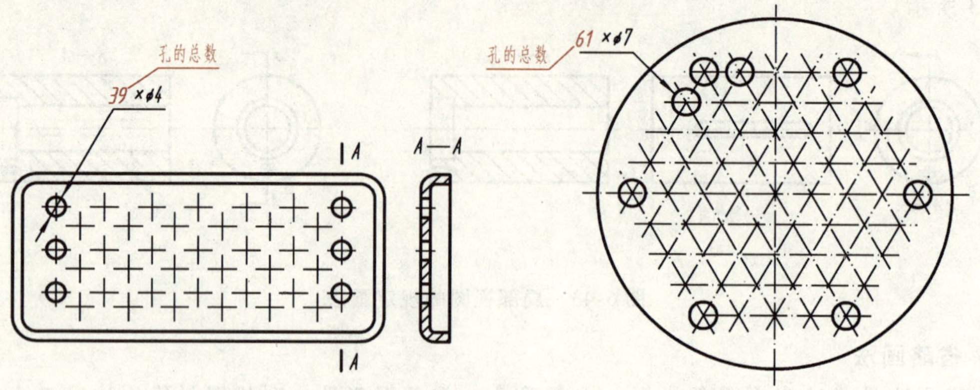

a)　　　　b)

图 6-46　成规律分布的孔的省略画法

（4）在不致引起误解时，零件图中的小圆角、倒角均可省略不画，但必须注明尺寸或在技术要求中加以说明，如图 6-47 所示。

3. 示意画法

示意画法是用规定符号和（或）较形象的图线绘制图样的表意性图示方法。

零件上的滚花、槽沟等网状结构，应用粗实线完全或部分地表示出来，并在图中按规定标注，如图 6-48 所示。

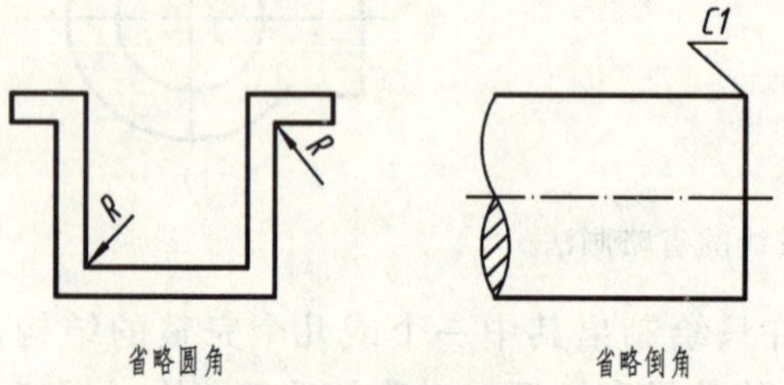

图 6-47　圆角与倒角的省略画法

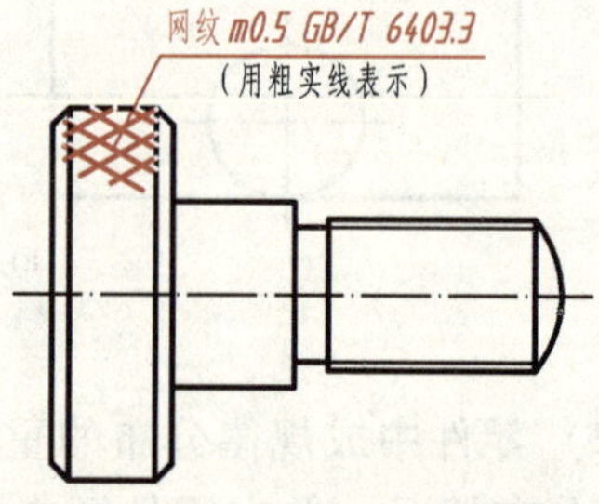

图 6-48　滚花的示意画法

第五节　第三角画法简介

国家标准 GB/T 17451—1998《技术制图　图样画法　视图》规定：“技术图样应采用正投影法绘制，并优先采用第一角画法”。在工程制图领域，世界上多数国家（如中国、英国、法国、德国、俄罗斯等）都采用第一角画法，而美国、日本、加拿大、澳大利亚等国家则采用第三角画法。为了适应日益增多的国际间技术交流和协作的需要，应当了解第三角画法。

一、第三角画法与第一角画法的异同点

如图 6-49 所示，用水平和铅垂的两投影面，将空间分成四个区域，每个区域为一个分

角，分别称为第一分角、第二分角、第三分角……

1. 获得投影的方式不同

第一角画法是将物体放在第一分角内，使物体处于观察者与投影面之间进行投射（即保持人→物体→投影面的位置关系），从而得到多面正投影的方法，如图 6-50a 所示。

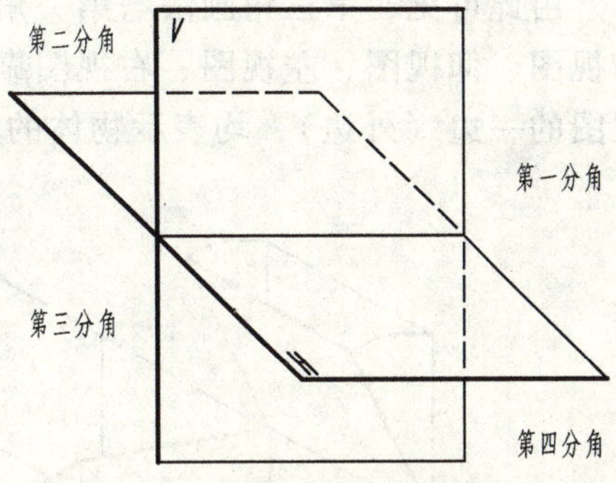

图 6-49　四个分角

第三角画法是将物体放在第三分角内，使投影面处于观察者与物体之间进行投射（假设投影面是透明的，并保持人→投影面→物体的位置关系），从而得到多面正投影的方法，如图 6-50b 所示。与第一角画法类似，采用第三角画法获得的三视图符合多面正投影的投影规律，即主、俯视图长对正；主、右视图高平齐；俯、右视图宽相等。

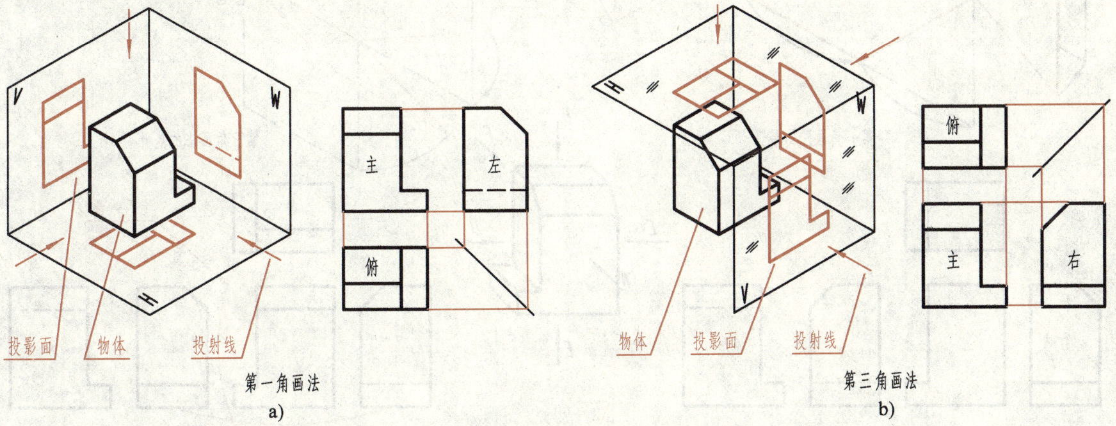

图 6-50　第一角画法与第三角画法获得投影的方式

2. 视图的配置关系不同

第一角画法与第三角画法都是将物体放在六面投影体系当中，向六个基本投影面进行投射，得到六个基本视图，其视图名称相同。由于六个基本投影面展开方式不同，其基本视图的配置关系不同，如图 6-51 所示。

第一角画法与第三角画法各个视图与主视图的配置关系对比如下：

第一角画法	第三角画法
俯视图在主视图的下方；	俯视图在主视图的上方
左视图在主视图的右方；	左视图在主视图的左方
右视图在主视图的左方；	右视图在主视图的右方
仰视图在主视图的上方；	仰视图在主视图的下方
后视图在左视图的右方；	后视图在右视图的右方

从上述对比中可以清楚地看到：

第三角画法的主、后视图，与第一角画法的主、后视图一致（没有变化）。

第三角画法的俯视图和仰视图，与第一角画法的俯视图和仰视图的位置上下对调。

第三角画法的左视图和右视图，与第一角画法的左视图和右视图的位置左右颠倒。

由此可见，第三角画法与第一角画法的主要区别是视图的配置关系不同。第三角画法的俯视图、仰视图、左视图、右视图靠近主视图的一边（里边），均表示物体的前面；远离主视图的一边（外边），均表示物体的后面，与第一角画法的“外前、里后”正好相反。

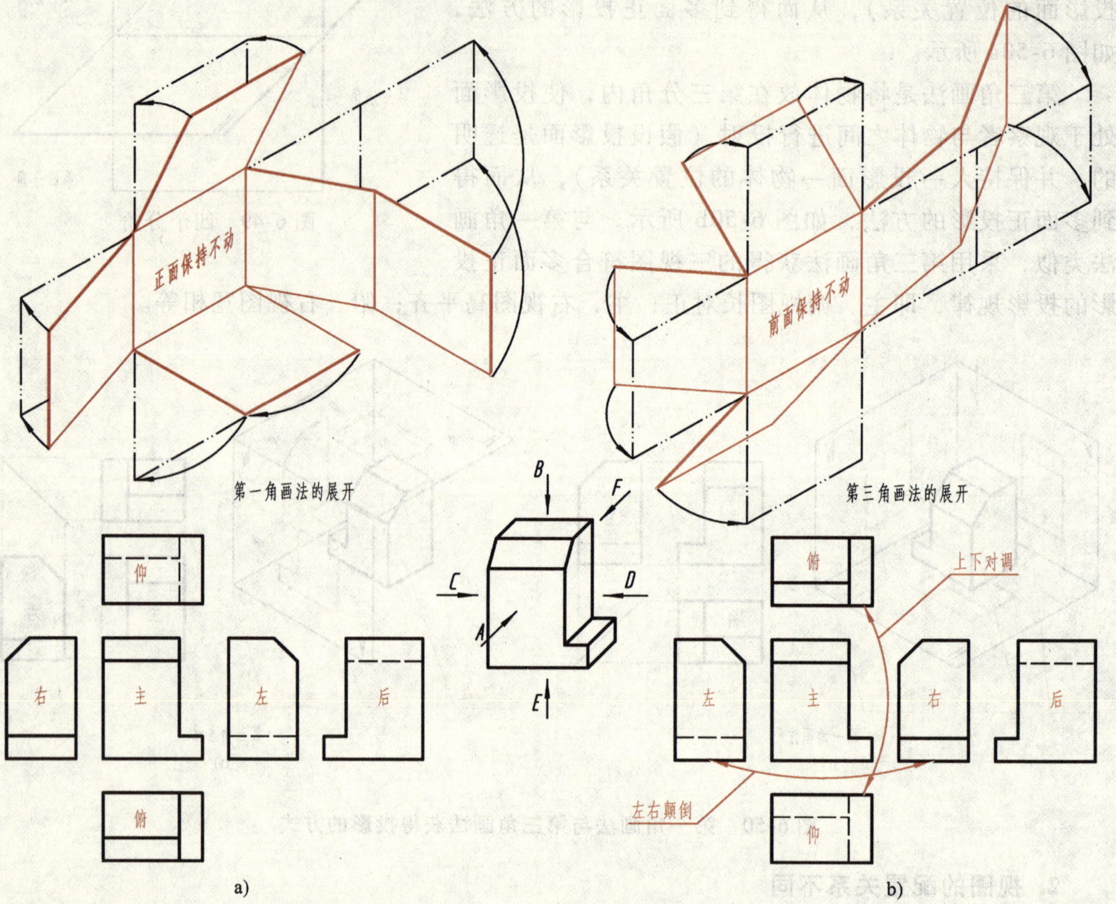

图 6-51　第一角画法与第三角画法配置关系的对比

二、第三角画法与第一角画法的投影识别符号

为了识别第三角画法与第一角画法，国家标准规定了相应的投影识别符号，如图 6-52 所示。该符号标在标题栏中“其他区”的最下方。

采用第一角画法时，在图样中一般不必画出第一角画法的识别符号。采用第三角画法时，必须在图样中画出第三角画法的投影识别符号。

图 6-52　第三角画法与第一角画法的投影识别符号

三、第三角画法的特点

第三角画法与第一角画法之间并没有根本的差别，只是各个国家应用的习惯不同而已。第一角画法的特点和应用读者都比较熟悉，下面仅对第三角画法的特点进行简要介绍。

1. 近侧配置，识读方便

第一角画法的投射顺序是：人→物→图，这符合人们对影子生成原理的认识，易于初学者直观理解和掌握基本视图的投影规律。

第三角画法的顺序是：人→图→物，也就是说人们先看到投影图，后看到物体。具体到六个基本视图中，除后视图外，其他所有视图可配置在相邻视图的近侧，这样识读起来比较方便。这是第三角画法的一个特点，特别是在读轴向较长的轴类零件图时，这个特点会更加突出。图 6-53a 所示是第一角画法，因左视图配置在主视图的右边，右视图配置在主视图的左边，在绘制和读图时，需横跨主视图左顾右盼，不甚方便。

图 6-53b 所示是第三角画法，其左视图是从主视图左端看到的形状，配置在主视图的左端，其右视图是从主视图右端看到的形状，配置在主视图的右端，这种近侧配置的特点，给绘图和识读带来了很大方便，可以避免和减少绘图和读图的错误。

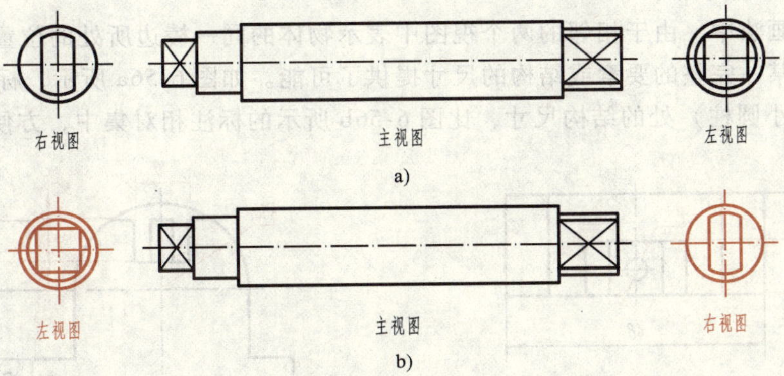

图 6-53 第三角画法的特点（一）

2. 易于想象空间形状

由物体的二维视图想象出物体的三维空间形状，对初学者来讲往往比较困难。第三角画法的配置特点易于帮助人们想象物体的空间形状。如图 6-54a 所示，只要想象将其俯视图和左视图向主视图靠拢，并以各自的边棱为轴反转，即可容易地想象出该物体的三维空间形状。

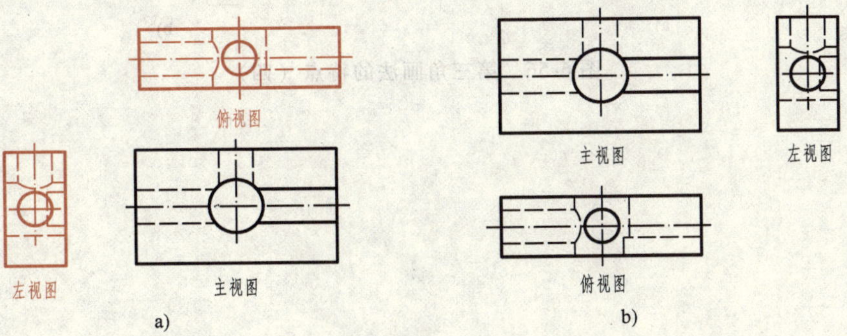

图 6-54 第三角画法的特点（二）

3. 利于表达物体的细节

在第三角画法中，利用近侧配置的特点，可方便简明地采用各种辅助视图（如局部视图、斜视图等）表达物体的一些细节，如图6-55a所示，只要将辅助视图配置在适当的位置上，一般不需要加注表示投射方向的箭头。

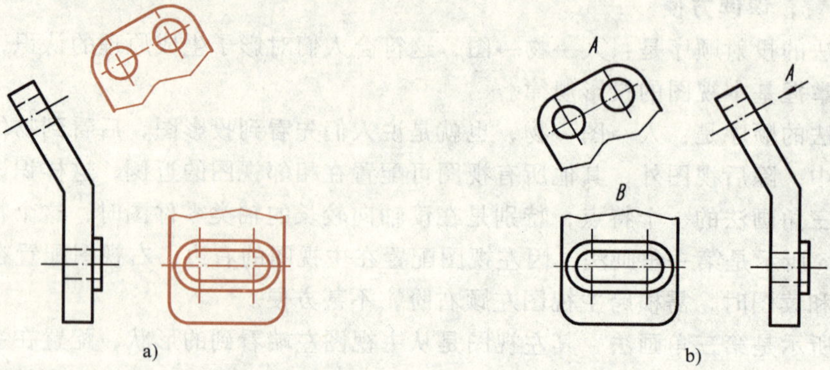

图6-55 第三角画法的特点（三）

4. 尺寸标注相对集中

在第三角画法中，由于相邻的两个视图中表示物体的同一棱边所处的位置比较近，给集中标注机件上某一完整的要素或结构的尺寸提供了可能。如图6-56a所示，标注物体上半圆柱开槽（并有小圆柱）处的结构尺寸，比图6-56b所示的标注相对集中，方便读图和绘图。

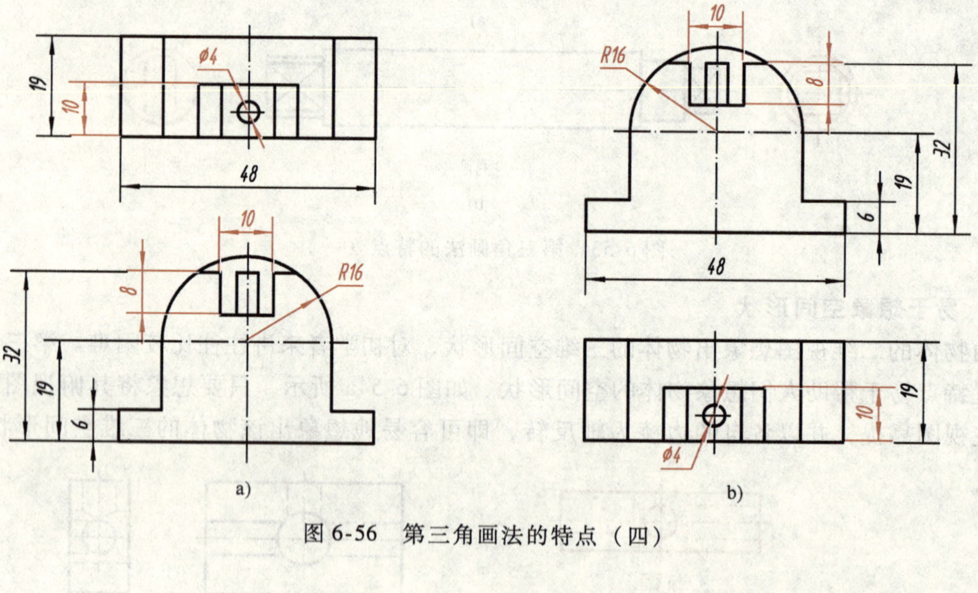

图6-56 第三角画法的特点（四）

第七章

螺纹、齿轮及常用的标准件

7

教学提示

(1) 熟练掌握螺纹的规定画法、代号和标注方法。

(2) 掌握螺纹紧固件（螺栓、双头螺柱、螺钉、螺母、垫圈）的简化画法、标记和联接画法，并能根据螺纹紧固件的标记查阅其相关标准。

(3) 掌握直齿圆柱齿轮及其啮合的规定画法，了解锥齿轮及蜗杆、蜗轮的规定画法。

(4) 了解普通平键联结、花键联结、销联接、滚动轴承、圆柱螺旋弹簧的规定画法、简化画法和标记。

第一节 螺 纹

螺纹是零件上常见的一种结构。螺纹是在圆柱或圆锥表面上，沿着螺旋线所形成的具有相同剖面的连续凸起（凸起是指螺纹两侧面间的实体部分，又称为牙）。

螺纹分外螺纹和内螺纹两种，成对使用。在圆柱或圆锥外表面上加工的螺纹，称为外螺纹；在圆柱或圆锥内表面上加工的螺纹，称为内螺纹。

工业上有许多种制造螺纹的方法，各种螺纹都是根据螺旋线原理加工而成的。图 7-1 所示为在车床上加工外、内螺纹的方法。工件作等速旋转，车刀沿轴线方向等速移动，刀尖即形成螺旋线运动。由于车刀切削刃形状不同，在工件表面切掉部分的截面形状也不同，因而得到各种不同的螺纹。

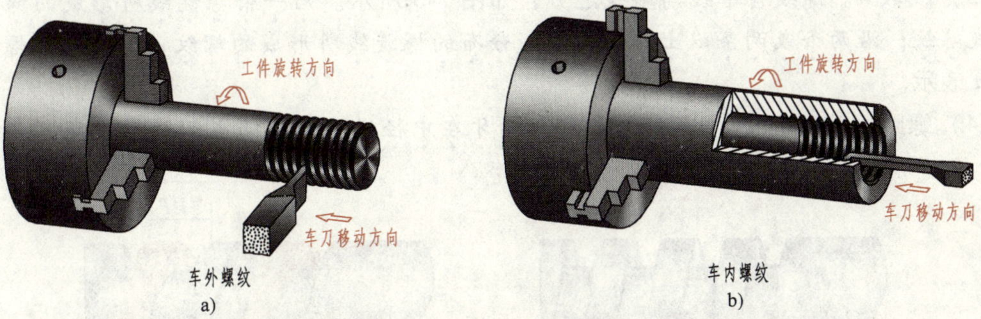

a) b)

图 7-1 在车床上车削螺纹

一、螺纹的种类和要素

1. 螺纹种类

我国的螺纹标准按照螺纹的用途，将螺纹分成四种类型。

（1）联接和紧固用螺纹。如粗牙普通螺纹、细牙普通螺纹。

（2）管螺纹。如密封管螺纹、非密封管螺纹。

（3）传动螺纹。如梯形螺纹、锯齿形螺纹。

（4）专用螺纹。如气瓶螺纹、灯泡螺纹、自行车螺纹等。

2. 螺纹要素

（1）牙型。在通过螺纹轴线的剖面上，螺纹的轮廓形状称为牙型，如图7-2所示。常见的牙型有三角形、梯形和锯齿形等。

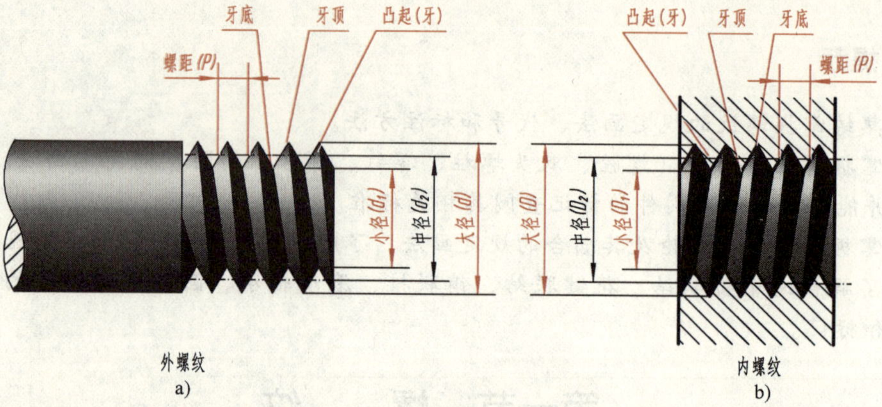

图7-2 螺纹的各部名称及代号

（2）直径。直径有大径（d、D）、中径（d_2、D_2）和小径（d_1、D_1）之分，如图7-2所示。其中，外螺纹大径（d）和内螺纹小径（D_1）亦称顶径。

大径 是指与外螺纹牙顶或内螺纹牙底相切的假想圆柱或圆锥的直径。

小径 是指与外螺纹牙底或内螺纹牙顶相切的假想圆柱或圆锥的直径。

中径 是指一个假想圆柱或圆锥的直径，该圆柱或圆锥的母线通过牙型上沟槽和凸起宽度相等的地方。

公称直径 普通螺纹大径的基本尺寸称为公称直径，是代表螺纹尺寸的直径。

（3）线数 n。螺纹有单线与多线之分，如图7-3所示。沿一条螺旋线所形成的螺纹，称为单线螺纹；沿两条或两条以上在轴向等距分布的螺旋线所形成的螺纹，称为多线螺纹。线数用 n 表示。

（4）螺距 P 和导程 Ph。螺距是指相邻两牙在中径线上对应两点间的轴向距离；导程是

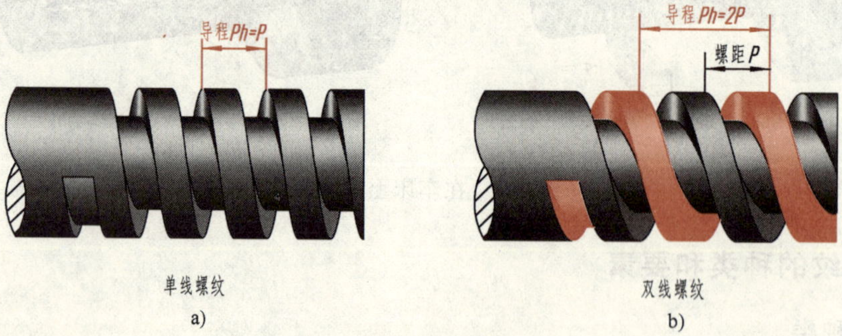

图7-3 螺距与导程

指同一条螺旋线上的相邻两牙在中径线上对应两点间的轴向距离。螺距和导程是两个不同的概念，如图 7-3 所示。

螺距、导程、线数之间的关系是：$P = Ph/n$。对于单线螺纹，则有 $P = Ph$。

（5）旋向。内、外螺纹旋合时的旋转方向称为旋向。螺纹的旋向有左、右之分。

右旋螺纹　顺时针旋转时旋入的螺纹称为右旋螺纹（俗称正扣）。

左旋螺纹　逆时针旋转时旋入的螺纹称为左旋螺纹（俗称反扣）。

旋向的判定　将外螺纹轴线垂直放置，螺纹的可见部分是右高左低者为右旋螺纹，左高右低者为左旋螺纹，如图 7-4 所示。

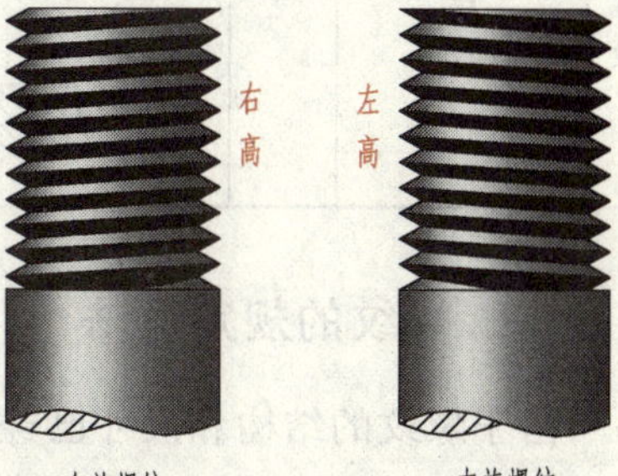

图 7-4　螺纹旋向的判定

对于螺纹来说，只有牙型、大径、螺距、线数和旋向等诸要素都相同，内、外螺纹才能旋合在一起。

螺纹三要素　在螺纹的诸要素中，牙型、大径和螺距是决定螺纹结构规格的最基本的要素，称为螺纹三要素。凡螺纹三要素符合国家标准的，称为标准螺纹；牙型不符合国家标准的，称为非标准螺纹。

表 7-1 中所列的均为标准螺纹。

表 7-1　常用标准螺纹的种类、标记和标注

螺纹类别			特征代号	牙　型	标注示例	说　明
联接和紧固用螺纹	粗牙普通螺纹		M	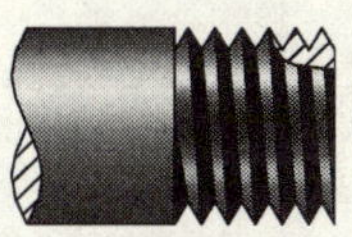	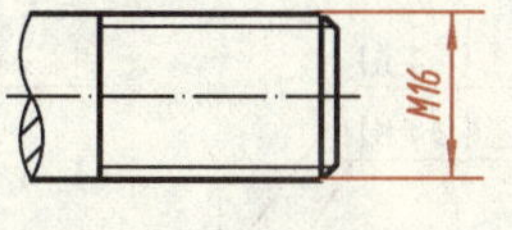	粗牙普通螺纹 公称直径 16mm；中径公差带和顶径公差带均为 6g（省略不标）；中等旋合长度；右旋
	细牙普通螺纹				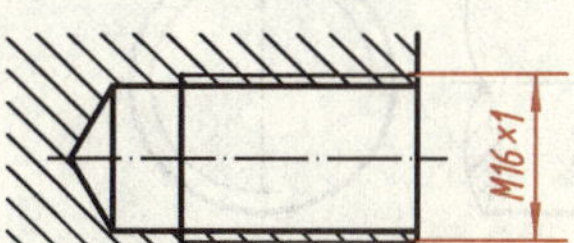	细牙普通螺纹 公称直径 16mm，螺距 1mm；中径公差带和顶径公差带均为 6H（省略不标）；中等旋合长度；右旋
55°管螺纹	55°非密封管螺纹		G	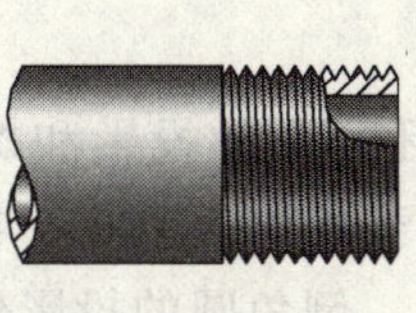	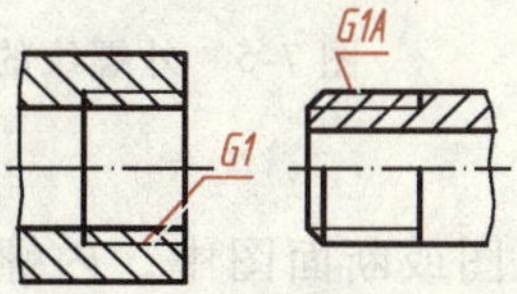	55°非密封管螺纹 G——螺纹特征代号 1——尺寸代号 A——外螺纹公差等级代号
	55°密封管螺纹	圆锥内螺纹	Rc		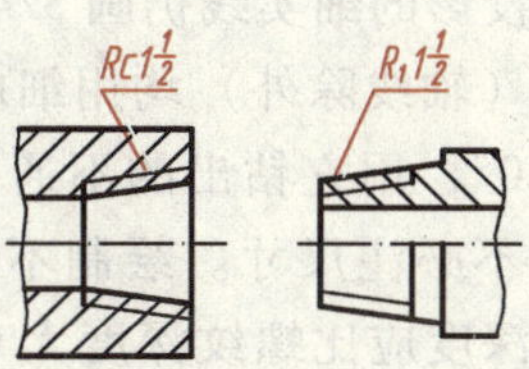	55°密封管螺纹 Rc——圆锥内螺纹 Rp——圆柱内螺纹 R_1——与圆柱内螺纹相配合的圆锥外螺纹 R_2——与圆锥内螺纹相配合的圆锥外螺纹 1½——尺寸代号
		圆柱内螺纹	Rp			
		圆锥外螺纹	R_1 R_2			

（续）

螺纹类别		特征代号	牙　型	标注示例	说　明
传动螺纹	梯形螺纹	Tr	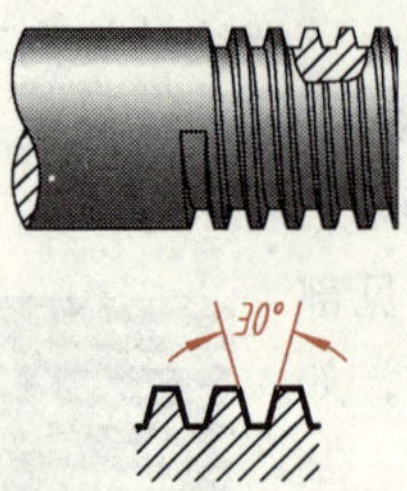	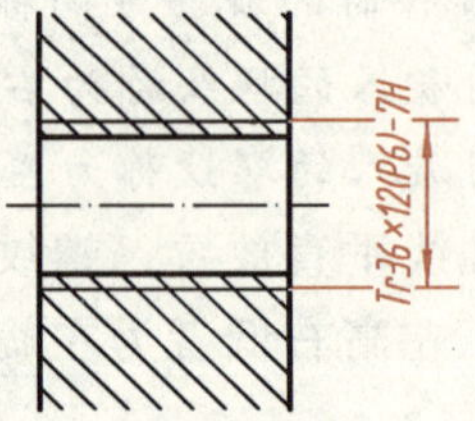	梯形螺纹 公称直径 36mm，双线螺纹，导程 12mm，螺距 6mm；中径公差带为 7H；中等旋合长度；右旋

二、螺纹的规定画法

由于螺纹的结构和尺寸已经标准化，为了提高绘图效率，对螺纹的结构与形状可不必按其真实投影画出，只需根据国家标准规定的画法和标记进行绘图和标注即可。

1. 外螺纹的规定画法

如图 7-5a 所示，外螺纹牙顶圆的投影用粗实线表示，牙底圆的投影用细实线表示（牙底圆的投影通常按牙顶圆投影的 0.85 倍绘制），在螺杆的倒角或倒圆部分也应画出；在垂直于螺纹轴线的投影面的视图中，表示牙底圆的细实线只画约 3/4 圈（空出约 1/4 圈的位置不作规定）。此时，螺杆或螺纹孔上倒角圆的投影省略不画。

螺纹长度终止线用粗实线表示。剖面线必须画到粗实线处，如图 7-5b 所示。

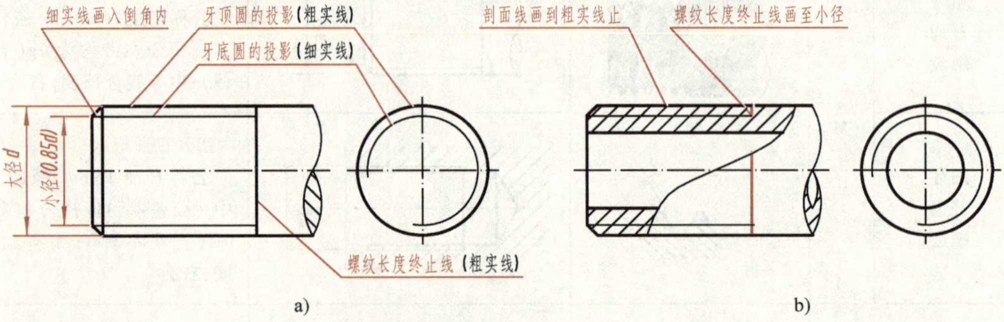

图 7-5　外螺纹的规定画法

2. 内螺纹的规定画法

如图 7-6a 所示，在剖视图或断面图中，内螺纹牙顶圆的投影和螺纹长度终止线用粗实线表示，牙底圆的投影用细实线表示，剖面线必须画到粗实线为止；在垂直于螺纹轴线的投影面的视图中，表示牙底圆投影的细实线仍画 3/4 圈，倒角圆的投影仍省略不画。

不可见螺纹的所有图线（轴线除外）均用细虚线绘制，如图 7-6b 所示。

由于钻头的顶角接近 120°，用它钻出的不通孔底部有个顶角接近 120°的圆锥面，在图中，其顶角要画成 120°，但不必注尺寸。绘制不穿通的螺纹孔时，一般应将钻孔深度与螺纹部分深度分别画出，钻孔深度应比螺纹深度大 0.5D（螺纹大径），如图 7-7a 所示。两级钻孔（阶梯孔）的过渡处也存在 120°的部分尖角，作图时要注意画出，如图 7-7b 所示。

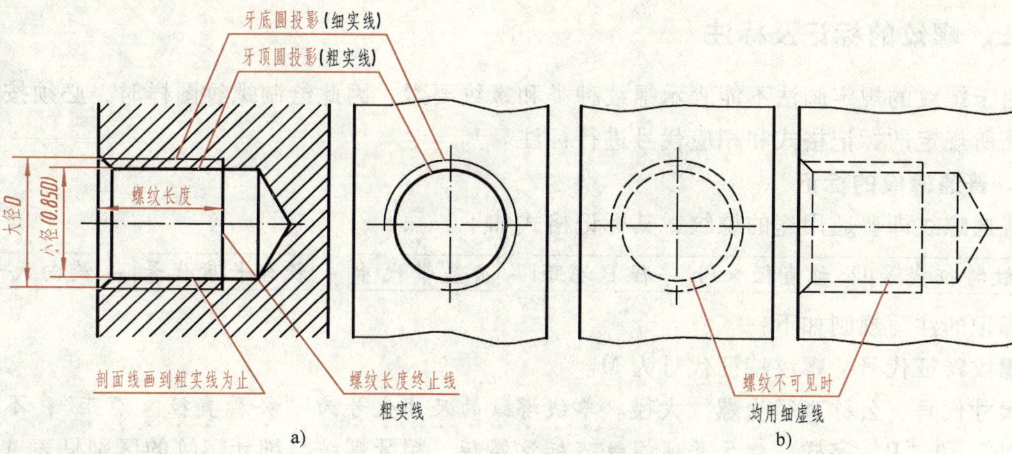

图 7-6　内螺纹的规定画法

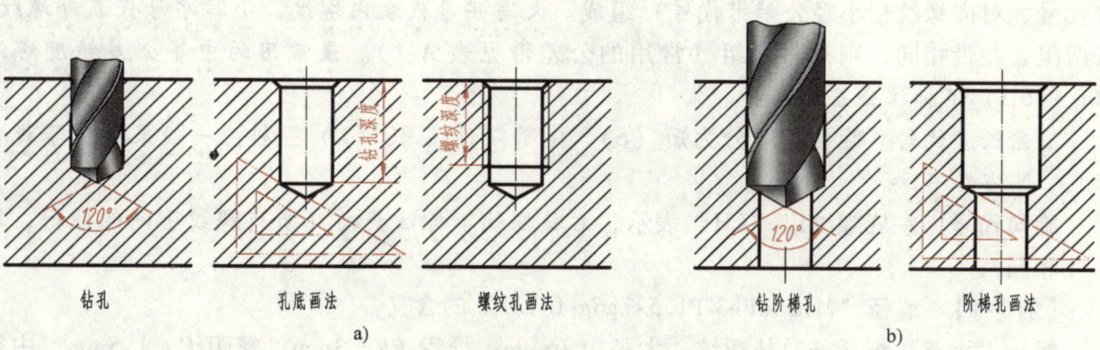

图 7-7　钻孔底部与阶梯孔的画法

3. 螺纹联接的规定画法

用剖视表示内、外螺纹的联接时，其旋合部分应按外螺纹的画法绘制，其余部分仍按各自的画法表示，如图 7-8a 所示。在端面视图中，若剖切平面通过旋合部分，按外螺纹绘制，如图 7-8b 所示。

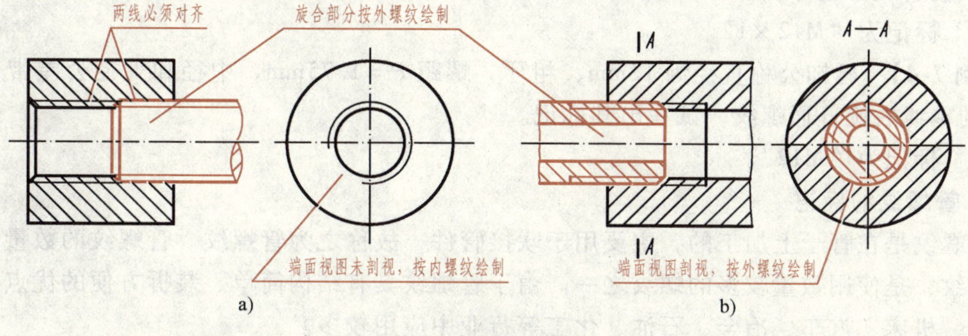

图 7-8　螺纹联接的规定画法

提示：画螺纹联接时，表示内、外螺纹牙顶圆投影的粗实线，与牙底圆投影的细实线应分别对齐。

三、螺纹的标记及标注

由于螺纹的规定画法不能表示螺纹种类和螺纹要素，因此绘制螺纹图样时，必须按照国家标准所规定的标记格式和相应代号进行标注。

1. 普通螺纹的标记

普通螺纹即普通用途的螺纹，其标记格式如下：

| 螺纹特征代号 | 公称直径×Ph 导程 P 螺距 | - | 公差带代号 | - | 旋合长度代号 | - | 旋向代号 |

标记的注写规则如下：

螺纹特征代号 螺纹特征代号为 M。

尺寸代号 公称直径为螺纹大径。单线螺纹的尺寸代号为“公称直径×螺距”，不必注写“Ph”和“P”字样。粗牙普通螺纹不标注螺距。粗牙螺纹与细牙螺纹的区别见表 A-1。

公差带代号 公差带代号由中径公差带代号和顶径公差带代号（对外螺纹指大径公差带代号、对内螺纹指小径公差带代号）组成。大写字母代表内螺纹，小写字母代表外螺纹。若两组公差带相同，则只写一组（常用的公差带见表 A-1）。最常用的中等公差精度螺纹（6g 和 6H）不标注公差带代号。

旋合长度代号 旋合长度分为短（S）、中等（N）、长（L）三种。一般采用中等旋合长度，N 省略不注。

旋向代号 左旋螺纹以“LH”表示，右旋螺纹不标注旋向（所有螺纹旋向的标记，均与此相同）。

【例 7-1】 解释“M16×Ph3 P1.5-7g6g-L-LH”的含义。

解 表示双线细牙普通外螺纹，大径为 16mm，导程 $Ph=3$mm，螺距 $P=1.5$mm，中径公差带代号为 7g，大径公差带代号为 6g，长旋合长度，左旋。

【例 7-2】 解释“M24-7G”的含义。

解 表示粗牙普通内螺纹，大径为 24mm，查表 A-1 确认螺距 $P=3$mm，中径和小径公差带代号均为 7G，中等旋合长度（省略），右旋（省略）。

【例 7-3】 已知公称直径为 12mm，细牙，螺距 $P=1$mm，中径和小径公差带代号均为 6H 的单线右旋普通螺纹，试写出其标记。

解 标记为“M12×1”。

【例 7-4】 已知公称直径为 12mm，粗牙，螺距 $P=1.75$mm，中径和大径公差带代号均为 6g 的单线右旋普通螺纹，试写出其标记。

解 标记为“M12”。

2. 管螺纹的标记

管螺纹是在管子上加工的，主要用于联接管件，故称之为管螺纹。管螺纹的数量仅次于普通螺纹，是使用数量较多的螺纹之一。由于管螺纹具有结构简单、装拆方便的优点，所以在造船、机床、汽车、冶金、石油、化工等行业中应用较多。

（1）55°密封管螺纹标记。55°密封管螺纹标记格式如下：

| 螺纹特征代号 | 尺寸代号 | 旋向代号 |

标记的注写规则如下：

螺纹特征代号　用 Rc 表示圆锥内螺纹，用 Rp 表示圆柱内螺纹，用 R_1 表示与圆柱内螺纹相配合的圆锥外螺纹，用 R_2 表示与圆锥内螺纹相配合的圆锥外螺纹。

尺寸代号　用½，¾，1，1½，…表示，详见表 A-2。

旋向代号　与普通螺纹的标记相同。

提示：管螺纹的尺寸代号并非公称直径，也不是管螺纹本身的真实尺寸，而是该螺纹所在管子的公称通径，它代表在某公称通径管子上加工的螺纹尺寸。管螺纹的大径、小径及螺距等具体尺寸，只有通过查阅相关的国家标准（表 A-2）才能知道。

【例 7-5】　解释“Rc½”的含义。

解　表示圆锥内螺纹，尺寸代号为½（查表 A-2，其大径为 20.955mm，螺距为 1.814mm），右旋（不注）。

【例 7-6】　解释“Rp 1½ LH”的含义。

解　表示圆柱内螺纹，尺寸代号为 1½（查表 A-2，其大径为 47.803mm，螺距为 2.309mm），左旋。

【例 7-7】　解释“R_2¾”的含义。

解　表示与圆锥内螺纹相配合的圆锥外螺纹，尺寸代号为¾（查表 A-2，其大径为 26.441mm，螺距为 1.814mm），右旋（不注）。

（2）55°非密封管螺纹标记。55°非密封管螺纹标记格式如下：

螺纹特征代号	尺寸代号	公差等级代号	-	旋向代号

标记的注写规则如下：

螺纹特征代号　用 G 表示。

尺寸代号　用½、¾、1、1½，…规定的分数和整数表示，详见表 A-2。

螺纹公差等级代号　对外螺纹分 A、B 两级标记；因为内螺纹公差带只有一种，所以不加标记。

旋向代号　与普通螺纹的标记相同。

【例 7-8】　解释“G 1½ A”的含义。

解　表示圆柱外螺纹，尺寸代号为 1½（查表 A-2，其大径为 47.803mm，螺距为 2.309mm），螺纹公差等级为 A 级，右旋（不注）。

【例 7-9】　解释“G ½”的含义。

解　表示圆柱内螺纹（未注螺纹公差等级），尺寸代号为½（查表 A-2，其大径为 20.955mm，螺距为 1.814mm），右旋（不注）。

【例 7-10】　解释“G ½ LH”的含义。

解　表示圆柱内螺纹（未注螺纹公差等级），尺寸代号为½（查表 A-2，其大径为 20.955mm，螺距为 1.814mm），左旋。

3. 螺纹的标注方法

公称直径以 mm 为单位的螺纹（如普通螺纹、梯形螺纹等），其标记应直接注在大径的尺寸线或其引出线上，如图 7-9a、b、c 所示；管螺纹的标记一律注在引出线上，引出线应由大径处或对称中心处引出，如图 7-9d、e 所示。

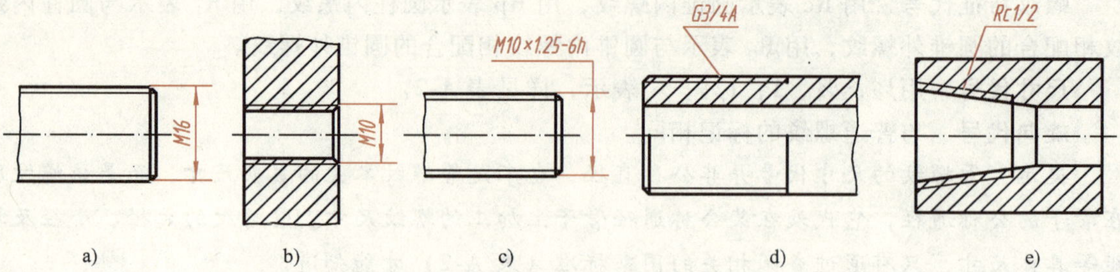

图 7-9　螺纹的标注方法

第二节　螺纹紧固件

在机器中，零件之间的联接方式可分为可拆卸联接和不可拆卸联接两大类。可拆卸联接包括螺纹联接、键联结和销联接等；不可拆卸联接包括铆接和焊接等。在机械工程中，可拆卸联接应用较多，它通常是利用联接件将其他零件联接起来。常用的联接件有螺栓、双头螺柱、螺钉、螺母、垫圈、键、销等。这些零件由于应用非常广泛，它们的结构和尺寸已经标准化，即所谓标准件。标准件的结构和尺寸可按其规定标记从相关标准中查得。

一、螺纹紧固件的标记

螺纹紧固件包括螺栓、螺柱、螺钉、螺母、垫圈等，这些零件都是标准件。国家标准对它们的结构、形式和尺寸都作了规定，并制定了不同的标记方法。因此，只要知道其规定标记，就可以从相关标准中查出它们的结构、形式及全部尺寸。

常用螺纹紧固件的简化标记及示例见表 7-2（表图中的红色尺寸为规格尺寸）。

表 7-2　常用螺纹紧固件的标记

名称	轴　测　图	画法及规格尺寸	标记示例及说明
六角头螺栓	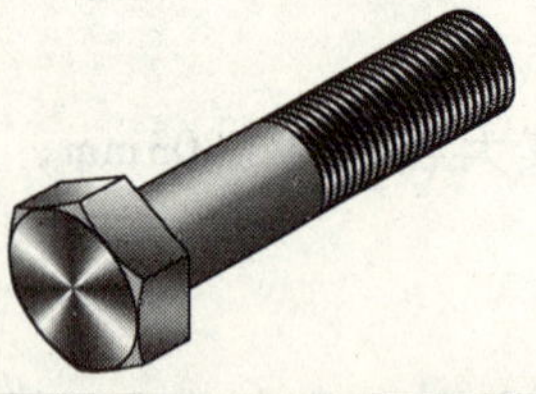		螺栓　GB/T 5780—2000　M16×100 螺纹规格 d = 16mm、公称长度 l = 100mm、性能等级为 4.8 级、表面氧化、杆身半螺纹、产品等级为 A 级的六角头螺栓
双头螺柱			螺柱　GB/T 899—1988　M12×50 螺柱两端均为粗牙普通螺纹、螺纹规格 d = 12mm、l = 50mm、性能等级为 4.8 级、不经表面处理、B 型（B 省略不标）、b_m = 1.5d 的双头螺柱
螺钉	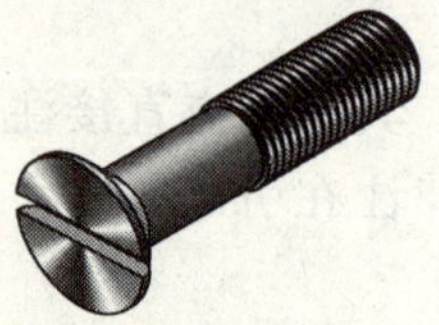		螺钉　GB/T 68—2000　M8×40 螺纹规格 d = 8mm、公称长度 l = 40mm、性能等级为 4.8 级、不经表面处理的开槽沉头螺钉

（续）

名称	轴 测 图	画法及规格尺寸	标记示例及说明
六角螺母		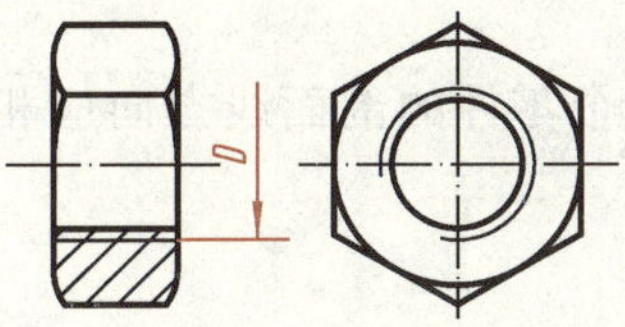	螺母 GB/T 41—2000 M16 螺纹规格 D = 16mm、性能等级为 5 级、不经表面处理、产品等级为 C 级的六角螺母
垫圈		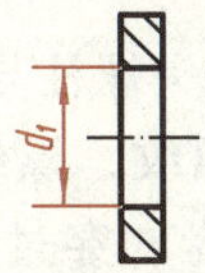	垫圈 GB/T 97.1—2002 16 标准系列、公称规格 d_1 = 16mm、硬度等级为 200HV 级、不经表面处理、产品等级为 A 级的平垫圈

二、螺栓联接

螺栓联接是将螺栓的杆身穿过两个被联接零件上的通孔，套上垫圈，再用螺母拧紧，使两个零件联接在一起的一种联接方式，如图 7-10 所示。

为提高画图速度，联接件的各个尺寸可不按相应的标准数值画出，而是采用近似画法。采用近似画法时，除螺栓长度按 $l_{计} \approx t_1 + t_2 + 1.35d$ 计算后再查表 B-1 取标准值外，其他各部分尺寸均取与螺栓大径成一定的比例来绘制。螺栓、螺母、垫圈的各部尺寸比例关系如图 7-11 所示。

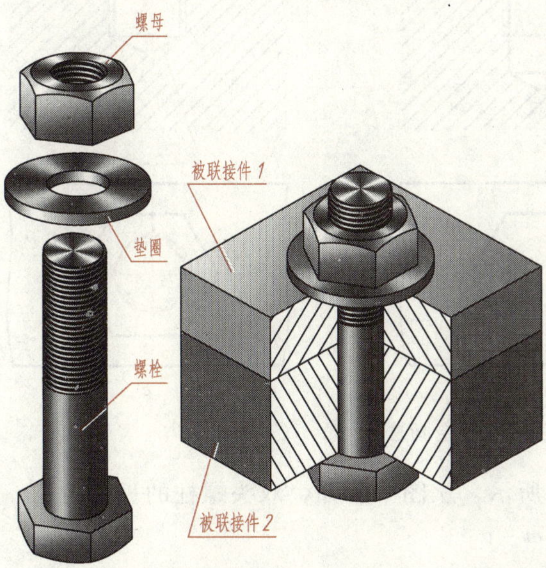

图 7-10 螺栓联接

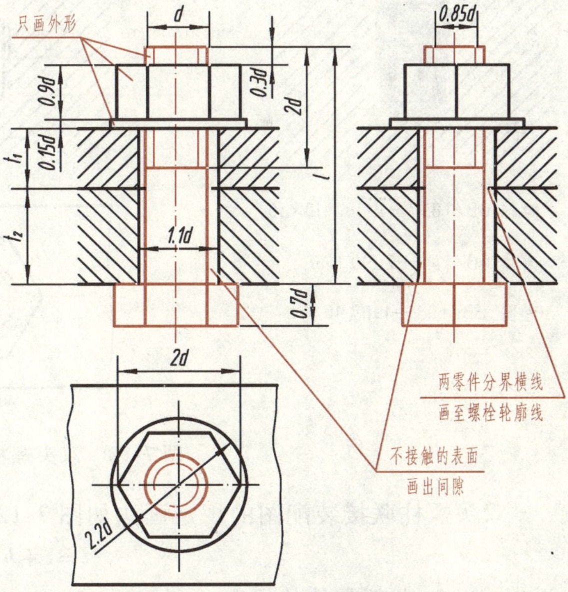

图 7-11 螺栓联接的近似画法

画图时必须遵守下列基本规定（图 7-11）：

（1）在装配图中，当剖切平面通过螺栓、螺柱、螺钉、螺母及垫圈等标准件的轴线时，应按未剖切绘制，即只画外形。

（2）螺纹紧固件应采用简化画法，六角头螺栓和六角螺母的头部曲线可省略不画。螺纹紧固件上的工艺结构，如倒角、退刀槽、缩颈、凸肩等均省略不画。

（3）两个零件接触面处只画一条粗实线，不得加粗。凡不接触的表面，不论间隙多小，均应在图上画出间隙。

（4）在剖视中，相互接触的两个零件的剖面线方向应相反。而同一个零件在各剖视中，剖面线的倾斜方向和间隔应相同。

三、双头螺柱联接

如图7-12a所示，双头螺柱联接是用双头螺柱与螺母、垫圈配合使用，把上、下两个零件联接在一起的。双头螺柱的两端都制有螺纹，螺纹较短的一端（旋入端）旋入下部较厚零件的螺纹孔。螺纹较长的另一端（紧固端）穿过上部零件的通孔后，套上垫圈，再用螺母拧紧。双头螺柱联接经常用在被联接零件中有一个由于太厚而不宜钻成通孔的场合。

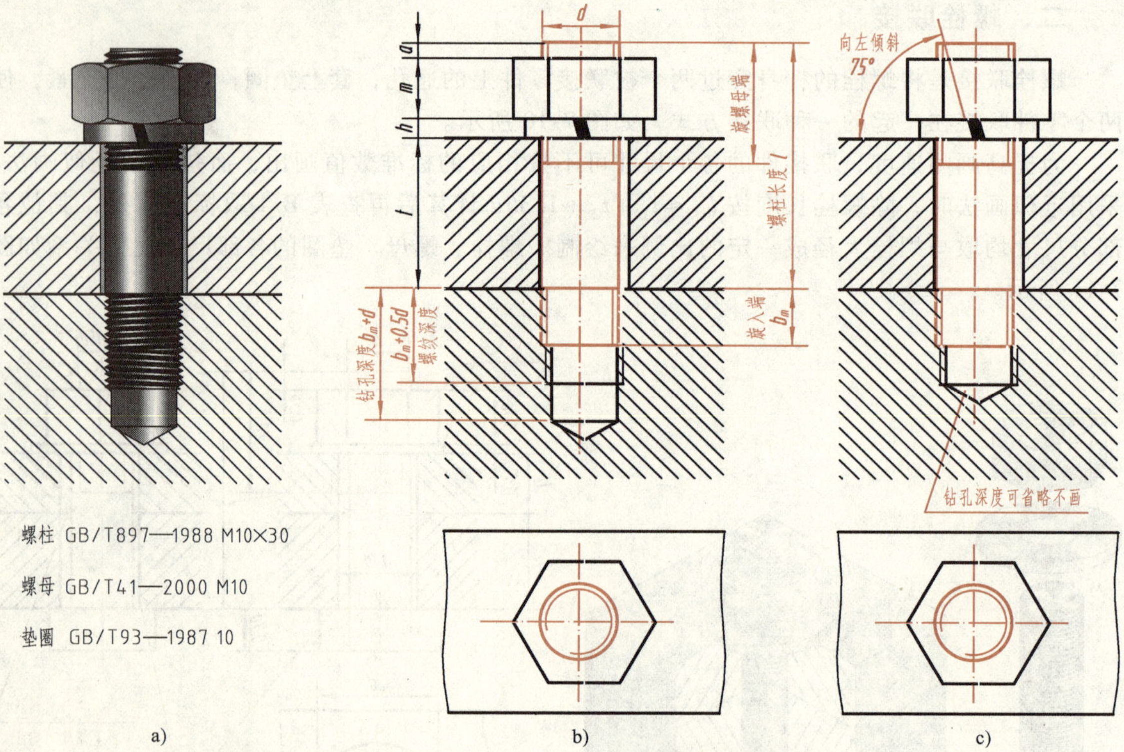

图7-12 双头螺柱联接的规定画法

双头螺柱联接装配图的规定画法如图7-12b所示。从图中可知，双头螺柱的长度为

$$l = t + h + m + a$$

式中 t——上部零件的厚度（mm）；

h——垫圈厚度（mm）；

m——螺母厚度（mm）；

a——螺柱伸出螺母的长度（mm），约为 $(0.2 \sim 0.3)d$。

计算出 l 后，还需从标准长度系列（表B-2）中选取与其相近的标准值。

绘制双头螺柱联接装配图时应注意以下几点：

（1）双头螺柱的旋入端长度 b_m 与被旋入零件的材料有关。国家标准按 b_m 的不同，把双头螺柱分成以下四种：

$b_m = d$（GB/T 897—1988）；$b_m = 1.25d$（GB/T 898—1988）；$b_m = 1.5d$（GB/T 899—1988）；$b_m = 2d$（GB/T 900—1988）。

被旋入零件的材料为钢（或青铜）时，可选用 $b_m = d$；为铸铁时，可选用 $b_m = 1.25d$ 或 $b_m = 1.5d$；为铝合金时，可选用 $b_m = 2d$。

（2）双头螺柱的旋入端应画成全部旋入螺纹孔内，即旋入端的螺纹长度终止线与两个被联接件的接触面应画成一条线，如图 7-12b 所示。

（3）螺纹孔的螺纹深度应大于双头螺柱旋入端的螺纹长度 b_m，一般螺纹孔的螺纹深度 $\approx b_m + 0.5d$，而钻孔深度 $\approx b_m + d$，如图 7-12b 所示。

（4）在装配图中，不穿通的螺纹孔可采用简化画法，即不画钻孔深度，仅按螺纹孔深度画出，如图 7-12c 所示。

提示：螺纹紧固件使用弹簧垫圈时，弹簧垫圈的开口方向应向左倾斜（与水平线成 75°），用一条特粗实线（约等于 2 倍粗实线）表示，如图 7-12c 所示。

四、螺钉联接

螺钉的种类很多，按其用途可分为联接螺钉和紧定螺钉两类。联接螺钉用以联接两个零件，它不需与螺母配用，常用在受力不大和不经常拆卸的地方。这种联接是在较厚的零件上加工出螺纹孔，而另一被联接件上加工有通孔，将螺钉穿过通孔，与下部零件的螺纹孔相旋合，从而达到联接的目的。图 7-13a、b 所示为开槽沉头螺钉的联接及装配图的规定画法，图 7-13c、d 所示为开槽圆柱头螺钉的联接及装配图画法。

螺钉的各部尺寸可由标准（表 B-3）中查得。螺钉旋入螺纹孔的深度与双头螺柱旋入端的螺纹长度 b_m 相同，它与被旋入零件的材料有关。开槽沉头螺钉和开槽圆柱头螺钉头部的近似画法如图 7-13b、d 所示。

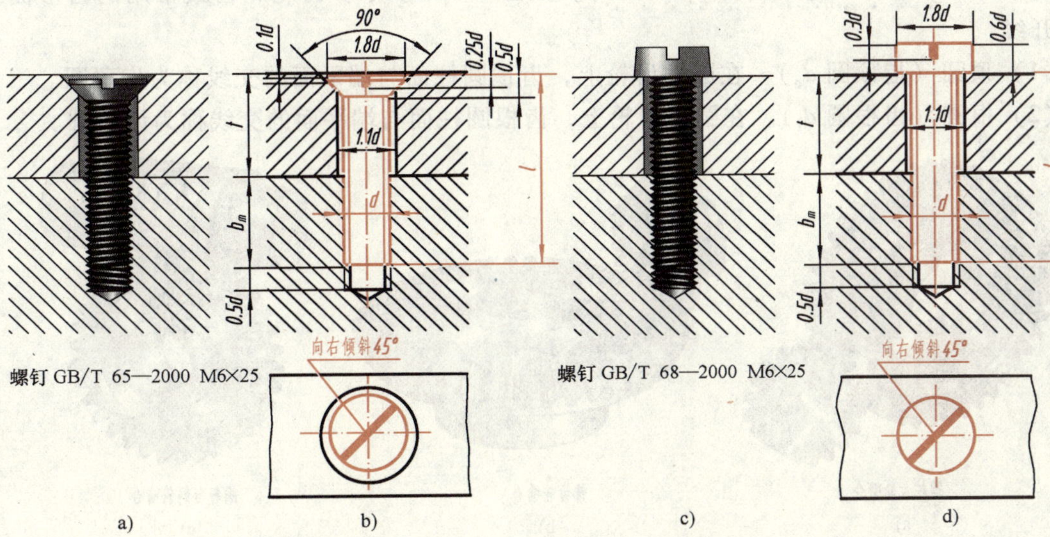

图 7-13　螺钉联接的规定画法

绘制螺钉联接装配图时应注意以下两点：

（1）主视图上的钻孔深度可省略不画，仅按螺纹深度画出螺纹孔，如图7-13b、d中的主视图所示。

（2）螺钉头部的一字槽可画成一条特粗实线（约等于2倍粗实线），在俯视图中画成与水平线成45°、自左下向右上的斜线，如图7-13b、d中的俯视图所示。

提示：在装配图中，需要绘制螺纹紧固件时，应尽量采用简化画法，既可减少绘图的工作量，又能提高绘图速度，增加图样的明晰度，使图样的重点更加突出。

第三节　直齿圆柱齿轮

一、齿轮的基本知识

齿轮是一个有齿的机械构件，它与另一个有齿构件通过共轭齿面的啮合传递运动或改变运动的形式。通过齿轮啮合，可将一根轴的动力及旋转运动传递给另一根轴，也可改变转速和旋转方向。齿轮上每一个用于啮合的凸起部分称为轮齿。一对齿轮的轮齿依次交替接触，从而实现一定规律的相对运动的过程和形态，称为啮合。

由两个啮合的齿轮组成的基本机构称为齿轮副。常用的齿轮副按两轴的相对位置不同分成如下三种。

（1）平行轴齿轮副（圆柱齿轮啮合）。用于两平行轴间的传动，如图7-14a所示。

（2）相交轴齿轮副（锥齿轮啮合）。用于两相交轴间的传动，如图7-14b所示。

（3）交错轴齿轮副（蜗杆与蜗轮啮合）。用于两交错轴间的传动，如图7-14c所示。

二、直齿轮轮齿的各部分名称及代号

分度曲面为圆柱面的齿轮称为圆柱齿轮。圆柱齿轮的轮齿有直齿、斜齿、人字齿等，其中最常用的是直齿圆柱齿轮（简称直齿轮），如图7-15a所示。齿轮轮齿最常用的齿形曲线是渐开线。

（1）顶圆（齿顶圆 d_a）。在圆柱齿轮上，齿顶圆柱面与端平面的交线称为齿顶圆。

（2）根圆（齿根圆 d_f）。在圆柱齿轮上，齿根圆柱面与端平面的交线称为齿根圆。

圆柱齿轮啮合
a)

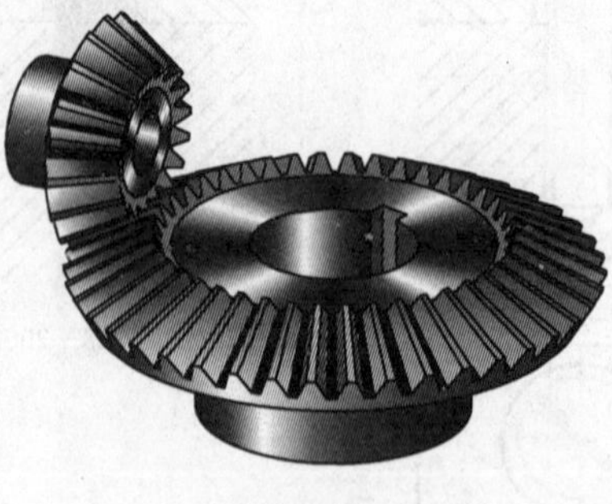
锥齿轮啮合
b)

蜗杆与蜗轮啮合
c)

图7-14　齿轮传动

（3）分度圆（d）和节圆（d'）。圆柱齿轮的分度圆柱面与端平面的交线称为分度圆；平行轴齿轮副中，圆柱齿轮的节圆柱面与端平面的交线称为节圆。在一对标准齿轮中，两齿轮分度圆柱面相切，即 $d=d'$。

（4）齿顶高（h_a）。齿顶圆与分度圆之间的径向距离称为齿顶高。标准齿轮的齿顶高 $h_a=m$（m 为模数）。

（5）齿根高（h_f）。齿根圆与分度圆之间的径向距离称为齿根高。标准齿轮的齿根高 $h_f=1.25m$（m 为模数）。

（6）齿高（h）。齿顶圆与齿根圆之间的径向距离称为齿高。

（7）端面齿距（简称齿距 p）。两个相邻而同侧的端面齿廓之间的分度圆弧长称为端面齿距。

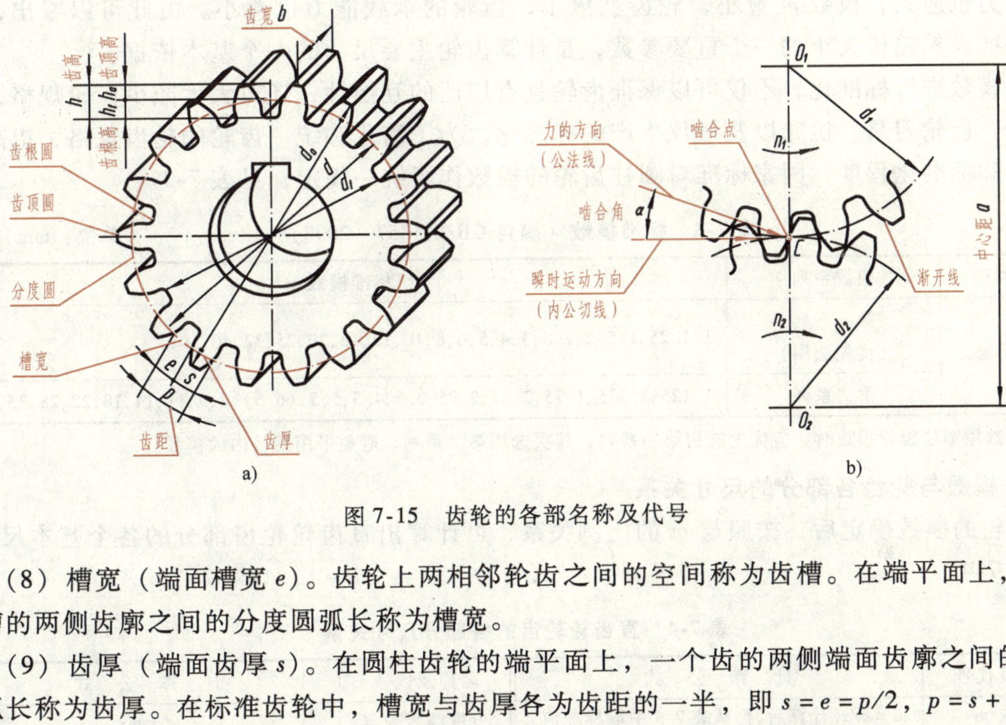

图 7-15　齿轮的各部名称及代号

（8）槽宽（端面槽宽 e）。齿轮上两相邻轮齿之间的空间称为齿槽。在端平面上，一个齿槽的两侧齿廓之间的分度圆弧长称为槽宽。

（9）齿厚（端面齿厚 s）。在圆柱齿轮的端平面上，一个齿的两侧端面齿廓之间的分度圆弧长称为齿厚。在标准齿轮中，槽宽与齿厚各为齿距的一半，即 $s=e=p/2$，$p=s+e$。

（10）齿宽（b）。齿轮的有齿部位沿分度圆柱面的直母线方向量度的宽度，称为齿宽。

（11）啮合角和压力角（α）。在一般情况下，两相啮合轮齿的端面齿廓在接触点处的公法线与两节圆的内公切线所夹的锐角称为啮合角，如图 7-15b 所示；对于渐开线齿轮，指的是两相啮合轮齿在节点上的端面压力角。标准齿轮的压力角 $\alpha=20°$。

（12）齿数（z）。一个齿轮的轮齿总数。

（13）中心距（a）。平行轴齿轮副两轴线之间的最短距离称为中心距。

三、直齿圆柱齿轮的基本参数与轮齿各部分的尺寸关系

1. 模数

齿轮上有多少齿，在分度圆周上就有多少齿距，即分度圆周总长为

$$\pi d = zp \tag{7-1}$$

则分度圆直径

$$d = (p/\pi)z \qquad (7\text{-}2)$$

齿距 p 除以圆周率 π 所得的商称为齿轮的模数，用字母“m”表示，单位为 mm，即

$$m = p/\pi \qquad (7\text{-}3)$$

将式（7-3）代入式（7-2），得

$$d = mz \qquad (7\text{-}4)$$

即

$$m = d/z \qquad (7\text{-}5)$$

相互啮合的一对齿轮，其齿距 p 应相等。由于 $m = p/\pi$，因此一对齿轮的模数亦应相等。当模数 m 发生变化时，齿高 h 和齿距 p 也随之变化，即模数 m 愈大，轮齿就愈大，齿轮的承载能力也愈大；模数 m 愈小，轮齿就愈小，齿轮的承载能力也愈小。由此可以看出，模数是表征齿轮轮齿大小的一个重要参数，是计算齿轮主要尺寸的一个基本依据。

对模数进行标准化，不仅可以保证齿轮具有广泛的互换性，还可大大减少齿轮规格，促进齿轮、齿轮刀具、机床以及量仪生产的标准化。为了简化和统一齿轮的轮齿规格，提高其系列化和标准化程度，国家标准对圆柱齿轮的模数作了统一规定，见表 7-3。

表 7-3 标准模数（摘自 GB/T 1357—2008） （单位：mm）

齿轮类型	模数系列	标准模数 m
圆柱齿轮	第一系列（优先选用）	1,1.25,1.5,2,2.5,3,4,5,6,8,10,12,16,20,25,32,40,50
	第二系列	1.125,1.375,1.75,2.25,2.75,3.5,4.5,5.5,(6.5),7,9,11,14,18,22,28,35,45

注：选用圆柱齿轮模数时，应优先选用第一系列，其次选用第二系列，避免采用括号内的模数。

2. 模数与轮齿各部分的尺寸关系

齿轮的模数确定后，按照与 m 的比例关系，可计算出直齿轮轮齿部分的各个基本尺寸，详见表 7-4。

表 7-4 直齿轮轮齿的各部分尺寸关系

名称及代号	计算公式	名称及代号	计算公式
模数 m	$m = d/z$（计算后，再从表 7-3 中取标准值）	分度圆直径 d	$d = mz$
齿顶高 h_a	$h_a = m$	齿顶圆直径 d_a	$d_a = d + 2h_a = m(z+2)$
齿根高 h_f	$h_f = 1.25m$	齿根圆直径 d_f	$d_f = d - 2h_f = m(z-2.5)$
齿高 h	$h = h_a + h_f = 2.25m$	中心距 a	$a = \dfrac{d_1 + d_2}{2} = \dfrac{m(z_1 + z_2)}{2}$

四、直齿轮的规定画法（GB/T 4459.2—2003）

1. 单个直齿轮的规定画法

剖视画法 在平行于轴线的投影面的视图中，直齿轮一般画成全剖视。国家标准规定：轮齿按不剖处理，用粗实线表示齿顶线和齿根线，用细点画线表示分度线，如图 7-16b 所示。

视图画法 若不作剖视，则齿根线可省略不画，如图 7-16a 所示。

端面视图画法　在表示齿轮端面的视图中，齿顶圆用粗实线、分度圆用细点画线画出，齿根圆用细实线画出或省略不画，如图 7-16c 所示。

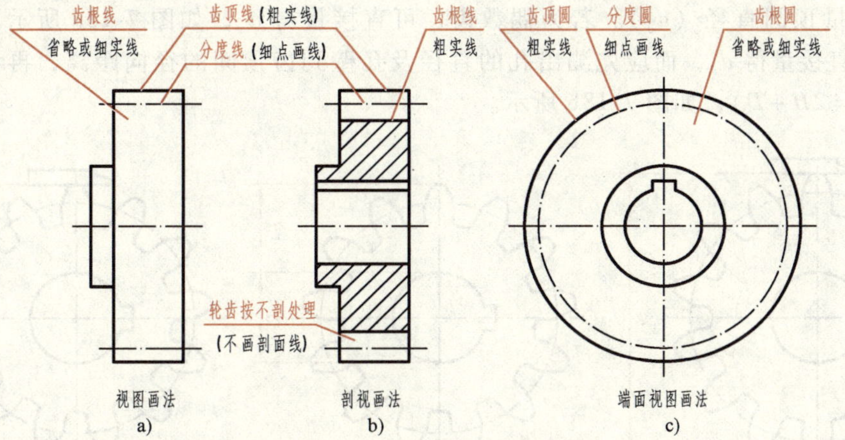

图 7-16　单个直齿轮的规定画法

2. 直齿轮啮合时的规定画法

剖视画法　在平行于轴线的投影面的视图中作剖视，两轮齿啮合部分的节线重合，用细点画线绘制。一个齿轮的轮齿用粗实线绘制，另一个齿轮的轮齿被遮挡的部分用细虚线绘制（也可省略不画），其余部分仍按单个直齿轮的规定画法绘制，如图 7-17a 所示。

视图画法　若不作剖视，则啮合区内的齿顶线不必画出，节线改用粗实线绘制，如图 7-17b 所示。

端面视图画法　在表示齿轮端面的视图中，两齿轮节圆应相切，啮合区内的齿顶圆均用粗实线绘制，如图 7-17c 所示；也可将啮合区内的齿顶圆省略不画，如图 7-17d 所示。

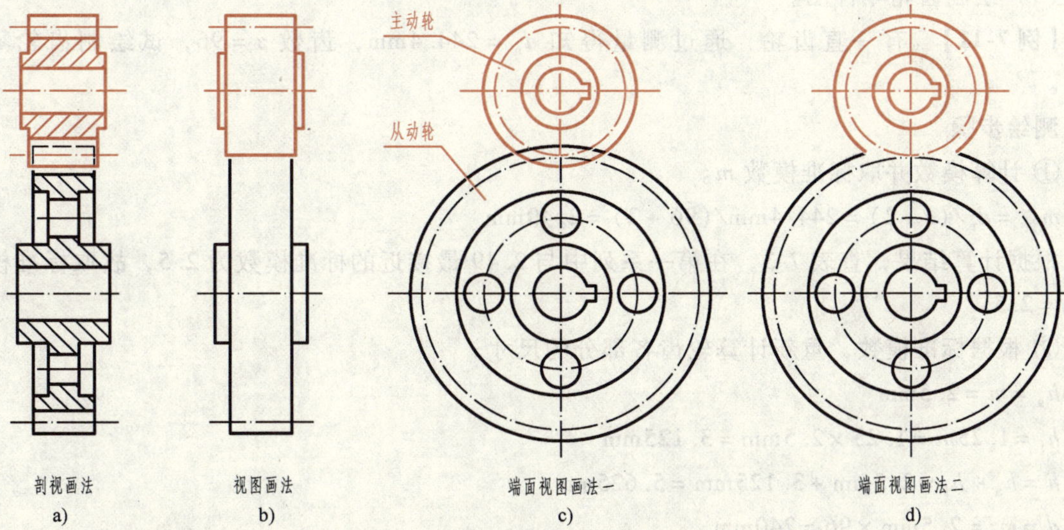

图 7-17　直齿轮啮合时的规定画法

五、直齿轮的测绘

根据齿轮实物，通过测量和计算，以确定主要参数并画出齿轮零件图的过程，称为齿轮测绘。测绘的步骤如下：

（1）数得齿数（z）。标准齿轮的压力角 $\alpha=20^\circ$，无需测量。

（2）测量顶圆直径（d_a）。若为偶数齿，可直接量得 d_a，如图 7-18a 所示。若为奇数齿，则不能直接量得 d_a，而应先测出孔的直径及孔壁到齿顶间的径向距离，再计算得到顶圆直径（$d_a=2H+D$），如图 7-18b 所示。

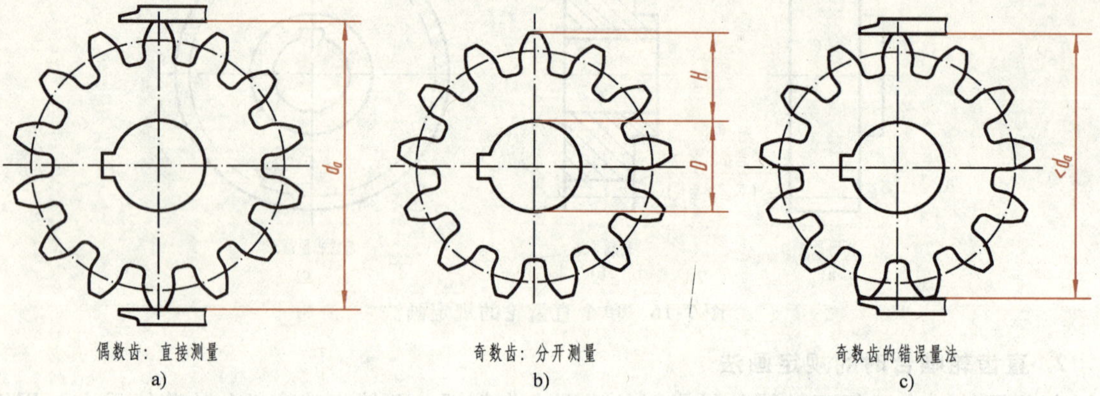

图 7-18　顶圆直径的测量方法

（3）计算并取标准模数（m）。可按 d_a 计算公式导出 m，即 $m=d_a/(z+2)$，从而计算出模数。然后，在表 7-3 中取与其最为接近的标准模数。

（4）根据标准模数，重新计算出轮齿部分的各基本尺寸。齿轮的其他尺寸按实际测量获得。

（5）绘制齿轮零件图。

【例 7-11】　有一直齿轮，通过测量得知 $d_a=244.4\text{mm}$，齿数 $z=96$，试绘制齿轮零件图。

测绘步骤

① 计算模数并取标准模数 m。

$m_{计}=d_a/(z+2)=244.4\text{mm}/(96+2)=2.49\text{mm}$

根据计算结果，查表 7-3，在第一系列中与 2.49 最接近的标准模数为 2.5，故取标准模数 $m=2.5$。

② 根据标准模数，重新计算轮齿各部分的尺寸。

$h_a=m=2.5\text{mm}$

$h_f=1.25m=1.25\times2.5\text{mm}=3.125\text{mm}$

$h=h_a+h_f=2.5\text{mm}+3.125\text{mm}=5.625\text{mm}$

$d=mz=2.5\text{mm}\times96=240\text{mm}$

$d_a=m(z+2)=2.5\text{mm}\times(96+2)=245\text{mm}$

$d_f=m(z-2.5)=2.5\text{mm}\times(96-2.5)=233.75\text{mm}$

③ 测量和确定齿轮其他部分的尺寸。

确定其他部分尺寸，如齿轮宽度（$b=60\text{mm}$），轴孔尺寸（$D=58\text{mm}$），辐板尺寸（圆

孔直径 ϕ35mm、中心圆直径 ϕ150mm），键槽尺寸（宽 16mm，槽顶至孔底 62.3mm）等。

④ 绘制齿轮零件图（图 7-19）。

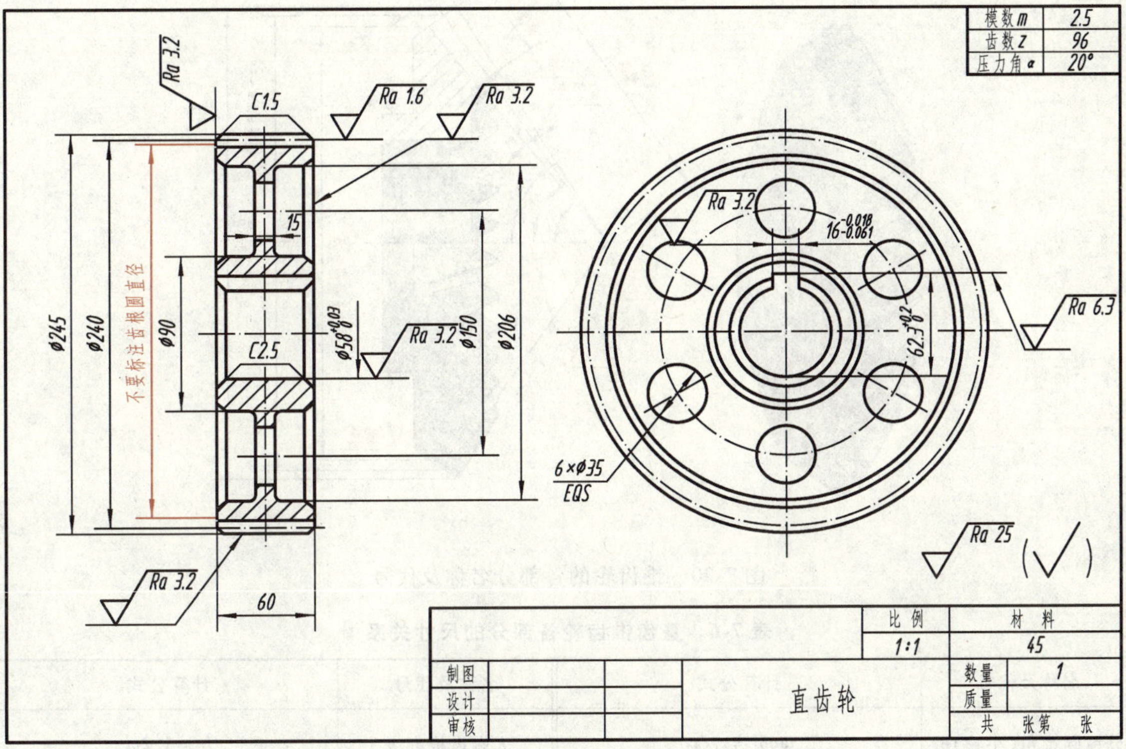

图 7-19　齿轮零件图

第四节　锥齿轮

分度曲面为圆锥面的齿轮称为锥齿轮。齿线为分度圆锥面的直母线的锥齿轮称为直齿锥齿轮。

一、直齿锥齿轮的基本尺寸计算

由于锥齿轮的轮齿分布在圆锥面上，因此其齿厚沿锥顶方向逐渐变小，如图 7-20a 所示。其模数也是从大端到小端逐渐变小。为了计算和制造方便，国家标准规定锥齿轮的大端端面模数为标准模数（参见表 7-5），用以计算其他各部分尺寸。

表 7-5　锥齿轮模数（摘自 GB/T 12368—1990）　（单位：mm）

适用类型	标准模数 m
直齿锥齿轮 斜齿锥齿轮	1,1.125,1.25,1.375,1.5,1.75,2,2.25,2.5,2.75,3,3.25,3.5,3.75,4,4.5,5,5.5,6,6.5,7,8,9,10,11,12,14,16,18,20,22,25,28,30,32,36,40,45,50

直齿锥齿轮各部分名称如图 7-20b 所示。直齿锥齿轮的尺寸计算与圆柱齿轮相似，已知一对啮合直齿锥齿轮的模数和齿数，其各部分尺寸可按表 7-6 中的公式计算。

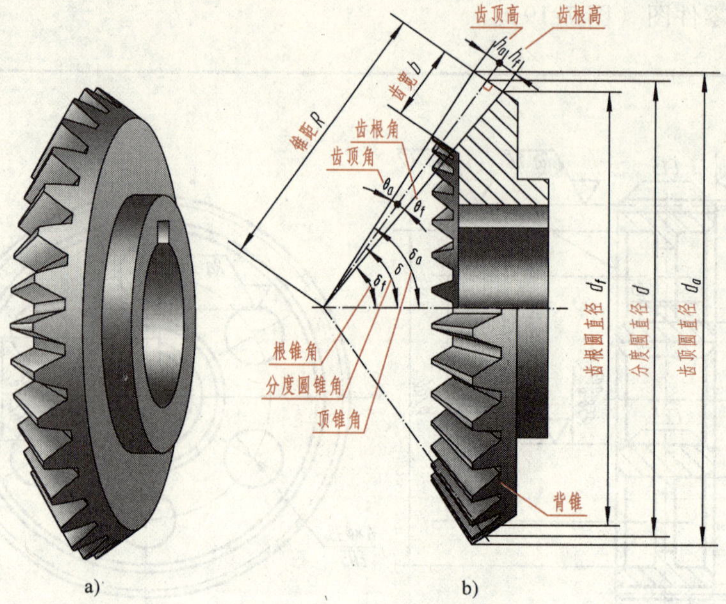

图 7-20 锥齿轮的各部分名称及代号

表 7-6 直齿锥齿轮各部分的尺寸关系

名称及代号	计算公式	名称及代号	计算公式
分度圆锥角（小轮）δ_1	$\tan\delta_1 = z_1/z_2$	大端齿根高 h_f	$h_f = 1.2m$
分度圆锥角（大轮）δ_2	$\tan\delta_2 = z_2/z_1$	大端齿高 h	$h = h_a + h_f = 2.2m$
	或 $\delta_2 = 90° - \delta_1$（当 $\delta_1 + \delta_2 = 90°$ 时）	锥距 R	$R = mz/(2\sin\delta)$
大端模数 m	$m = d/z$（计算后查表 7-5 取标准值）	齿顶角 θ_a	$\tan\theta_a = 2\sin\delta/z$
大端分度圆直径 d	$d = mz$	齿根角 θ_f	$\tan\theta_f = 2.4\sin\delta/z$
大端齿顶圆直径 d_a	$d_a = d + 2h_a\cos\delta = m(z + 2\cos\delta)$	顶锥角 δ_a	$\delta_a = \delta + \theta_a$
大端齿根圆直径 d_f	$d_f = d - 2h_f\cos\delta = m(z - 2\cos\delta)$	根锥角 δ_f	$\delta_f = \delta - \theta_f$
大端齿顶高 h_a	$h_a = m$	齿宽 b	$b \leqslant (1/3)R$

二、直齿锥齿轮的画法（GB/T 4459.2—2003）

1. 单个直齿锥齿轮的规定画法

剖视画法 在平行于轴线的投影面的视图中，锥齿轮一般画成全剖视，轮齿仍按不剖处理，用粗实线表示齿顶线和齿根线，用细点画线表示分度线，如图 7-21a 所示。

视图画法 若不作剖视，则只画齿顶圆锥和分度圆锥的外形轮廓线，齿根圆锥省略不画，如图 7-21b 所示。

端面视图画法 在锥齿轮的端面视图中，用粗实线画出大端和小端的齿顶圆，用细点画线画出大端的分度圆。大、小端齿根圆及小端分度圆均省略不画，如图 7-21c 所示。

除轮齿按上述规定画法绘制外，锥齿轮其余各部分均按投影原理绘制。

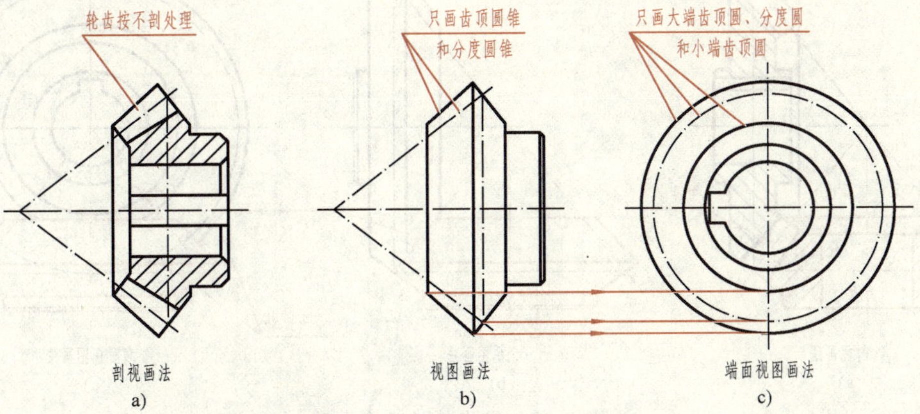

图 7-21 单个锥齿轮的规定画法

2. 单个直齿锥齿轮的画图步骤

首先，根据直齿锥齿轮的大端分度圆直径 d、分度圆锥角 δ 等参数，画出分度圆直径、分度圆锥和背锥，如图 7-22a 所示。根据大端齿顶高 h_a、齿根高 h_f 画出齿顶线、齿根线，并定出齿宽 b，如图 7-22b 所示。最后，画出其他投影轮廓，填画剖面线，修饰并加深，如图 7-22c 所示。

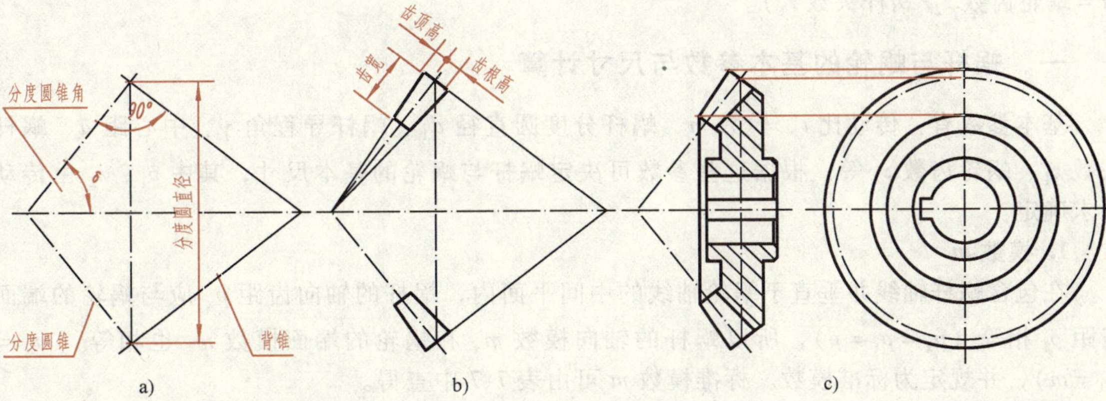

图 7-22 单个锥齿轮的画图步骤

3. 直齿锥齿轮的啮合画法

剖视画法 在平行于轴线的投影面的视图中作剖视，啮合区域的画法与直齿圆柱齿轮的啮合画法相同，也是将一个锥齿轮的轮齿被遮挡部分用细虚线表示或省略不画，其余部分仍按单个锥齿轮的规定画法绘制，如图 7-23a 所示。

视图画法 若不作剖视，只需用粗实线绘制出啮合区的节锥线即可，如图 7-23b 所示。

端面视图画法 在表示某个锥齿轮端面的视图中，两齿轮的节圆投影相切，被遮挡部分省略不画，如图 7-23c 所示。

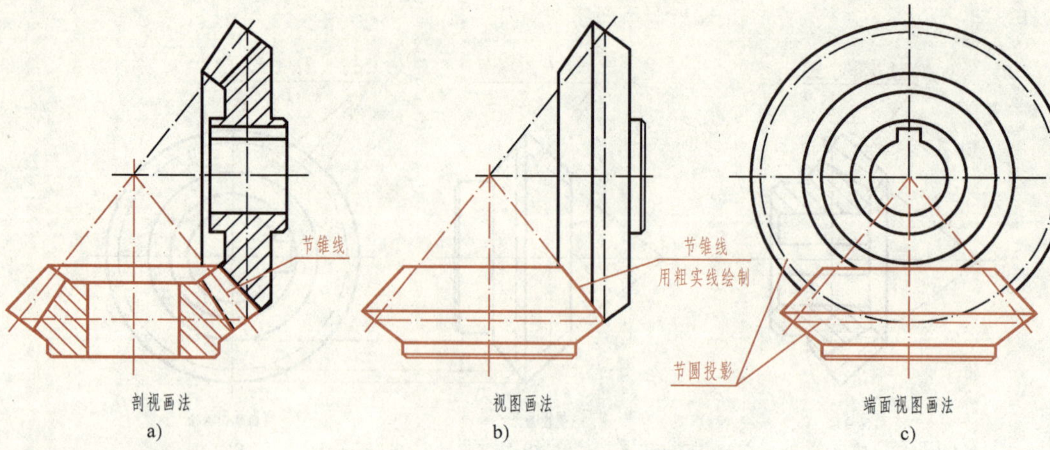

图 7-23 锥齿轮的啮合画法

第五节 蜗杆与蜗轮

蜗杆与蜗轮通常用于垂直交叉的两轴之间的传动。蜗杆与蜗轮的齿向是螺旋形的，蜗轮的轮齿顶面常制成环形面。蜗杆的结构和梯形螺纹相似。蜗杆的齿数称为头数，相当于螺纹的线数，常用单头或双头。蜗杆也有右旋、左旋之分。在蜗杆传动中，蜗杆是主动件，蜗轮是从动件。若蜗杆为单头，则蜗杆转一圈，蜗轮只转过一个齿，因此可得到较高的传动比（i = 蜗轮齿数 z_2/蜗杆头数 z_1）。

一、蜗杆与蜗轮的基本参数与尺寸计算

基本参数有：传动比 i、模数 m、蜗杆分度圆直径 d_1、蜗杆导程角 γ、中心距 a、蜗杆头数 z_1、蜗轮齿数 z_2 等。根据这些参数可决定蜗杆与蜗轮的基本尺寸，其中 z_1、z_2 由传动要求确定。

1. 模数 m

在包含蜗杆轴线并垂直于蜗轮轴线的中间平面内，蜗杆的轴向齿距 p_x 应与蜗轮的端面齿距 p_t 相等（$p_x = p_t = p$），所以蜗杆的轴向模数 m_x 和蜗轮的端面模数 m_t 也相等（$m_x = m_t = m$），并规定为标准模数。标准模数 m 可由表 7-7 中查得。

2. 蜗杆分度圆直径 d_1

在制造蜗轮时，最理想的是用尺寸、形状与蜗杆完全相同的蜗轮滚刀来进行切削加工。但由于同一模数的蜗杆，其直径可以各不相同，这就要求每一种模数对应有相当数量直径不同的滚刀，才能满足蜗轮加工的需要。为了减少蜗轮滚刀的数目，在规定标准模数的同时，对蜗杆分度圆直径亦实行了标准化，且与标准模数 m 有一定的匹配，其匹配组合见表 7-7。

3. 蜗杆导程角 γ

蜗杆导程角 γ 与标准模数 m 及蜗杆分度圆直径 d_1 有下列关系

$$\tan\gamma = z_1 m / d_1$$

一对相互啮合的蜗杆和蜗轮，除了模数和齿形角必须相同外，其蜗杆导程角 γ 与蜗轮螺旋角 β 应大小相等、旋向相同，即 $\gamma = \beta$。

表 7-7　m 与 d_1 的匹配及标准中心距（摘自 GB/T 10085—1988）　（单位：mm）

模数 m	分度圆直径 d_1	模数 m	分度圆直径 d_1	模数 m	分度圆直径 d_1	标准中心距 a
1.25	20	3.15	35.5	8	80	40, 50, 63, 80, 100, 125, 160, (180), 200, (225), 250, (280), 315, (355), 400, (450), 500
	22.4		56		140	
1.6	20	4	40	10	90	
	28		71		160	
2	22.4	5	50	12.5	112	
	35.5		90		200	
2.5	28	6.3	63	16	140	
	45		112		250	

4. 中心距 a

一般圆柱蜗杆传动的减速装置的中心距 a 应在表 7-7 中选取标准值。

圆柱蜗杆的尺寸代号如图 7-24 所示，圆柱蜗杆的几何尺寸计算见表 7-8。

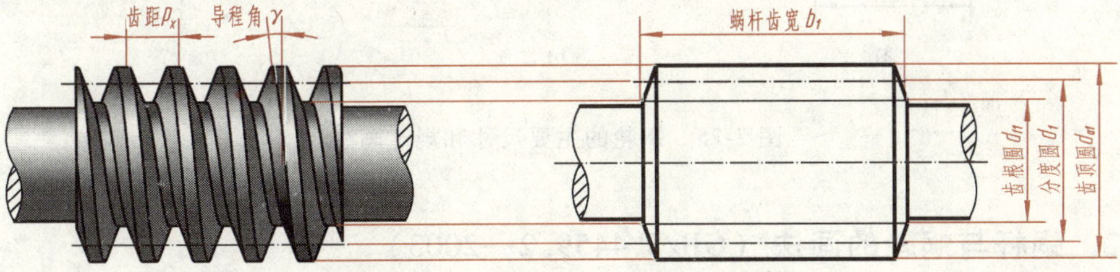

图 7-24　蜗杆的主要尺寸和规定画法

表 7-8　圆柱蜗杆的几何尺寸计算

名称及代号	计算公式	名称及代号	计算公式
轴向模数 m	在表 7-7 中选取标准值	齿根圆直径 d_{f1}	$d_{f1}=d_1-2h_{f1}=d_1-2.4m$
中心距 a	$a=(d_1+d_2)/2$(查表 7-7)	轴向齿距 p_x	$p_x=\pi m$
齿顶高 h_{a1}	$h_{a1}=m$	蜗杆导程 p_z	$p_z=z_1p_x$
齿根高 h_{f1}	$h_{f1}=1.2m$	导程角 γ	$\tan\gamma=z_1m/d_1$
齿高 h_1	$h_1=h_{a1}+h_{f1}=2.2m$	轴向齿形角 α	$\alpha=20°$
分度圆直径 d_1	在表 7-7 中选取标准值	蜗杆齿宽 b_1	当 $z_1=1\sim2$ 时，$b_1\geqslant(12+0.1z_2)m$
齿顶圆直径 d_{a1}	$d_{a1}=d_1+2h_{a1}=d_1+2m$		当 $z_1=3\sim4$ 时，$b_1\geqslant(13+0.1z_2)m$

蜗轮的尺寸代号如图 7-25a 所示，蜗轮的几何尺寸计算见表 7-9。

表 7-9　蜗轮的几何尺寸计算

名称及代号	计算公式	名称及代号	计算公式
端面模数 m	在表 7-7 中选取标准值	中心距 a	$a=(d_1+d_2)/2$(查表 7-7)
齿顶高 h_{a2}	$h_{a2}=m$	齿顶圆弧半径 r_{a2}	$r_{a2}=0.5d_1-m$
齿根高 h_{f2}	$h_{f2}=1.2m$	齿根圆弧半径 r_{f2}	$r_{f2}=0.5d_{a1}+0.2m$
齿高 h_2	$h_2=h_{a2}+h_{f2}=2.2m$	顶圆直径 d_{e2}	当 $z_1=1$ 时，$d_{e2}\leqslant d_{a2}+2m$
分度圆直径 d_2	$d_2=mz_2$		当 $z_1=2\sim3$ 时，$d_{e2}\leqslant d_{a2}+1.5m$
喉圆直径 d_{a2}	$d_{a2}=d_2+2h_{a2}=d_2+2m$	齿宽 b_2	当 $z_1\leqslant3$ 时，$b_2\leqslant0.75d_{a1}$
齿根圆直径 d_{f2}	$d_{f2}=d_2-2h_{f2}=d_2-2.4m$		当 $z_1=4$ 时，$b_2\leqslant0.67d_{a1}$

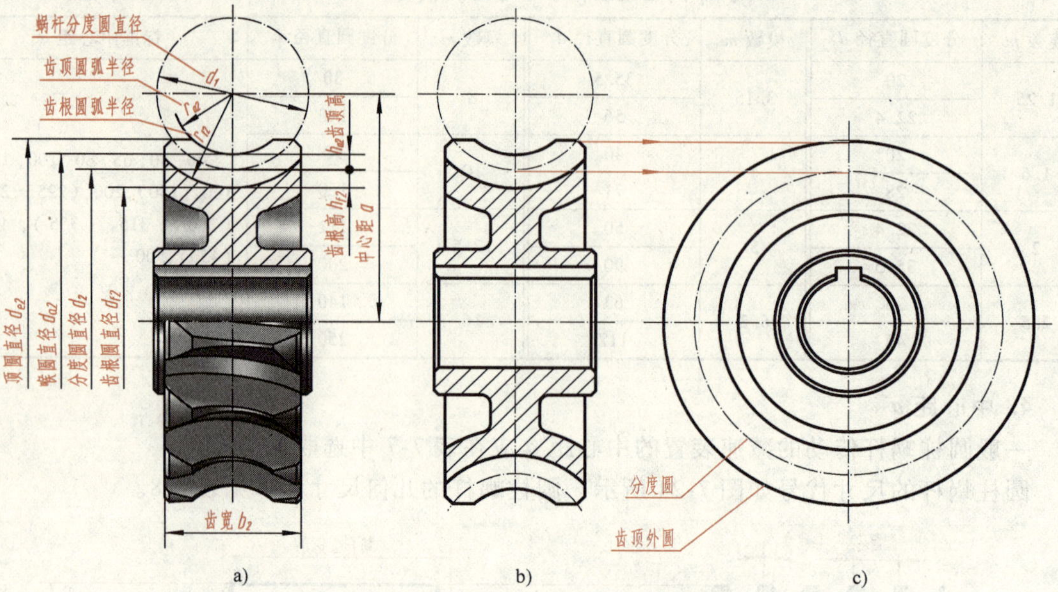

图 7-25 蜗轮的主要尺寸和规定画法

二、蜗杆与蜗轮的画法（GB/T 4459.2—2003）

1. 蜗杆的规定画法

蜗杆一般选用一个视图，其齿顶线、齿根线和分度线的画法与圆柱齿轮相同，如图7-24b所示。图中用细实线表示的齿根线可省略不画。蜗杆齿形可用局部剖视或局部放大图表示。

2. 蜗轮的规定画法

剖视画法 在投影为非圆的视图中常采用全剖视或半剖视，轮齿的画法与圆柱齿轮相同。在与其相啮合的蜗杆轴线位置画出蜗杆分度圆和中心线，以便标注有关尺寸和中心距，如图7-25b所示。

端面视图画法 在投影为圆的视图中，只画出齿顶外圆和分度圆，喉圆与齿根圆省略不画，如图7-25c所示。投影为圆的视图也可用表达键槽轴孔的局部视图取代。

3. 蜗杆与蜗轮啮合的规定画法

剖视画法 在蜗杆投影为圆的视图中采用全剖视，蜗杆与蜗轮投影重合的部分，只画蜗杆。在蜗轮投影为圆的视图中采用局部剖视，蜗轮的喉圆用粗实线绘制，蜗杆齿顶线画至与蜗轮喉圆相交而止。啮合区内蜗杆的分度线与蜗轮的分度圆相切，如图7-26a所示。

视图画法 用视图表示蜗杆与蜗轮的外形时，在蜗杆投影为圆的视图中，蜗杆与蜗轮投影重合的部分，只画蜗杆。在蜗轮投影为圆的视图中，蜗杆和蜗轮按各自的规定画法绘制，啮合区内蜗杆的分度线与蜗轮的分度圆相切，蜗杆齿根线可省略，如图7-26b所示。

图 7-26 蜗杆与蜗轮啮合的规定画法

第六节 键联结和销联接

一、普通平键联结

如果要把动力通过联轴器、离合器、齿轮、飞轮或带轮等机械零件传递到安装这个零件的轴上，通常在轮孔和轴上分别加工出键槽，把普通平键的一半嵌在轴里，另一半嵌在与轴相配合的零件的毂里，使它们联在一起转动，如图 7-27 所示。

键联结有多种形式，各有其特点和适用场合。普通平键制造简单，装拆方便，轮与轴的同心度较好，在各种机械上应用广泛。普通平键有普通 A 型平键（圆头）、普通 B 型平键（平头）和普通 C 型平键（单圆头）三种类型，其形状如图 7-28 所示。

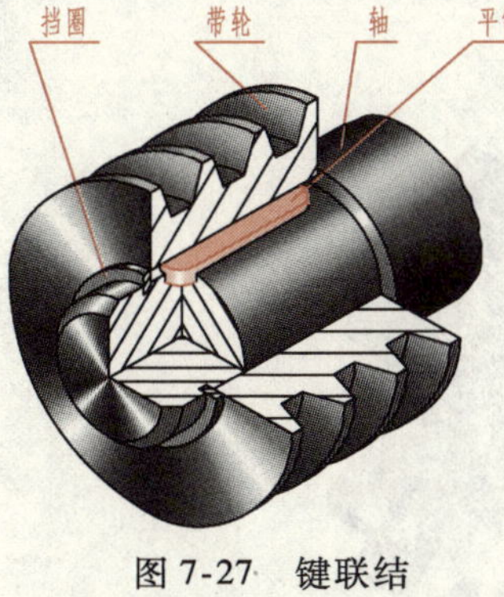

图 7-27 键联结

图 7-28 普通平键的类型

普通平键是标准件。选择平键时，从标准中查取键的截面尺寸 $b\times h$，然后按轮毂宽度 B 选定键长 L，一般 $L=B-(5\sim10\text{mm})$，并取 L 为标准值。键和键槽的类型、尺寸，详见表 B-6。

键的标记格式为：

标准编号　名称　类型　键宽 × 键高 × 键长

标记的省略 普通 A 型平键不注“A”。

【例 7-12】 普通 A 型平键，键宽 $b=18\text{mm}$，键高 $h=11\text{mm}$，键长 $L=100\text{mm}$，试写出键的标记。

解 键的标记为“GB/T 1096 键 18×11×100”。

图 7-29 所示为零件图中键槽的一般表示法和尺寸注法。图 7-30 所示为键联结的画法。普通平键在高度上两个面是平行的，键侧与键槽的两个侧面紧密配合，靠键的侧面传递转矩。

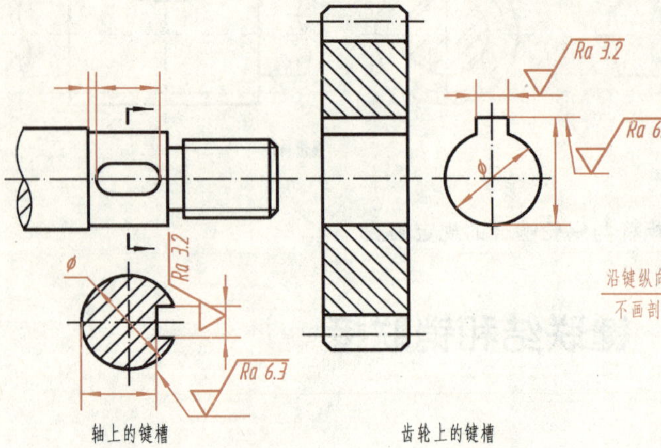

图 7-29 键槽的表达方法和尺寸注法

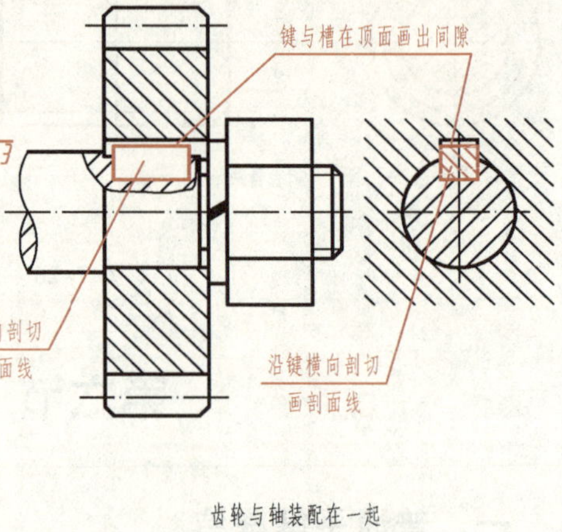

图 7-30 键联接的画法

提示：在键联结的画法中，平键与槽在顶面不接触，应画出间隙；平键的倒角省略不画；沿平键的纵向剖切时，平键按不剖处理；横向剖切平键时，要画剖面线。

二、花键联结

花键联结的特点是键和键槽制成一体，如图 7-31 所示，适用于载荷较大和定心精度较高的联结。花键的齿形有矩形花键和渐开线花键等，其中矩形花键应用得较为广泛。矩形花

图 7-31 花键联结

键的优点是：定心精度高，定心的稳定性好，便于加工制造。国家标准（GB/T 1144—2001）规定，矩形花键的定心方式为小径定心。

花键是一种常用的标准结构，其结构和尺寸都已经标准化。矩形花键的基本参数包括：键数 N、小径 d、大径 D 和键宽 B。矩形花键基本尺寸系列可查阅 GB/T 1144—2001。

1. 花键的规定画法与标注方法（GB/T 4459.3—2000）

（1）外花键。在平行于花键轴线的投影面的视图中，花键大径用粗实线绘制，小径用细实线绘制。花键工作长度的终止端和尾部长度的末端均用细实线绘制，并与轴线垂直，尾部则画成斜线，其倾斜角一般与轴线成 30°（必要时可按实际情况画出），并在图中注出花键的工作长度 L，如图 7-32a 所示；用断面图画出全部齿形或一部分齿形，并在图中分别注出小径 d、大径 D、键宽 B 和键数 N，如图 7-32b、c 所示。

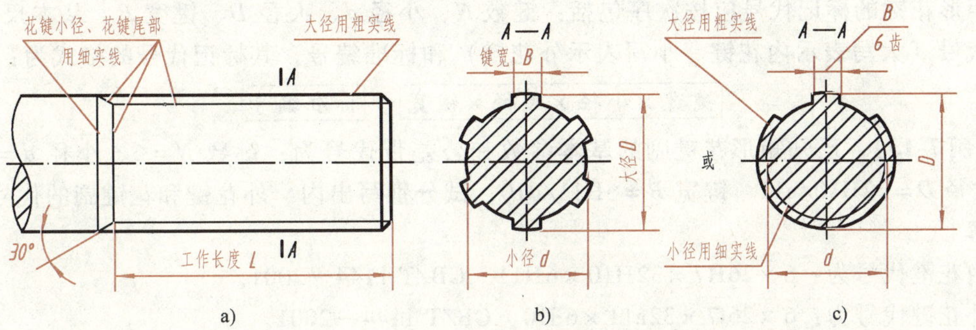

图 7-32　外花键画法

（2）内花键。在平行于花键轴线的投影面的剖视图中，花键大径及小径均用粗实线绘制，键齿按不剖处理，如图 7-33a 所示；用局部视图画出全部齿形或一部分齿形，并在图中分别注出小径 d、大径 D、键宽 B 和键数 N，如图 7-33b、c 所示。

（3）花键联结。在装配图中，花键联结用剖视图表示，其联结部分按外花键的画法绘制，如图 7-34 所示。

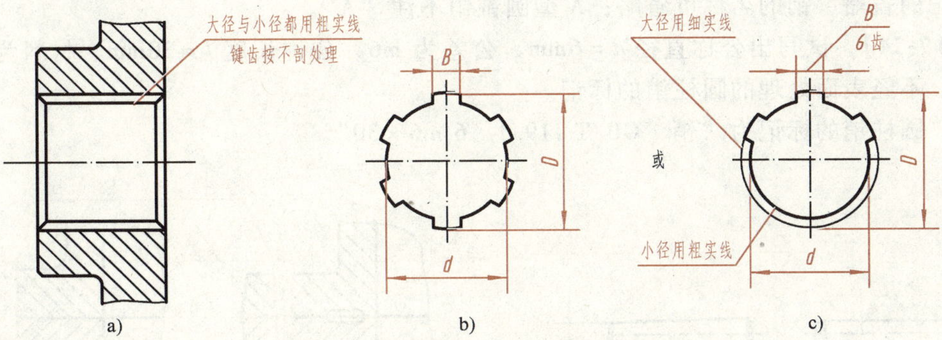

图 7-33　内花键画法

花键的标记应注写在指引线的基准线上，如图 7-34 所示。花键类型用图形符号表示，矩形花键的图形符号为⨅，渐开线花键的图形符号为⋂。

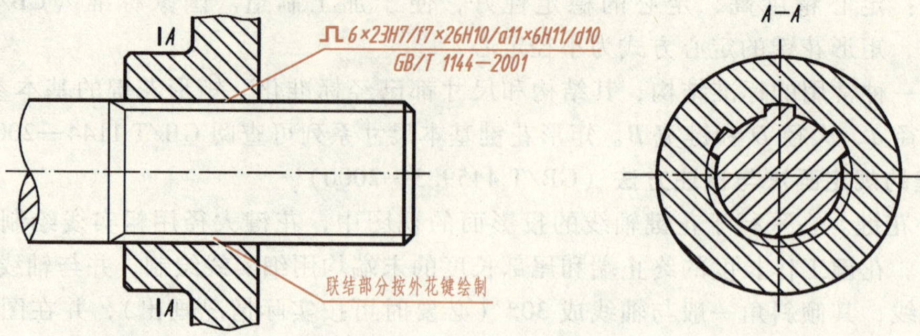

图 7-34　花键联结的画法

2. 花键的标记（GB/T 1144—2001）

矩形花键的标记代号应按次序包括：键数 N、小径 d、大径 D、键宽 B，基本尺寸及公差带代号（大写表示内花键、小写表示外花键）和标准编号，其标记代号的格式为：

键数×小径×大径×键宽　标准编号

【例 7-13】　已知矩形花键副的基本参数和公差带代号为：键数 $N=6$、小径 $d=26\text{H7}/\text{f7}$、大径 $D=32\text{H10}/\text{a11}$、键宽 $B=6\text{H11}/\text{d10}$，试分别写出内、外花键和花键副的代号。

解

内花键代号为：6×26H7×32H10×6H11　GB/T 1144—2001。

外花键代号为：6×26f7×32a11×6d10　GB/T 1144—2001。

花键副代号为：$6\times26\dfrac{\text{H7}}{\text{f7}}\times32\dfrac{\text{H10}}{\text{a11}}\times6\dfrac{\text{H11}}{\text{d10}}$　GB/T 1144—2001。

三、销联接

销是标准件，主要用于零件间的联接或定位。销的类型较多，但最常见的两种基本类型是圆柱销和圆锥销，如图 7-35 所示。销的简化标记格式为：

名称　标准编号　类型　公称直径 × 长度

标记的省略　销的名称可省略；A 型圆锥销不注“A”。

【例 7-14】　试写出公称直径 $d=6\text{mm}$、公差为 m6、公称长度 $l=30\text{mm}$、材料为钢、不经淬火、不经表面处理的圆柱销的标记。

解　圆柱销的标记为“销　GB/T 119.1　6 m6×30”。

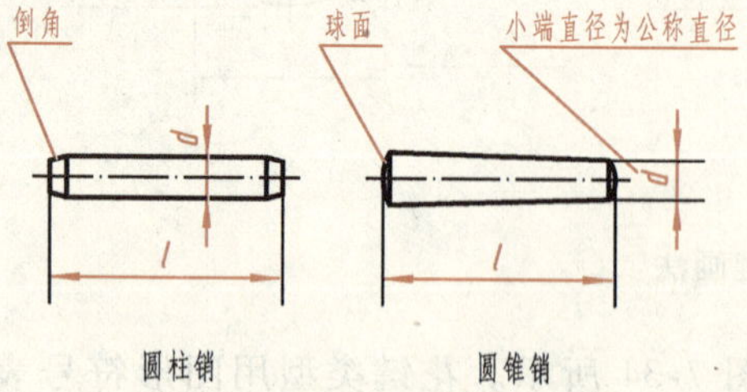

图 7-35　销的基本类型

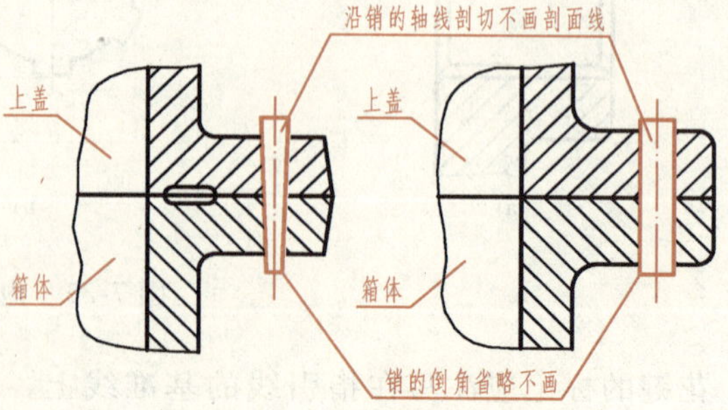

图 7-36　销联接的画法

根据销的标记，即可查出销的类型和尺寸，详见表 B-7、表 B-8。

提示：①圆锥销的公称直径是指小端直径。②在销联接的画法中，当剖切平面沿销的轴线剖切时，销按不剖处理；垂直销的轴线剖切时，要画剖面线。③销的倒角（或球面）可省略不画，如图 7-36 所示。

第七节 滚动轴承

滚动轴承是支承轴并承受轴上载荷的标准组件。由于其结构紧凑、摩擦力小，所以得到广泛使用。滚动轴承一般由内圈、滚动体、保持架、外圈四部分组成，如图 7-37 所示。

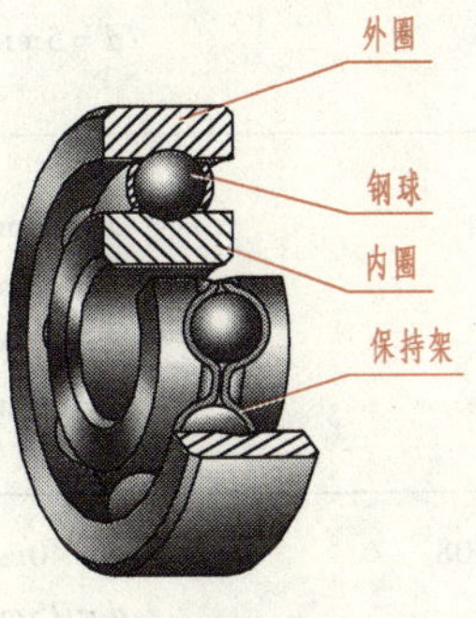

a)

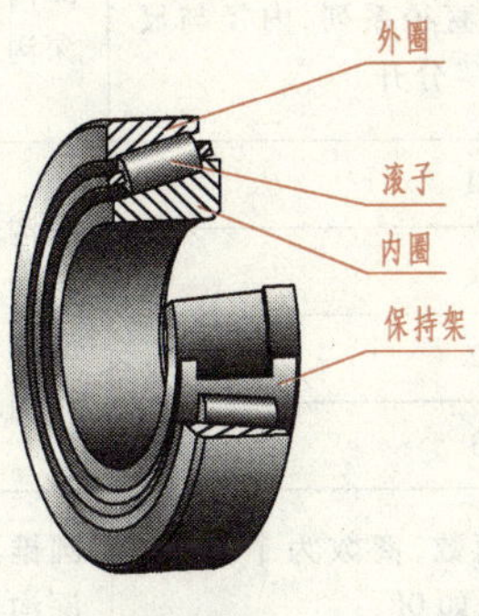

b)

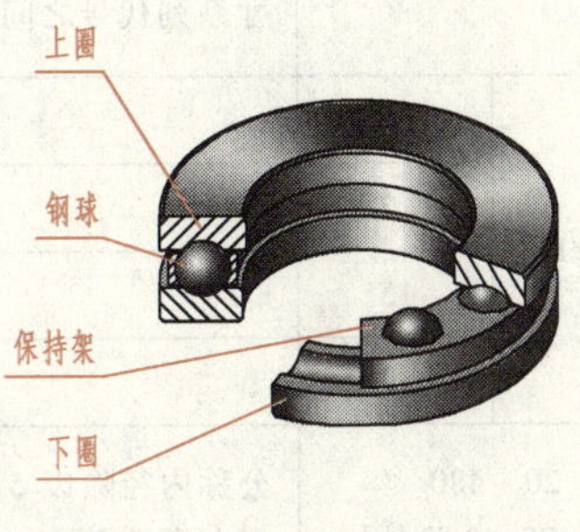

c)

图 7-37 滚动轴承的结构及类型

一、滚动轴承的基本代号

滚动轴承基本代号表示轴承的基本类型、结构和尺寸，是滚动轴承代号的基础。基本代号由以下三部分内容组成，即

轴承类型代号 | 尺寸系列代号 | 内径代号

1. 轴承类型代号

滚动轴承类型代号用数字或字母来表示，见表 7-10。

表 7-10 滚动轴承类型代号（摘自 GB/T 272—1993）

代号	轴承类型	代号	轴承类型	代号	轴承类型
0	双列角接触球轴承	4	双列深沟球轴承	8	推力圆柱滚子轴承
1	调心球轴承	5	推力球轴承	N	圆柱滚子轴承
2	调心滚子轴承	6	深沟球轴承	U	外球面球轴承
3	圆锥滚子轴承	7	角接触球轴承	QJ	四点接触球轴承

2. 尺寸系列代号

尺寸系列代号包括滚动轴承的宽（高）度系列代号和直径系列代号两部分，用两位阿拉伯数字来表示。它的主要作用是区别内径相同、而宽度和外径不同的滚动轴承。具体代号需查阅相关的国家标准。

3. 内径代号

内径代号表示滚动轴承的公称直径，一般用两位阿拉伯数字表示。其表示方法见表7-11。

表 7-11 滚动轴承内径代号（摘自 GB/T 272—1993）

<table>
<tr><th colspan="2">轴承公称内径/mm</th><th>内 径 代 号</th><th>示 例</th><th></th></tr>
<tr><td colspan="2">0.6～10（非整数）</td><td>用公称内径毫米数直接表示，内径与尺寸系列代号之间用“/”分开</td><td>深沟球轴承 618/2.5</td><td>d=2.5mm</td></tr>
<tr><td colspan="2">1～9（整数）</td><td>用公称内径毫米数直接表示，对深沟及角接触球轴承7、8、9直径系列，内径与尺寸系列代号之间用“/”分开</td><td>深沟球轴承 625
深沟球轴承 618/5</td><td>d=5mm
d=5mm</td></tr>
<tr><td rowspan="4">10～17</td><td>10</td><td>00</td><td rowspan="4">深沟球轴承 6200
深沟球轴承 6201
深沟球轴承 6202
深沟球轴承 6203</td><td rowspan="4">d=10mm
d=12mm
d=15mm
d=17mm</td></tr>
<tr><td>12</td><td>01</td></tr>
<tr><td>15</td><td>02</td></tr>
<tr><td>17</td><td>03</td></tr>
<tr><td colspan="2">20～480
（22、28、32除外）</td><td>公称内径除以5的商数，商数为个位数，需在商数左边加“0”，如08</td><td>圆锥滚子轴承 30308
深沟球轴承 6215</td><td>d=40mm
d=75mm</td></tr>
<tr><td colspan="2">≥500以及22、28、32</td><td>用公称内径毫米数直接表示，但在与尺寸系列之间用“/”分开</td><td>调心滚子轴承 230/500
深沟球轴承 62/22</td><td>d=500mm
d=22mm</td></tr>
</table>

滚动轴承基本代号的含义见表7-12。

表 7-12 滚动轴承基本代号的含义

滚动轴承代号	右数第5位代表轴承类型	右数第4、3位代表尺寸系列	右数第2、1位代表内径
6208	6：表示深沟球轴承	第4位：宽度系列代号0（省略）；第3位：直径系列代号为2	$d=8\times5mm=40mm$
62/22	6：表示深沟球轴承	第4位：宽度系列代号0（省略）；第3位：直径系列代号为2	$d=22mm$
30312	3：表示圆锥滚子轴承	第4位：宽度系列代号为0；第3位：直径系列代号为3	$d=12\times5mm=60mm$
51310	5：表示推力球轴承	第4位：高度系列代号为1；第3位：直径系列代号为3	$d=10\times5mm=50mm$

二、滚动轴承的画法

当需要在图样上表示滚动轴承时，可采用简化画法（即通用画法和特征画法）或规定画法。滚动轴承的各种画法及尺寸比例见表7-13。其各部尺寸可根据滚动轴承代号，由标准（表B-9）中查得。

表 7-13　滚动轴承的画法（摘自 GB/T 4459.7—1998）

名称和标准号	查表主要数据	画法：简化画法：通用画法	画法：简化画法：特征画法	画法：规定画法	装配示意图
深沟球轴承（GB/T 276—1994）	D d B		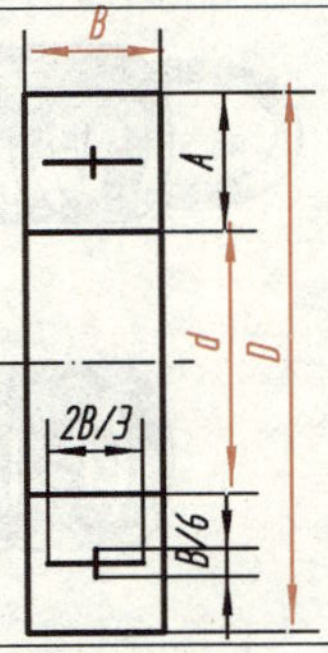	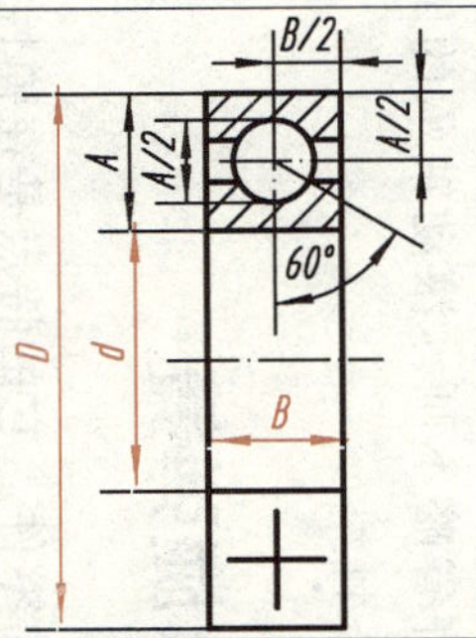	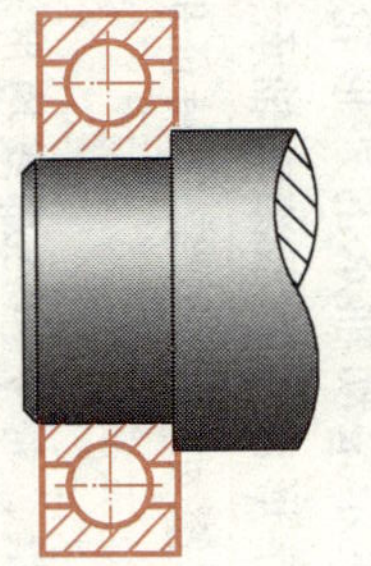
圆锥滚子轴承（GB/T 297—1994）	D d B T C	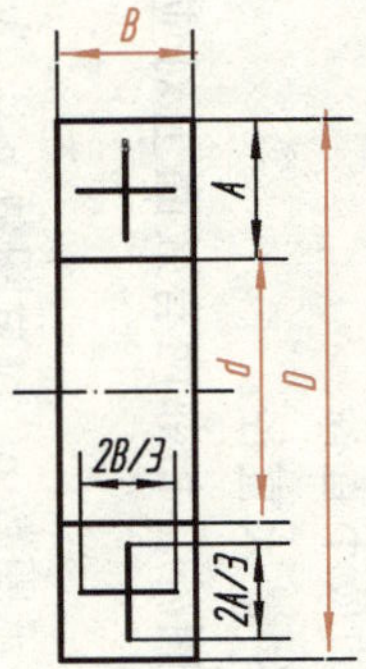	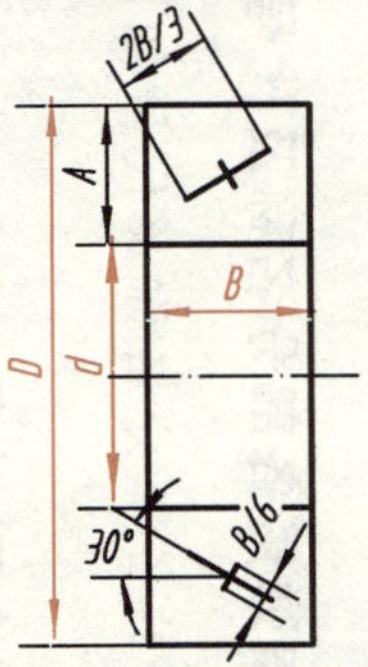	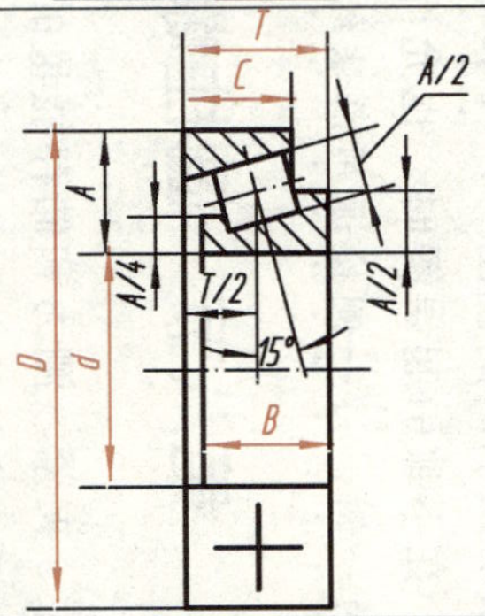	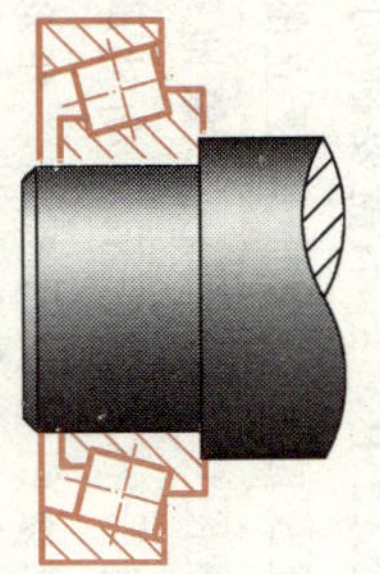
推力球轴承（GB/T 28679—2012）	D d T		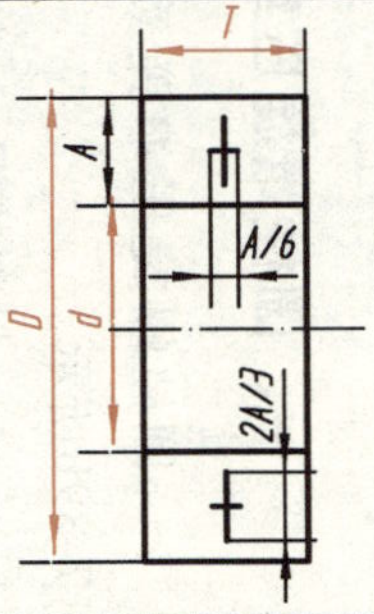	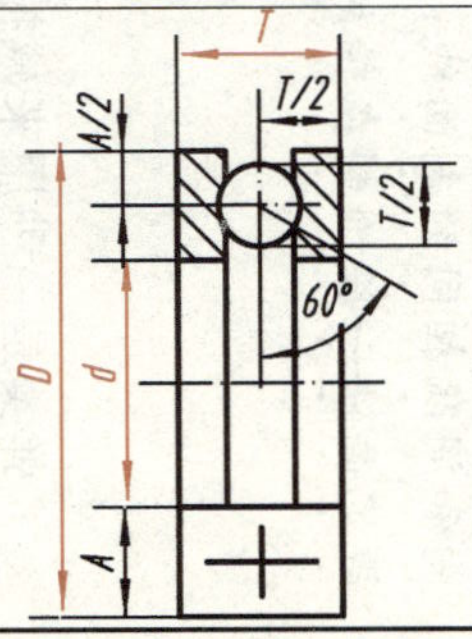	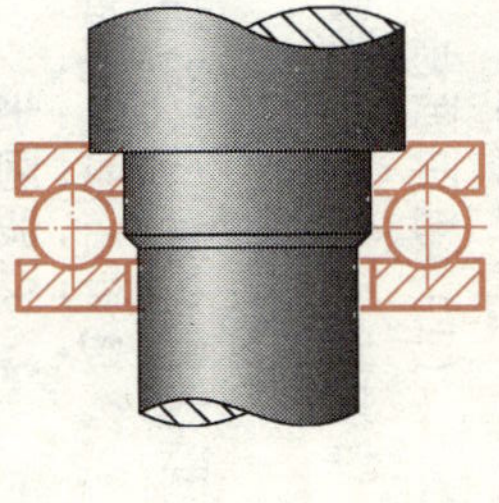

1. 简化画法

（1）通用画法。在剖视图中，当不需要确切地表示滚动轴承的外形轮廓、载荷特征、结构特征时，可用矩形线框及位于线框中央正立的十字形符号表示滚动轴承。

（2）特征画法。在剖视图中，如需较形象地表示滚动轴承的结构特征时，可采用在矩形线框内画出其结构要素符号的方法表示滚动轴承。

通用画法和特征画法应绘制在轴的两侧。矩形线框、符号和轮廓线均用粗实线绘制。

2. 规定画法

必要时，在滚动轴承的产品图样、产品样本和产品标准中，采用规定画法表示滚动轴承。采用规定画法绘制滚动轴承的剖视图时，轴承的滚动体不画剖面线，其内外圈可画成方向和间隔相同的剖面线；在不致引起误解时，也允许省略不画。滚动轴承的倒角省略不画。规定画法一般绘制在轴的一侧，另一侧按通用画法绘制。

第八节　圆柱螺旋弹簧

弹簧是一种用来减振、夹紧、测力和储存能量的零件。它的特点是在弹性限度内，受外力作用而变形，去掉外力后，弹簧能立即恢复原状。弹簧的种类很多，用途较广。

圆柱螺旋弹簧是由金属丝绕制而成的，根据用途不同可分为压缩弹簧（Y型）、拉力弹簧（L型）和扭力弹簧（N型）三种形式，如图7-38所示。

一、圆柱螺旋压缩弹簧各部分名称及代号

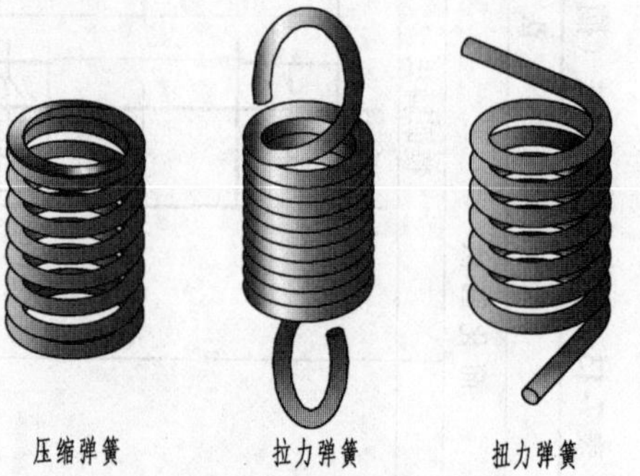

图7-38　圆柱螺旋弹簧

圆柱螺旋压缩弹簧的各部分名称及代号如图7-39b所示。

（1）材料直径 d。弹簧钢丝直径。

（2）中径 D。弹簧的平均直径，也是规格直径：$D=(D_2+D_1)/2=D_1+d=D_2-d$。

（3）内径 D_1。弹簧的最小直径。

（4）外径 D_2。弹簧的最大直径。

（5）节距 t。除支承圈外，相邻两有效圈上对应点之间的轴向距离。一般 $t=(D_2/3)\sim(D_2/2)$。

（6）有效圈数 n、支承圈数 n_2 和总圈数 n_1。为了使螺旋压缩弹簧工作时受力均匀，保证轴线垂直于支承端面，两端常并紧且磨平。并紧且磨平的圈数仅起支承作用，称为支承圈。支承圈数 $n_2=2.5$ 用得较多，即两端各并紧 $1\frac{1}{4}$ 圈。具有相等节距的圈数称为有效圈数，有效圈数 n 与支承圈数 n_2 之和称为总圈数 n_1，即 $n_1=n+n_2$。

（7）自由高度（或长度）H_0。弹簧在不受外力时的高度（或长度），即 $H_0=nt+2d$。

（8）弹簧展开长度 L。制造弹簧时簧丝的长度，$L\approx\pi Dn_1$

二、圆柱螺旋压缩弹簧的画法

1. 规定画法

（1）圆柱螺旋弹簧在平行于轴线的投影面上的投影，其各圈的外形轮廓应画成直线。

（2）有效圈数在四圈以上的螺旋弹簧，允许每端只画两圈（不包括支承圈），中间各圈可省略不画，只画通过簧丝断面中心的两条细点画线。当中间部分省略后，也可适当地缩短图形的长（高）度，如图 7-39a、b 所示。

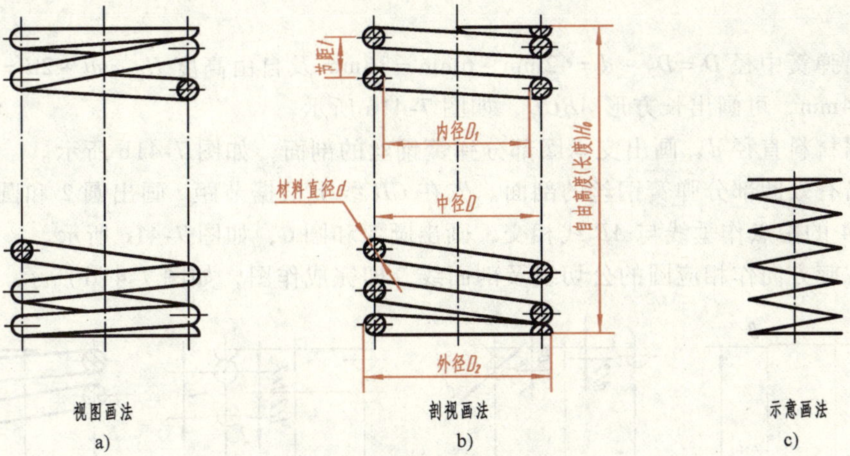

图 7-39　圆柱螺旋弹簧的规定画法

（3）在装配图中，弹簧中间各圈采取省略画法后，弹簧后面被挡住的零件轮廓不必画出，如图 7-40a、b 所示。

（4）当材料直径在图上小于或等于 2 时，可采用示意画法，如图 7-39c、图 7-40c 所示。如果是断面，可以涂黑表示，如图 7-40b 所示。

（5）右旋弹簧或旋向不作规定的螺旋弹簧，在图上画成右旋。左旋弹簧允许画成右旋，但左旋弹簧不论画成左旋还是右旋，一律要加注“LH”。

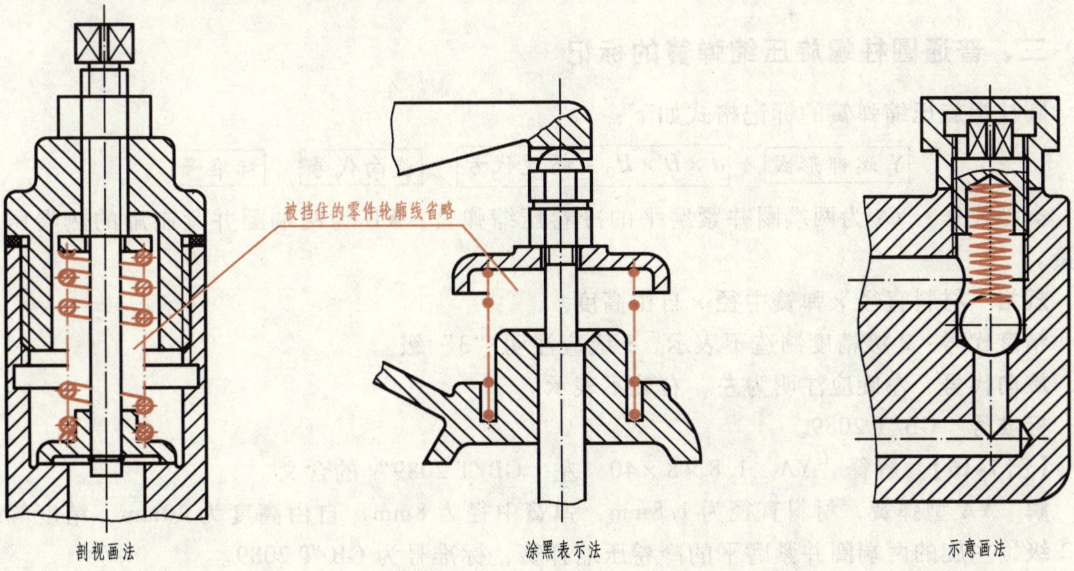

图 7-40　弹簧在装配图中的画法

2. 螺旋压缩弹簧的作图步骤

螺旋压缩弹簧如要求两端常并紧且磨平时，不论支承圈的圈数多少或末端贴紧情况如何，其视图、剖视图或示意图均按图 7-39 所示绘制。

【例 7-15】 已知螺旋压缩弹簧的材料直径 $d=6$mm，弹簧外径 $D_2=42$mm，节距 $t=12$mm，有效圈数 $n=6$，支承圈数 $n_2=2.5$，右旋，试画出螺旋压缩弹簧的剖视图。

作图

① 算出弹簧中径 $D=D_2-d=42\text{mm}-6\text{mm}=36\text{mm}$ 及自由高度 $H_0=nt+2d=6\times12\text{mm}+2\times6\text{mm}=84\text{mm}$，可画出长方形 $ABCD$，如图 7-41a 所示。

② 根据材料直径 d，画出支承圈部分弹簧钢丝的剖面，如图 7-41b 所示。

③ 画出有效圈部分弹簧钢丝的剖面。先在 CD 线上根据节距 t 画出圆 2 和圆 3；然后从 1、2 和 3、4 的中点作垂线与 AB 线相交，画出圆 5 和圆 6，如图 7-41c 所示。

④ 按右旋方向作相应圆的公切线及剖面线，即完成作图，如图 7-41d 所示。

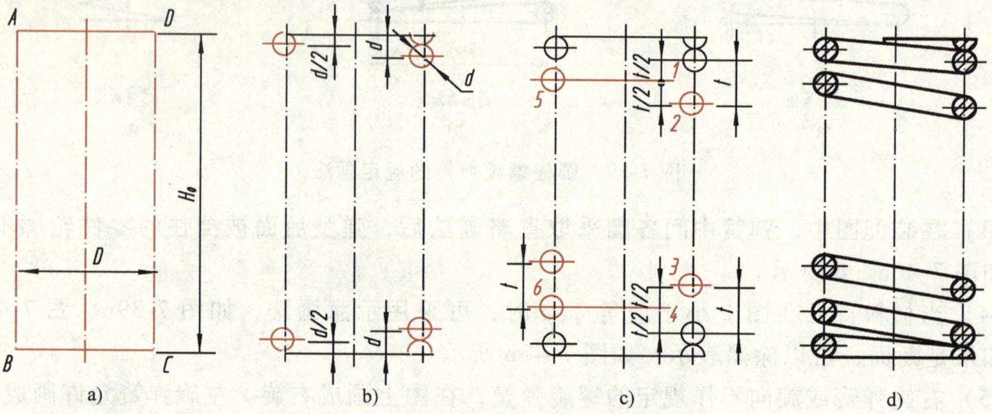

图 7-41 圆柱螺旋压缩弹簧的作图步骤

三、普通圆柱螺旋压缩弹簧的标记

圆柱螺旋压缩弹簧的标记格式如下：

| Y 端部形式 | $d\times D\times H_0$ - 精度代号 | 旋向代号 | 标准号 |

类型代号 YA 为两端圈并紧磨平的冷卷压缩弹簧；YB 为两端圈并紧制扁的热卷压缩弹簧。

规格 材料直径×弹簧中径×自由高度。

精度代号 2 级精度制造不表示，3 级应注明“3”级。

旋向代号 左旋应注明为左，右旋不表示。

标准号 GB/T 2089。

【例 7-16】 解释“YA 1.8×8×40 左 GB/T 2089”的含义。

解 YA 型弹簧，材料直径为 1.8mm，弹簧中径为 8mm，自由高度为 40mm，精度等级为 2 级，左旋的两端圈并紧磨平的冷卷压缩弹簧，标准号为 GB/T 2089。

第八章 零件图

8

教学提示

（1）基本掌握轴（套）类、轮盘类、叉架类及箱体类等典型零件的结构特点和表达方法。

（2）基本掌握尺寸基准的选择和标注尺寸的基本要求，能正确标注零件图中的尺寸。

（3）基本掌握表面粗糙度的表示法。基本掌握极限与配合的概念及查表计算方法，并在零件图中正确标注。了解几何公差代号的含义及识读方法。

（4）了解零件上常见的工艺结构，掌握零件测绘的方法、步骤，能绘制出基本符合生产要求的零件图。

（5）掌握读零件图的方法，能读懂中等复杂程度的零件图。

第一节 零件图的作用和内容

一、零件图的作用

任何机器或部件都是由若干零件按一定的装配关系和技术要求组装而成的，因此零件是组成机器或部件的基本单位。制造机器时，先根据零件图制造出全部零件，再按装配图要求将零件装配成机器或部件。

表示零件结构、大小及技术要求的图样称为零件图。零件图是制造和检验零件的依据，是组织生产的主要技术文件之一。

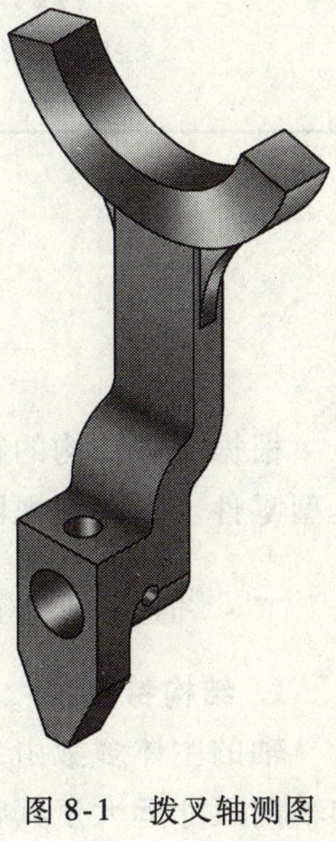

图 8-1 拨叉轴测图

二、零件图的内容

图 8-1 所示为拨叉的轴测图，其零件图如图 8-2 所示。从图中可以看出，一张完整的零件图包括以下四方面内容。

（1）一组图形。用一定数量的视图、剖视图、断面图、局部放大图等，完整、清晰地表达零件的结构形状。如图 8-2 所示，用两个基本视图（其中主视图采用局部剖视）、一个移出断面表达拨叉的结构形状。

（2）一组尺寸。正确、完整、清晰、合理地标注出组成零件各形体的大小及其相对位置尺寸，即提供制造和检验零件所需的全部尺寸。

（3）技术要求。将制造零件应达到的质量要求（如表面粗糙度、极限与配合、几何公差、热处理及表面处理等），用规定的代（符）

号、数字、字母或文字，准确、简明地表示出来。不便于用代（符）号标注在图样中的技术要求，可用文字注写在标题栏的上方或左侧，如图8-2所示。

（4）标题栏。在图样的右下角绘有标题栏，填写零件的名称、数量、质量、材料、比例、图号，以及设计、绘图人员的签名、日期等。

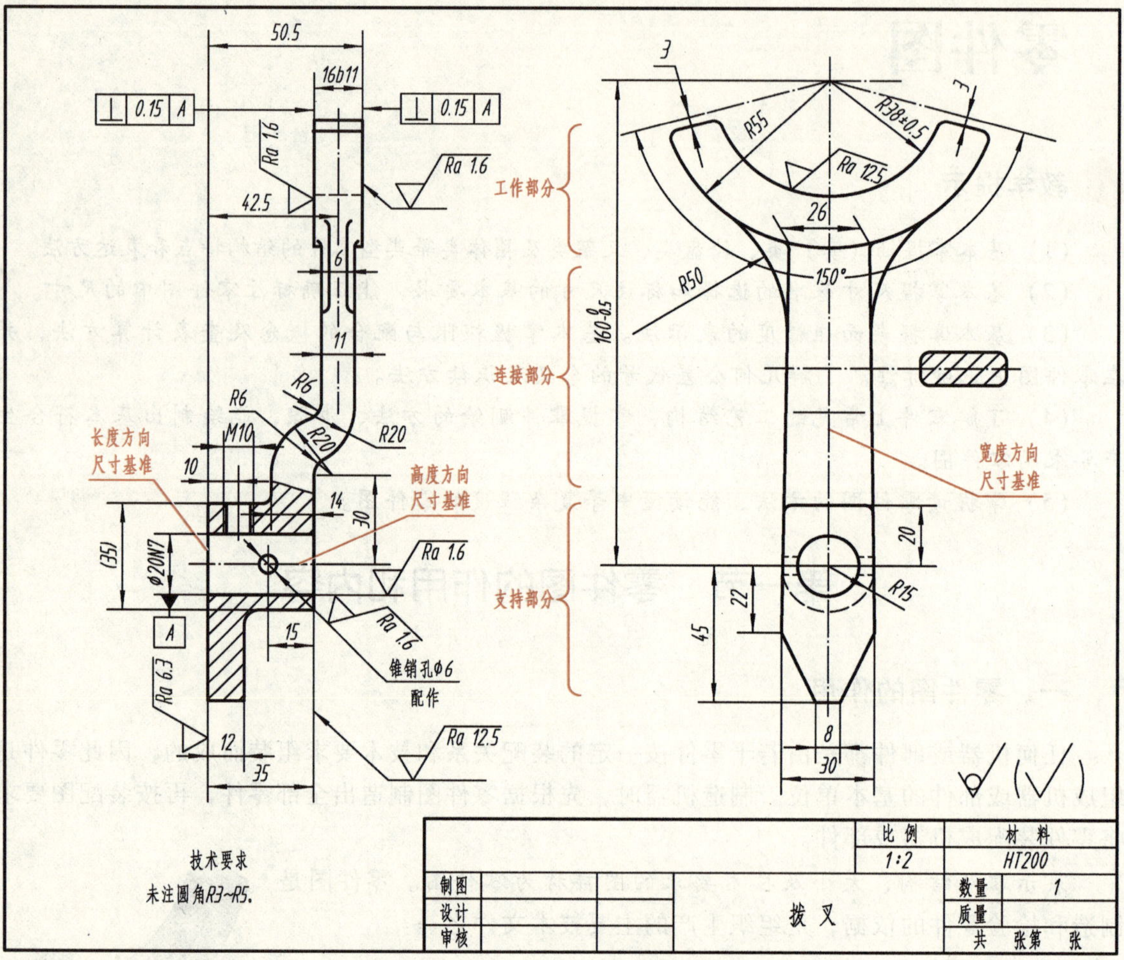

图8-2 拨叉零件图

第二节 典型零件的表达方法

根据零件结构的特点和用途，大致可分为轴（套）类、轮盘类、叉架类和箱体类四类典型零件。它们在视图表达方面虽有共同原则，但各有不同特点。

一、轴（套）类零件

1. 结构特点

轴的主体多数由几段直径不同的圆柱、圆锥体所组成，构成阶梯状。轴（套）类零件的轴向尺寸远大于其径向尺寸。轴上常加工有键槽、螺纹、挡圈槽、倒角、退刀槽、中心孔等结构，如图 8-3 所示。倒角、退刀槽、中心孔等尺寸参见附录 D。

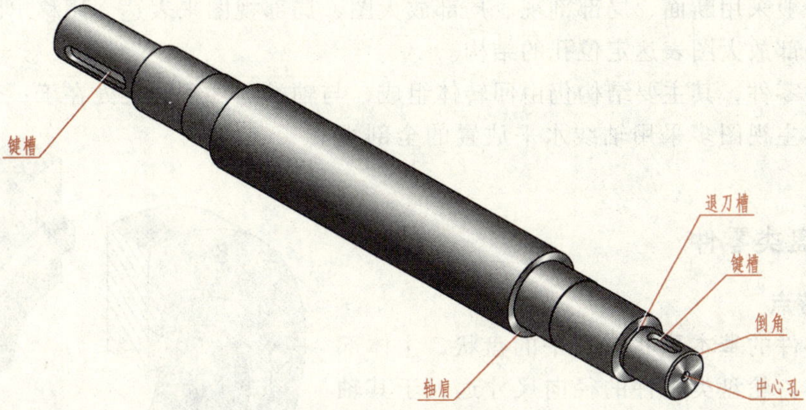

图 8-3 轴的结构

为了传递动力，轴上装有齿轮、带轮等，利用键来联结，因此轴上有键槽；为了便于轴上各零件的安装，在轴端车有倒角；轴的中心孔是供加工时装夹和定位用的。这些局部结构主要是为了满足设计要求和工艺要求。

2. 常用的表达方法

为了加工时看图方便，轴类零件的主视图按加工位置选择，一般将轴线水平放置，垂直轴线方向作为主视图的投射方向，使它符合车削和磨削的加工位置，如图 8-4 所示。主视图

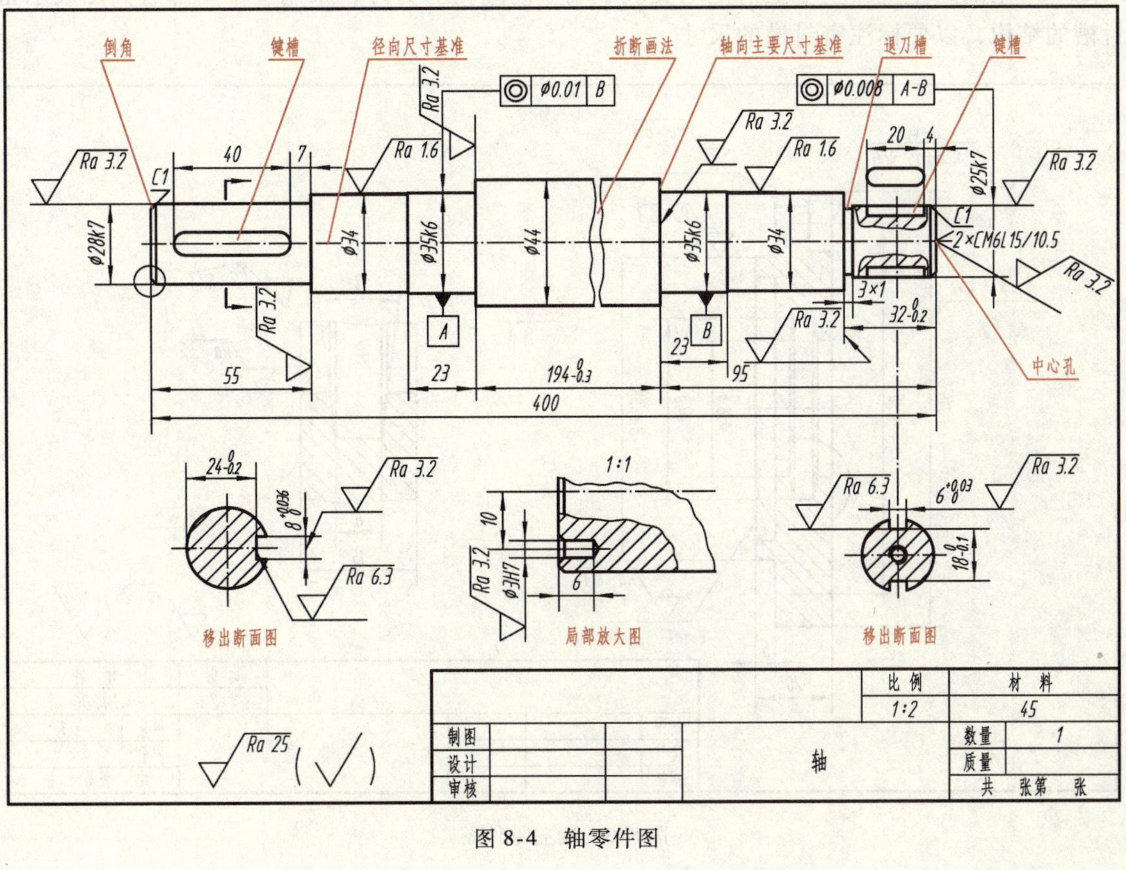

图 8-4 轴零件图

清楚地反映了阶梯轴的各段形状及相对位置，也反映了轴上各种局部结构的轴向位置。轴上的局部结构一般采用断面、局部剖视、局部放大图、局部视图来表达。用移出断面反映键槽的深度，用局部放大图表达定位孔的结构。

关于套类零件，其主要结构仍由回转体组成，与轴类零件不同之处在于：套类零件是空心的，因此其主视图多采用轴线水平放置的全剖视表示。

二、轮盘类零件

1. 结构特点

轮盘类零件的基本形状是扁平的盘状，主体部分多为回转体。轮盘类零件的径向尺寸远大于其轴向尺寸，如图 8-5 所示。轮盘类零件大部分是铸件，如各种齿轮、带轮、手轮、减速器的一些端盖、齿轮泵的泵盖等都属于这类零件。

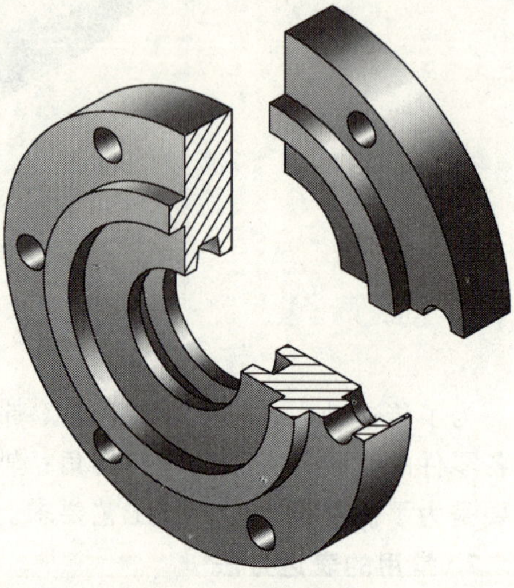

图 8-5　端盖轴测剖视图

2. 常用的表达方法

根据轮盘类零件的结构特点，主要加工表面以车削为主，因此在表达这类零件时，其主视图经常是将轴线水平放置，并作全剖视。如图 8-6 所示，采用一个全剖的主视图基本上清楚地反映了端盖的结构。另外，采用一个局部放大图表示密封槽的结构，以便标注密封槽的尺寸。

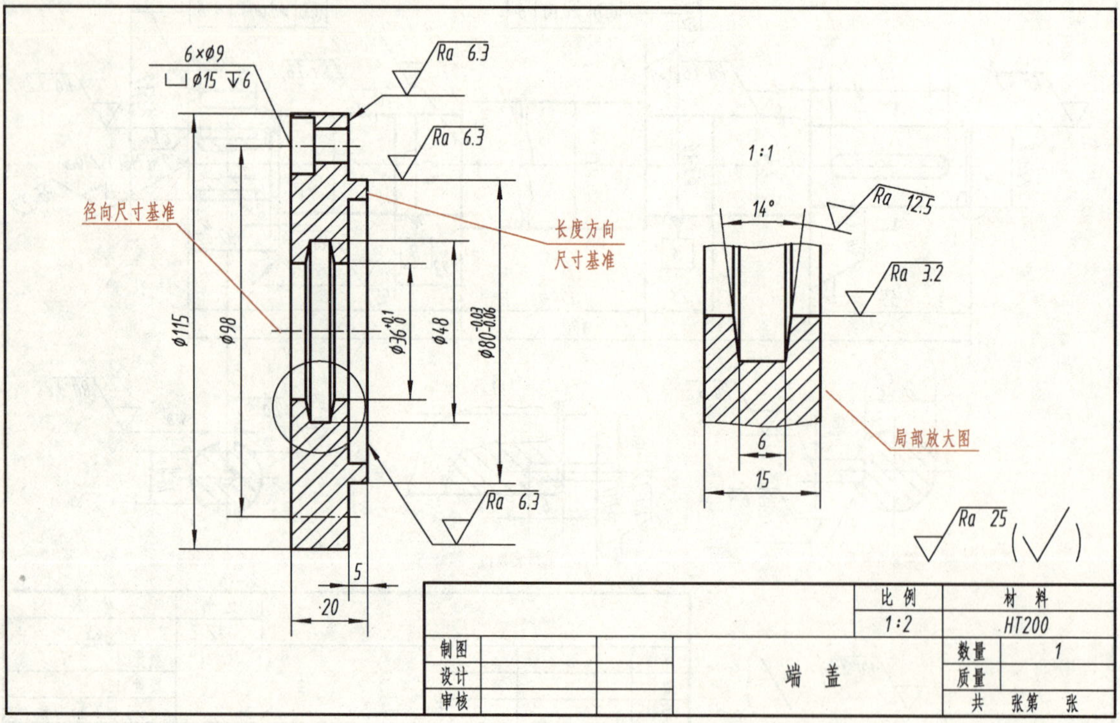

图 8-6　端盖零件图

三、叉架类零件

1. 结构特点

叉架类零件包括拨叉、支架、连杆等零件。叉架类零件一般由三部分构成，即支持部分、工作部分和连接部分。连接部分多是肋板结构，且形状弯曲、扭斜的较多。支持部分和工作部分细部结构也较多，如圆孔、螺孔、油槽、油孔等，如图 8-1 所示。这类零件，多数形状不规则，结构比较复杂，毛坯多为铸件，需经多道工序加工制成。

2. 常用的表达方法

由于叉架类零件加工工序较多，其加工位置经常变化，因此选主视图时，主要考虑零件的形状特征和工作位置。叉架类零件常需要两个或两个以上的基本视图。为了表达零件上的弯曲或扭斜结构，还要选用斜视图、单一斜剖切面剖切的全剖视图、断面和局部视图等表达方法。

画图时，一般把零件主要轮廓放成垂直或水平位置。图 8-2 所示是将拨叉竖立放置时的零件图。拨叉的套筒部分内部有孔，在主视图上采用局部剖视表达较为合适。左视图着重表示了叉、套筒的形状和弯杆的宽度，并用移出断面表示弯杆的断面形状。

四、箱体类零件

1. 结构特点

箱体类零件主要用来支承和包容其他零件，其内外结构都比较复杂，一般为铸件，如图 8-7 所示。泵体、阀体、减速器的箱体等都属于这类零件。

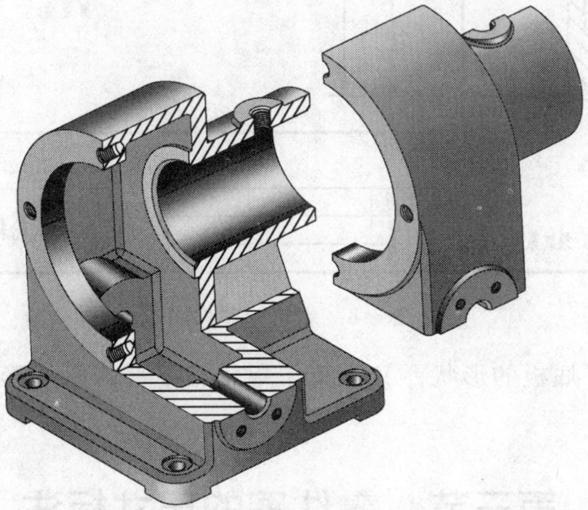

图 8-7 蜗轮箱轴测剖视图

2. 常用的表达方法

由于箱体类零件形状复杂，加工工序较多，加工位置不尽相同，但箱体在机器中的工作位置是固定的。因此，箱体的主视图常常按工作位置及形状特征来选择，并且为了清晰地表达内部结构，常采用剖视的方法。

图 8-8 所示是蜗轮箱零件图，采用了三个基本视图。主视图采用全剖视，重点表达其内部结构；左视图内外兼顾，采用了半剖视，并采用局部剖视表达了底板上安装孔的结构；而

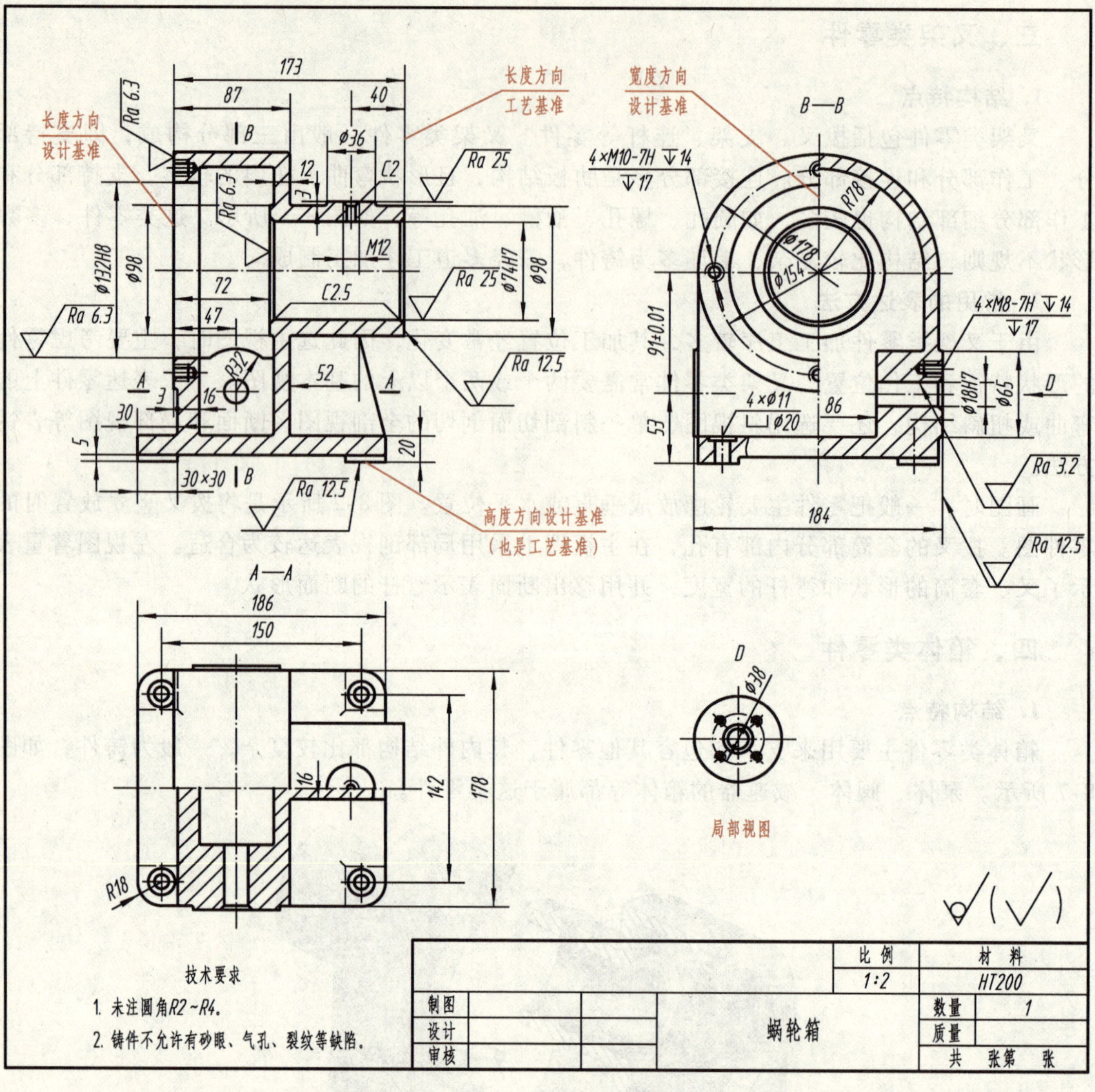

图 8-8 蜗轮箱零件图

A—*A* 半剖视图既表达了底板的形状，又反映了蜗轮箱下部的断面形状和外形，显然比画出俯视图的表达效果要好。

第三节 零件图的尺寸标注

零件图中的尺寸是制造、检验零件的重要依据，生产中要求零件图中的尺寸不允许有任何差错。在零件图上标注尺寸，除要求正确、完整和清晰外，还应考虑合理性，既要满足设计要求，又要便于加工、测量。

一、正确地选择尺寸基准

要合理标注尺寸，必须恰当地选择尺寸基准，即尺寸基准的选择应符合零件的设计要求并便于加工和测量。零件的底面、端面、对称面、主要的轴线、中心线等都可作为基准。

1. 设计基准和工艺基准

根据机器的结构和设计要求用以确定零件在机器中位置的一些面、线、点称为设计基准。根据零件加工制造、测量和检验等工艺要求所选定的一些面、线、点称为工艺基准。

(1) 设计基准。如图 8-8 所示，ϕ18H7 孔的高度是影响蜗轮减速器工作性能的功能尺寸，其轴线高（53）以底面为基准，以保证轴孔到底面的高度。其他高度方向的尺寸，如 5、20 均以底面为基准。蜗轮箱宽度方向的定位尺寸均以蜗轮箱的前后对称面为基准，以保证蜗轮箱外形及内腔的对称关系，如图中尺寸 184、86、142、178、R78、ϕ154、ϕ178 等。蜗轮箱底面和前后对称面都是满足设计要求的基准，是设计基准。

(2) 工艺基准。蜗轮箱上方 M12 螺纹孔的定位尺寸，若以蜗轮箱的左端为基准标注，就不易测量和加工。应以右端面为基准标注尺寸 40，测量和加工都方便，故右端面是工艺基准。

标注尺寸时，应尽量使设计基准与工艺基准重合，使尺寸既能满足设计要求，又能满足工艺要求。蜗轮箱底面是设计基准，加工时又是工艺基准。二者不能重合时，主要尺寸应从设计基准出发标注。

2. 主要基准与辅助基准

(1) 主要基准。每个零件都有长、宽、高三个方向的尺寸，每个方向至少有一个尺寸基准，且都有一个主要基准，即决定零件主要尺寸的基准。如图 8-8 中蜗轮箱底面为高度方向的主要基准，左端面为长度方向的主要基准，前后对称面为宽度方向的主要基准。

(2) 辅助基准。为了便于加工和测量，通常还附加一些尺寸基准，这些除主要基准外另选的基准为辅助基准。辅助基准必须有尺寸与主要基准相联系。如蜗轮箱长度方向的主要基准是左端面，右端面为辅助基准（工艺基准），辅助基准与主要基准之间的联系尺寸为 173。

二、标注尺寸应注意的几个问题

1. 功能尺寸应直接标注

为保证设计的精度要求，功能尺寸应直接注出。图 8-9a 所示的装配图表明了零件凸块与凹槽之间的配合要求。如图 8-9b 所示，在零件图中直接注出功能尺寸 $20^{-0.020}_{-0.041}$ 和 $20^{+0.033}_{0}$，以

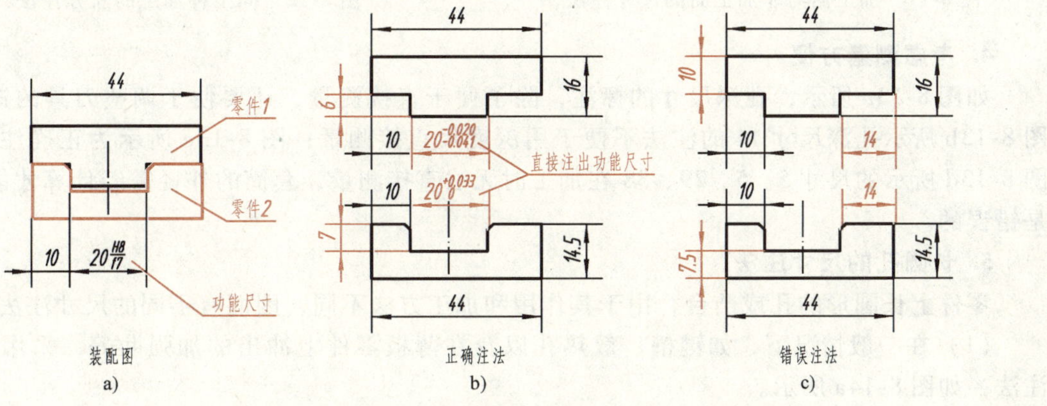

图 8-9 直接注出功能尺寸

及6、7，能保证两零件的配合要求。而图 8-9c 所示的尺寸需经计算得出，是错误的。

2. 避免注成封闭的尺寸链

如图 8-10a 所示，阶梯轴长度方向的尺寸 a、b、c、d 首尾相连，构成一个封闭的尺寸链。因为封闭尺寸链中每个尺寸的尺寸精度都受链中其他各尺寸误差的影响（即 $b+c+d \neq a$），加工时很难保证总长尺寸 a 的尺寸精度。所以，在这种情况下，应当挑选一个不重要的尺寸空出不注（称为开口环），以使尺寸误差累积于此，如图 8-10b 所示。

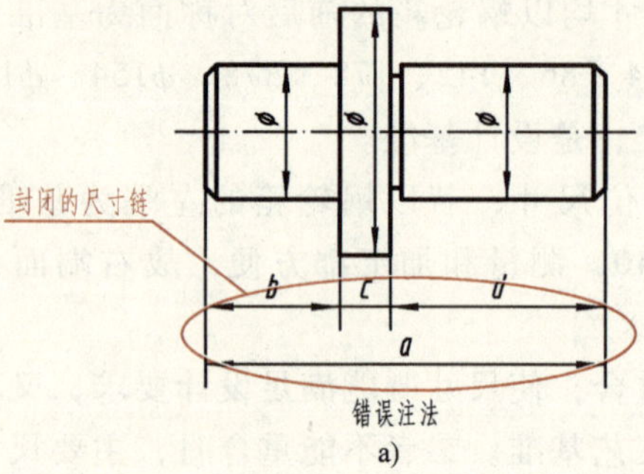

图 8-10 避免注成封闭的尺寸链

3. 应考虑加工方法，符合加工顺序

为便于不同工种的工人看图，应将零件上的加工面与非加工面尺寸尽量分别注在图形的两边，如图 8-11 所示。对同一工种加工的尺寸，要适当集中标注，以便加工时查找，如图 8-12 所示。

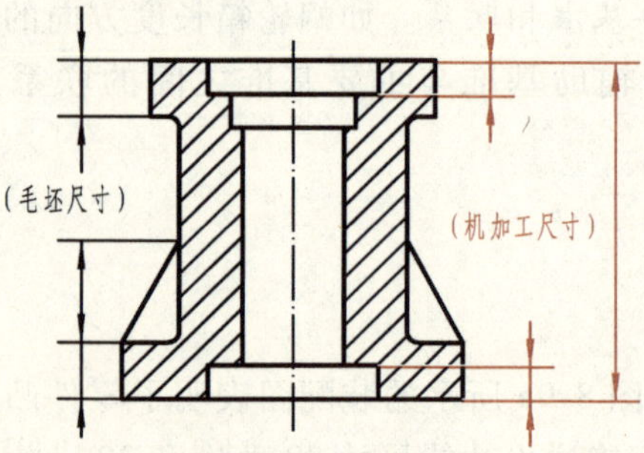

图 8-11 加工面与非加工面的尺寸注法

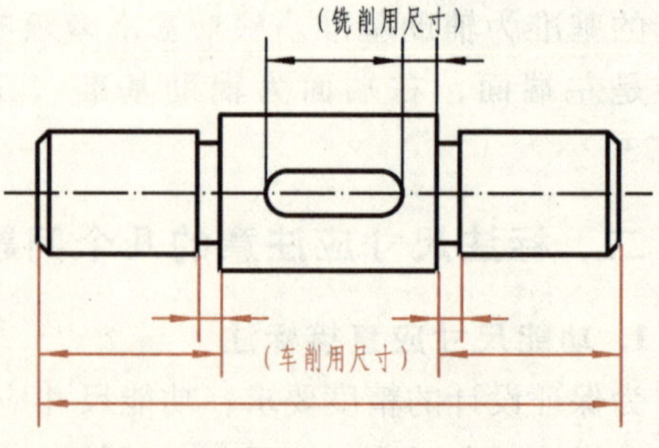

图 8-12 同工种加工的尺寸注法

4. 考虑测量方便

如图 8-13a 所示，孔深尺寸的标注，除了便于直接测量，还要便于调整刀具的进给量。图 8-13b 所示孔深尺寸 14 的注法不便于用深度尺直接测量；图 8-13c 所示为正确注法，而图 8-13d 所示的尺寸 5、5、29、38 在加工时无法直接测量，套筒的外径需经计算才能得出，是错误的。

5. 长圆孔的尺寸注法

零件上长圆形的孔或凸台，由于其作用和加工方法不同，因而有不同的尺寸注法。

（1）在一般情况下，如键槽、散热孔以及在薄板零件上冲出的加强肋等，采用第一种注法，如图 8-14a 所示。

（2）当长圆孔用于装入螺栓时，中心距就是允许螺栓变动的距离，也是钻孔的定位尺

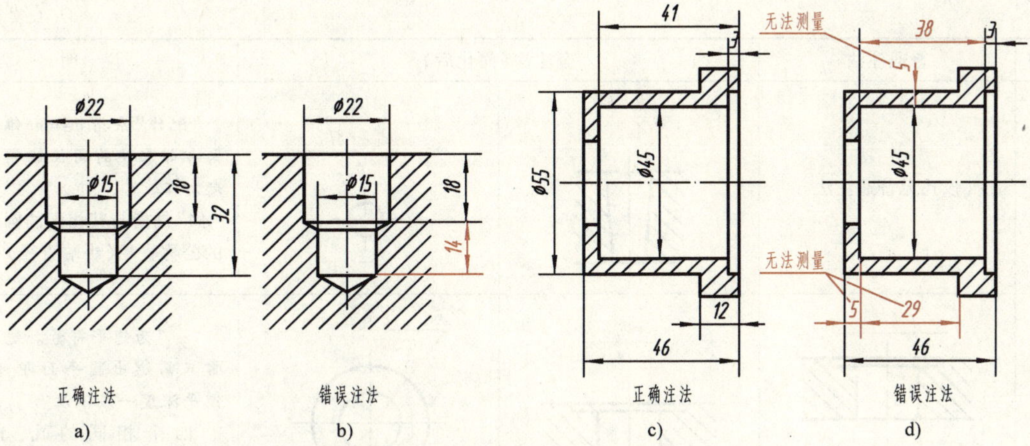

图 8-13　标注尺寸应便于测量

寸，采用第二种注法，如图 8-14b 所示。

（3）在特殊情况下，可采用特殊注法，此时宽度“8”与半径“$R4$”不认为是重复尺寸，如图 8-14c 所示。

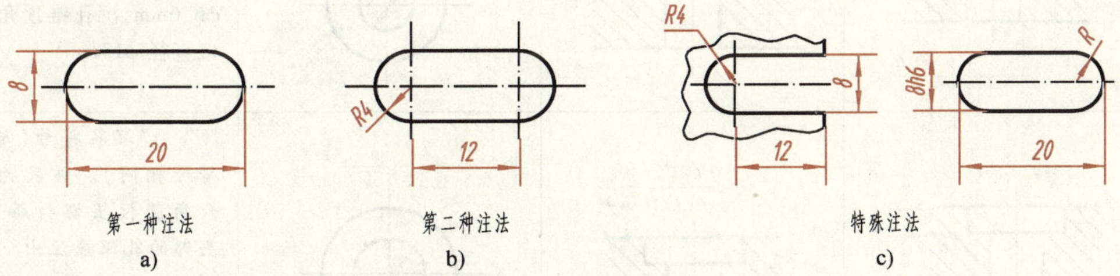

图 8-14　长圆孔尺寸的注法

三、零件上常见孔的尺寸标注

零件上常见的销孔、锪平孔、沉孔、螺蚊孔等结构，可参照表 8-1 标注尺寸。它们的尺寸标注分为普通注法和旁注法，这两种注法为同一结构的两种注写形式。

表 8-1　零件上常见孔的简化注法

类型	普通注法	旁注法（简化后）		说　明
光	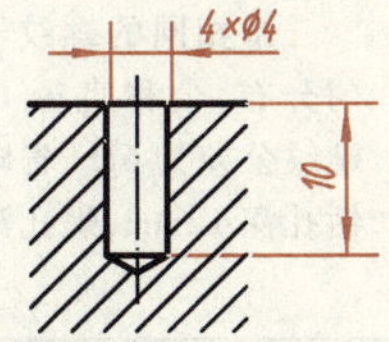	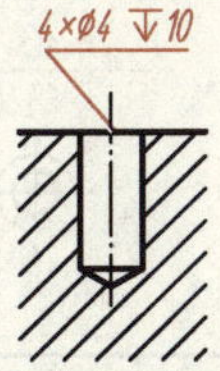	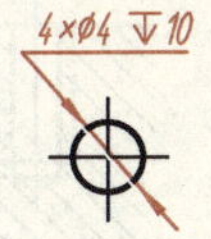	“↧”为深度符号 四个相同的孔，直径 ϕ4mm，孔深 10mm
孔	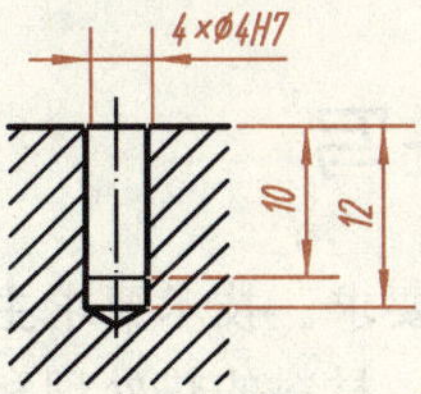	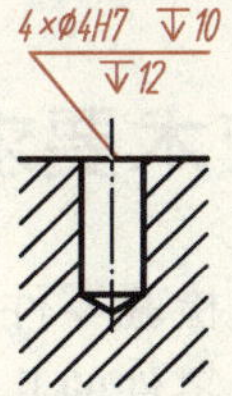	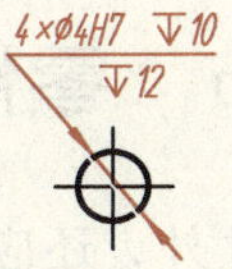	四个相同的孔，直径 ϕ4mm，钻孔深度为 12mm，钻孔后需精加工至 ϕ4H7，深度为 10mm

（续）

<table>
<tr><th>类型</th><th>普通注法</th><th colspan="2">旁注法（简化后）</th><th>说明</th></tr>
<tr><td>光孔</td><td>（该孔无普通注法）</td><td>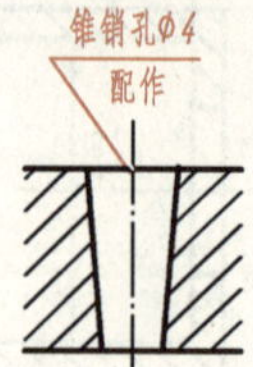</td><td></td><td>“配作”系指 ϕ4mm 锥销孔与相邻零件的同位锥销孔一起加工
“ϕ4”是指与其相配的圆锥销的公称直径（小端直径）</td></tr>
<tr><td>锪孔</td><td>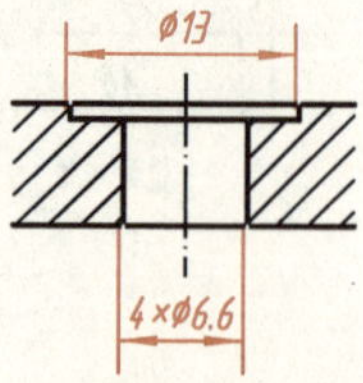</td><td>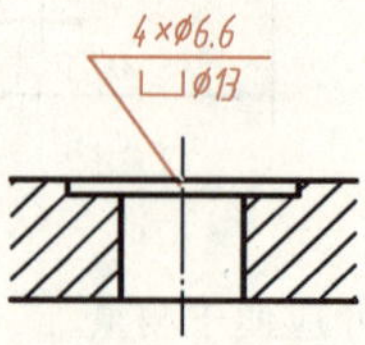</td><td>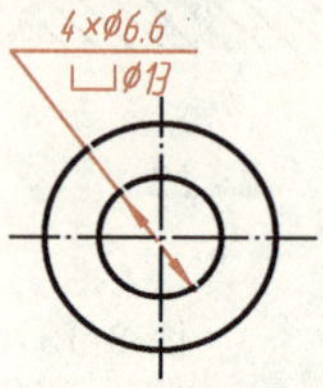</td><td>“⌴”为锪平符号。锪孔通常只需锪出圆平面即可，故锪平深度一般不注
四个相同的孔，直径 ϕ6.6mm，锪平直径 ϕ13mm</td></tr>
<tr><td rowspan="2">沉孔</td><td>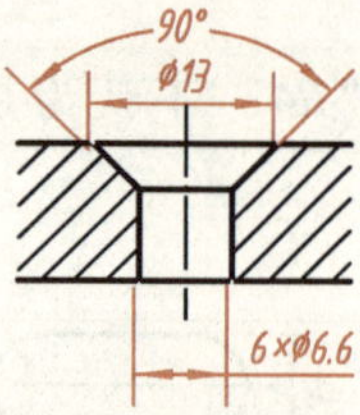</td><td>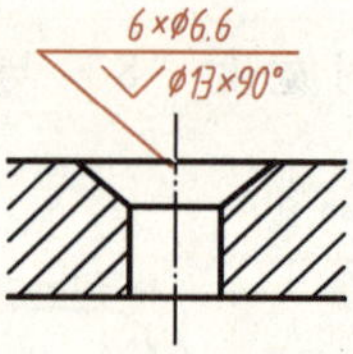</td><td>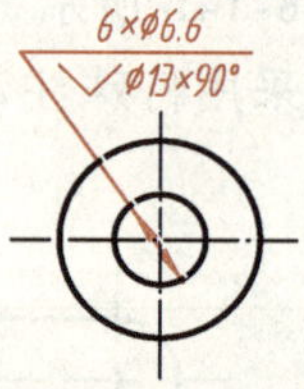</td><td>“⌵”为埋头孔符号。该孔为安装开槽沉头螺钉所用
六个相同的孔，直径 ϕ6.6mm，沉孔锥顶角 90°，大口直径 ϕ13mm</td></tr>
<tr><td>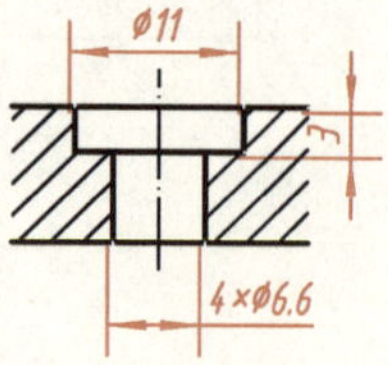</td><td>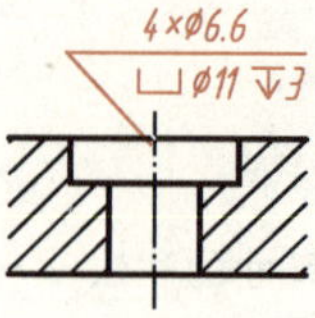</td><td>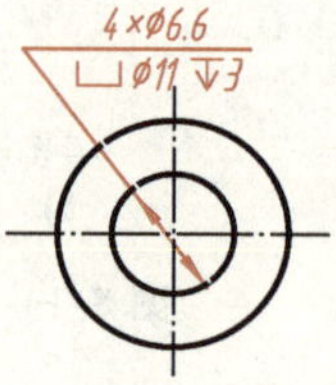</td><td>“⌴”沉孔符号（与锪平孔符号相同）。该孔为安装内六角圆柱头螺钉所用，承装头部的孔深应注出
四个相同的孔，直径 ϕ6.6mm，柱形沉孔直径 ϕ11mm，沉孔深 3mm</td></tr>
<tr><td rowspan="2">螺纹孔</td><td>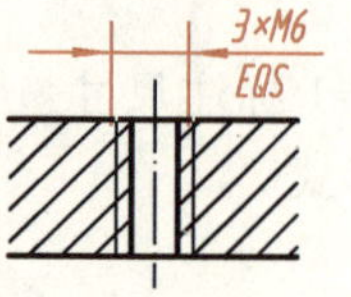</td><td>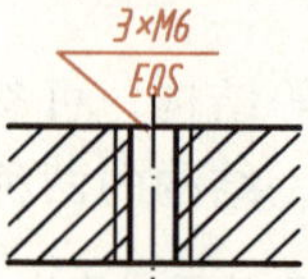</td><td></td><td>“EQS”为均布孔的缩写词
三个相同的螺纹通孔均匀分布，公称直径 D=6mm，螺纹公差为6H（省略未注）</td></tr>
<tr><td>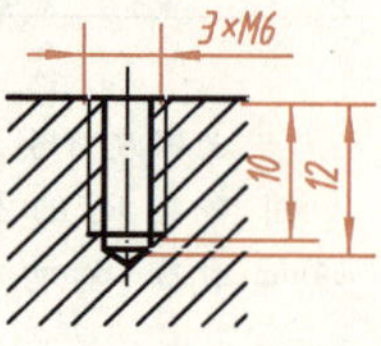</td><td>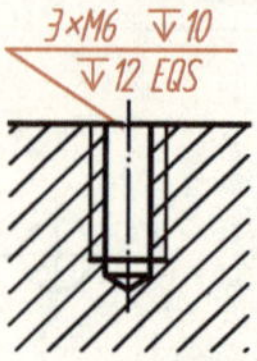</td><td>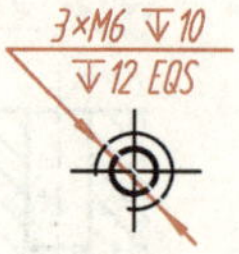</td><td>三个相同的螺纹不通孔均匀分布，公称直径 D=6mm，螺纹公差为6H（省略未注），钻孔深 12mm，螺孔深 10mm</td></tr>
</table>

第四节　零件图上技术要求的注写

零件图中除了图形和尺寸外，还应具备加工和检验零件的技术要求。技术要求主要是指几何精度方面的要求，如表面粗糙度、尺寸公差、零件的几何公差、材料的热处理和表面处理，以及对指定加工方法和检验的说明等。技术要求通常是用符号、代号或标记标注在图形上，或者用简明的文字注写在标题栏附近。本节就经常涉及的有关技术要求及其标注方法作简要介绍。

一、表面结构的表示法

在机械图样上，为保证零件装配后的使用要求，除了对零件各部分结构的尺寸、形状和位置给出公差要求，还要根据零件的功能需要，对零件的表面质量——表面结构提出要求。表面结构是表面粗糙度、表面波纹度、表面缺陷、表面纹理和表面几何形状的总称。表面结构的各项要求在图样上的表示法在 GB/T 131—2006 中均有具体规定。这里主要介绍常用的表面粗糙度表示法。

1. 表面粗糙度基本概念

零件在机械加工过程中，由于机床、刀具的振动，以及材料在切削时产生塑性变形、刀痕等原因，经放大后可见其加工表面是高低不平的，如图 8-15 所示。零件加工表面上具有较小间距与峰谷所组成的微观几何形状特性称为表面粗糙度。表面粗糙度与加工方法、刀具形状及进给量等各种因素都有密切的关系。

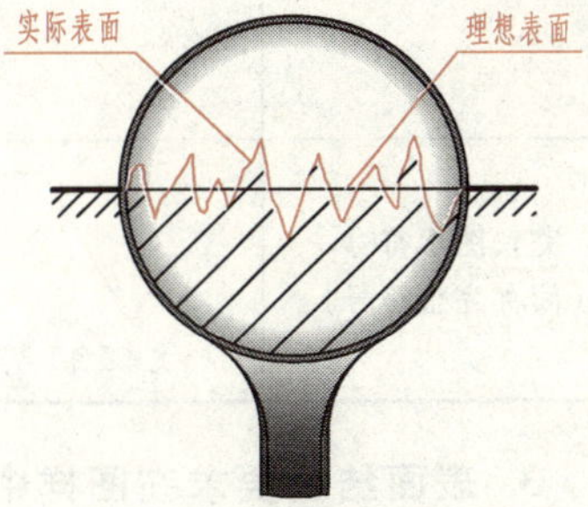

图 8-15 零件的真实表面

表面粗糙度是评定零件表面质量的一项重要技术指标，对于零件的配合、耐磨性、抗腐蚀性以及密封性等都有显著影响，是零件图中必不可少的一项技术要求。零件表面粗糙度的选用既应该满足零件表面的功用要求，又要考虑经济合理。一般情况下，凡是零件上有配合要求或有相对运动的表面，表面粗糙度值要小。表面粗糙度值越小，表面质量越高，加工成本也越高。因此，在满足使用要求的前提下，应尽量选用较大的表面粗糙度值，以降低成本。

国家标准规定评定粗糙度轮廓中的两个高度参数 *Ra* 和 *Rz*，是我国机械图样中最常用的评定参数。

（1）算术平均偏差 *Ra*，是指在一个取样长度内，纵坐标值 $Z(x)$ 绝对值的算术平均值，如图 8-16 所示。

（2）轮廓最大高度 *Rz*，是指在同一取样长度内，最大轮廓峰高和最大轮廓谷深之和的高度，如图 8-16 所示。

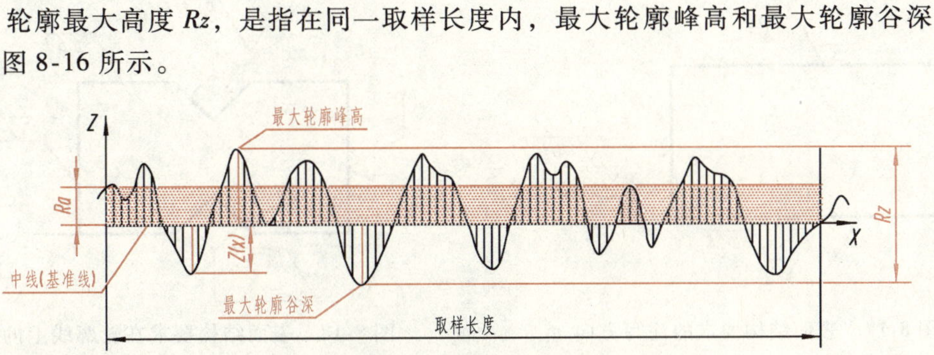

图 8-16 算术平均偏差 *Ra* 和轮廓最大高度 *Rz*

2. 表面结构的的图形符号

标注表面结构要求时的图形符号的种类、名称、尺寸及含义见表 8-2。

表 8-2　图形符号的含义

符号名称	符　　号	含　　义
基本图形符号（简称基本符号）	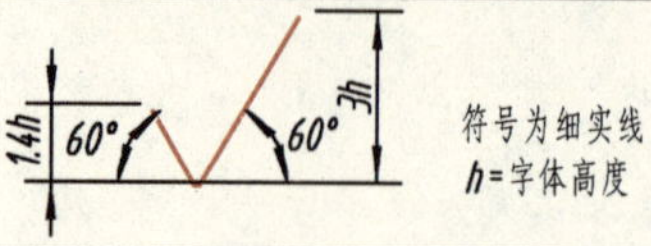	对表面结构有要求的图形符号 仅用于简化代号标注，没有补充说明时不能单独使用
扩展图形符号（简称扩展符号）		对表面结构有指定要求（去除材料）的图形符号 在基本图形符号上加一短横，表示指定表面是用去除材料的方法获得的，如通过机械加工获得的表面
		对表面结构有指定要求（不去除材料）的图形符号 在基本图形符号上加一圆圈，表示指定表面是不用去除材料的方法获得的
完整图形符号（简称完整符号）		对基本图形符号或扩展图形符号扩充后的图形符号 当要求标注表面结构特征的补充信息时，在基本图形符号或扩展图形符号的长边上加一横线

3. 表面结构要求在图样中的注法

在图样中，零件表面结构要求是用代号标注的。表面结构符号中注写了具体参数代号及数值等要求后，即称为表面结构代号。

（1）表面结构要求对每一表面一般只注一次，并尽可能注在相应的尺寸及其公差的同一视图上。除非另有说明，所标注的表面结构要求是对完工零件表面的要求。

（2）表面结构的注写和读取方向与尺寸的注写和读取方向一致，如图 8-2、图 8-4、图 8-6、图 8-8、图 8-17 所示。

（3）表面结构要求可标注在轮廓线上，其符号应从材料外指向并接触表面，如图 8-17、图 8-18 所示。必要时，表面结构也可用带箭头或黑点的指引线引出标注，如图 8-19 所示。

（4）在不致引起误解时，表面结构要求可以标注在给定的尺寸线上，如图 8-20 所示。

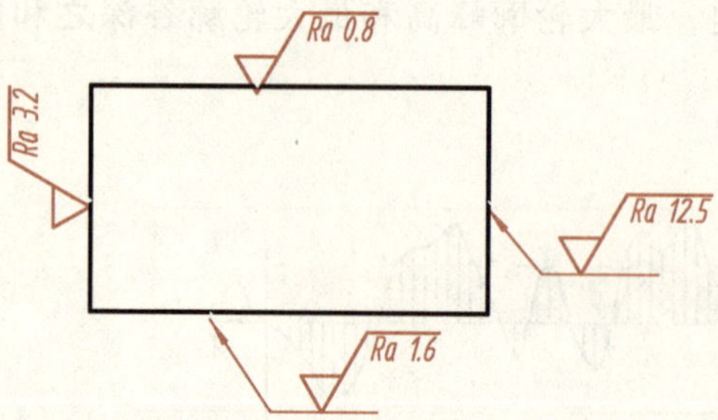

图 8-17　表面结构要求的注写方向

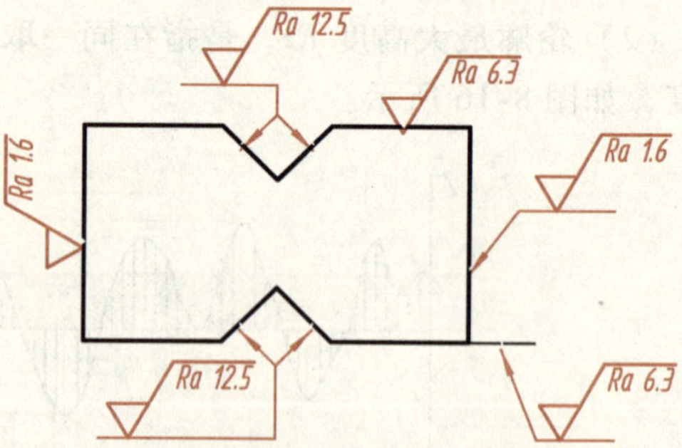

图 8-18　表面结构要求在轮廓线上的标注

（5）圆柱表面的表面结构要求只标注一次，如图 8-21 所示。

（6）表面结构要求可以直接标注在延长线上，或者用带箭头的指引线引出标注，如图 8-21、图 8-22 所示。

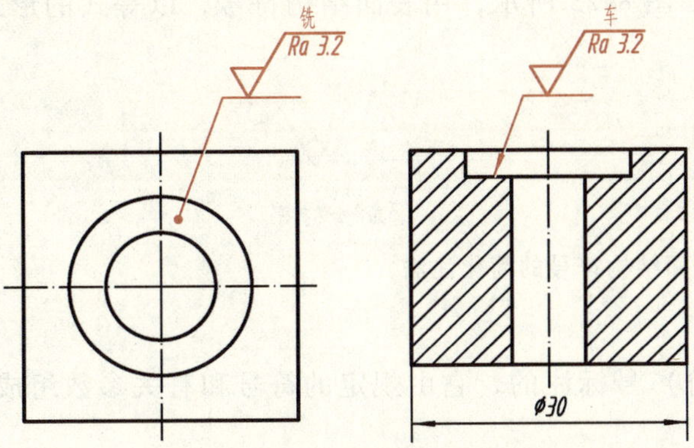

图 8-19 用指引线引出标注表面结构要求

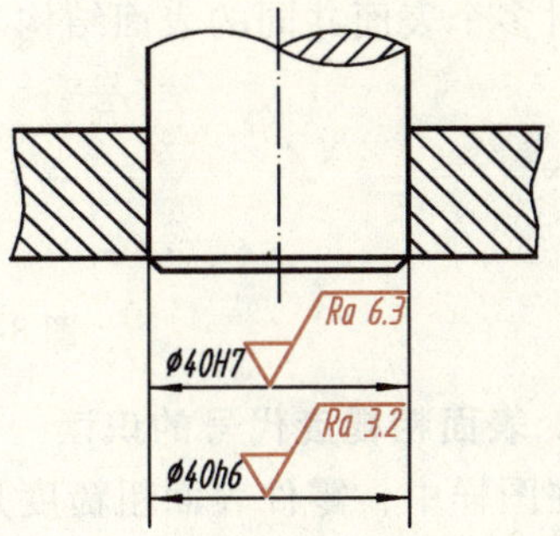

图 8-20 表面结构要求标注在尺寸线上

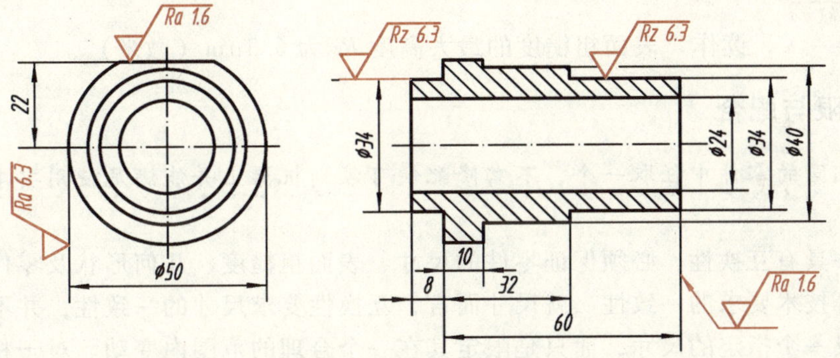

图 8-21 表面结构要求标注在圆柱特征的延长线上

4. 表面结构要求的简化注法

（1）有相同表面结构要求的简化注法。如果在工件的多数（包括全部）表面有相同的表面结构要求时，则其表面结构要求可统一标注在图样的标题栏附近。此时，表面结构要求的符号后面应有：

——在圆括号内给出无任何其他标注的基本符号，如图 8-22a 所示。

——在圆括号内给出图中已标出的几个不同的表面结构要求，如图 8-22b 所示。

不同的表面结构要求应直接标注在图形中，如图 8-22 所示。

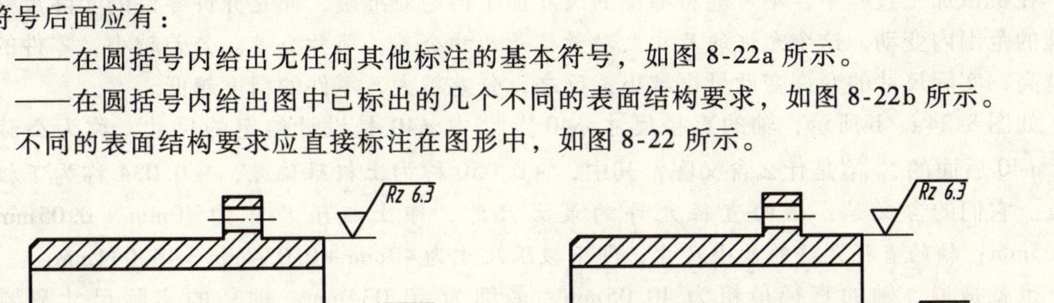

图 8-22 大多数表面有相同表面结构要求的简化注法

（2）只用表面结构符号的简化注法。如图 8-23 所示，用表面结构符号，以等式的形式给出对多个表面共同的表面结构要求。

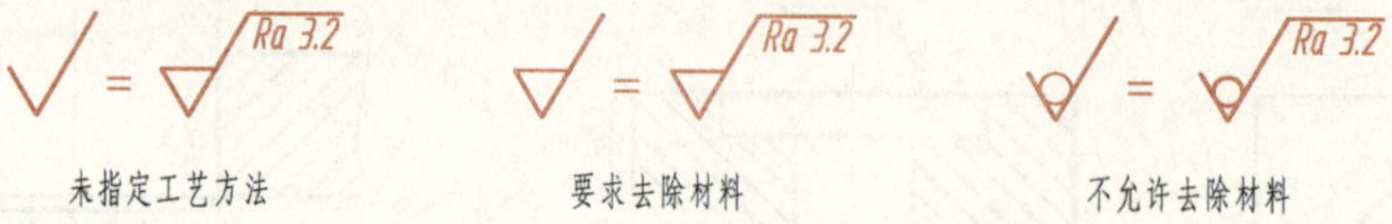

图 8-23 只用表面结构符号的简化注法

5. 表面粗糙度代号的识读

在图样中，零件表面粗糙度是用代（符）号标注的，它由规定的符号和有关参数组成。表面粗糙度代号一般按下列方式识读：

——，读作“表面粗糙度 Ra 的上限值为 3.2μm（微米）”。

——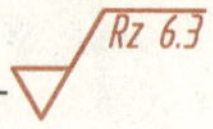，读作“表面粗糙度的最大高度 Rz 为 6.3μm（微米）”。

二、极限与配合

在一批相同的零件中任取一个，不需修配便可装到机器上并能满足使用要求的性质，称为互换性。

为使零件具有互换性，必须保证零件的尺寸、表面粗糙度、几何形状及零件上有关要素的相互位置等技术要求的一致性。就尺寸而言，互换性要求尺寸的一致性，并不是要求零件都准确地制成一个指定的尺寸，而只是限定其在一个合理的范围内变动。对于相互配合的零件，这个范围一是要求在使用和制造上是合理、经济的；再就是要求保证相互配合的尺寸之间形成一定的配合关系，以满足不同的使用要求。前者要以“公差”的标准化——极限制来解决，后者要以“配合”的标准化来解决，由此产生了“极限与配合”制度。

1. 尺寸公差与公差带

在机械加工过程中，不可能将零件的尺寸加工得绝对准确，而是允许零件的实际尺寸在合理的范围内变动。这个允许的尺寸变动量就是尺寸公差，简称公差。公差越小，零件的精度越高，实际尺寸的允许变动量也越小；反之，公差越大，零件的精度越低。

如图 8-24a、b 所示，轴的直径尺寸 $\phi40^{+0.050}_{+0.034}$ 中 $\phi40$ 是设计给定的尺寸，称为公称尺寸。$\phi40$ 后面的 $^{+0.050}_{+0.034}$ 是什么含义呢？其中，+0.050 称为上极限偏差，+0.034 称为下极限偏差。它们的含义是：轴的直径允许的最大尺寸，即上极限尺寸为 40mm + 0.05mm = 40.05mm；轴的直径允许的最小尺寸，即下极限尺寸为 40mm + 0.034mm = 40.034mm。

也就是说，轴的直径最粗为 40.05mm、最细为 40.034mm。轴径的实际尺寸只要在 ϕ40.034 ~ ϕ40.05mm 范围内，就是合格的。

由此可见，“公差 = 上极限尺寸 − 下极限尺寸”，或“公差 = 上极限偏差 − 下极限偏差”，即 40.05mm − 40.034mm = 0.016mm（或 0.05mm − 0.034mm = 0.016mm）。

上极限偏差和下极限偏差统称为极限偏差。极限偏差可以是正值、负值或零，而公差恒为正值，不能是零或负值。

在公差分析中，常把公称尺寸、极限偏差及尺寸公差之间的关系简化成公差带图，如图 8-24c 所示。在公差带图解中，由代表上、下极限偏差的两条直线所限定的一个区域称为公

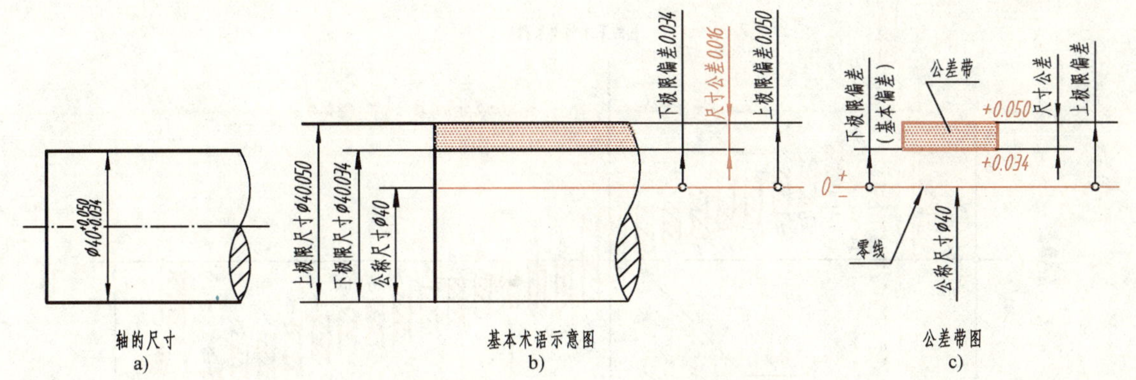

图 8-24 基本术语和公差带示意图

差带。在极限与配合图解中，表示公称尺寸的一条直线称为零线，以其为基准确定极限偏差和尺寸公差。

2. 标准公差与基本偏差

公差带由公差带大小和公差带位置两个要素来确定。

（1）标准公差。公差带大小由标准公差来确定。在公称尺寸至 500mm 内规定了标准公差分为 20 个等级，即 IT01、IT0、IT1、IT2，…，IT18。IT 代表标准公差，数字表示公差等级。IT01 公差值最小，精度最高。IT18 公差值最大，精度最低。标准公差数值可由表 C-1 中查得。

（2）基本偏差。公差带相对零线的位置由基本偏差来确定。基本偏差通常是指靠近零线的那个极限偏差，它可以是上极限偏差或下极限偏差。当公差带在零线上方时，基本偏差为下极限偏差，如图 8-24c 所示。当公差带在零线下方时，基本偏差为上极限偏差。

国家标准对孔和轴各规定了 28 个不同的基本偏差。基本偏差代号用拉丁字母表示。其中，用一个字母表示的有 21 个，用两个字母表示的有 7 个。从 26 个拉丁字母中去掉了易与其他含义相混淆的 I、L、O、Q、W（i、l、o、q、w）5 个字母。大写字母表示孔，小写字母表示轴。轴和孔的基本偏差代号与数值可由表 C-2、表 C-3 中查得。

如果基本偏差和标准公差确定了，那么，孔和轴的公差带大小和位置就确定了。

图 8-25 所示为基本偏差系列示意图，图中各公差带只表示了公差带位置，即基本偏差，另一端开口，由相应的标准公差确定。

【例 8-1】 查表确定公称尺寸为 $\phi35$、标准公差等级为 IT8 级的标准公差数值。

解 查表 C-1，找到竖列 IT8→横排“大于 30 至 50”的交点，得到其标准公差数值为 39μm。

【例 8-2】 查表确定公称尺寸为 $\phi80$、标准公差等级为 IT5 级的标准公差数值。

解 查表 C-1，找到竖列 IT5→横排有“大于 50 至 80”和“大于 80 至 120”两处，此时横排选择“大于 50 至 80”，得到其标准公差数值为 13μm。

【例 8-3】 查表确定公称尺寸为 $\phi30$、基本偏差代号为 f 和 p 的基本偏差数值。

解 查表 C-2（轴的基本偏差数值），找到竖列 f→横排“大于 24 至 30”的交点，得到 f 的基本偏差为 −20μm，说明公差带在零线下方，基本偏差为上极限偏差；由横排继续向右，得到 p 的基本偏差为 +22μm，说明公差带在零线上方，基本偏差为下极限偏差。

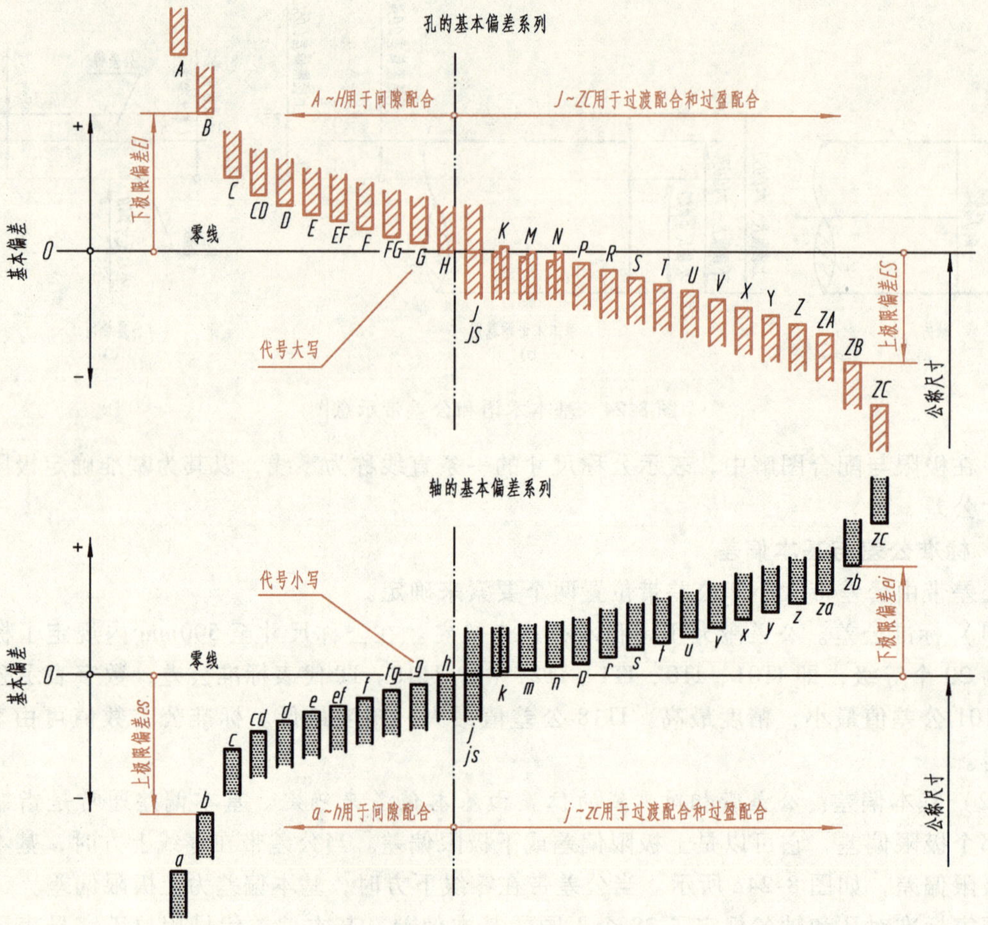

图 8-25　基本偏差系列示意图

【例 8-4】　查表确定公称尺寸为 $\phi40$、基本偏差代号为 h 和 H 的基本偏差数值。

解　查表 C-2（轴的基本偏差数值），找到竖列 h→横排“大于 30 至 40”的交点，得到 h 的基本偏差（整列）为 0，说明轴的上极限偏差与零线重合；查表 C-3（孔的基本偏差数值），找到竖列 H→横排“大于 30 至 40”的交点，得到 H 的基本偏差（整列）为 0，说明孔的下极限偏差与零线重合。

3. 配合

公称尺寸相同并且相互结合的孔和轴公差带之间的关系称为配合。根据使用要求的不同，配合有松有紧。

（1）间隙配合。指具有间隙（包括最小间隙等于零）的配合。此时，孔的公差带位于轴的公差带之上。也就是说孔的最小尺寸大于或等于轴的最大尺寸，如图 8-26 所示。

（2）过盈配合。指具有过盈（包括最小过盈等于零）的配合。此时，孔的公差带位于轴的公差带之下。也就是说轴的最小尺寸大于或等于孔的最大尺寸，如图 8-27 所示。

（3）过渡配合。指可能具有间隙或过盈的配合。也就是说轴与孔配合时，有可能产生间隙，也可能产生过盈，产生的间隙或过盈都比较小，如图 8-28 所示。

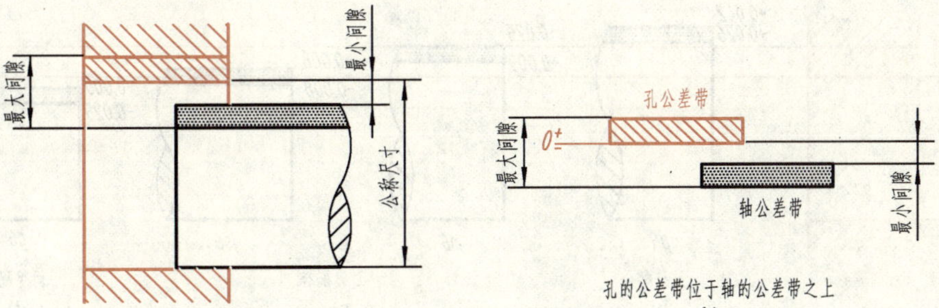

a)　　b)

图 8-26　间隙配合

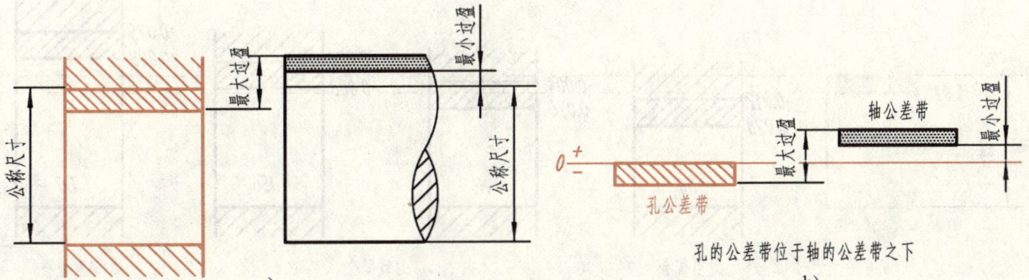

a)　　b)

图 8-27　过盈配合

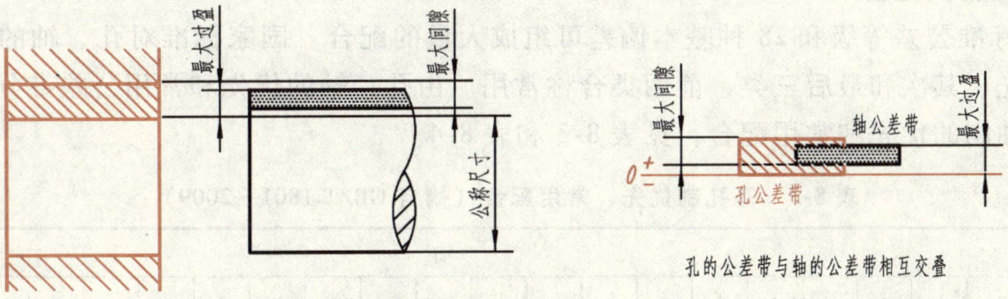

a)　　b)

图 8-28　过渡配合

4. 配合制

为了满足零件结构和工作要求，在加工制造相互配合的零件时，采取其中一个零件作为基准件，使其基本偏差不变，通过改变另一零件的基本偏差以达到不同的配合要求。国家标准规定了两种配合制。

(1) 基孔制配合。基本偏差为一定的孔的公差带，与不同基本偏差的轴的公差带形成各种配合的一种制度，如图 8-29 所示。在基孔制配合中选作基准的孔，称为基准孔（基本偏差为 H，其下极限偏差为 0）。由于轴比孔易于加工，所以应优先选用基孔制配合。

(2) 基轴制配合。基本偏差为一定的轴的公差带，与不同基本偏差的孔的公差带形成各种配合的一种制度，如图 8-30 所示。在基轴制配合中选作基准的轴，称为基准轴（基本偏差为 h，其上极限偏差为 0）。

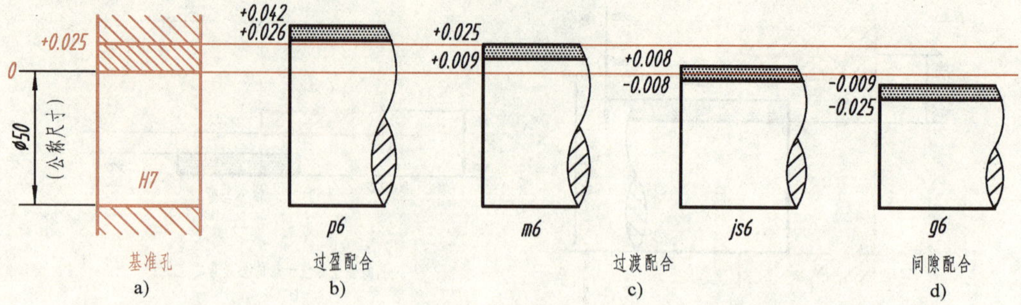

图 8-29　基孔制配合

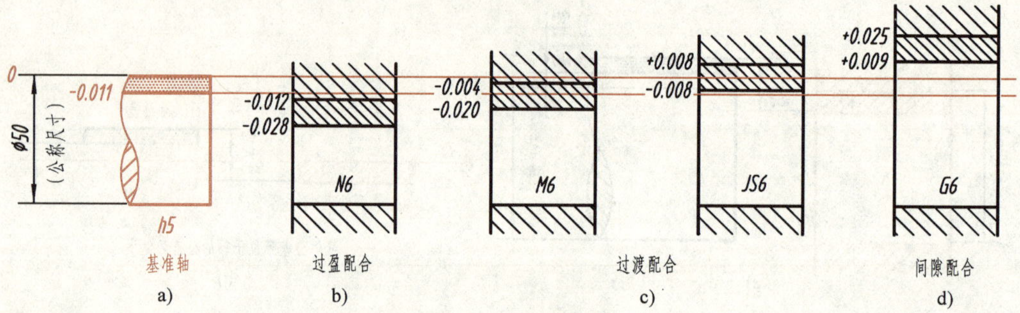

图 8-30　基轴制配合

5. 优先常用配合

20 个标准公差等级和 28 种基本偏差可组成大量的配合。国家标准对孔、轴的公差带选用分为优先、其次和最后三类，前两类合称常用。由孔、轴的优先和常用公差带分别组成基孔制和基轴制的优先和常用配合，见表 8-3 和表 8-4。

表 8-3　基孔制优先、常用配合（摘自 GB/T 1801—2009）

基准孔	轴																				
	a	b	c	d	e	f	g	h	js	k	m	n	p	r	s	t	u	v	x	y	z
	间隙配合								过渡配合			过盈配合									
H6						H6/f5	H6/g5	H6/h5	H6/js5	H6/k5	H6/m5	H6/n5	H6/p5	H6/r5	H6/s5	H6/t5					
H7						H7/f6	H7/g6	H7/h6	H7/js6	H7/k6	H7/m6	H7/n6	H7/p6	H7/r6	H7/s6	H7/t6	H7/u6	H7/v6	H7/x6	H7/y6	H7/z6
H8					H8/e7	H8/f7	H8/g7	H8/h7	H8/js7	H8/k7	H8/m7	H8/n7	H8/p7	H8/r7	H8/s7	H8/t7	H8/u7				
				H8/d8	H8/e8	H8/f8		H8/h8													
H9			H9/c9	H9/d9	H9/e9	H9/f9		H9/h9													
H10			H10/c10	H10/d10				H10/h10													
H11	H11/a11	H11/b11	H11/c11	H11/d11				H11/h11													
H12		H12/b12						H12/h12													

注：常用配合 59 种，其中优先配合（红色字）13 种。

表 8-4 基轴制优先、常用配合（摘自 GB/T 1801—2009）

基准轴	孔																				
	A	B	C	D	E	F	G	H	JS	K	M	N	P	R	S	T	U	V	X	Y	Z
	间隙配合								过渡配合				过盈配合								
h5						F6/h5	G6/h5	H6/h5	JS6/h5	K6/h5	M6/h5	N6/h5	P6/h5	R6/h5	S6/h5	T6/h5					
h6						F7/h6	G7/h6	H7/h6	JS7/h6	K7/h6	M7/h6	N7/h6	P7/h6	R7/h6	S7/h6	T7/h6	U7/h6				
h7					E8/h7	F8/h7		H8/h7	JS8/h7	K8/h7	M8/h7	N8/h7									
h8				D8/h8	E8/h8	F8/h8		H8/h8													
h9				D9/h9	E9/h9	F9/h9		H9/h9													
h10				D10/h10				H10/h10													
h11	A11/h11	B11/h11	C11/h11	D11/h11				H11/h11													
h12		B12/h12						H12/h12													

注：常用配合 47 种，其中优先配合（红色字）13 种。

6. 极限与配合的标注

（1）装配图中的注法。在装配图中，极限与配合一般采用代号的形式标注。分子表示孔的公差带代号（大写），分母表示轴的公差带代号（小写），如图 8-31a 所示。

（2）零件图中的注法。在零件图中，与其他零件有配合关系的尺寸可采用三种形式进行标注。一般采用在公称尺寸后面标注极限偏差的形式；也可以采用在公称尺寸后面标注公差带代号的形式；或者采用两者同时注出的形式，如图 8-31b 所示。

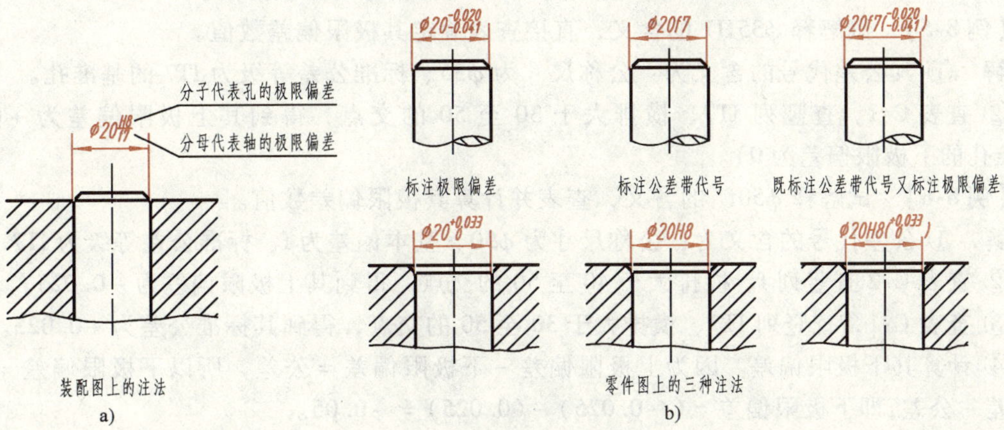

图 8-31 极限与配合的标注

（3）极限偏差数值的写法。标注极限偏差数值时，极限偏差数值的数字比公称尺寸数字小一号，下极限偏差与公称尺寸注在同一底线，且上、下极限偏差的小数点必须对齐，如图 8-31b 所示。同时，还应注意以下几点：

① 上、下极限偏差符号相反，绝对值相同时，在公称尺寸右边注“±”号，且只写出一个极限偏差数值，其字体大小与公称尺寸相同，如图 8-32a 所示。

② 当某一极限偏差（上极限偏差或下极限偏差）为“0”时，必须标注“0”。数字“0”应与另一极限偏差的个位数对齐注出，如图 8-32b 所示。

③ 上、下极限偏差中的某一项末端数字为“0”时，为了使上、下极限偏差的位数相同，用“0”补齐，如图 8-32c 所示。

④ 当上、下极限偏差中小数点后末端数字为“0”时，上、下极限偏差中小数点后末位的“0”一般不需注出，如图 8-32d 所示。

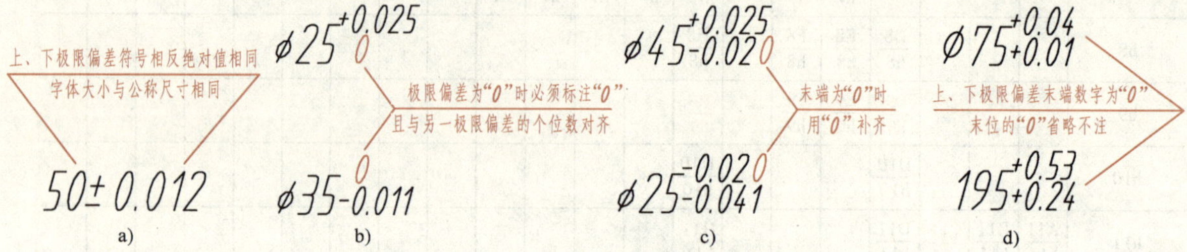

图 8-32　极限偏差数值的写法

7. 极限与配合应用举例

由图 8-31 中可以看出，极限与配合代号一般用基本偏差代号（拉丁字母）和标准公差等级（阿拉伯数字）组合来表示。通过查阅国家标准（表 C-1 ~ 表 C-5）可获得极限偏差的数值。

查表时，首先要查阅优先选用的轴（孔）的公差带（表 C-4、表 C-5），直接获得极限偏差数值。若表中没有，再通过查阅标准公差数值（表 C-1）和轴（孔）的基本偏差数值（表 C-2、表 C-3）两个表，通过计算获得。

通过以下例题中的含义解释，可了解极限与配合代号的识读方法。

【例 8-5】 试解释 ϕ35H7 的含义，直接查表确定其极限偏差数值。

解 ① 其公差代号的含义为：公称尺寸为 ϕ35、标准公差等级为 IT7 的基准孔。

② 查表 C-1，查竖列 IT7、横排大于 30 至 50 的交点，得到其上极限偏差为 +0.025（基准孔的下极限偏差为 0）。

【例 8-6】 试解释 ϕ50f7 的含义，查表并计算其极限偏差数值。

解 ① 公差代号的含义为：公称尺寸为 ϕ50、基本偏差为 f、标准公差等级为 IT7 的轴。

② 查表 C-2 查竖列 f、横排大于 40 至 50 的交点，得到其上极限偏差为 -0.025。

③ 查表 C-1，查竖列 IT7、横排大于 30 至 50 的交点，得到其标准公差为 +0.025。

④ 计算其下极限偏差。因为上极限偏差 - 下极限偏差 = 公差，所以下极限偏差 = 上极限偏差 - 公差，即下极限偏差 =（-0.025）-（0.025）= -0.05。

【例 8-7】 试解释 ϕ30g7 的含义，查表并计算其极限偏差数值。

解 ① 公差代号的含义为：公称尺寸为 ϕ30、基本偏差为 g、标准公差等级为 IT7 级的轴。

② 查表 C-1，查竖列 IT7、横排大于 18 至 30 的交点，得到其标准公差为 +0.021。

③ 查表 C-2 查竖列上极限偏差 g、横排大于 24 至 30 的交点，得到上极限偏差为 -0.007（因为基本偏差 g 位于零线下方，所以其上、下极限偏差均为负值）。

④ 计算其下极限偏差。因为上极限偏差 - 下极限偏差 = 公差，所以下极限偏差 = 上极限偏差 - 公差，即下极限偏差 = (-0.007) - (0.021) = -0.028。

【例 8-8】 试解释 ϕ55E9 的含义，查表并计算其极限偏差数值。

解 ① 公差代号的含义为：公称尺寸为 ϕ55、基本偏差为 E、标准公差等级为 IT9 的孔。

② 查表 C-1，查竖列 IT9、横排大于 50 至 80 的交点，得到标准公差 +0.074。

③ 查表 C-3，查竖列下极限偏差 E、横排大于 50 至 65 的交点，得到下极限偏差为 +0.060（因为基本偏差 E 位于零线上方，所以其上、下极限偏差均为正值）。

④ 计算其上极限偏差。因为上极限偏差 - 下极限偏差 = 公差，所以上极限偏差 = 公差 + 下极限偏差，即上极限偏差 = +0.060 +0.074 = +0.134。

【例 8-9】 试写出孔 ϕ25H7 与轴 ϕ25n6 的配合代号，并说明其含义。

解 ① 配合代号写作：$\phi 25\,\frac{H7}{n6}$。

② 配合代号的含义为：公称尺寸为 ϕ25、标准公差等级为 IT7 的基准孔，与相同公称尺寸、基本偏差为 n、标准公差等级为 IT6 的轴所组成的基孔制、过渡配合。

【例 8-10】 试写出孔 ϕ40G6 与轴 ϕ40h5 的配合代号，并说明其含义。

解 ① 配合代号写作：$\phi 40\,\frac{G6}{h5}$。

② 其配合代号的含义为：公称尺寸为 ϕ40、标准公差等级为 IT5 的基准轴，与相同公称尺寸、基本偏差为 G、标准公差等级为 IT6 的孔所组成的基轴制、间隙配合。

三、几何公差简介

零件的几何公差是指形状公差、方向公差、位置公差和跳动公差。对于精度要求较高的零件，要规定其表面形状的几何公差，合理地确定几何公差是保证产品质量的重要措施。

1. 几何公差的几何特征和符号

国家标准 GB/T 1182—2008 规定，几何公差的几何特征、符号共分为 19 项，即形状公差 6 项、方向公差 5 项、位置公差 6 项、跳动公差 2 项，见表 8-5。

表 8-5 几何公差的分类、几何特征及符号（摘自 GB/T 1182—2008）

公差类型	几何特征	符号	有无基准	公差类型	几何特征	符号	有无基准
形状公差	直线度	⏤	无	位置公差	位置度	⌖	有或无
	平面度	⏥	无		同心度（用于中心点）	◎	有
	圆度	○	无		同轴度（用于轴线）	◎	有
	圆柱度	⌭	无		对称度	⌯	有
	线轮廓度	⌒	无		线轮廓度	⌒	有
	面轮廓度	⌓	无		面轮廓度	⌓	有
方向公差	平行度	∥	有	跳动公差	圆跳动	↗	有
	垂直度	⊥	有		全跳动	⌰	有
	倾斜度	∠	有		—	—	—
	线轮廓度	⌒	有	—	—	—	—
	面轮廓度	⌓	有	—	—	—	—

2. 几何公差的标注

几何公差要求在矩形框格中给出。该框格由二格或多格组成，框格中的内容从左到右按几何特征符号、公差值、基准字母的次序填写，其标注的基本形式及其框格、几何特征符号、数字规格、基准三角形的画法等如图 8-33 所示。

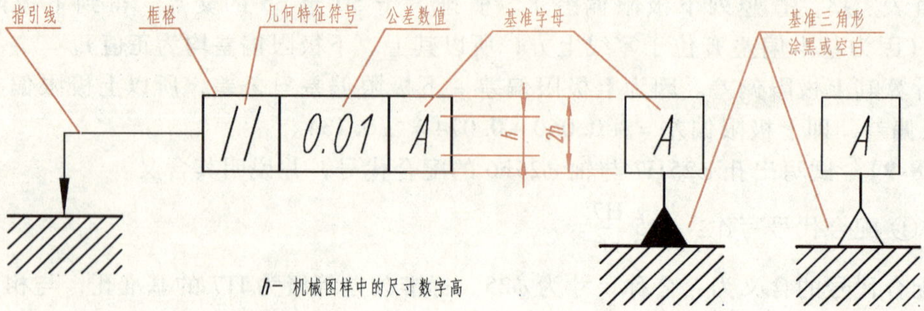

图 8-33 几何特征符号及基准三角形

图 8-34 所示是标注几何公差的图例。从图中可以看到，当被测要素是表面或素线时，从框格引出的指引线箭头，应指在该要素的轮廓线或其延长线上；当被测要素是轴线时，应将箭头与该要素的尺寸线对齐（如 M8 ×1 轴线的同轴度注法）；当基准要素是轴线时，应将基准三角形与该要素的尺寸线对齐（如基准 *A*）。

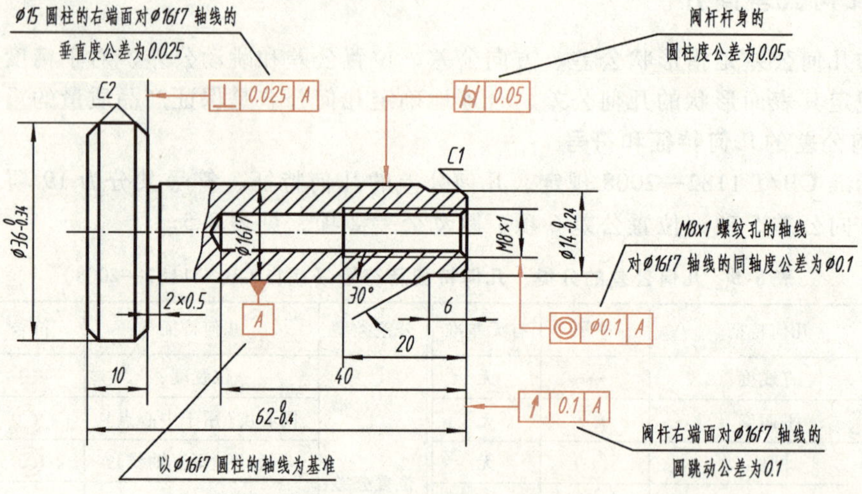

图 8-34 几何公差的标注示例

第五节 零件上常见的工艺结构

零件的结构形状是由它在机器中的作用来决定的。除了满足设计要求外，还要考虑零件在加工、测量、装配过程的一系列工艺要求，使零件具有合理的工艺结构。下面介绍一些常见的工艺结构。

一、铸造工艺对零件结构的要求

1. 起模斜度

在铸造零件毛坯时，为了便于在砂型中取出木模，一般沿着起模方向设计出起模斜度（通常为1:20，约3°），如图8-35a所示。铸造零件的起模斜度在图中可不画出，不标注。必要时，可在技术要求中用文字说明，如图8-35b所示。

2. 铸造圆角及过渡线

为便于铸件造型时起模，防止铁液冲坏转角处，以及冷却时产生缩孔和裂纹，将铸件的转角处制成圆角，此种圆角称为铸造圆角，如图8-35a所示。圆角尺寸通常较小，一般为*R*2～*R*5，在零件图上可省略不画。圆角尺寸常在技术要求中统一说明，如"全部圆角*R*3"或"未注圆角*R*4"等，不必一一注出，如图8-35b所示。

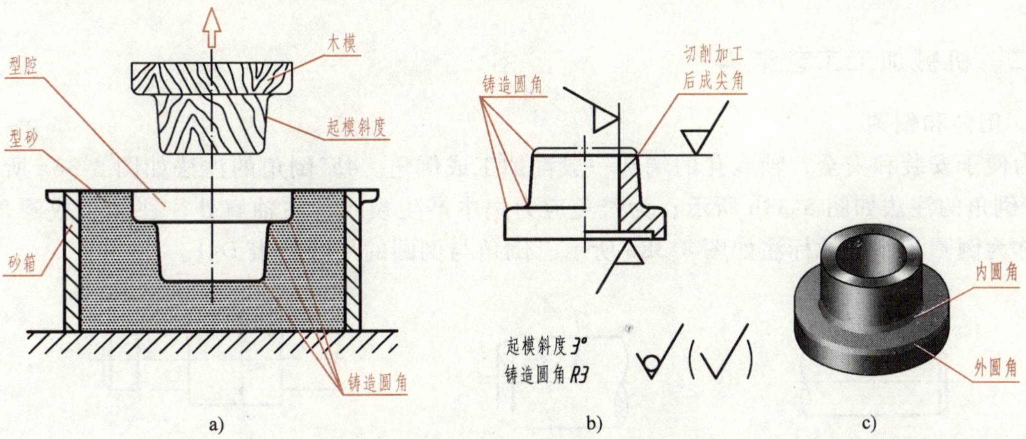

图8-35　起模斜度和铸造圆角

由于铸件表面的转角处有圆角，因此其表面产生的交线不清晰。为了看图时便于区分不同的表面，在图中仍要画出理论上的交线，但两端不与轮廓线接触，此线称为过渡线。**过渡线用细实线绘制**。图8-36所示为两圆柱面相交的过渡线画法。

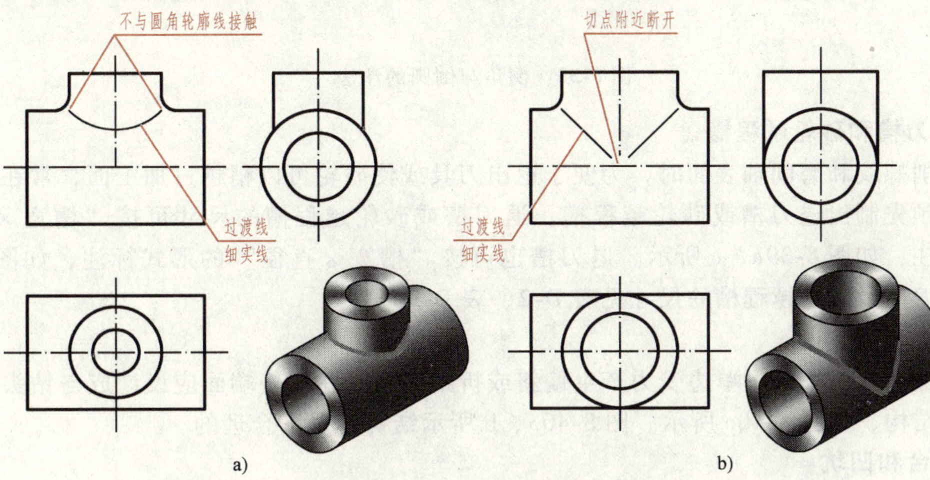

图8-36　圆柱面相交的过渡线

3. 铸件壁厚

铸件的壁厚不宜相差太大。如果壁厚不均匀，铁液冷却速度不同，会产生缩孔和裂纹，应采取措施避免，如图 8-37 所示。

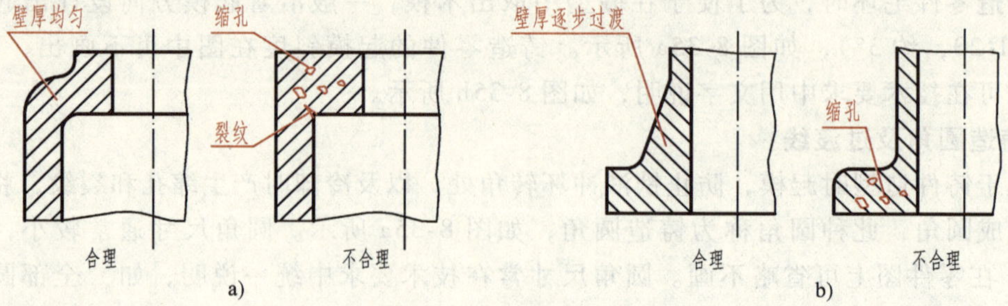

图 8-37 铸件壁厚

二、机械加工工艺结构

1. 倒角和倒圆

为便于安装和安全，轴或孔的端部一般都加工成倒角。45°倒角的注法如图 8-38a 所示，非 45°倒角的注法如图 8-38b 所示；为避免应力集中产生裂纹，在轴肩处往往加工成圆角过渡，称为倒圆。倒圆的标注如图 8-38c 所示。倒角与倒圆的尺寸见表 D-1。

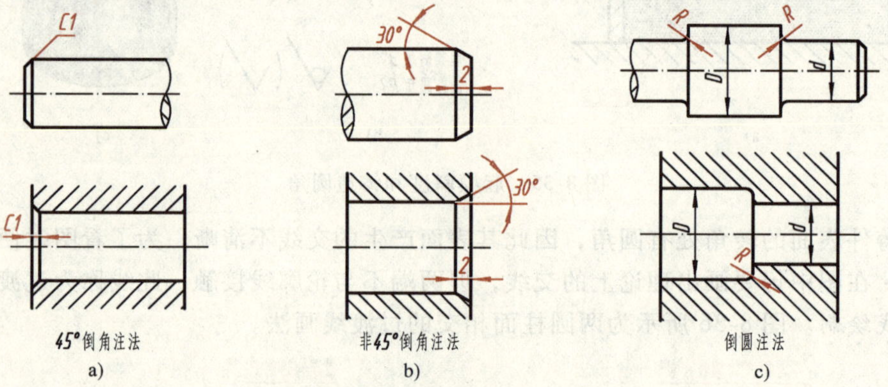

图 8-38 倒角与倒圆的注法

2. 退刀槽和砂轮越程槽

在车削螺纹和磨削轴表面时，为便于退出刀具或使砂轮可以稍越过加工面，常在待加工面的末端预先制出退刀槽或砂轮越程槽。退刀槽或砂轮越程槽的尺寸可按“槽宽 × 槽深”的形式标注，如图 8-39a、c 所示。退刀槽也可按“槽宽 × 直径”的形式标注，如图 8-39b 所示。退刀槽及砂轮越程槽的尺寸见表 D-2、表 D-3。

3. 钻孔结构

为避免钻孔时钻头因单边受力产生偏斜或折断钻头，孔的外端面应设计成与钻头进给方向垂直的结构，如图 8-40c 所示。图 8-40a、b 所示结构都是不合理的。

4. 凸台和凹坑

为使零件的某些装配表面与相邻零件接触良好，减少接触面积和加工面积，常在零件加

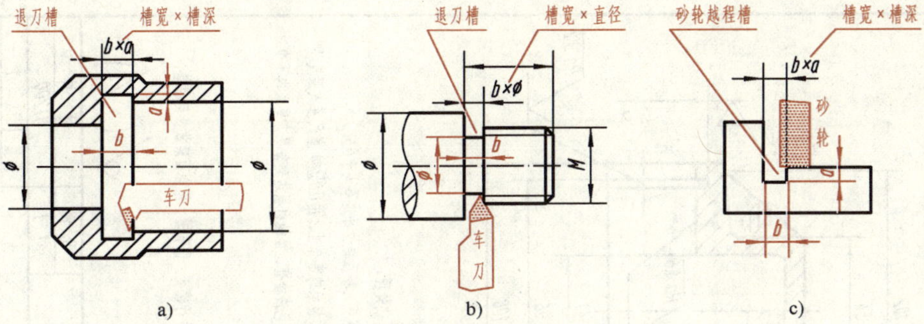

图 8-39 退刀槽和砂轮越程槽的注法

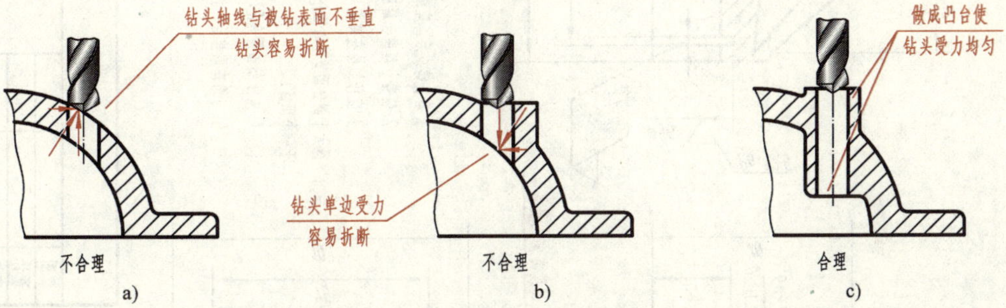

图 8-40 钻孔结构

工面处做出凸台、凹槽，或锪平成凹坑，如图 8-41 所示。

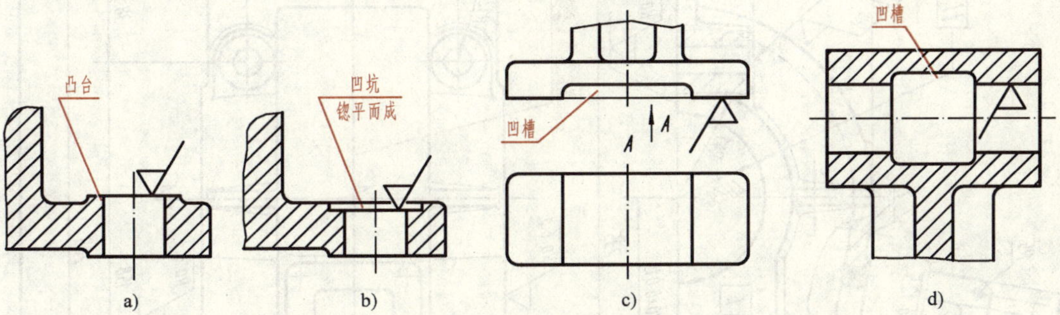

图 8-41 凸台和凹坑

第六节 读零件图

零件的设计、生产加工以及技术改造过程中都需要读零件图。因此，准确、熟练地读懂零件图，是工程技术人员必须掌握的基本技能之一。

读零件图的目的是：

(1) 了解零件的名称、用途、材料等。

(2) 了解零件各部分的结构、形状，以及它们之间的相对位置。

(3) 了解零件的大小、制造方法和所提出的技术要求。

现以减速器箱盖零件图（图 8-42）为例，说明读零件图的一般方法和步骤。

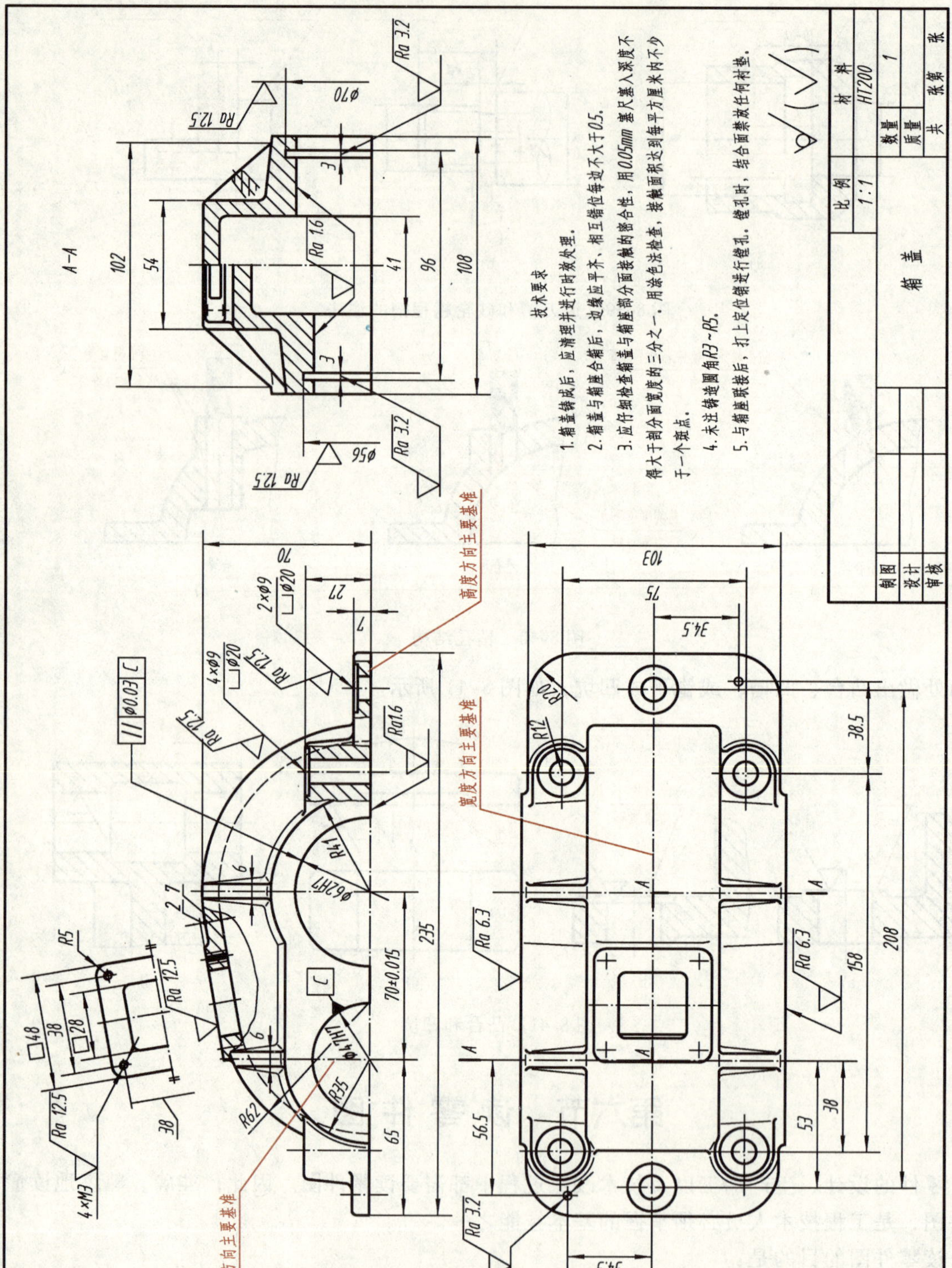
A—A
技术要求
1.箱盖铸成后，应清理并进行时效处理。
2.箱盖与箱座合箱后，边缘应平齐，相互错位每边不大于0.5。
3.应仔细检查箱盖与箱座剖分面接触的密合性，用0.05mm塞尺塞入深度不得大于剖分面宽度的三分之一。用涂色法检查，接触面积达到每平方厘米内不少于一个斑点。
4.未注铸造圆角R3~R5。
5.与箱座联接后，打上定位销进行镗孔，镗孔时，结合面禁放任何衬垫。
长度方向主要基准
宽度方向主要基准
高度方向主要基准
2×φ3锥销孔 配作
4×M3
箱盖
比例 1:1
材料 HT200
数量 1
质量
共 张 第 张
制图
设计
审核

图 8-42 箱盖零件图

一、概括了解

首先看标题栏，了解零件名称、材料、数量和比例等内容。由零件名称可判断该零件属于哪一类零件；由材料可大致了解其加工方法；根据比例可估计零件的实际大小。对不熟悉的比较复杂的零件图，可对照装配图了解该零件在机器或部件中与其他零件的装配关系等，从而对零件有初步了解。

箱盖是减速器上的主要零件，它与箱体合在一起，起到支承齿轮轴及密封减速器的作用。零件的材料为灰铸铁，牌号 HT200，说明零件毛坯的制造方法为铸造，因此应具备铸造的一些工艺结构。零件的绘图比例为 1:1，由图形大小，可估计出该零件的真实大小。

二、分析视图

分析视图，首先应找出主视图，再分析零件各视图的配置以及视图之间的关系，进而识别出其他视图的名称及投射方向。若采用剖视或断面的表达方法，还需确定出剖切位置。要运用形体分析法读懂零件各部分结构，想象出零件的结构形状。

零件的结构形状是读零件图的重点，组合体的读图方法仍适用于读零件图。读零件图的一般顺序是先整体、后局部；先主体结构、后局部结构；先读懂简单部分，再分析复杂部分。

主视图的选择符合箱盖的工作位置。采用三个基本视图和一个局部视图。

主视图中采用了三个局部剖视，分别表达联接螺孔和视孔的结构。左视图是采用两个平行的剖切平面获得的全剖视图，主要表达两个轴孔的内部结构和两块肋板的形状。俯视图只画箱盖的外形，主要表达螺栓孔、锥销孔、视孔和肋板的分布情况，同时表达了箱盖的外形。

综合三个视图，由形体分析方法可知，箱盖主体结构的下方是一长方形板，中间凸起左低右高两圆柱，其内部是空腔，如图 8-43 所示。为与箱体准确地合在一起（便于加工和装配），加工出两个定位销孔和六个螺钉沉孔；为支承齿轮轴，加工出 ϕ47H7 和 ϕ62H7 两个轴孔；为安装嵌入透盖和嵌入闷盖，加工出槽宽为 3mm、直径为 ϕ56mm 和 ϕ70mm 的两道槽；起模斜度、铸造圆角等均为铸造工艺结构。

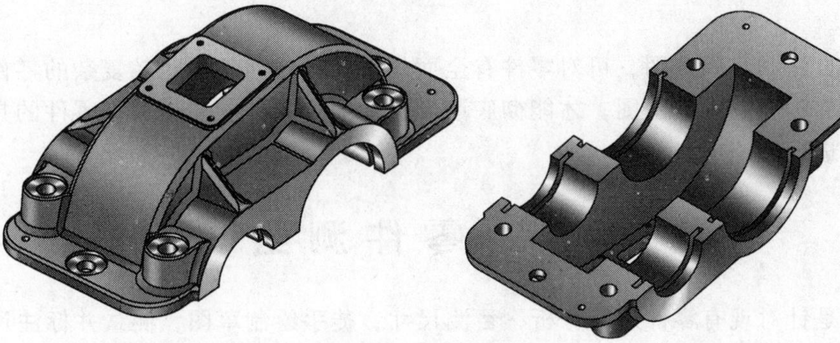

a)　　b)

图 8-43　箱盖轴测图

三、分析尺寸

零件图上的尺寸是制造、检验零件的重要依据。分析尺寸的主要目的是：根据零件的结构特点、设计和制造的工艺要求，找出尺寸基准，分清设计基准和工艺基准，明确尺寸种类和标注形式；分析影响性能的主要尺寸标注是否合理，标准结构要素的尺寸标注是否符合要求，其他尺寸是否满足工艺要求；校核尺寸标注是否完整等。

长度方向的主要基准为左侧的竖向中心线，以此来确定两轴孔中心距 70 ±0.015、箱盖左端面到中心线的距离 65 等。左端面是长度方向的辅助基准，以此确定箱盖的总长 235。

宽度方向的尺寸基准为箱盖前后方向的对称面，箱盖的宽度 108、内腔的宽度 41、槽的定位尺寸 96 等由此注出。

高度方向的尺寸基准为箱盖的底面，底板的高度 7、凸台的高度 27、箱盖的总高 70 等由此注出。两轴孔 ϕ47H7 和 ϕ62H7 及其中心距 70 ±0.015，是加工和装配所需的重要尺寸，分别标有尺寸公差和几何公差。

四、了解技术要求

零件图上的技术要求是零件的制造质量指标。读图时应根据零件在机器中的作用，分析配合面或主要加工面的加工精度要求，了解其表面结构要求、尺寸公差、几何公差及其代号含义；再分析其余加工面和非加工面的相应要求，了解零件的热处理、表面处理及检验等其他技术要求，以便根据现有加工条件，确定合理的加工工艺，保证这些技术要求。

箱盖有配合要求的加工面为两（半圆）轴孔，分别为 ϕ47H7 和 ϕ62H7（基孔制间隙配合），其表面结构代号为 $Ra1.6$（表面粗糙度 Ra 的上限值为 1.6μm）。两轴孔中心距 70 ±0.015 是重要尺寸，其尺寸公差为 0.03mm。两个定位销孔与箱体同钻铰，其表面结构代号为 $Ra3.2$（表面粗糙度 Ra 的上限值为 3.2μm）。箱盖底面与箱体上面为接触面，其表面结构代号为 $Ra1.6$（表面粗糙度 Ra 的上限值为 1.6μm）。非加工面为毛坯面，由铸造直接获得。

箱盖两（半圆）轴孔有几何公差的要求。ϕ47H7 轴孔的轴线为基准线，ϕ62H7 轴孔的轴线对 ϕ47H7 轴线的平行度公差为 ϕ0.03mm。

标题栏上方的技术要求则用文字说明了零件的热处理要求、铸造圆角的尺寸，以及镗孔加工时的要求。

通过上述方法和步骤读图，可对零件有全面的了解，但对某些比较复杂的零件，还需参考有关技术资料和相关的装配图，才能彻底读懂。读图的各个步骤也可视零件的具体情况灵活运用，交叉进行。

第七节 零件测绘

零件测绘是针对现有零件进行分析，目测尺寸，徒手绘制草图，测量并标注尺寸及技术要求，经整理画出零件图的过程。在仿制和修配机器、设备及其部件时，常要对零件进行测绘。因此，测绘是工程技术人员必须掌握的基本技能之一。

一、零件测绘的方法和步骤

1. 了解和分析零件

对要测绘的零件首先应了解它的名称、用途、材料及其在机器或部件中的位置和作用。对零件的结构形状和制造方法进行分析，以便考虑选择零件表达方案和标注尺寸。

2. 确定表达方案

先根据零件的形状特征、加工位置、工作位置等情况选择主视图；再按零件内外结构特点选择其他视图和剖视、断面等表达方法。

图 8-44 所示为滑动轴承的轴承座轴测图。滑动轴承起支承轴的作用，为便于安装轴，轴承做成上（轴承盖）、下（轴承座）结构。选择其工作位置为主视图的投射方向，同时采用半剖视，既表达轴承座的外形，又表达了固定轴承盖的 ϕ11 螺栓孔和滑动轴承长圆形安装孔（长 17、宽 13）的内部结构。左视图采用两个平行的剖切面获得半剖视，既表达轴承座左侧的外形，又表达安装轴瓦的 ϕ40H8 半圆形结构和轴承座底面的结构。俯视图只画外形，清楚表达轴承座的左右、前后对称结构。

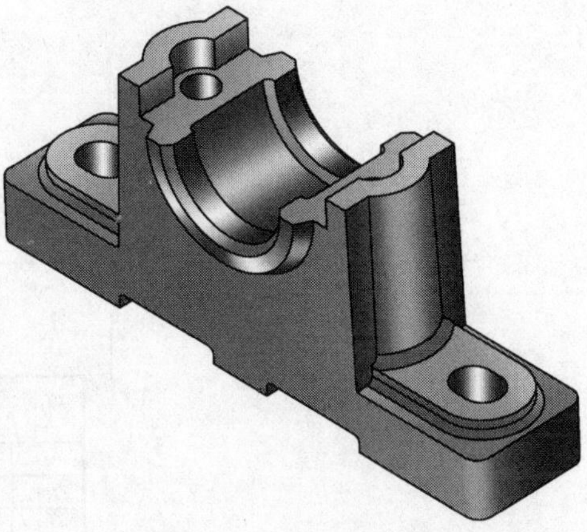

图 8-44 轴承座轴测图

3. 画零件草图

目测比例，徒手画成的图称为草图。零件草图是绘制零件图的依据，必要时还可以直接指导生产，因此，它必须包括零件图的全部内容。

绘制零件草图的步骤如下：

（1）选定绘图比例，确定适当图幅，画出图框和标题栏。画出各视图的对称中心线、轴线、作图基准线，确定各视图的位置，如图 8-45 所示。

（2）目测比例，徒手详细地画出主视图（半剖视）、俯视图和左视图（半剖视），如图 8-46 所示。

提示：一般先画主体结构，再画局部结构，各视图之间要符合投影规律。

（3）选定尺寸基准，画出全部尺寸界线、尺寸线和箭头，如图 8-47 所示。

（4）集中测量尺寸，填写尺寸数值；标注各表面的表面粗糙度代号、确定尺寸公差；填写技术要求和标题栏，如图 8-48 所示。

4. 审核草图，根据草图画零件图

零件草图一般是在现场绘制的，受时间和条件所限，有些问题只要表达清楚就可以了，不一定是完善的。因此，画零件图前需对草图的视图表达方案、尺寸标注、技术要求等进行审核，经过补充、修改后即可根据草图绘制零件图。

二、零件测绘应注意的几个问题

零件测绘是一项比较复杂的工作，要认真地对待每个环节，测绘时应注意以下几点：

（1）零件制造过程中产生的缺陷（如铸造时产生的缩孔、裂纹，以及该对称的不对称

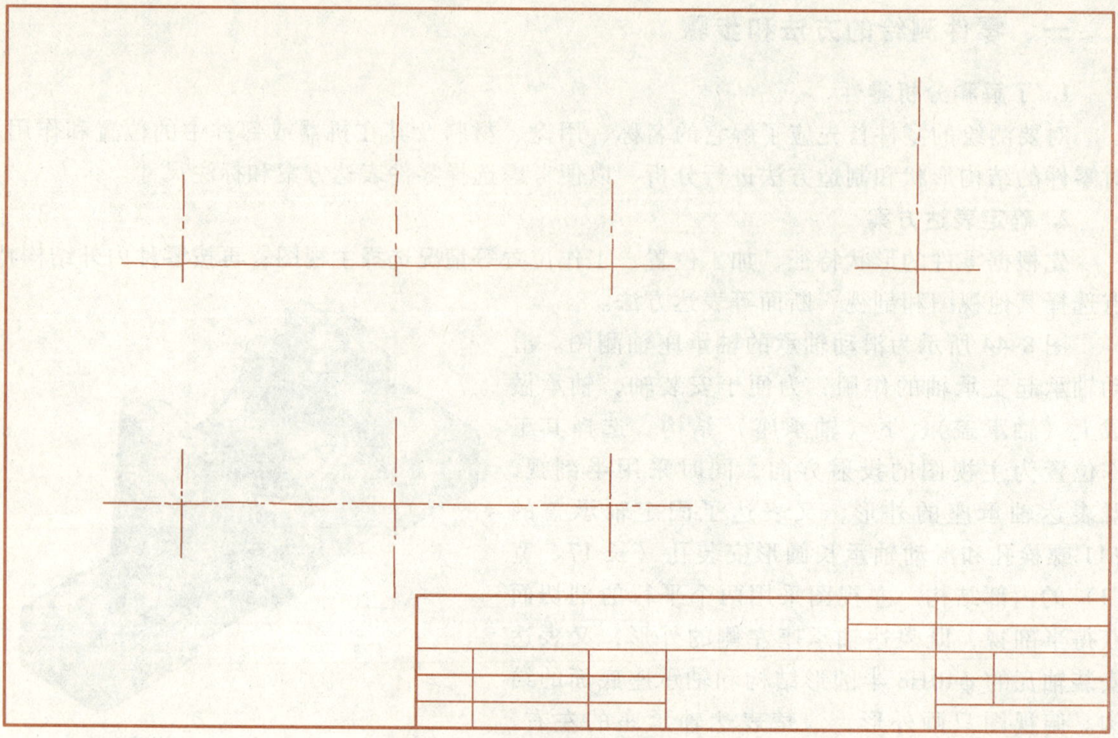

图 8-45 绘制轴承座草图（一）

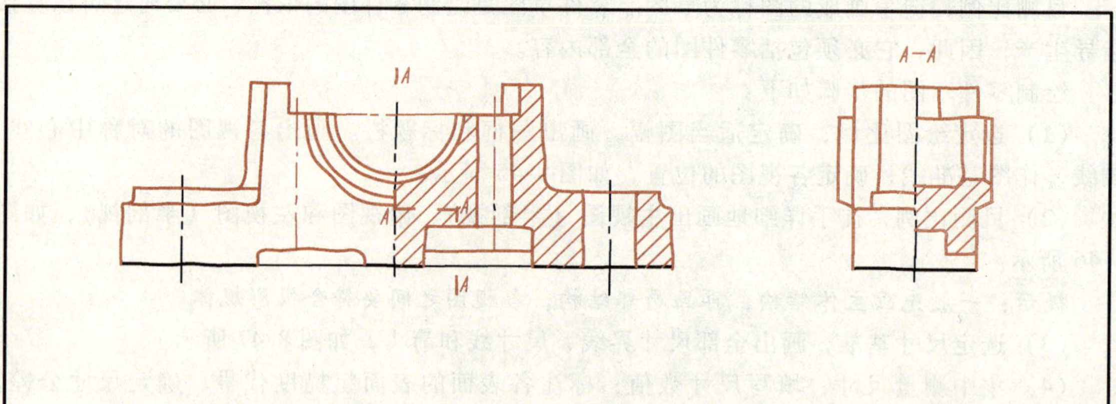

图 8-46 绘制轴承座草图（二）

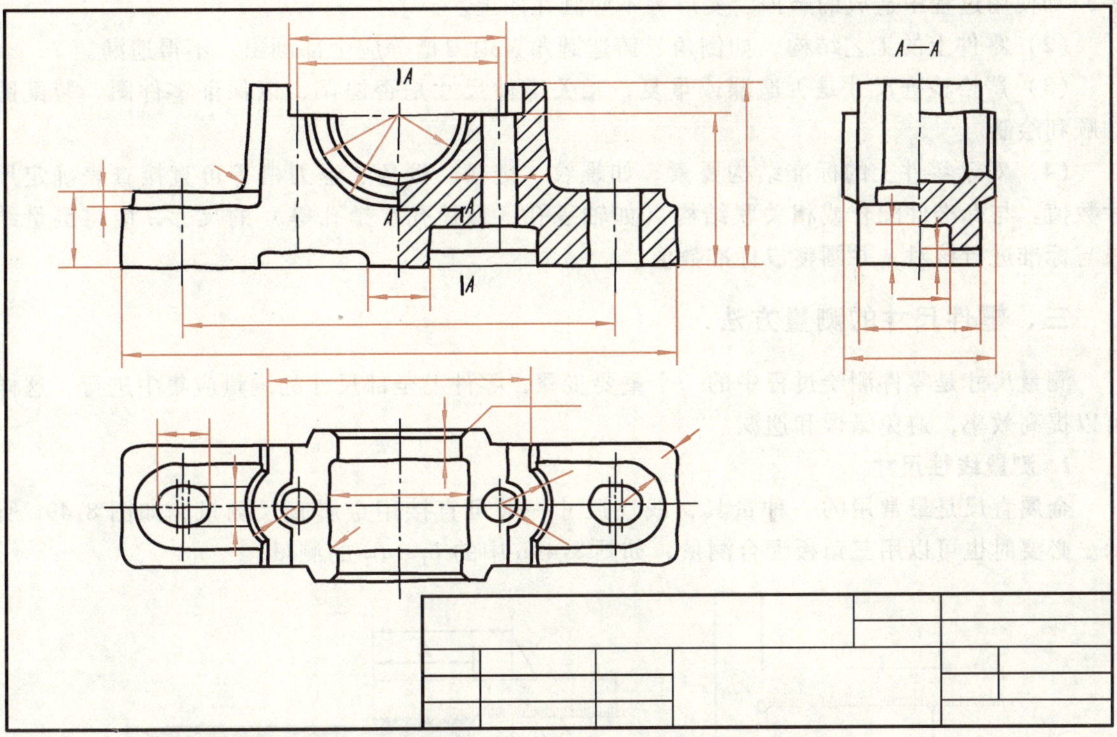

图 8-47 绘制轴承座草图（三）

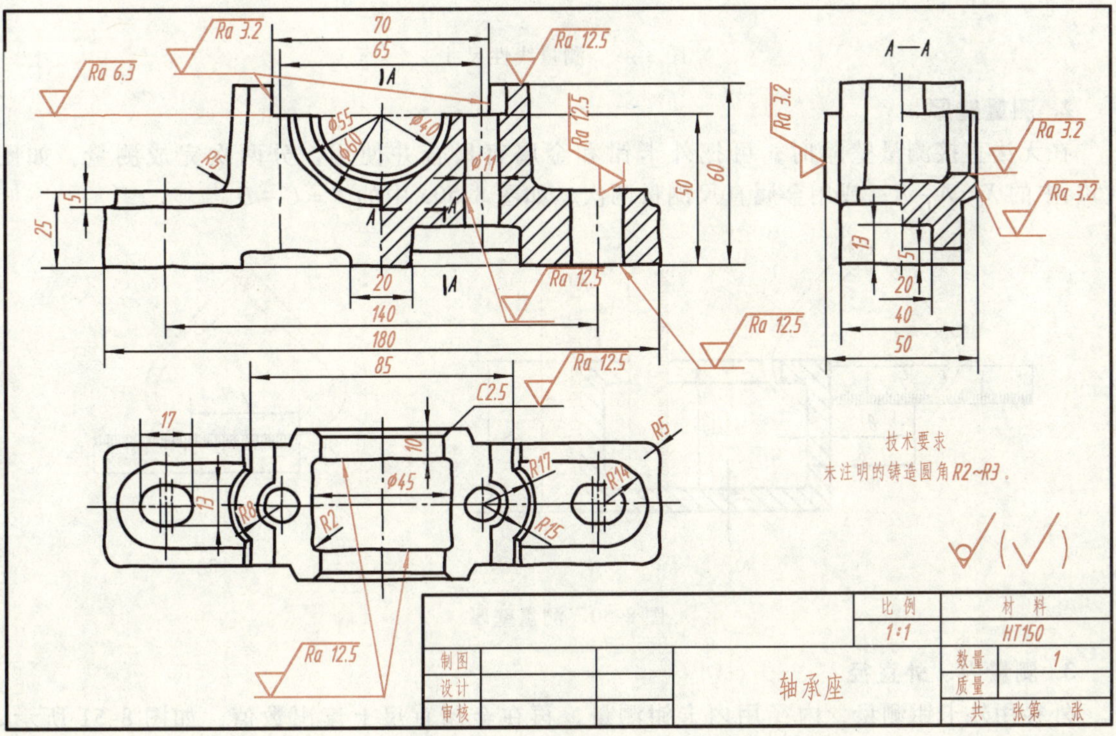

图 8-48 绘制轴承座草图（四）

等）和使用过程中造成的磨损、变形等不应画在图上。

（2）零件上的工艺结构，如倒角、铸造圆角、退刀槽等应全部画出，不得遗漏。

（3）严格检查尺寸是否遗漏或重复，相关零件尺寸是否协调，以保证零件图、装配图的顺利绘制。

（4）对于零件上的标准结构要素，如螺纹、键槽、倒角、退刀槽等可直接查表确定尺寸数值。与标准件配合或相关联结构（如轴承孔、螺栓孔、销孔等）的尺寸，应将测量结果与标准进行核对，并圆整成标准数值。

三、零件尺寸的测量方法

测量尺寸是零件测绘过程中的一个重要步骤，零件上全部尺寸的测量应集中进行，这样可以提高效率，避免错误和遗漏。

1. 测量线性尺寸

金属直尺是最常用的一种量具，线性尺寸一般可直接用金属直尺测量，如图8-49a所示。必要时也可以用三角板配合测量，如图8-49b中的L_1、L_2的测量。

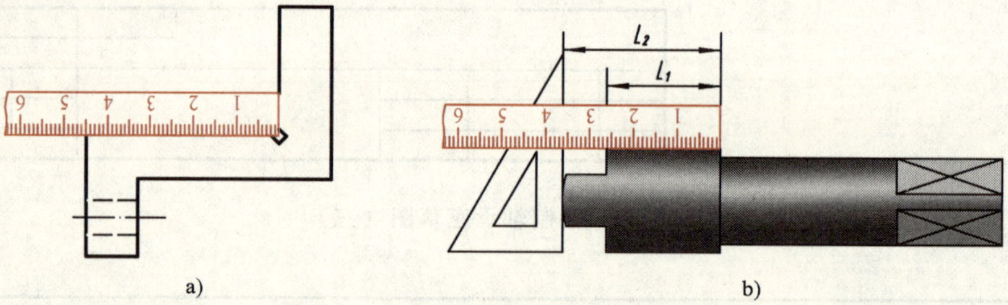

图8-49 测量线性尺寸

2. 测量壁厚

在无法直接测量壁厚时，可把外卡钳和金属直尺合并使用，分两次完成测量，如图8-50a中的$X=A-B$；或用金属直尺测量两次，如图8-50a中的$Y=C-D$。

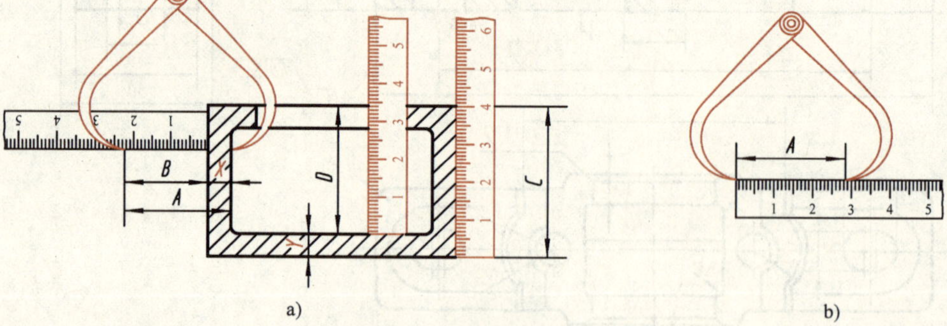

图8-50 测量壁厚

3. 测量内、外直径

外径用外卡钳测量，内径用内卡钳测量，再在金属直尺上读出数值，如图8-51所示。测量时应注意，外（内）卡钳与回转面的接触点应是直径的两个端点。

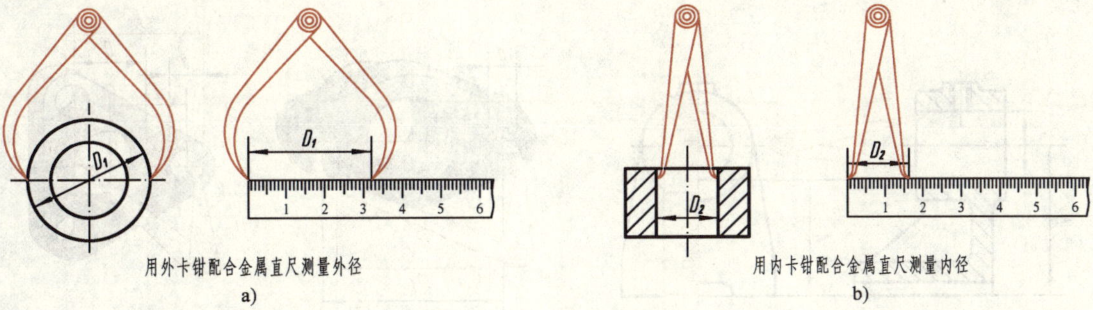

图 8-51 用内（外）卡钳测量直径尺寸

4. 测量精度较高的尺寸

测量精度较高的尺寸时最常用的量具是游标卡尺。游标卡尺的结构如图 8-52 所示。用游标卡尺既可以测量线性尺寸，如图 8-53a 所示，又可以测量内（外）直径，如图 8-53b、c 所示，还可以测量深度，如图 8-53d 所示，其测量数值可在游标卡尺上直接读出。

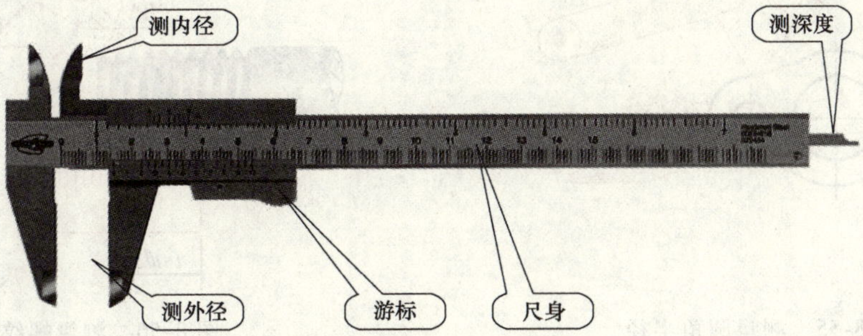

图 8-52 游标卡尺的结构

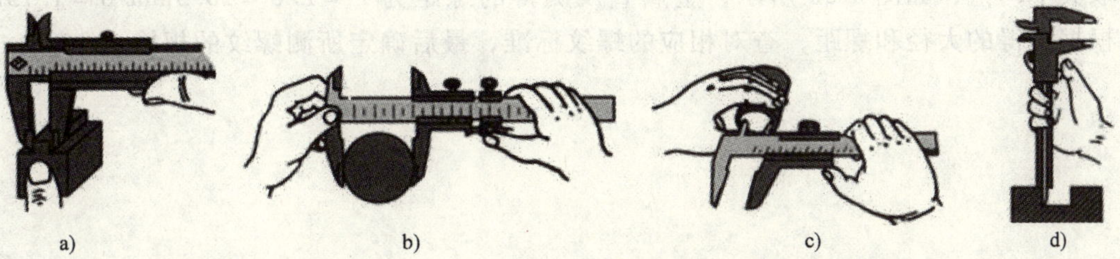

图 8-53 用游标卡尺测量尺寸

5. 测量中心距

测量中心高时，一般可用内卡钳配合金属直尺测量，如图 8-54a 中孔的中心高 $H=A+d/2$；测量孔间距时，可用外（内）卡钳配合金属直尺测量。如图 8-54b 所示，在两孔的直径相等时，其中心距 $L=K+d$；在两孔的孔径不等时，其中心距 $L=K-(D+d)/2$。

6. 测量圆角和螺纹

测量圆角半径一般采用半径样板。在半径样板中找到与被测部分完全吻合的一片，由该片上的数值可知圆角半径的大小，如图 8-55 所示。

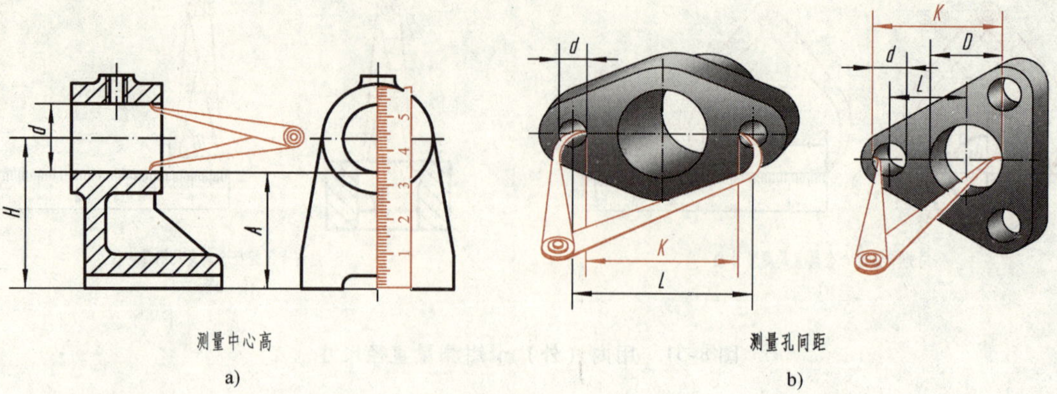

图 8-54　测量中心距

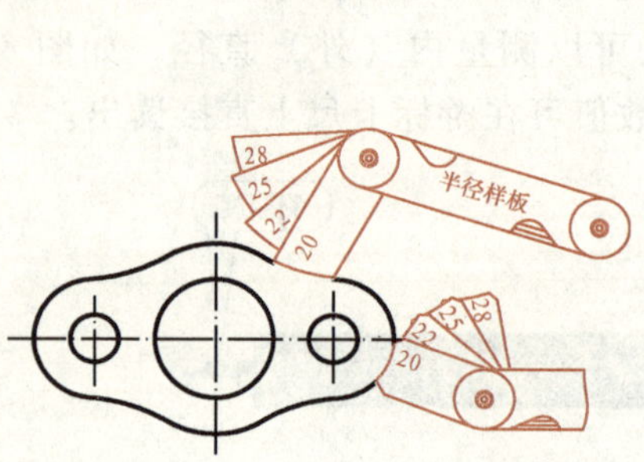

图 8-55　测量圆角半径

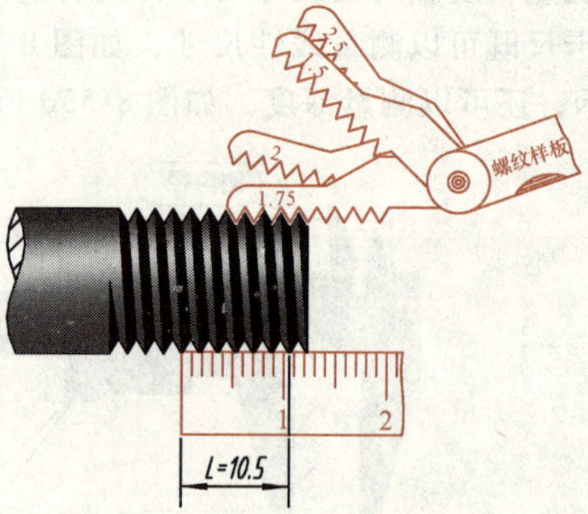

图 8-56　测量螺纹

测量螺纹时，用游标卡尺测量大径，用螺纹样板测得螺距；或用金属直尺量取几个螺距后，取其平均值；如图 8-56 所示，金属直尺测得的螺距为 $P = L/6 = 10.5\text{mm}/6 = 1.75\text{mm}$，然后根据测得的大径和螺距，查对相应的螺纹标准，最后确定所测螺纹的规格。

第九章

9

装配图

教学提示

(1) 基本掌握装配图的表达方法，以及绘制装配图的方法和步骤。

(2) 掌握读装配图的方法，具备由装配图拆画零件图的能力。

(3) 熟悉装配体的测绘过程和具体步骤。

第一节　装配图概述

装配图是用于表示产品及其组成部分的联接、装配关系及其技术要求的图样。它主要反映机器（或部件）的工作原理、各零件之间的装配关系、传动路线和主要零件的结构形状，是设计和绘制零件图的主要依据，也是装配生产过程中调试、安装、维修的主要技术文件。

图 9-1 所示为传动器的轴测剖视图。图 9-2 所示为传动器的装配图，从图中可以看出，一张完整的装配图包括以下五方面内容：

(1) 一组视图。用来表达机器的工作原理、装配关系、传动路线，以及各零件的相对位置、联接方式和主要零件结构形状等。

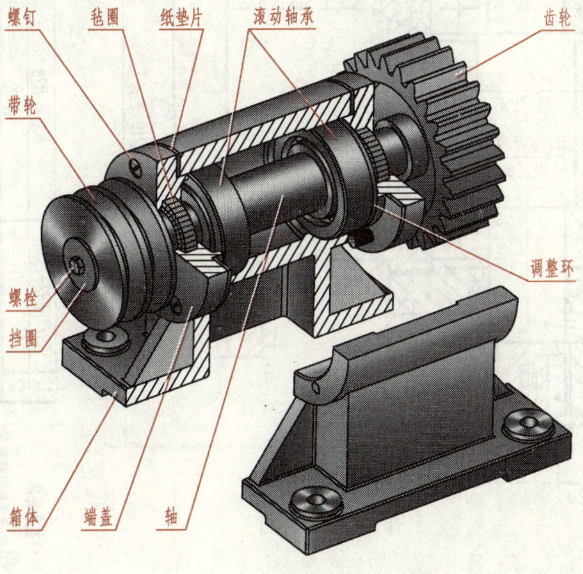

图 9-1　传动器轴测剖视图

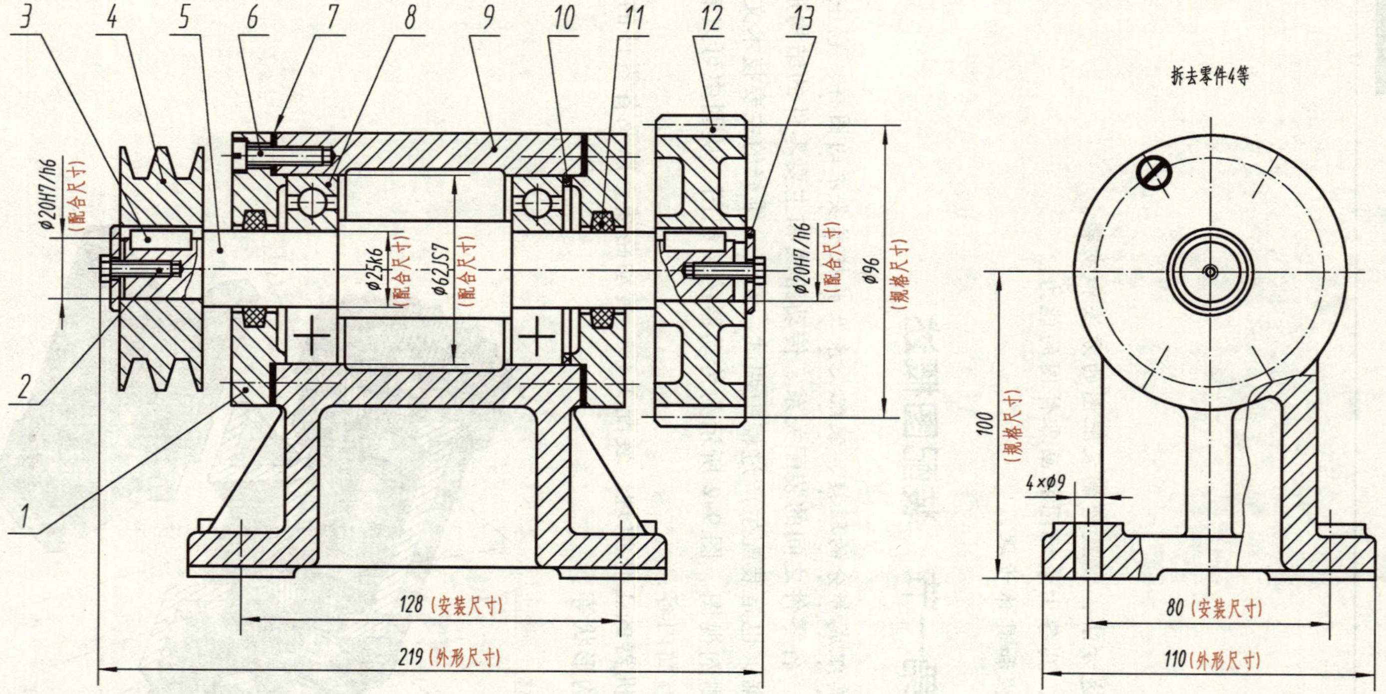

技术要求

1. 用手转动主轴应旋转轻松灵活。

2. 主轴轴线与箱底平面的平行度公差为0.05。

序号	代号	名称	数量	材料	备注
13	GB/T 892—1986	挡圈 B28	2		
12		齿轮	1	45	m=3 z=32
11		毡圈	2	半粗羊毛	
10		调整环	1	Q235A	
9		箱体	1	HT200	
8	GB/T 276—1994	滚动轴承 6305	2		
7		纸垫片	2	纸	
6	GB/T 65—2000	螺钉 M6x20	12		
5		轴	1	45	
4		带轮	1	HT200	
3	GB/T 1096—2003	键 6x6x20	2		
2	GB/T 5781—2000	螺栓 M5x20	2		
1		端盖	2	HT200	

			比例	材料
			1:1	
制图		传动器		数量
设计				质量
审核				共 张第 张

图 9-2 传动器装配图

（2）必要的尺寸。装配图中只需标注表达机器（或部件）规格、性能、外形的尺寸，以及装配和安装时所必需的尺寸。

（3）技术要求。用文字说明机器（或部件）在装配、调试、安装和使用过程中的技术要求。

（4）零件序号和明细栏。为了便于生产管理和看图，装配图中必须对每种零件进行编号，并在标题栏上方绘制明细栏，明细栏中要按编号填写零件的名称、材料、数量，以及标准件的规格尺寸等。

（5）标题栏。装配图标题栏包括机器（或部件）名称、图号、比例，以及图样责任者的签名等内容。

第二节　装配图的表达方法

装配图的表达方法和零件图基本相同，零件图中所应用的各种表达方法，装配图中同样适用。此外，根据装配图的特点，还制定了一些规定画法和特殊表达方法。

一、装配图的规定画法

1. 相邻两零件的画法

相邻两零件的接触面和配合面只画一条轮廓线。当相邻两零件有关部分的基本尺寸不同时，即使间隙很小，也要画出两条线。

如图 9-3 所示，滚动轴承与轴和机座上的孔均为配合面，滚动轴承与轴肩为接触面，只画一条线；轴与填料压盖的孔之间为非接触面，必须画两条线。

2. 装配图中剖面线的画法

同一零件在不同的视图中，剖面线的方向和间隔应保持一致；相邻两零件的剖面线应有明显区别，即倾斜方向相反或间隔不等，以便在装配图中区分不同的零件。

如图 9-3 所示，机座与端盖的剖面线倾斜方向相反。

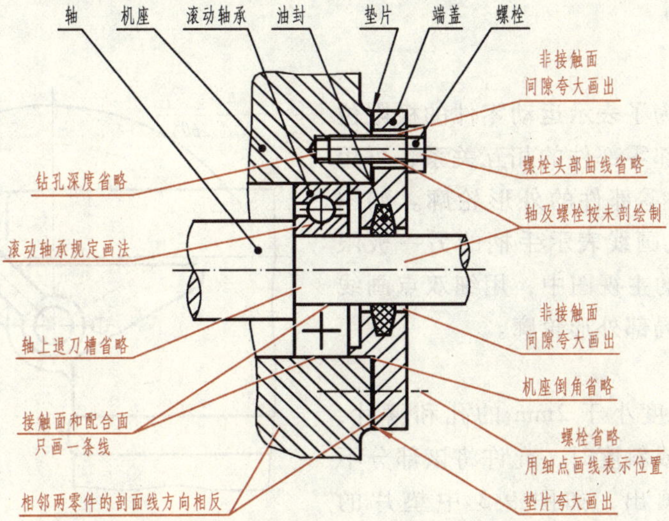

图 9-3　装配图的规定画法和简化画法

3. 螺纹紧固件及实心件的画法

螺纹紧固件及实心的轴、手柄、键、销、连杆、球等零件，若按纵向剖切，即剖切平面通过其轴线或基本对称面时，这些零件均按未剖绘制，如图9-3所示的螺栓和轴；当剖切平面垂直轴线或基本对称面剖切时，则应按剖开绘制，如图9-4所示 *A*—*A* 剖视中的螺栓剖面。

二、装配图的特殊表达方法

1. 沿零件结合面剖切和拆卸画法

为了清楚地表达部件的内部结构或被遮挡部分的结构形状，可假想沿着两个零件的结合面剖切，这时，零件的结合面不画剖面线，其他被剖切到的零件则要画剖面线，如图9-4所示的 *A*—*A* 剖视中的螺栓。

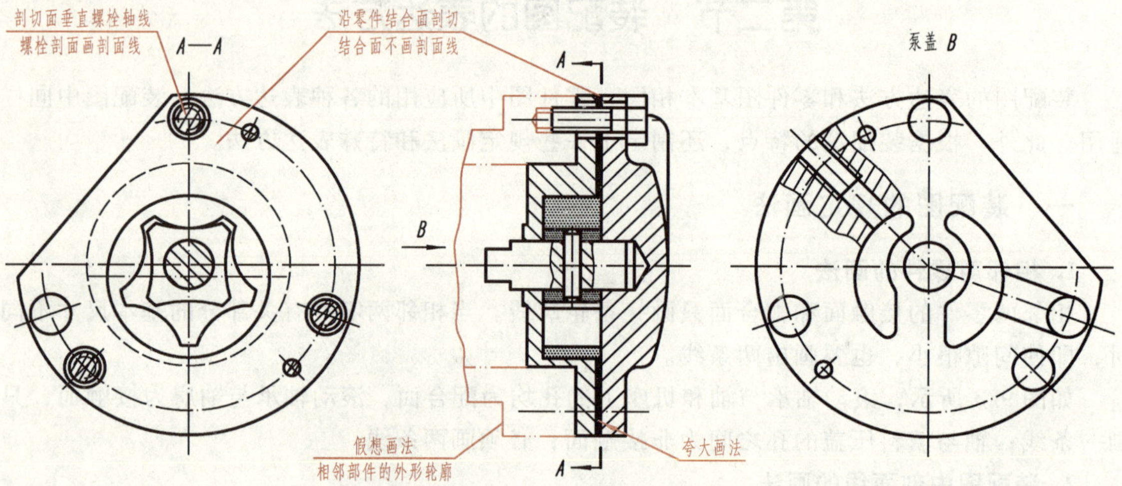

图9-4 沿零件结合面剖切的画法

也可以假想将某一个或几个零件拆卸后绘制，这种画法称为拆卸画法，如图9-2中的左视图是拆去螺栓、挡圈、带轮、键、齿轮等零件绘制的，这种画法需要加注"拆去××"，如"拆去零件4等"。

2. 假想画法

在装配图中，为了表示运动零件的极限位置或本零部件与相邻零部件的相互关系，可用细双点画线画出该零部件的外形轮廓。如图9-5所示，用细双点画线表示手柄的另一极限位置；图9-4所示的主视图中，用细双点画线表示其相邻部件的局部外形轮廓。

3. 夸大画法

对于直径或厚度小于2mm的孔和薄片，以及画较小的锥度或斜度时，允许将该部分不按原比例而夸大画出，如图9-3中垫片的画法。

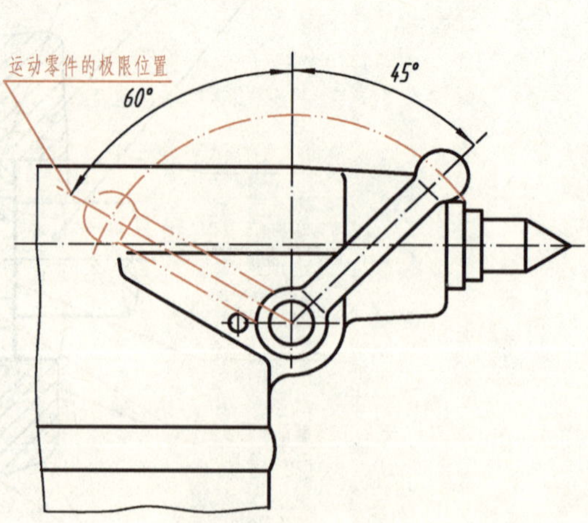

图9-5 假想画法

4. 简化画法

（1）对于装配图中的螺栓联接等若干相同零件组，允许仅详细地画出一组，其余用细点画线表示出中心位置即可，如图 9-3 中螺栓的画法。

（2）在装配图中，零件上某些较小的工艺结构，如倒角、退刀槽等允许省略不画，如图 9-3 所示。

（3）在装配图中，剖切平面通过某些标准产品组合件（如油杯、油标、管接头等）轴线时，可以只画外形。对于标准件（如滚动轴承、螺栓、螺母等）可采用简化或示意画法，如图 9-3 中滚动轴承的画法。

第三节　装配图的尺寸标注、技术要求及零件编号

一、装配图的尺寸标注

装配图和零件图在生产中的作用不同，因此，在图上标注尺寸的要求也不同。装配图中需注出一些必要的尺寸，这些尺寸按作用不同，可分为以下几类：

（1）性能（规格）尺寸。表示该机器性能（规格）的尺寸称为性能（规格）尺寸，它是设计产品时的主要依据。如图 9-2 中传动器的外连齿轮分度圆直径 ϕ96，主轴中心线高度 100。

（2）装配尺寸。保证机器中各零件装配关系的尺寸称为装配尺寸。装配尺寸包括配合尺寸和主要零件相对位置尺寸。如图 9-2 中滚动轴承外圈与箱体间的 ϕ62JS7，滚动轴承内圈与主轴间的 ϕ25k6，带轮和齿轮与主轴间的 ϕ20H7/h6。

（3）安装尺寸。机器和部件安装时所需的尺寸称为安装尺寸。如图 9-2 中传动器箱体安装孔直径 $4\times\phi9$、四个孔的中心距 128 和 80。

（4）外形尺寸。表示机器或部件外形轮廓的尺寸，即总长、总宽和总高，称为外形尺寸。根据外形尺寸，可考虑机器或部件在包装、运输、安装时所占的空间。如图 9-2 中传动器总长 219、总宽 110。

（5）其他重要尺寸。其他重要尺寸是指根据装配体的特点和需要，必须标注的尺寸，如经过计算的重要设计尺寸、重要零件间的定位尺寸、主要零件的尺寸等。

装配图上的尺寸要根据情况具体分析，上述五类尺寸并不是每一张装配图都必须标注的，有时，同一尺寸兼有几种含义。

二、装配图的技术要求

装配图的技术要求是指用文字或符号在装配图上说明对机器或部件的装配、检验要求和使用方法等。装配图上的技术要求一般包括以下几方面内容：

（1）对机器或部件在装配、调试和检验时的具体要求。

（2）关于机器性能指标方面的要求。

（3）有关机器安装、运输及使用方面的要求。

技术要求一般写在明细栏上方或图样左下方的空白处。

三、装配图的零件序号和明细栏

为了便于看图和管理图样，装配图中必须对每种零件进行编号，并根据零件编号绘制相应的明细栏。

（1）装配图中的所有零件均应按顺序编写序号，相同零件只编一个序号，一般只注一次。

（2）零件序号应标注在视图周围，按水平或竖直方向排列整齐，应按顺时针或逆时针方向排列，如图 9-2 所示。

（3）零件序号应填写在指引线一端的横线上（或圆圈内），指引线的另一端应自所指零件的可见轮廓内引出，并在末端画一圆点；若所指部分内不宜画圆点（零件很薄或涂黑的剖面）时，可在指引线一端画箭头指向该部分的轮廓，如图 9-6a 所示。

（4）序号的字号应比图中尺寸数字大一号或大两号，如图 9-2、图 9-6a 所示。

（5）一组紧固件或装配关系明显的零件组可采用公共指引线，如图 9-6b 所示。

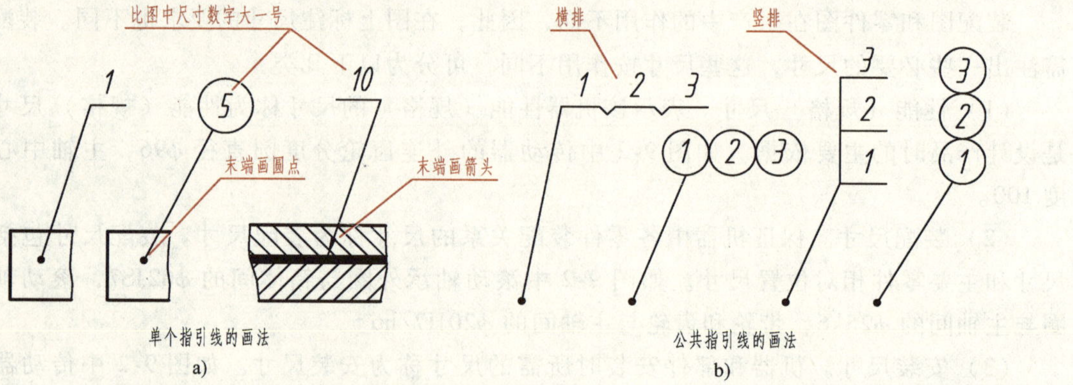

图 9-6　零件序号的编写形式

（6）零件的明细栏应画在标题栏上方，当标题栏上方位置不够时，可在标题栏左边继续列表，如图 9-2 所示。明细栏也可单独编写（明细栏的格式和内容如图 1-5 所示）。

第四节　装配结构简介

在设计和绘制装配图的过程中，应考虑到装配结构的合理性，以保证机器和部件的性能要求，并给零件的加工和装拆带来方便。

一、接触面的数量

为了避免装配时不同的表面相互干涉，两零件在同一个方向上的接触面数量一般不得多于一个，否则会给加工和装配带来困难，如图 9-7 所示。

二、轴与孔的配合

轴与孔配合且轴肩与端面相互接触时，在两接触面的交角处（孔或轴的根部）应加工出退刀槽、倒角或不同大小的倒圆，以保证两个方向的接触面均接触良好，确保装配精度。

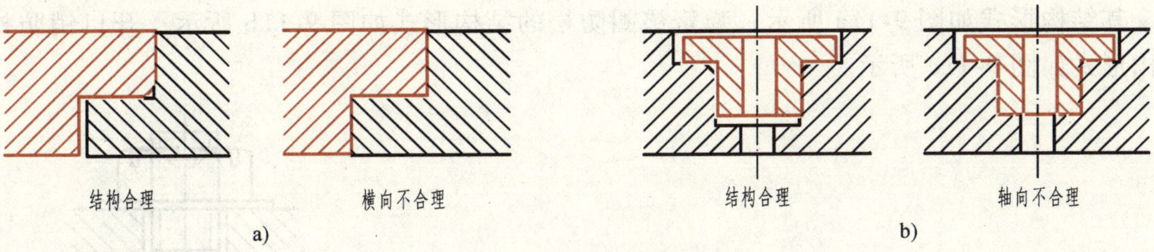

图 9-7 接触面的画法

如图 9-8a 所示的孔口倒角、图 9-8b 所示的轴肩处切槽，使孔口端面与轴肩有良好的接触。图 9-8c 所示的结构是不合理的。

三、锥面的配合

由于锥面配合能同时确定轴向和径向的位置，因此当锥孔不通时，锥体顶部与锥孔底部之间必须留有间隙，否则得不到稳定的配合，如图 9-9 所示。

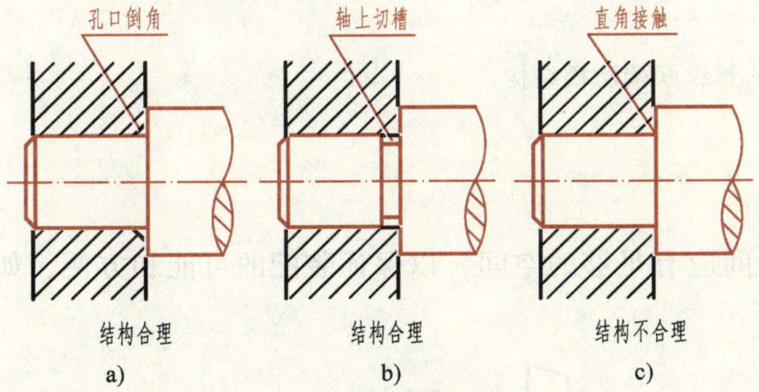

图 9-8 轴与孔的配合

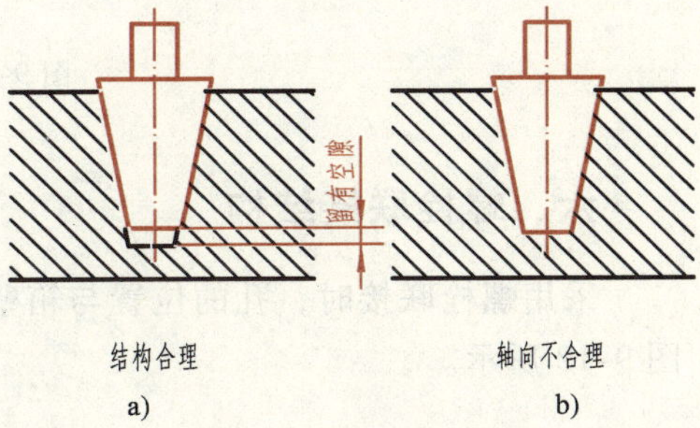

图 9-9 锥面的配合

四、滚动轴承的轴向固定结构

为了防止滚动轴承产生轴向窜动，必须采用一定的结构来固定其内、外圈。常用的轴向固定结构形式有轴肩、台肩、弹性挡圈、端盖凸缘、圆螺母、止退垫圈和轴端挡圈等。若轴肩过大或轴孔直径过小，会给滚动轴承的拆卸带来困难，如图 9-10 所示。

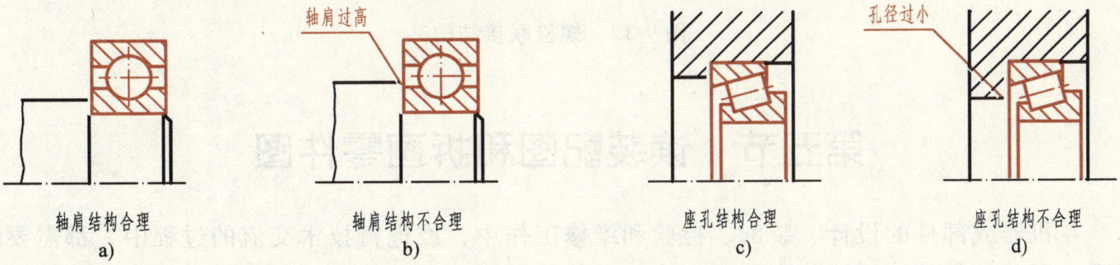

图 9-10 滚动轴承的轴向固定结构

五、螺纹联接防松结构

为了防止螺纹联接在工作中由于机器振动而松开，常采用螺纹防松装置。例如双螺母防松，其结构形式如图9-11a所示；弹簧垫圈防松的结构形式如图9-11b所示；开口销防松的结构形式如图9-11c所示。

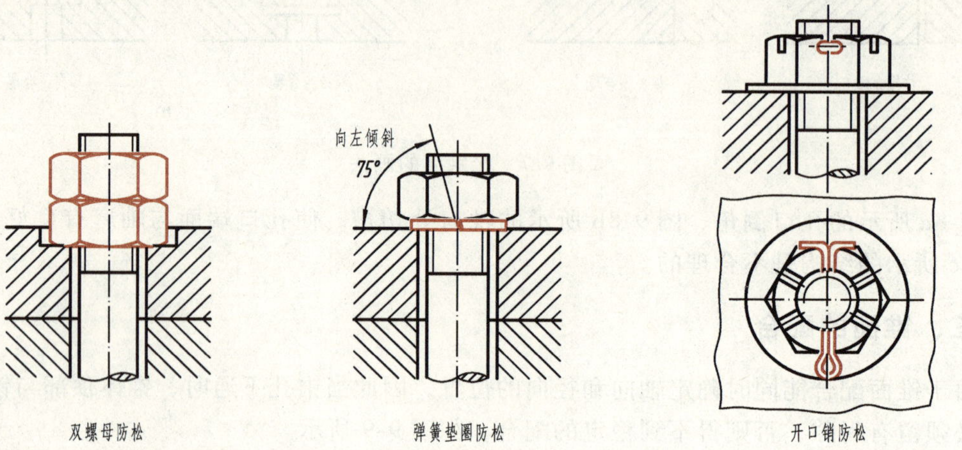

图9-11　螺纹联接防松结构

六、螺栓联接结构

采用螺栓联接时，孔的位置与箱壁之间应有足够的空间，以保证装配的可能和方便，如图9-12所示。

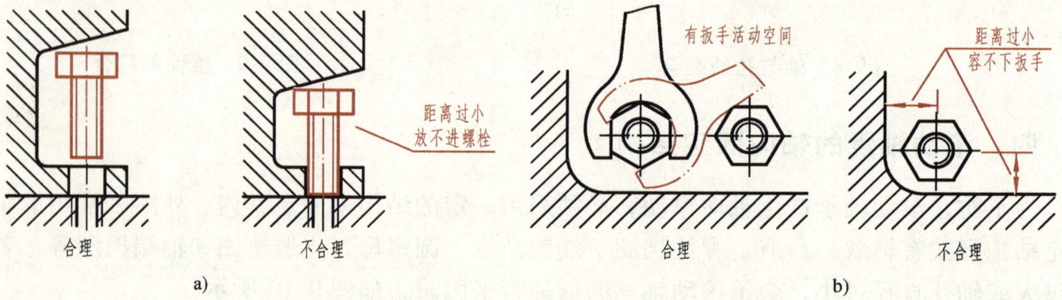

图9-12　螺栓联接结构

第五节　读装配图和拆画零件图

在机器或部件的设计、装配、检验和维修工作中，或进行技术交流的过程中，都需要装配图。因此，熟练地阅读装配图，正确地由装配图拆画零件图，是每个工程技术人员必须具备的基本技能之一。读装配图的目的是：

（1）了解机器或部件的性能、用途和工作原理。

（2）了解各零件间的装配关系及拆卸顺序。

（3）了解各零件的主要结构形状和作用。

一、读装配图的方法和步骤

1. 概括了解

读装配图时，首先要看标题栏、明细栏，从中了解该机器或部件的名称、组成该机器或部件的零件名称、数量、材料以及标准件的规格等。根据视图的大小、画图的比例和装配体的外形尺寸等，对装配体有一个初步印象。

图 9-13 所示是机用虎钳装配图。由标题栏可知该部件名称为机用虎钳，对照图上的序号和明细栏，可知它由十一种零件组成，其中垫圈 5、圆锥销 7、螺钉 10 是标准件（明细栏中有标准编号），其他为非标准件。根据实践知识或查阅说明书及有关资料大致可知：机用虎钳是安装在机床工作台上，用于夹紧工件，以便进行切削加工的一种通用工具。

2. 分析视图，明确表达目的

首先要找到主视图，再根据投影关系识别出其他视图；找出剖视图、断面图所对应的剖切位置，识别出表达方法的名称，从而明确各视图表达的意图和重点，为下一步深入看图作准备。

机用虎钳装配图采用了主、俯、左三个基本视图，并采用了单件画法、局部放大图、移出断面图等表达方法。各视图及表达方法的分析如下：

（1）主视图。采用了全剖视，主要反映机用虎钳的工作原理和零件的装配关系。

（2）俯视图。主要表达机用虎钳的外形，并通过局部剖视表达钳口板 2 与固定钳身 1 联接的局部结构。

（3）左视图。采用 *B—B* 半剖视，表达固定钳身 1、活动钳身 4 和螺母 8 三个零件之间的装配关系。

（4）单件画法。件 2 的 *A* 向视图，用来表达钳口板 2 的形状。

（5）局部放大图。用以表达螺杆 9 上螺纹（矩形螺纹）的结构和尺寸。

（6）移出断面图。用以表达螺杆右端的断面形状。

3. 分析工作原理和零件的装配关系

对于比较简单的装配体，可以直接对装配图进行分析。对于比较复杂的装配体，需要借助说明书等技术资料来阅读图样。读图时，可先从反映工作原理、装配关系较明显的视图入手，抓主要装配干线或传动路线，分析研究各相关零件间的联接方式和装配关系，判明固定件与运动件，搞清传动路线和工作原理。

（1）工作原理。机用虎钳的主视图基本反映出其工作原理：旋转螺杆 9，使螺母 8 带动活动钳身 4 在水平方向右、左移动，进而夹紧或松开工件。机用虎钳的最大夹持厚度为 70mm。

（2）装配关系。主视图反映了机用虎钳主要零件间的装配关系：螺母 8 从固定钳身 1 下方的空腔装入工字形槽内，再装入螺杆 9，用垫圈 11、垫圈 5 及挡圈 6 和圆锥销 7 将螺杆轴向固定；螺钉 3 用于联接活动钳身 4 与螺母 8，最后用螺钉 10 将两块钳口板 2 分别与固定钳身 1、活动钳身 4 联接。

4. 分析视图，看懂零件的结构形状

在弄清上述内容的基础上，还要看懂每一个零件的形状。读图时，借助序号指引的零件上的剖面线，利用同一零件在不同视图上的剖面线方向与间隔一致的规定，对照投影关系以

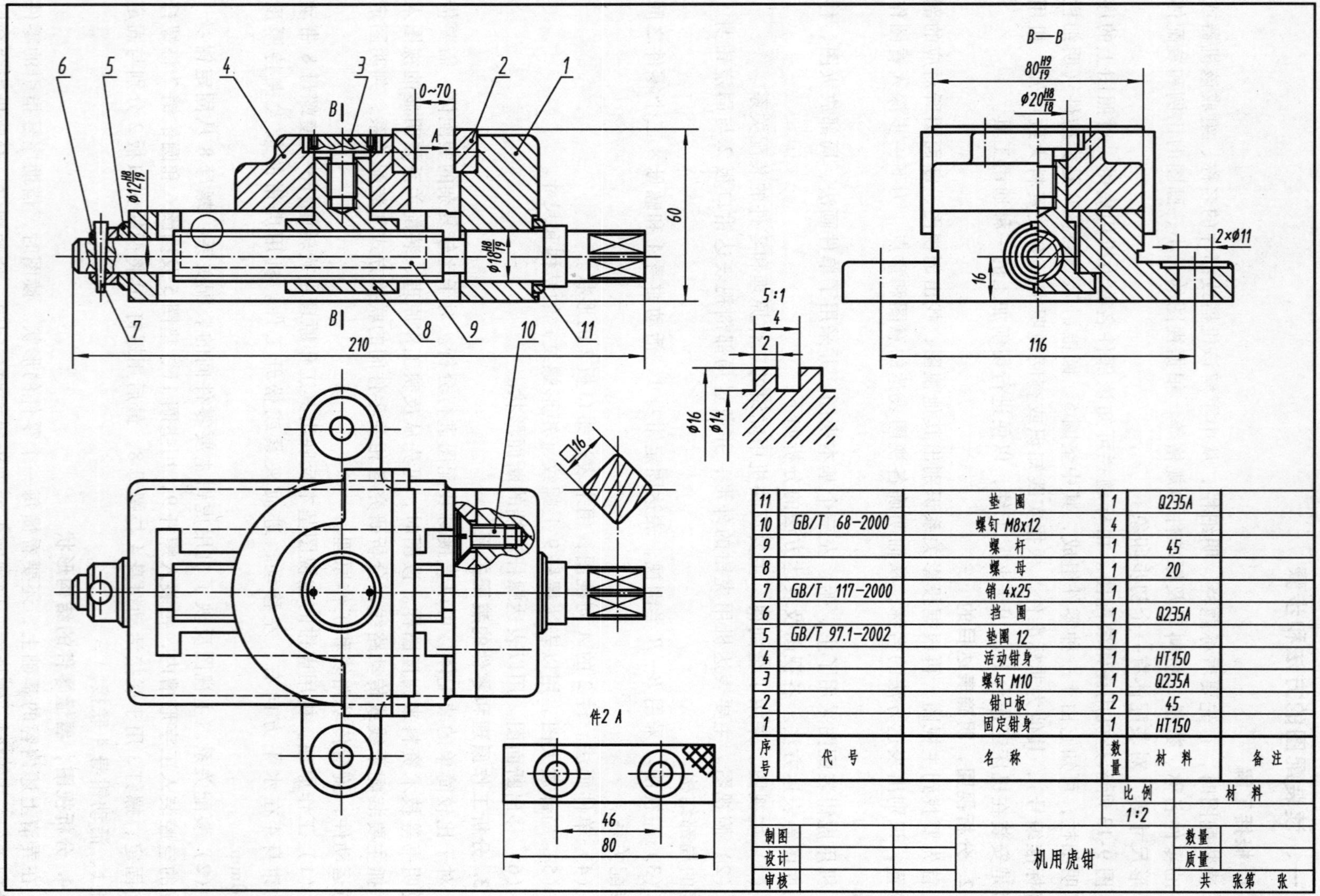

序号	代号	名称	数量	材料	备注
11		垫圈	1	Q235A	
10	GB/T 68-2000	螺钉 M8x12	4		
9		螺杆	1	45	
8		螺母	1	20	
7	GB/T 117-2000	销 4x25	1		
6		挡圈	1	Q235A	
5	GB/T 97.1-2002	垫圈 12	1		
4		活动钳身	1	HT150	
3		螺钉 M10	1	Q235A	
2		钳口板	2	45	
1		固定钳身	1	HT150	

			比例	材料
			1:2	
制图		机用虎钳	数量	
设计			质量	
审核			共 张第 张	

图 9-13 机用虎钳装配图

及与相邻零件的装配情况，逐步想象出各零件的主要结构形状。

分析时，一般先从主要零件着手，然后是次要零件。有些零件的具体形状可能表达得不够清楚，这时需要根据该零件的作用及其与相邻零件的装配关系进行推想，完整构思出零件的结构形状，为拆画零件图作准备。

固定钳身、活动钳身、螺杆、螺母是机用虎钳的主要零件，它们在结构和尺寸上都有非常密切的联系，要读懂装配图，必须看懂它们的结构形状。

(1) 固定钳身。根据主、俯、左视图，可知其结构左低右高，下部有一空腔，且有一工字形槽（因矩形槽的前后各凸起一个长方形而形成）。空腔的作用是放置螺杆和螺母，工字形槽的作用是使螺母带动活动钳身沿水平方向左右移动。

(2) 活动钳身。由三个基本视图可知其主体左侧为阶梯半圆柱，右侧为长方体，前后向下探出的部分包住固定钳身，二者的结合面采用基孔制、间隙配合（80H9/f9）。中部的阶梯孔与螺母的结合面采用基孔制、间隙配合（ϕ20H8/f8）。

(3) 螺杆。由主视图、俯视图、断面图和局部放大图可知，螺杆的中部为矩形螺纹，两端轴径与固定钳身两端的圆孔采用基孔制、间隙配合（ϕ12H8/f9、ϕ18H8/f9）。螺杆左端加工出锥销孔，右端加工出矩形平面。

(4) 螺母。由主、左视图可知，其结构为上圆下方，上部圆柱与活动钳身相配合，并通过螺钉调节松紧度；下部方形内的螺纹孔可旋入螺杆，将螺杆的旋转运动转变为螺母的左右水平移动，带动活动钳身沿螺杆轴线移动，达到夹紧或松开的目的；底部凸台的上表面与

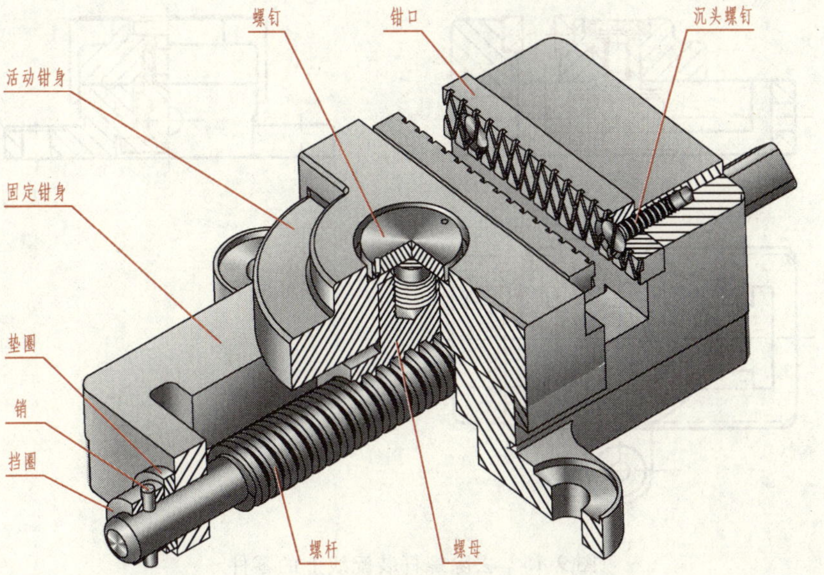

图 9-14 机用虎钳轴测剖视图

固定钳身工字形槽的下导面相接触，故而应有较高的表面结构要求。

把机用虎钳中每个零件的结构形状都看清楚之后，将各个零件联系起来，便可想象出机用虎钳的完整形状，如图 9-14 所示。

5. 归纳总结

在以上分析的基础上，还要对技术要求、尺寸等进行研究，并综合分析总体结构，从而

对装配体有一个全面了解。

二、拆画零件图

由装配图拆画零件图简称拆图。即在完全读懂装配图的基础上，按照零件图的内容和要求，设计性地拆画出零件图。拆图时，先要正确地分离零件。一般应先拆主要零件，然后再逐一画出有关零件，以便保证各零件的结构形状合理，并使尺寸配合性质和技术要求等协调一致。

下面以固定钳身1为例，介绍拆画零件图的方法。

1. 分离零件

由装配图分离零件，主要有下列几种方法：

（1）根据零件序号和明细栏，找到要分离零件的序号、名称，再根据序号指引线所指的部位，找到该零件在装配图中的位置。如固定钳身是1号零件，从序号的指引线起始端圆点，可找到固定钳身的位置和大致轮廓范围。

（2）根据同一零件在剖视图中剖面线方向一致、间隔相等的规定，把所要分离的零件从有关的视图中区分出来。如果要分离的零件较复杂，而其他零件相对较简单，也可以采用排除法，即先在装配图上将其他零件一一去掉，留下的就是要分离的零件。

① 先在机用虎钳装配图上去掉螺杆装配线上的垫圈5、挡圈6、销7、螺杆9、垫圈11等（将被遮挡的图线补齐），如图9-15所示。

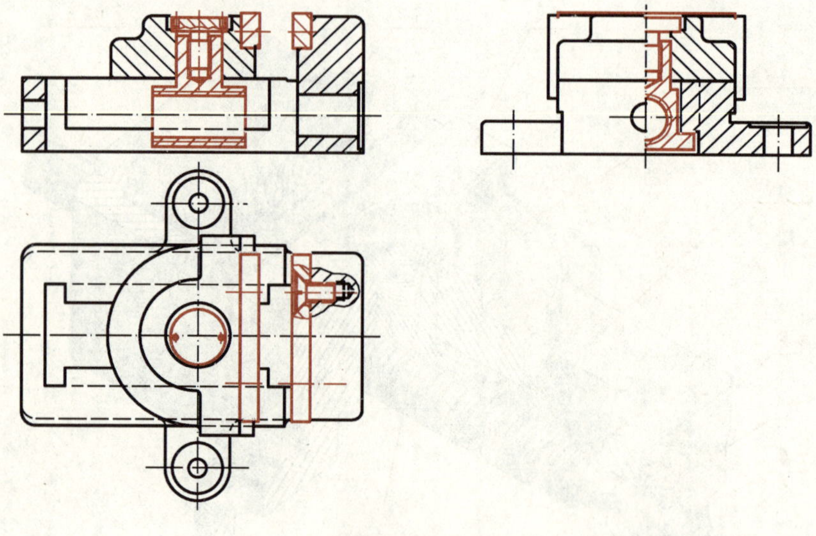

图9-15 去除螺杆装配线上的零件

② 参照图9-15，再去掉螺钉10、钳口板2、螺母8（将被遮挡的图线补齐），如图9-16所示。

③ 参照图9-16，最后去掉活动钳身4，余下的即为固定钳身。根据零件各视图之间的投影关系进行投影分析，进一步确定固定钳身的结构形状，如图9-17所示。

2. 确定零件的视图表达方案

装配图的表达方案是从整个机器或部件的角度考虑的，重点是表达工作原理和装配关

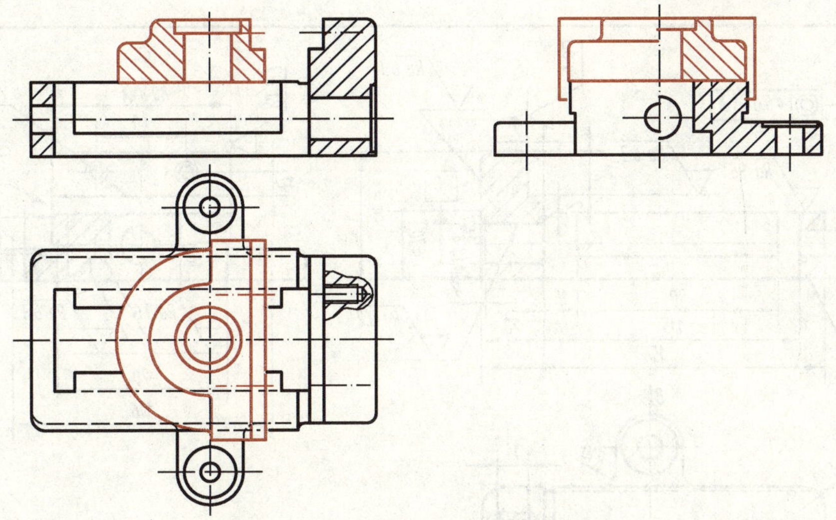

图 9-16 去除螺钉、钳口板和螺母

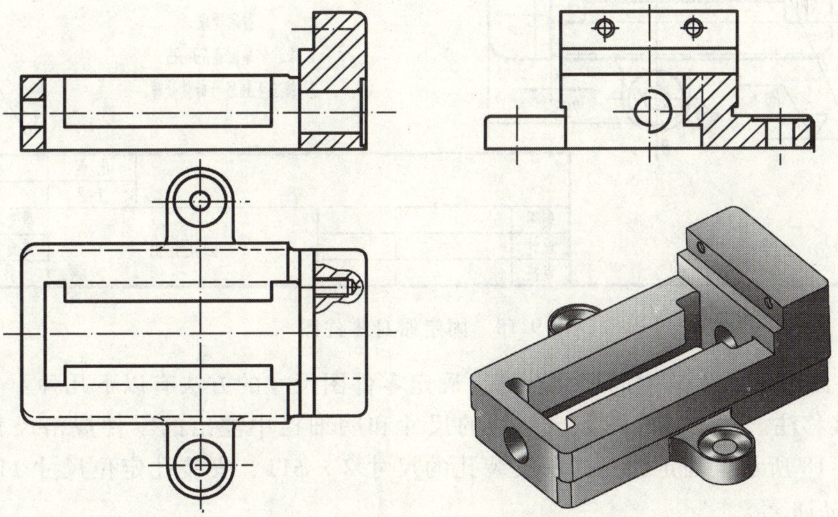

图 9-17 去除活动钳身后的固定钳身

系，而零件图的表达方案则是从对零件的设计和工艺要求出发，根据零件的结构形状来确定的。因此，在确定零件的视图表达方案时，不能简单地照搬装配图，而应根据零件的结构形状并按照零件图的视图选择原则重新选定。

固定钳身的主视图应按工作位置原则选择，即与装配图一致。根据其结构形状，增加俯视图和左视图。为表达内部结构，主视图采用全剖视，左视图采用半剖视，俯视图采用局部剖视，如图 9-18 所示。

3. 确定零件图上的尺寸

在零件图上正确、完整、清晰、合理地标注尺寸，是拆画零件图的一项重要内容。应根据零件在装配体中的作用，从零件设计、加工工艺等方面来选择尺寸基准。先确定长、宽、高三个方向的主要基准，再根据加工和测量的需要，适当选择一些辅助基准。装配图上的尺

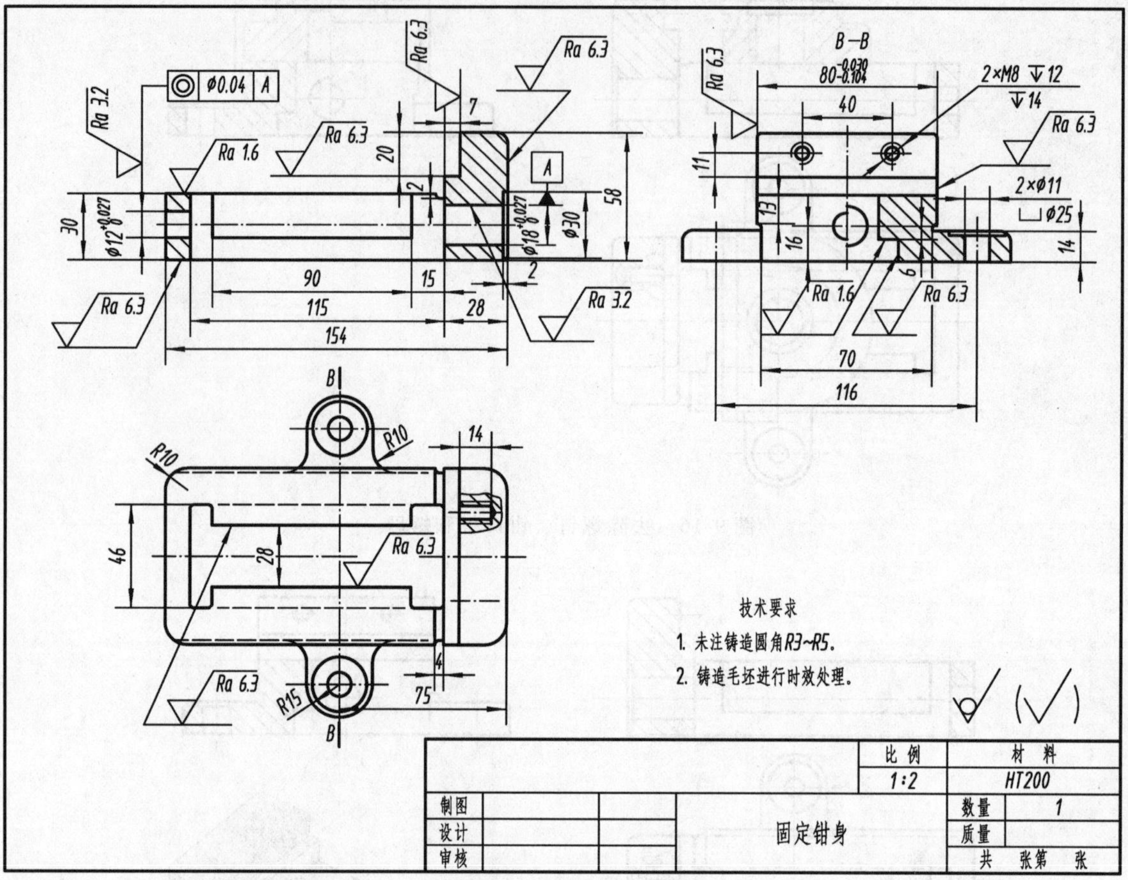

图 9-18 固定钳身零件图

寸很少，零件图上必须将缺少的尺寸补齐。确定零件图尺寸的方法有以下几种：

（1）直接移注。对于装配图上已标注的尺寸和明细栏中注出的零件规格尺寸，可直接移注。如图 9-18 所示，固定钳身底部安装孔的尺寸 2×ϕ11、安装孔定位尺寸 116、左右孔的直径 ϕ12、ϕ18 等。

（2）查表确定。对于零件上标准结构的尺寸，如螺栓通孔、倒角、退刀槽、键槽、沉孔等，可查阅有关标准确定。如图 9-18 中的沉孔尺寸及螺纹孔尺寸，可查阅标准后确定。

（3）计算确定。对零件上比较重要的尺寸，可通过计算确定。如拆画齿轮零件图时，需根据齿轮参数 m、z 等，计算齿轮轮齿的各部尺寸。

（4）直接量取。零件上大部分不重要或非配合的尺寸，一般可从装配图上按比例直接量取。量得的尺寸，应圆整成整数。如固定钳身的总长 154、总高 58 等。

4. 确定零件图上的技术要求

对零件上各表面粗糙度的要求，应根据表面的作用和两零件间的配合性质进行选择。为了使活动钳身、螺母在水平方向上移动自如，对固定钳身工字形槽的上、下导面必须提出较高的表面结构要求，选择 R 轮廓算术平均偏差为 1.6μm。

对于配合表面，应根据装配图上给出的配合性质、公差等级等，通过查阅手册来确定其极限偏差。

5. 填写标题栏

根据装配图中的明细栏在零件图的标题栏中填写零件的名称、材料、数量等，并填写绘图比例和绘图者姓名等。

6. 检查校对

这是拆画零件图的最后一步。首先看零件是否表达清楚，投影关系是否正确。然后校对尺寸是否有遗漏，相互配合的相关尺寸是否一致，以及技术要求与标题栏等内容是否完整。

第六节　装配体测绘

根据现有的装配体（机器或部件），绘制出全部非标准零件的草图，然后将这些草图进行整理，绘制出装配图和零件图，这个过程称为装配体（机器或部件）测绘。实际修配工作中，在没有现成图样的情况下，测绘工作是必不可少的，也是工程技术人员必备的技能。

现以图 9-19 所示的减速器为例，说明装配体的测绘方法和步骤。

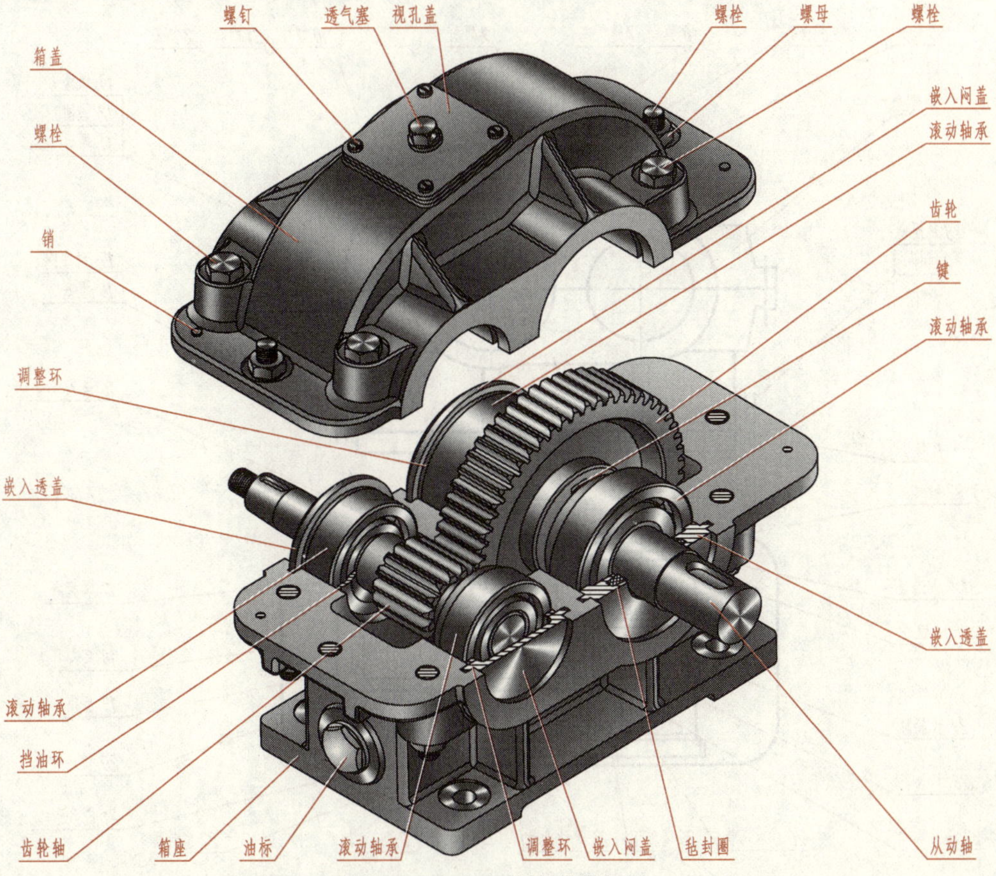

图 9-19　减速器轴测分解图

一、了解和分析装配体

装配体测绘时，首先要对装配体进行分析，通过产品说明书或使用者的介绍，初步掌握机器或部件的名称、用途、规格、工作原理，以及零部件之间的联接关系等。

减速器是通过一对（或数对）齿数不同的齿轮的啮合传动，将高速旋转运动变为低速旋转运动的减速机构。

图9-19所示为单级圆柱齿轮减速器。通过一对齿数不同的齿轮啮合旋转，动力由齿轮轴（件29）的伸出端输入，小齿轮旋转带动大齿轮（件19）旋转，并通过普通平键（件20）将动力传递到从动轴（件23）输出。由于主动齿轮轴的齿数（$z_1=15$）比从动齿轮的齿数少得多（$z_2=55$，$z_2/z_1=55/15=3.67$），所以主动轴的高速旋转运动经齿轮传动降为从动轴的低速旋转运动，从而达到减速的目的。

二、画装配示意图、拆卸装配体

在了解和分析装配体的基础上，为了记录零件间相对位置、工作原理和装配关系，为绘制装配图作好准备，首先应画出装配示意图。

装配示意图是采用规定的机构运动简图符号，用简单的线条徒手画出零件的大致轮廓，并将各零件编写序号或写出名称。减速器的装配示意图如图9-20所示。

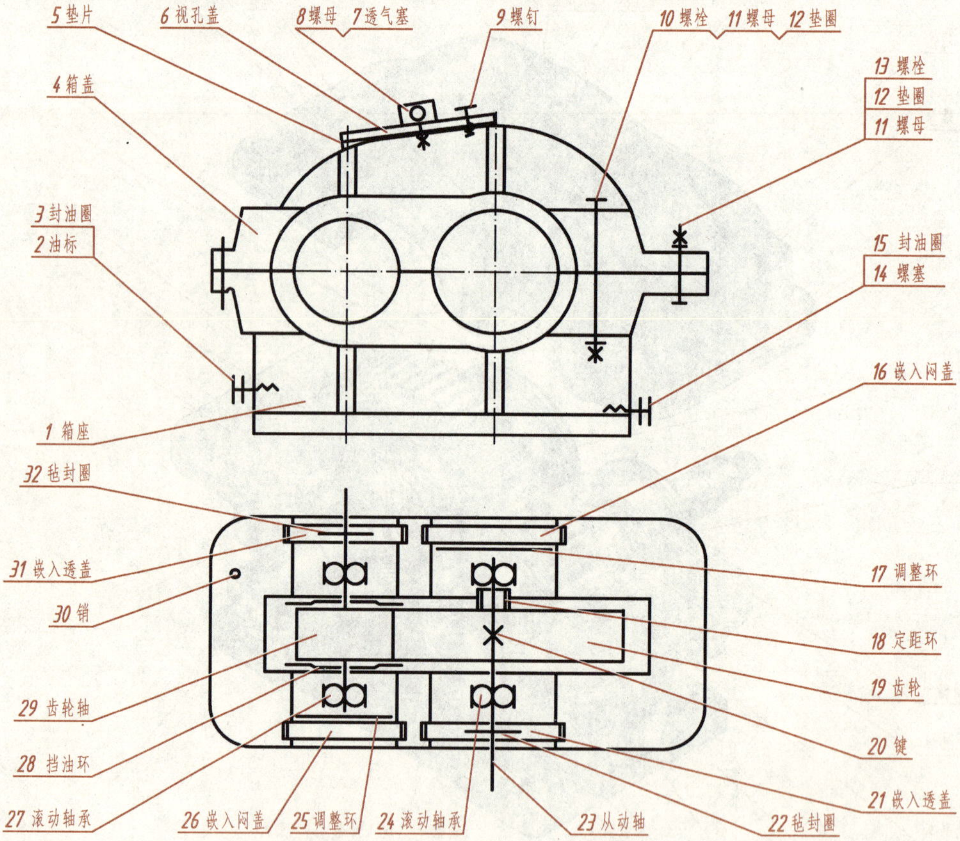

图9-20 减速器装配示意图

在拆卸零件时应注意以下几点：

（1）注意拆卸次序，严防破坏性拆卸，以免损坏机器零件或影响零件的精度。

（2）拆卸后将各零件按类妥善保管，防止混淆和丢失。

（3）要对所有零件进行编号、登记，并注写零件名称，每个零件最好挂一个对应的标签。

三、画零件草图

画零件草图是装配体测绘的重要步骤和基础工作。装配体中的零件可分为两类：

（1）标准件。如螺栓、垫圈、螺母、键、销及滚动轴承等，只需测出规格尺寸，然后查阅标准手册，按规定标记登记在明细栏内，不必画草图。

（2）非标准件。对非标准件应画出其全部的零件草图。

零件草图是用目测的方法徒手画出的图，而不是潦草的图，草图的内容与零件图相同，区别仅在于零件草图是徒手完成的，零件图是用绘图仪器画出的。零件草图是绘制零件图和装配图的依据。

提示：画零件草图的方法、步骤参见第八章第七节。

四、画装配图

根据装配示意图和零件草图绘制装配图，再由装配图拆画零件图的过程不是简单的拼凑和重复，而是从装配体的整体功用、工作原理出发，对零件草图和装配示意图进行一次校对。发现它们有不协调、甚至错误之处，应立即改正。

绘制装配图的方法和步骤与画零件图基本相同，关键在于要从整体出发，选择好表达方案。把装配体所有零件都显示出来是装配图最基本的要求。在此基础上，再将装配体的工作原理、装配关系、联接方式和基本结构等表达清楚。

绘制装配图的步骤如下：

1. 选择视图

（1）选择主视图。主视图的选择应符合装配体的工作位置或习惯放置位置，并尽可能反映该装配体的结构特点及零件之间的装配联接关系，能明显地表示出装配体的工作原理。主视图通常取剖视，以表达零件主要装配干线（如工作系统、传动线路）。

图 9-25 所示为减速器的装配图。减速器装配图选用主、俯、左三个基本视图表达其内部结构形状。按工作位置确定的主视图表达了减速器的整机外形，并采用 5 处局部剖视，分别表示箱座上的油标、放油孔的结构，箱盖和箱座的螺栓联接结构，箱盖上视孔盖和透气塞的结构。

（2）选择其他视图。其他视图的选择应能补充主视图尚未表达或表达不够充分的部分。一般情况下，每一种零件至少应在视图中出现一次。

图 9-25 中，俯视图是沿箱盖与箱座结合面剖切的剖视图，集中表达减速器的工作原理以及各零件间的装配关系。左视图补充表达减速器整体的外形轮廓。此外，左视图中采用两处局部剖视，分别表示箱盖和箱座的圆锥销定位结构，以及箱座的安装螺栓孔结构。

2. 绘制装配图

（1）确定比例、合理布局。根据装配体大小和复杂程度，确定比例和图幅，画出图框和标题栏、明细栏，同时要考虑零件序号、尺寸标注和技术要求等内容的布置，如图 9-21 所示。

（2）画装配体的主要结构。一般可先从主视图画起，从主要结构入手，由主到次；从装配干线出发，由内向外，逐层画出，如图 9-22 所示。

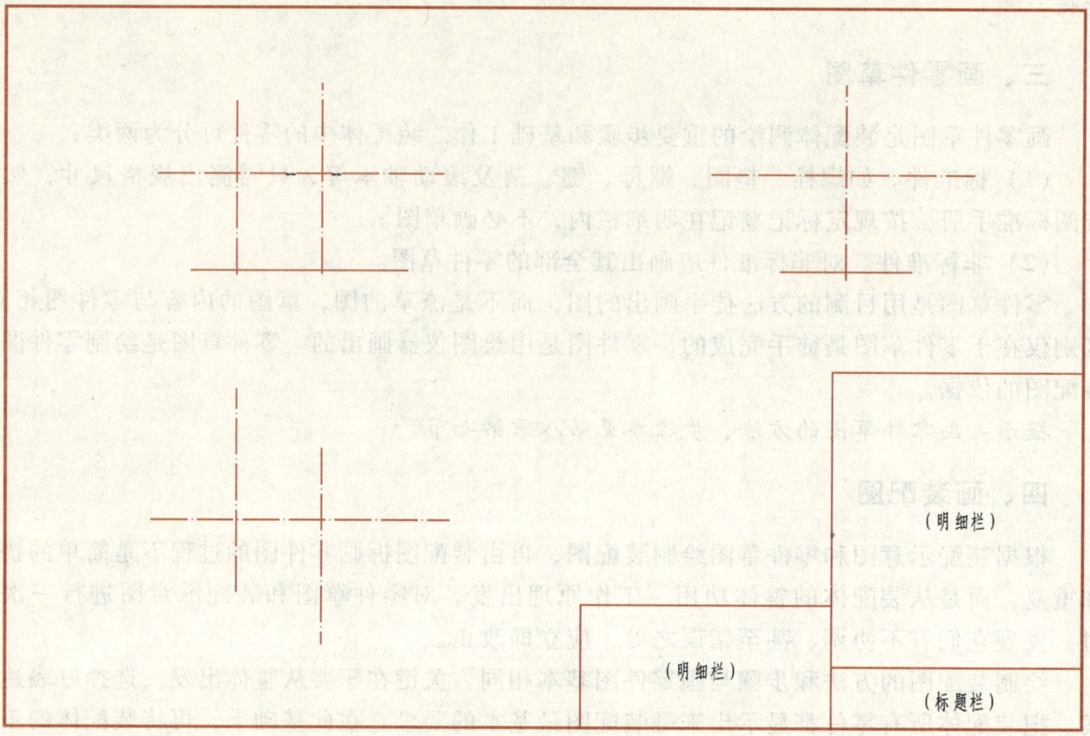

图9-21 减速器装配图画图步骤（一）

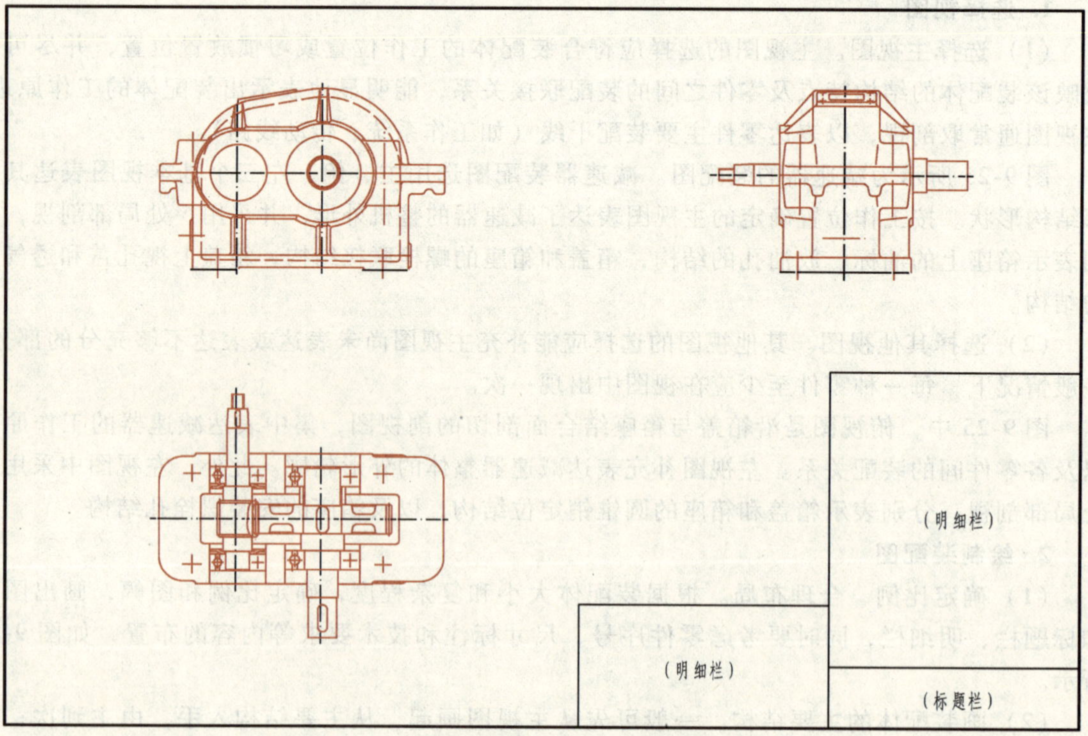

图9-22 减速器装配图画图步骤（二）

（3）画出次要结构和细节。在主视图中画出油标、放油孔、螺栓联接、视孔盖和透气塞的详细结构。在左视图中画出圆锥销定位结构、油标的外形、安装孔的详细结构。在俯视图中画出嵌入透盖、嵌入闷盖、螺栓孔和锥销孔位置等详细结构，如图 9-23 所示；逐一画出各剖切部分的剖面线，如图 9-24 所示。

（4）描深加粗、标注尺寸、编排序号、填写标题栏和明细栏。装配图底稿绘制完成后，应仔细检查校对，确认无误后描深加粗全图。最后，标注必要的尺寸，编排零件序号，填写标题栏、明细栏和技术要求，完成减速器装配图的绘制，如图 9-25 所示。

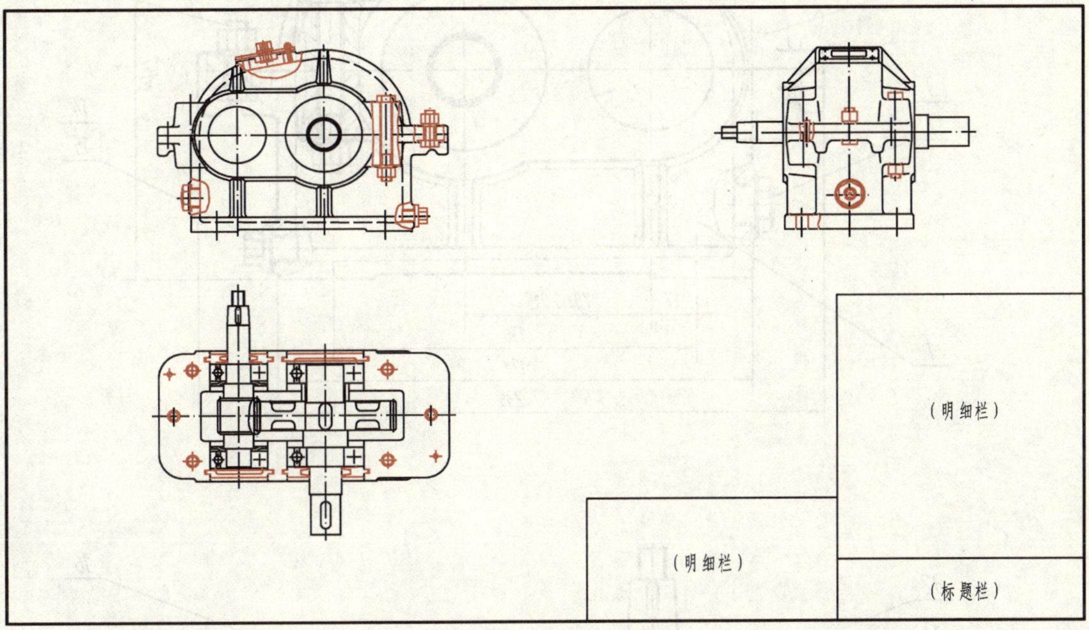

图 9-23　减速器装配图画图步骤（三）

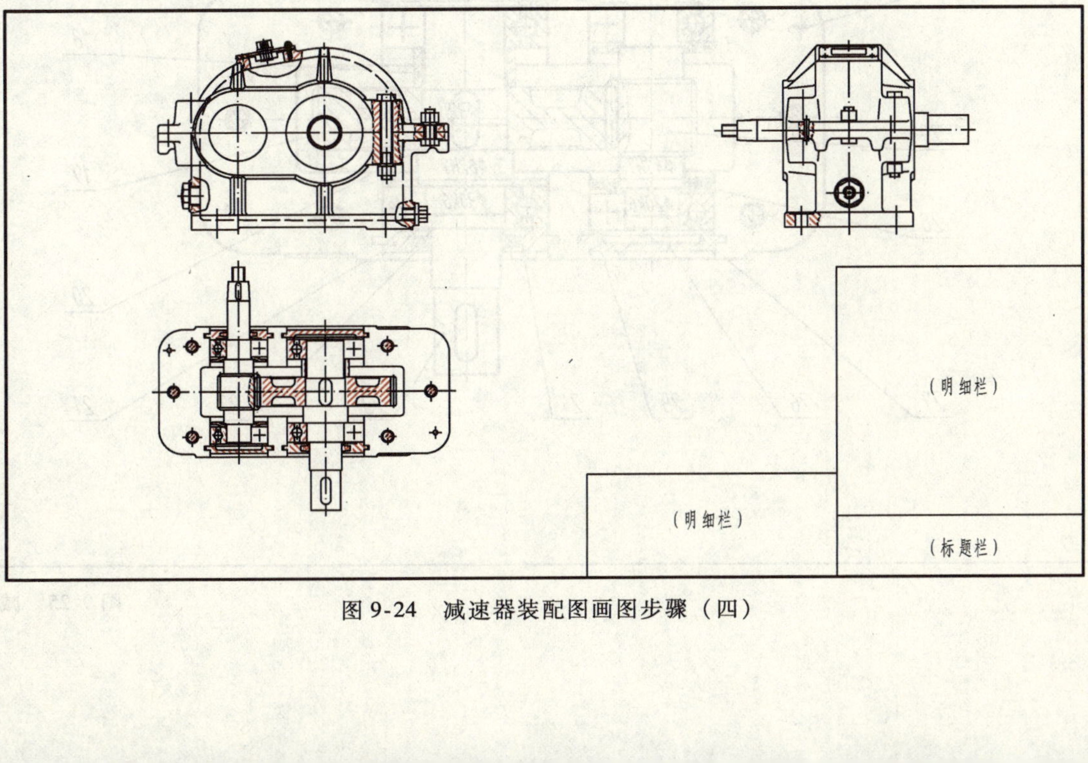

图 9-24　减速器装配图画图步骤（四）

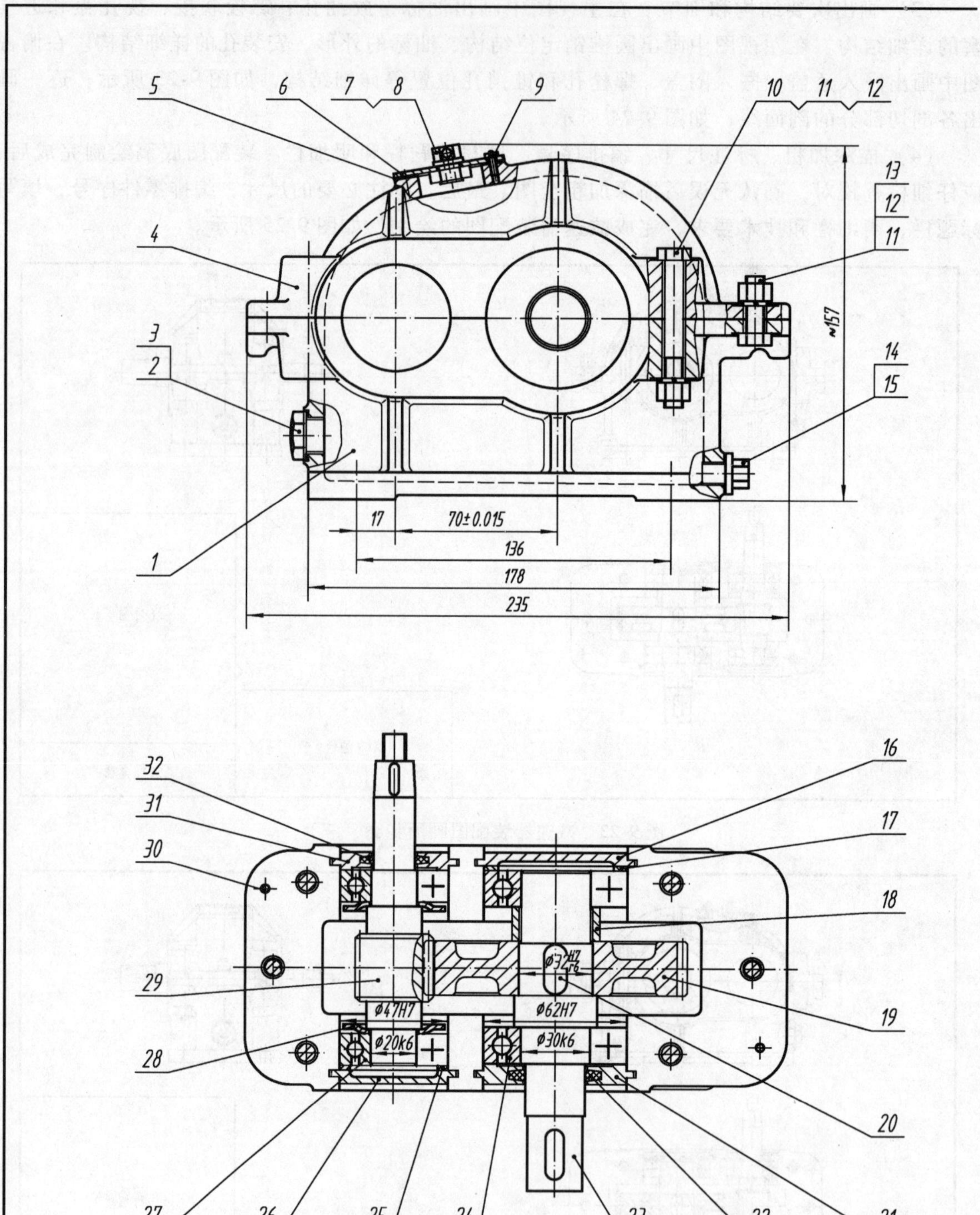
1
2
3
4
5
6
7
8
9
10
11
12
13
12
11
14
15
≈157
17
70±0.015
136
178
235
16
17
18
19
20
21
22
23
24
25
26
27
28
29
30
31
32
φ47H7
φ62H7
φ20k6
φ30k6
φ32H7/r6

图 9-25 减速

拆去透气塞等

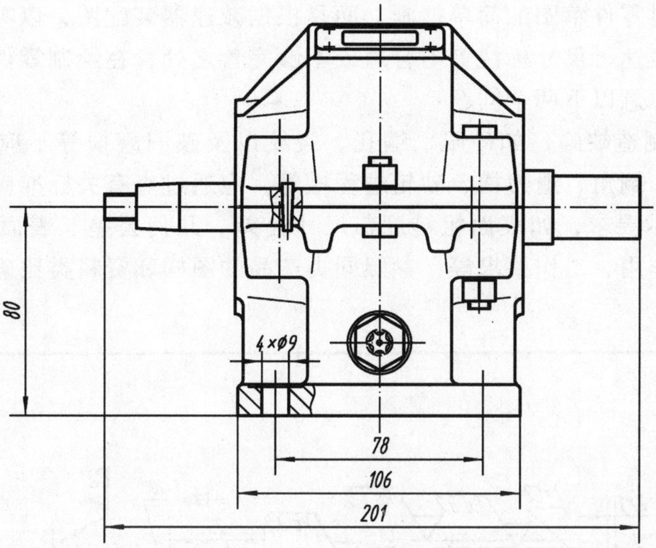

技术要求

1. 在装配之前，所有零件用煤油清洗，滚动轴承用汽油清洗。箱体内不许有杂物。

2. 滚动轴承内圈必须紧贴轴肩，定位环用 0.005 mm 塞尺检查不得通过。

3. 滚动轴承的轴向间隙：输入轴 0.04~0.07 ，输出轴 0.05~0.10 。

4. 齿面接触斑点沿齿高不小于45%；沿齿长不小于60%。

5. 减速器空运转试验时输入转速 750~1500 r/min，正反向均不少于2小时。试验运转应平稳，无冲击振动，各连接件紧固件不松动，各连接处、密封处不渗油。

6. 紧固螺栓涂放松胶（Zr-803 厌氧胶），结合面涂封胶（尼龙密封或 84-1 密封胶），外表面喷银灰色油漆。

序号	代号	名称	数量	材料	备注
32		毡封圈	1	半粗羊毛毡	
31		嵌入透盖	1	HT150	
30	GB/T 117-2000	销 3×18	2		
29		齿轮轴	1	45	m=2 z=15
28		挡油环	1	Q215A	
27	GB/T 276-1993	滚动轴承 6204	2		
26		嵌入闷盖	1	HT150	
25		调整环	1	Q215A	
24	GB/T 276-1993	滚动轴承 6206	2		
23		从动轴	1	45	
22		毡封圈	1	半粗羊毛毡	
21		嵌入透盖	1	HT150	
20	GB/T 1096-2000	键 10×8×22	1		
19		齿轮	1	40	m=2 z=55
18		定距环	1	Q215A	
17		调整环	1	Q215A	
16		嵌入闷盖	1	HT150	
15		封油圈	1	耐油橡胶	
14	JB/ZQ 4450-2000	螺塞 M10×1	1		
13	GB/T 5781-2000	螺栓 M8×25	2		
12	GB/T 93-1987	垫圈 8	6		
11	GB/T 41-2000	螺母 M8	6		
10	GB/T 5780-2000	螺栓 M8×65	4		
9	GB/T 67-2000	螺钉 M3×8	4		
8	GB/T 6173-2000	螺母 M10×1	1		
7		透气塞 M10×1	1	Q215A	
6		视孔盖	1	Q215A	
5		垫 片	1	石棉橡胶	
4		箱 盖	1	HT200	
3		封油圈	1	耐油橡胶	
2	JB/T7941.2-2000	油标 A10	1		
1		箱 座	1	HT200	

			比例	材料
			1:1	
制图		单级圆柱齿轮减速器	数量	1
设计			质量	
审核			共 张第 张	

器装配图

五、画零件图

装配图绘制完成之后，根据装配图绘制出（除标准件以外的）全部零件图。图 9-26 ~ 图 9-31 所示为减速器主要零件的零件图（箱盖零件图如图 8-42 所示）。

画零件图不是对零件草图的简单抄画，而是根据减速器装配图，以零件草图为基础，对零件草图中的视图表达、尺寸标注等不合理或不够完善之处，在绘制零件图时予以必要的修正。画零件图时要注意以下两个问题：

（1）零件上的制造缺陷，如砂眼、缩孔、裂纹以及破旧磨损等不应画出。零件上的机械加工工艺结构，如倒角、退刀槽、砂轮越程槽等，应通过查有关标准确定。

（2）零件的技术要求，如表面粗糙度、尺寸公差、几何公差、表面处理以及材料牌号等，可根据零件的作用、工作要求等，参照同类产品的图样和资料类比确定。

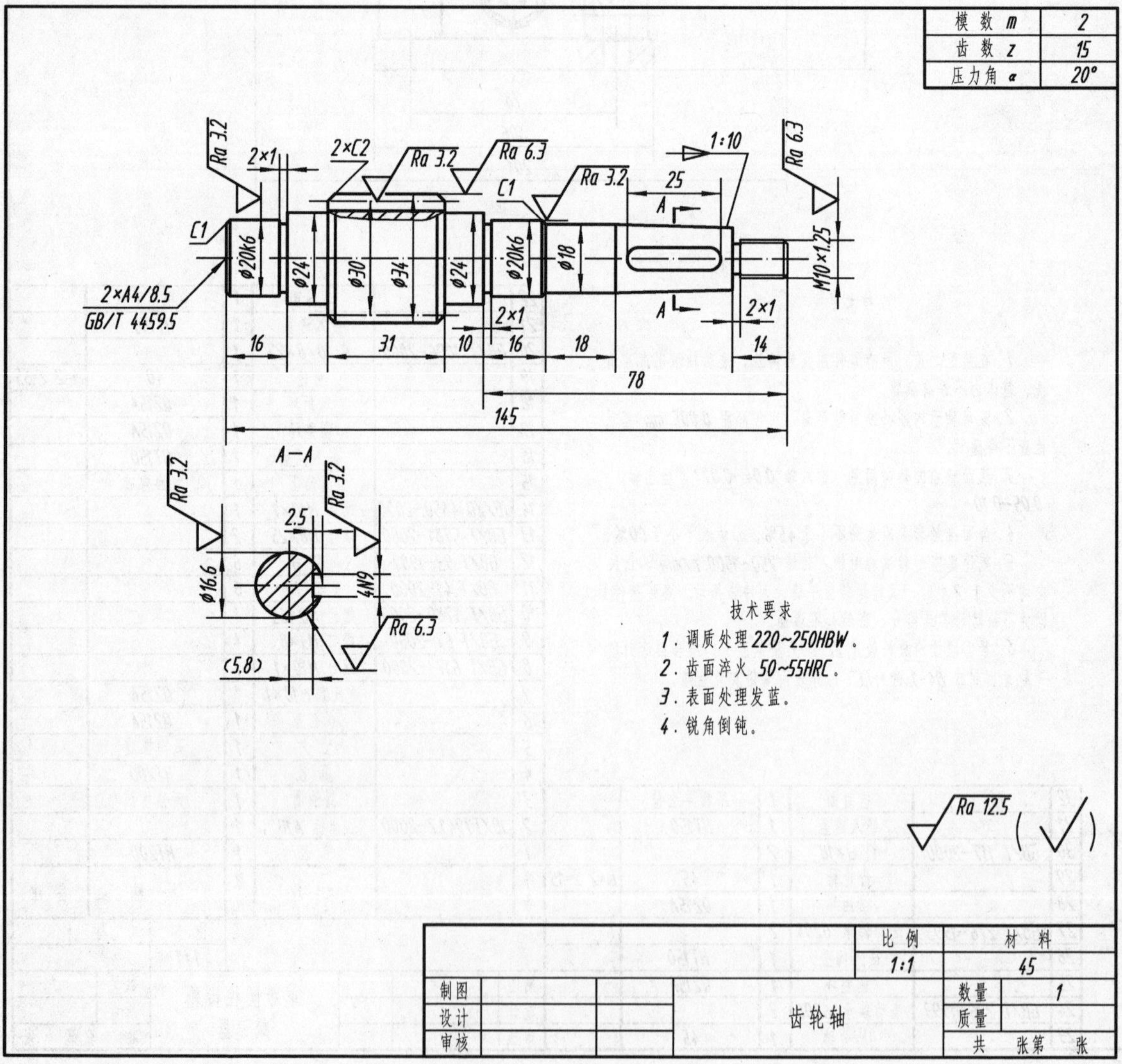

图 9-26 齿轮轴零件图

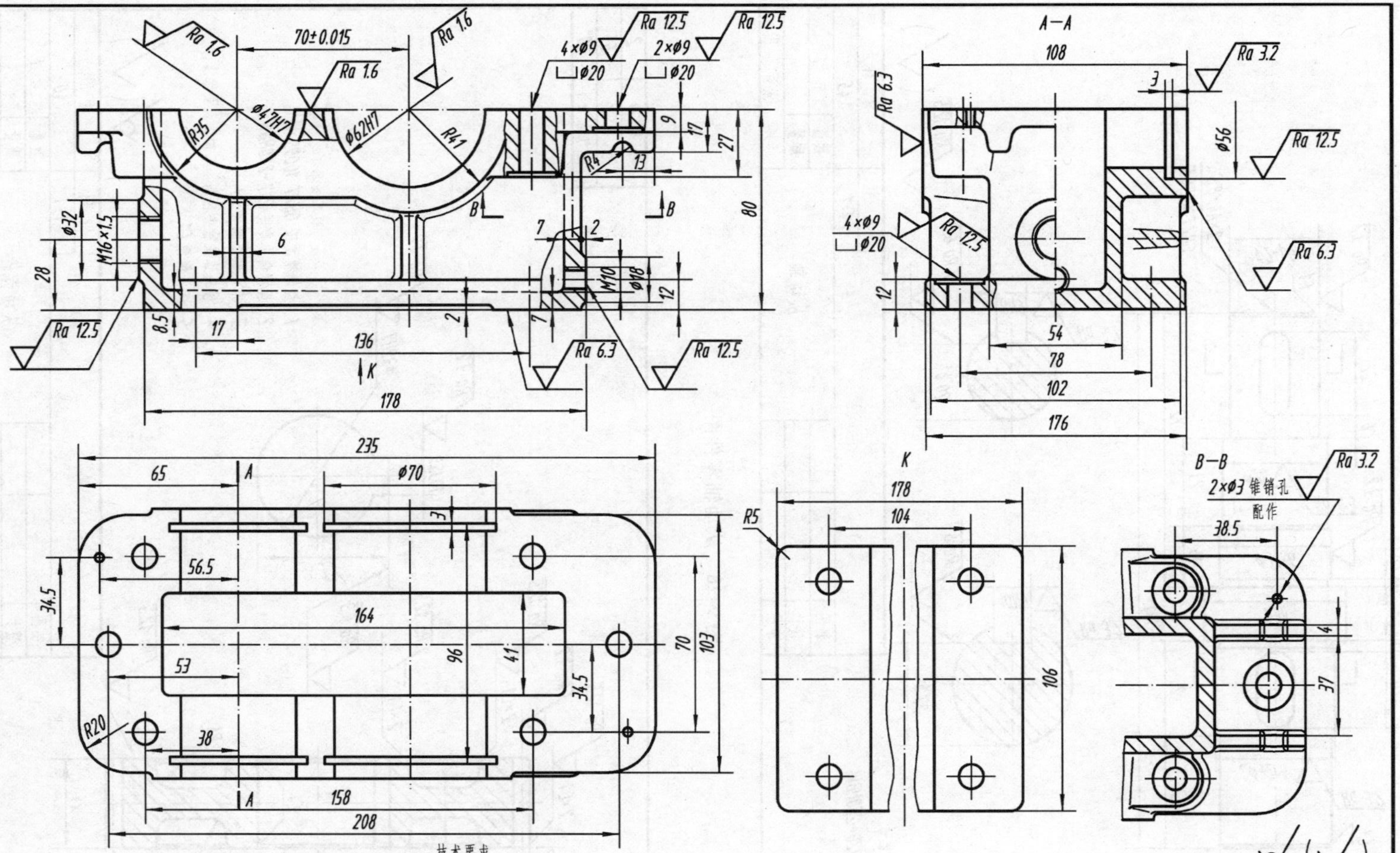

技术要求

1.箱座铸成后，应清理铸件并进行时效处理。

2.箱盖与箱座合箱后，边缘应平齐、相互错位每边不大于0.5 。

3.应仔细检查箱盖与箱座部分面接触的密合性，用0.05 mm塞尺塞入深度不得大于剖分面宽度的三分之一。用涂色法检查，接触面积达到每平方厘米不少于一个斑点。

4.未注铸造圆角R3~R5 。

			比例	材料
			1:1	HT200
制图		箱座	数量	1
设计			质量	
审核			共 张第 张	

图 9-27 箱座零件图

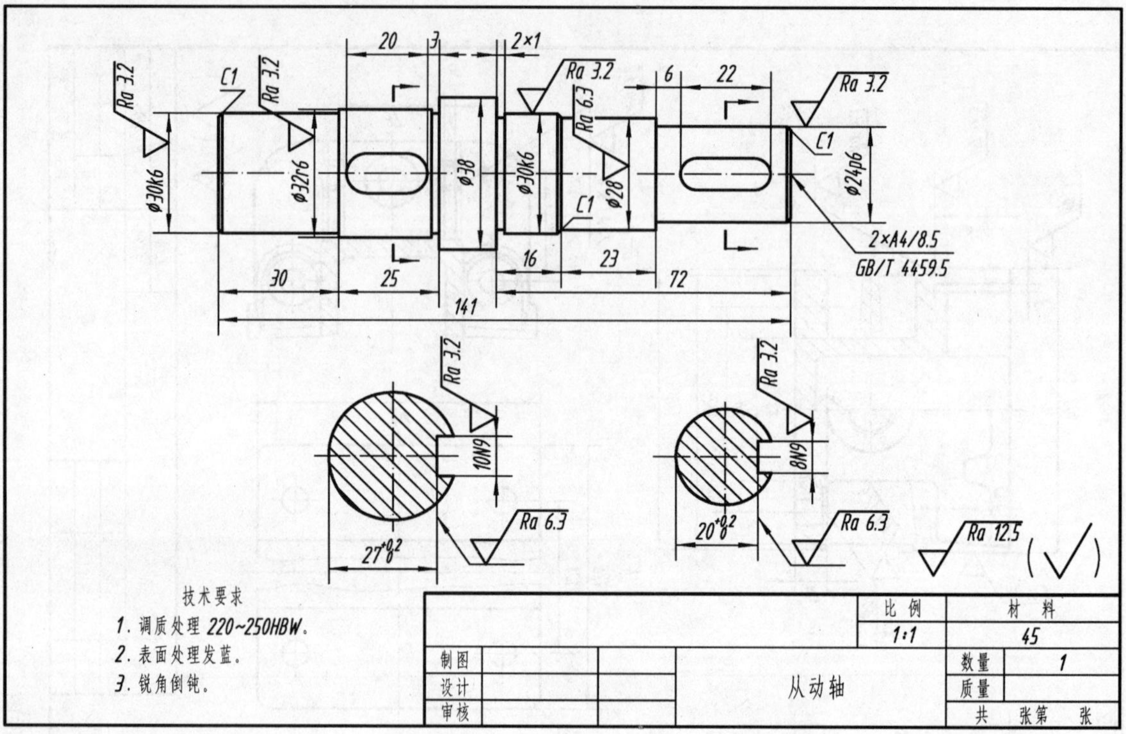

图 9-28　从动轴零件图

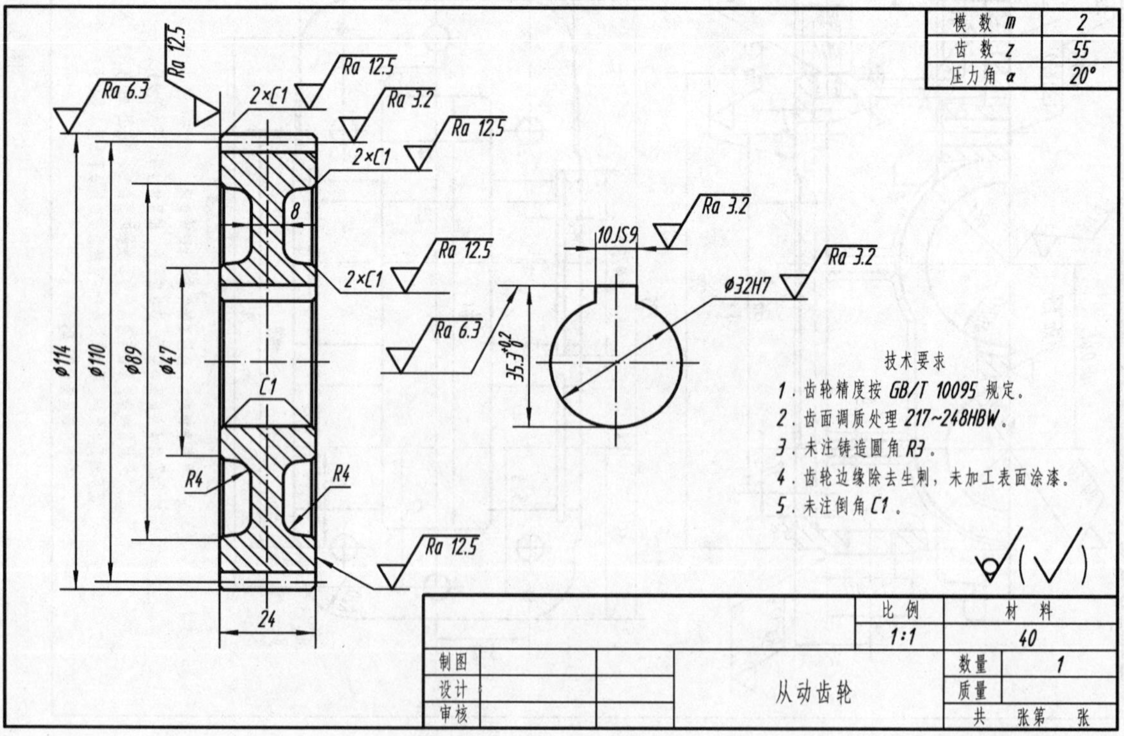

图 9-29　从动齿轮零件图

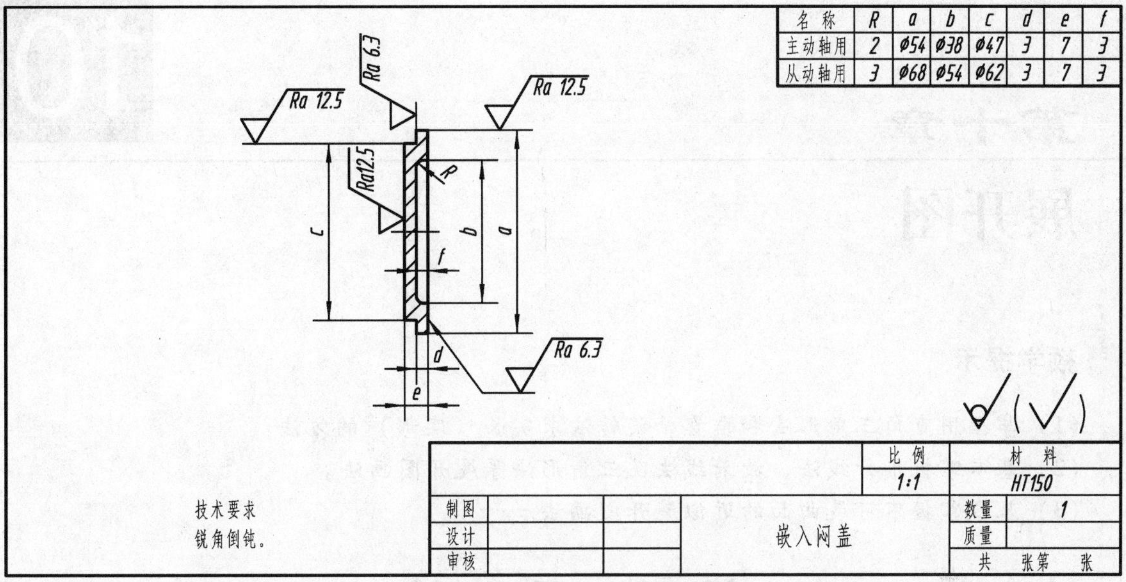

名称	R	a	b	c	d	e	f
主动轴用	2	ϕ54	ϕ38	ϕ47	3	7	3
从动轴用	3	ϕ68	ϕ54	ϕ62	3	7	3

图 9-30　嵌入闷盖零件图

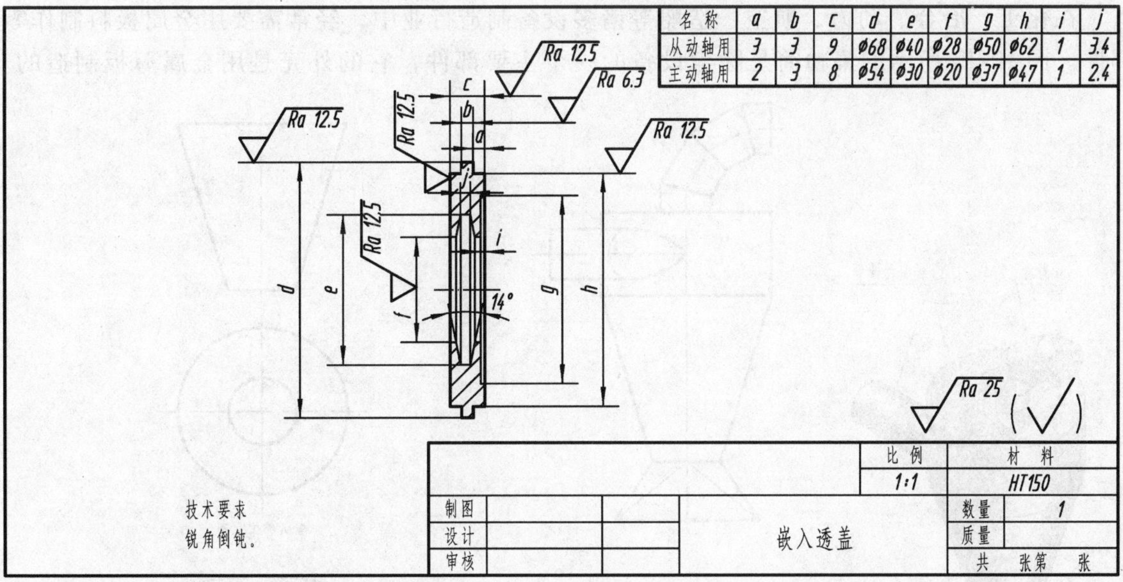

名称	a	b	c	d	e	f	g	h	i	j
从动轴用	3	3	9	ϕ68	ϕ40	ϕ28	ϕ50	ϕ62	1	3.4
主动轴用	2	3	8	ϕ54	ϕ30	ϕ20	ϕ37	ϕ47	1	2.4

图 9-31　嵌入透盖零件图

第十章

展开图

10

教学提示

(1) 掌握用直角三角形法和垂直轴旋转法求实长（实形）的方法。

(2) 基本掌握平行线法、放射线法及三角形法等展开图画法。

(3) 基本掌握不可展曲面的近似展开图画法。

第一节　概　　述

在化工、冶金、动力、航空、造船等诸多设备制造行业中，经常需要用金属板料制作零部件。图 10-1a 所示的集粉筒是除尘设备的一个主要部件，它的外壳是用金属薄板制造的。

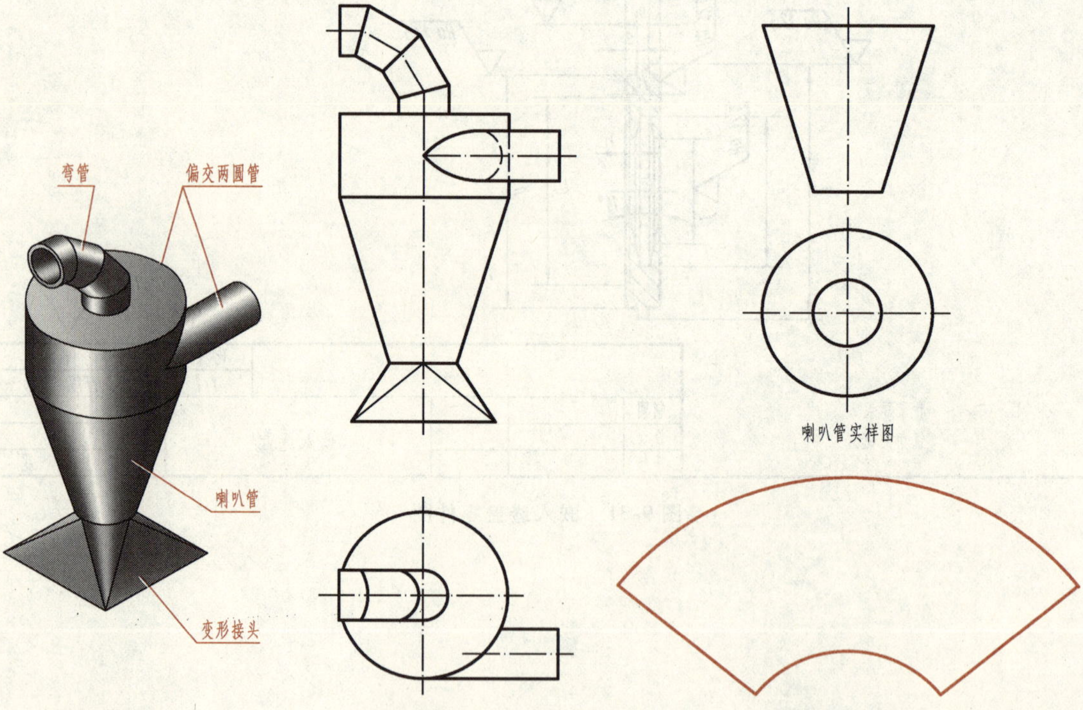

集粉筒轴测图　a)　　集粉筒视图　b)　　喇叭管展开图（放样图）　c)

图 10-1　集粉筒及展开示例

在制造过程中，需经放样、作展开图、放加工余量、剪切等工序，然后按图样要求进行弯、卷或拼接成形，最后经过焊接（或咬接、铆接）制作而成。

将立体的各表面按其实际形状和大小摊平在一个平面上，称为立体的表面展开。展开所得的图形称为表面展开图，简称展开图。图 10-1c 所示为按 1:1 的比例绘制的喇叭管实样图和展开图。把这个扇形图画在金属板上，按照图线留出必要的加工余量，再将其余部分剪去，就是工厂实际放样的展开图。

提示：画展开图的目的在于精确地反映立体表面的实际形状和大小，其比例只限于1:1；展开图上不必标注尺寸，线条的粗细长短都无关紧要。

立体的表面是复杂的，有可展表面和不可展表面之分。如果一个立体的表面能够不遗漏、不重叠、不折皱地全部铺平在同一平面上，就是可展的，否则就是不可展的。例如棱柱、棱锥、圆柱、圆锥的表面是可展的，圆球、圆环的表面是不可展的。对不可展表面，可采用近似画法画出其表面展开图。

无论金属板制品的外形如何复杂，都可以用图解法或计算法进行展开。本章主要介绍用图解法绘制展开图的方法。

第二节 求实长或实形的方法

画展开图时经常需要求出线段的实长或平面的实形。求作线段实长或平面实形的方法很多，常用的有直角三角形法和垂直轴旋转法。

一、直角三角形法

图 10-2a 表示直角三角形法的空间几何关系。现分析空间直线与其投影之间的关系，从中寻找求线段实长的图解方法。

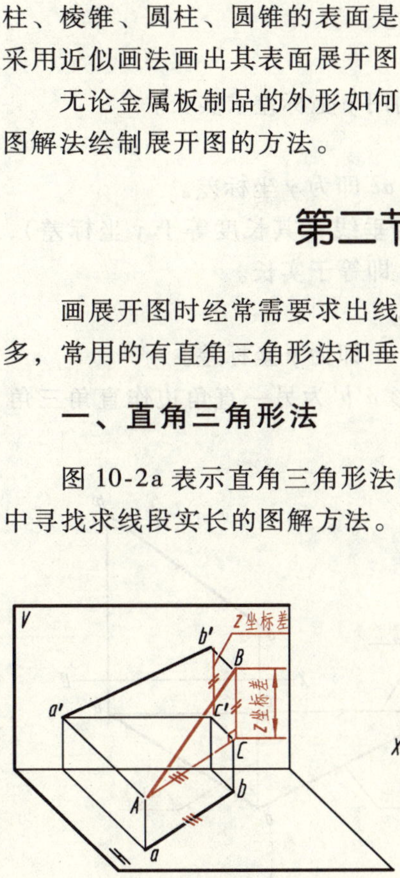

a)

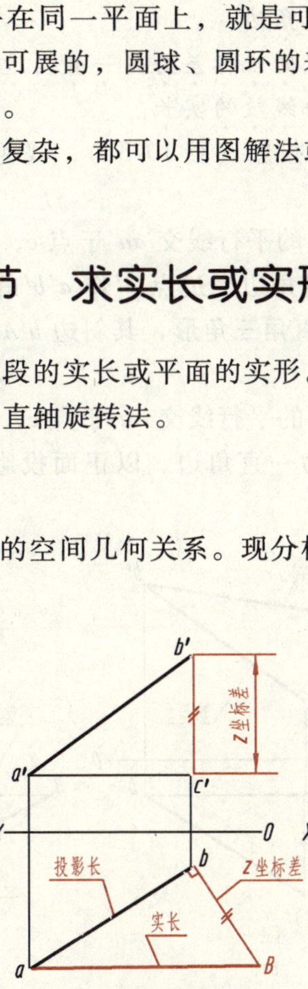

b)

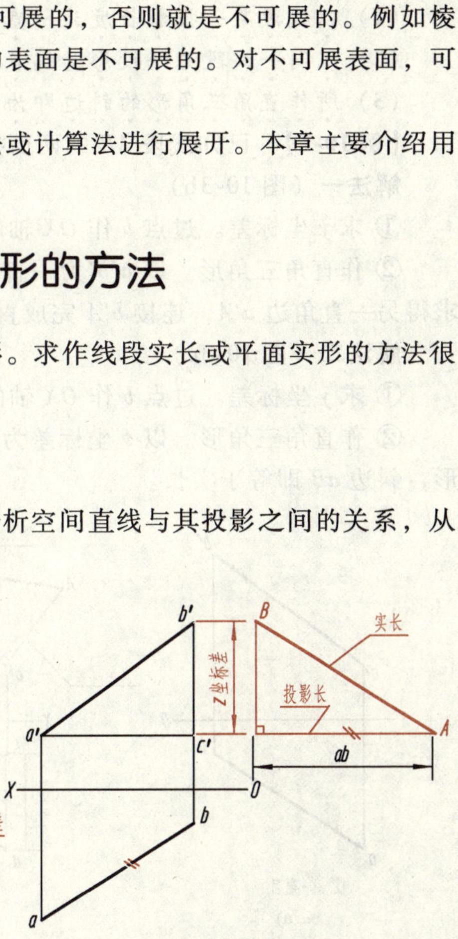

c)

图 10-2 用直角三角形法求线段实长

分析

在直角三角形 ABC 中，其斜边 AB 是线段的实长；一直角边 AC 的长度等于线段 AB 的水平投影 ab；另一直角边 BC 的长度等于线段 AB 两端点的 z 坐标差（$b'c'$）。知道直角三角形两直角边的长度，便可作出此直角三角形，其斜边即为实长。

第一种作图方法（图 10-2b）

① 求 z 坐标差。过点 a' 作 OX 轴的平行线与 $b'b$ 交于点 c'，$b'c'$ 即为 z 坐标差。

② 作直角三角形。以 ab 为一直角边，过点 b 作 ab 的垂线（其长度等于 z 坐标差），求得另一直角边 bB，连接 aB 完成直角三角形，其斜边 aB 即等于实长。

第二种作图方法（图 10-2c）

① 求 z 坐标差。过点 a' 作 OX 轴的平行线与 bb' 交于点 c'，$b'c'$ 即为 z 坐标差。

② 作直角三角形。以 z 坐标差为一直角边、以水平投影 ab 为另一直角边作直角三角形，斜边 AB 即等于实长。

直角三角形法的作图要领

（1）以线段某一投影长度为一直角边。

（2）以同一线段另一投影两端点的坐标差为另一直角边。

（3）所作直角三角形的斜边即为线段的实长。

【例 10-1】 已知线段 AB 的两面投影（图 10-3a），试利用 y 坐标差求实长。

解法一（图 10-3b）

① 求 y 坐标差。过点 b 作 OX 轴的平行线交 aa' 于点 c，ac 即为 y 坐标差。

② 作直角三角形。以 $a'b'$ 为一直角边，过点 a' 作 $a'b'$ 的垂线（其长度等于 y 坐标差），求得另一直角边 $a'A$，连接 $b'A$ 完成直角三角形，其斜边 $b'A$ 即等于实长。

解法二（图 10-3c）

① 求 y 坐标差。过点 b 作 OX 轴的平行线交 aa' 于点 c，ac 即为 y 坐标差。

② 作直角三角形。以 y 坐标差为一直角边、以正面投影 $a'b'$ 为另一直角边作直角三角形，斜边 aB 即等于实长。

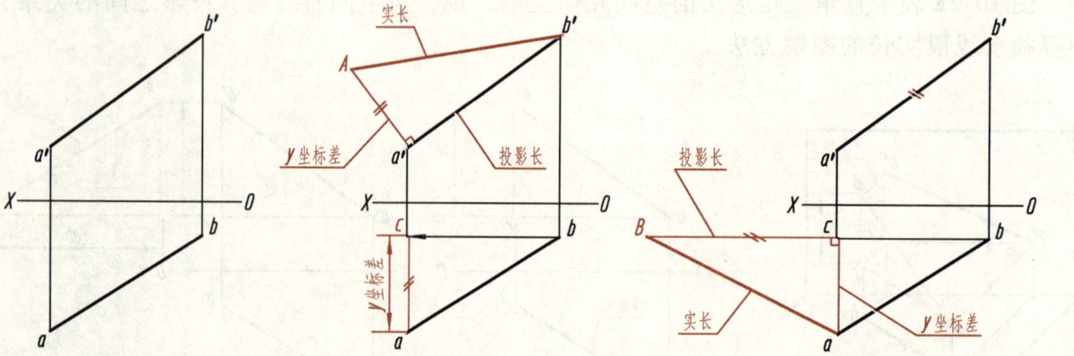

题目 a)　　解法一 b)　　解法二 c)

图 10-3　用 y 坐标差求实长

【例 10-2】 已知△ABC 的两面投影（图 10-4a），试求△ABC 的实形。

分析

只要知道三角形各边实长，便可求出三角形的实形。分析题目图形可知：BC 边为正平线，$b'c'$ 等于实长，不必另求；AB 边和 AC 边为一般位置直线，需用直角三角形法分别求出其实长；再用三段实长线作出三角形 ABC，即为所求。

解

① 求 y 坐标差。过点 a 作 X 轴的平行线，求得 y 坐标差，如图 10-4b 所示。

② 分别求实长。以 y 坐标差为一直角边、以正面投影 $a'b'$、$a'c'$为另一直角边，分别作直角三角形，其斜边 bA、cA 即等于实长，如图 10-4b 所示。

③ 用三段实长线作出三角形 ABC，即为所求，如图 10-4c 所示。

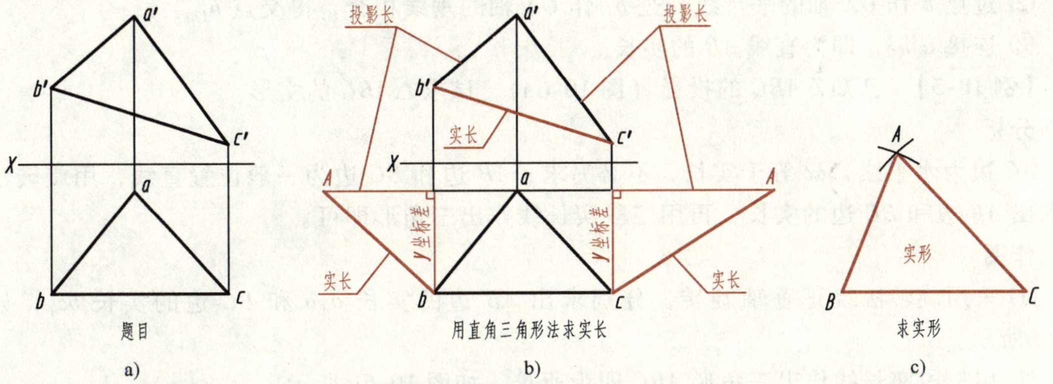

图 10-4 用直角三角形法求实形

二、垂直轴旋转法

根据正投影规律可知，当直线平行于某一投影面时，其投影反映实长。因此，求作一般位置直线实长时，可以垂直于某一投影面的直线为轴，将其旋转到与另一投影面平行的位置，其投影即反映实长。

分析

如图 10-5a 所示，AB 为一般位置直线，过端点 A 以垂直于 H 面的直线 OO 为轴，将 AB

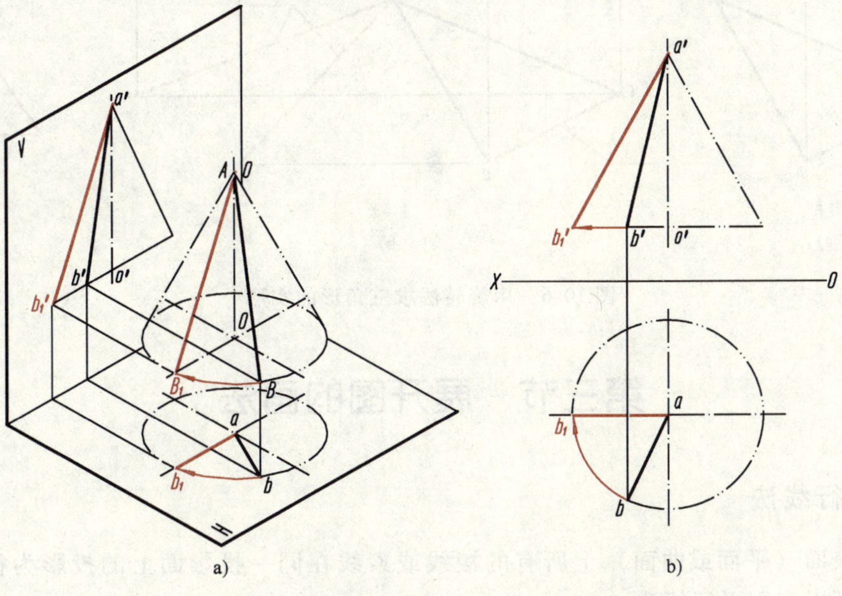

图 10-5 用旋转法求一般位置直线实长

绕该轴旋转到正平线位置 AB_1，其新的正面投影 $a'b_1'$ 即反映实长。从图中可以得出点的旋转规律：当一点绕垂直于投影面的轴旋转时，它的运动轨迹在该投影面上的投影为一圆，而在另一投影面上的投影为一平行于投影轴的直线。

作图（图 10-5b）

① 以点 a 为圆心，把 ab 旋转到与 OX 轴平行的位置 ab_1。

② 过点 b' 作 OX 轴的平行线与过 b_1 作 OX 轴的垂线相交，得交点 b_1'。

③ 连接 $a'b_1'$，即为直线 AB 的实长。

【例 10-3】 已知△ABC 的投影（图 10-6a），试求△ABC 的实形。

分析

AC 边为水平线，ac 等于实长，不必另求；AB 边和 BC 边为一般位置直线，用旋转法分别求出 AB 边和 BC 边的实长，再用三段实长线作出三角形即可。

作图

① 采用旋转法绕正垂轴旋转，分别求出 AB 边的实长 a_1b 和 BC 边的实长 bc_1，如图 10-6b所示。

② 用三段实长线作出三角形 ABC 即为所求，如图 10-6c 所示。

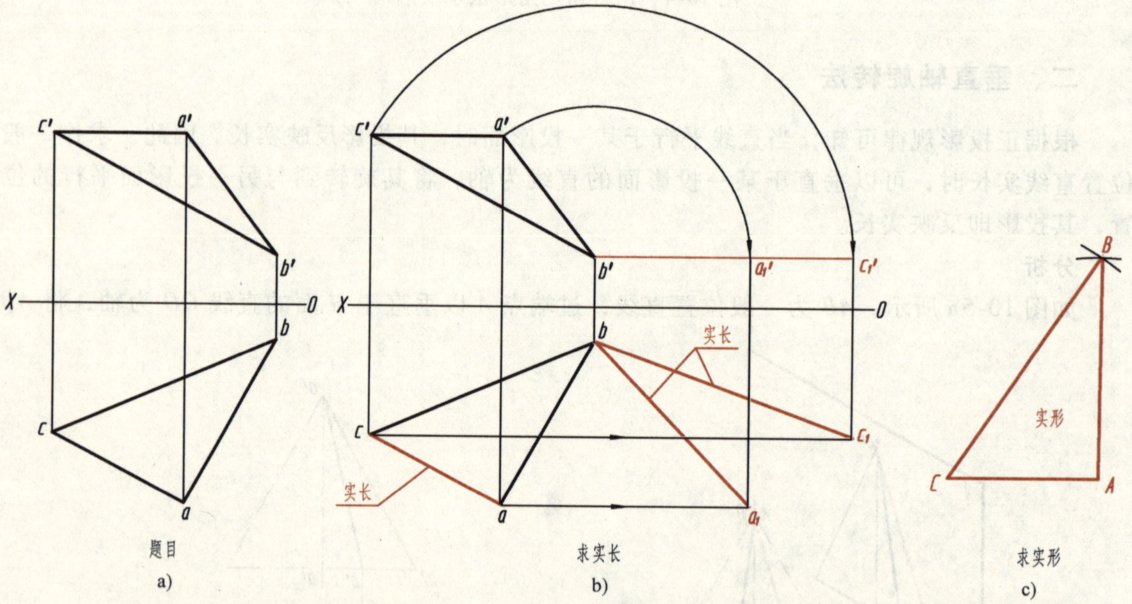

图 10-6 用旋转法求三角形的实形

第三节 展开图的画法

一、平行线法

当立体表面（平面或曲面）上所有的棱线或素线在同一投影面上的投影为彼此平行的实长线时，可以应用平行线法。

用平行线法画展开图的实质是：由于立体表面由若干彼此平行的直线（直素线）构成，即可将其表面看作是由无限多个梯形或矩形平面组成的。因此，画其展开图即可像打开一个卷着的竹帘子那样，将立体表面不遗漏、不重叠地铺平开来。

【例 10-4】 已知斜口四棱柱管的两面视图（图 10-7a），求作展开图。

分析

如图 10-7a、b 所示，斜口四棱柱管的前后表面为梯形，左右表面为矩形；底边与水平面平行，水平投影反映各底边实长；棱线之间相互平行且垂直于底面，其正面投影反映各棱线实长。由此可直接画出展开图，如图 10-7c 所示。

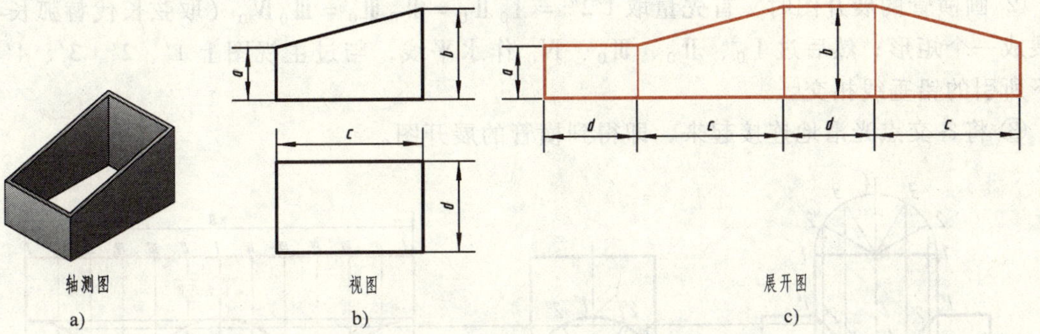

图 10-7　斜口四棱管的展开

【例 10-5】 已知斜口圆管的两面视图（图 10-8），求作展开图。

分析

斜口圆管表面素线相互平行且垂直于水平面，其水平投影为一圆；表面素线的长短虽然不同，但其正面投影均反映素线的实长。

作图

① 首先将底圆进行 12 等分，即在圆管表面确定若干条素线，如图 10-8b 所示。

② 用等分的弦长将底圆展成直线 πD，确定各等分点所在的位置Ⅰ～Ⅶ～Ⅰ；过这些点作该直线的垂线，在垂线上截取各素线的实长，将各素线的端点连成圆滑的曲线即得，如图

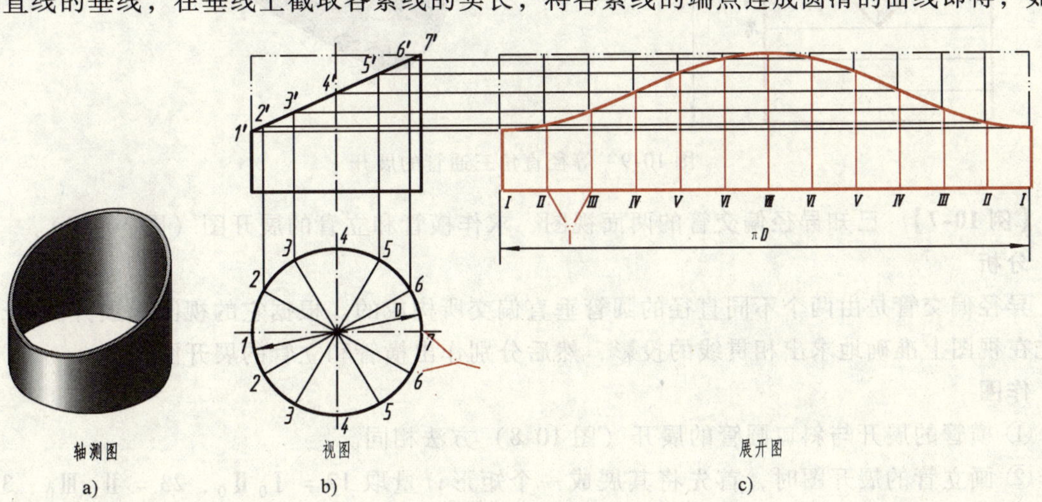

图 10-8　斜口圆管的展开

10-8c 所示。

【例 10-6】 已知等径直角三通管的两面视图，求作横管和立管的展开图（图 10-9）。

分析

等径直角三通管是由两个直径相同的圆管垂直相交所构成的，画其展开图时，应以相贯线为界，分别画出两圆管的展开图。两圆管轴线都平行于正面，其表面上素线的正面投影均为实长，故可采用平行线法将其展开。

作图

① 立管的展开与斜口圆管的展开（图 10-8）方法相同。

② 画横管的展开图时，首先量取 1″2″ = $\mathrm{I}_0\mathrm{II}_0 = \mathrm{II}_0\mathrm{III}_0 = \mathrm{III}_0\mathrm{IV}_0$（取弦长代替弧长）将其展成一个矩形；然后过 I_0、II_0、III_0、IV_0 作水平线，与过主视图上 1′、2′、3′、4′各点向下所引的铅垂线相交。

③ 将各交点光滑地连接起来，即得到横管的展开图。

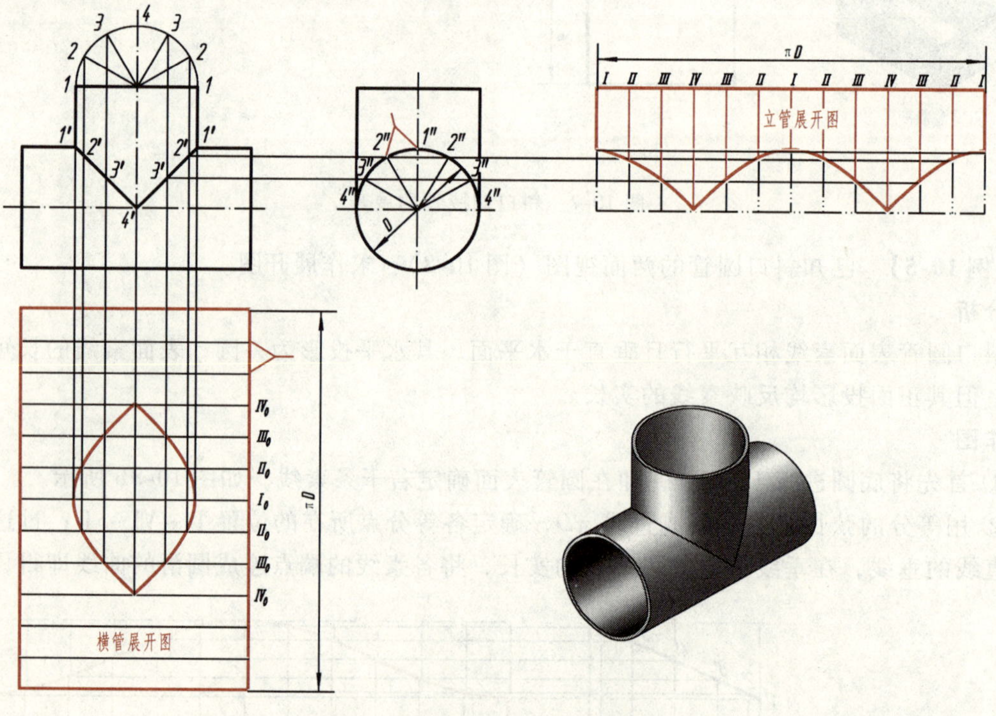

图 10-9 等径直角三通管的展开

【例 10-7】 已知异径偏交管的两面视图，求作横管和立管的展开图（图 10-10）。

分析

异径偏交管是由两个不同直径的圆管垂直偏交所构成的。根据它的视图作展开图时，必须先在视图上准确地求出相贯线的投影，然后分别作出横管和立管的展开图。

作图

① 横管的展开与斜口圆管的展开（图 10-8）方法相同。

② 画立管的展开图时，首先将其展成一个矩形；量取 12 = $\mathrm{I}_0\mathrm{II}_0$、23 = $\mathrm{II}_0\mathrm{III}_0$、34 = $\mathrm{III}_0\mathrm{IV}_0$、45 = $\mathrm{IV}_0\mathrm{V}_0$、56 = $\mathrm{V}_0\mathrm{VI}_0$、67 = $\mathrm{VI}_0\mathrm{VII}_0$（取弦长代替弧长，每段长度不等），然后

过Ⅰ$_0$、Ⅱ$_0$、Ⅲ$_0$、Ⅳ$_0$、Ⅴ$_0$、Ⅵ$_0$、Ⅶ$_0$ 作垂线，与过主视图上 1′、2′、3′、4′、5′、6′、7′ 各点向左引出的水平线相交。

③ 将各交点光滑地连接起来，即得到立管的展开图。

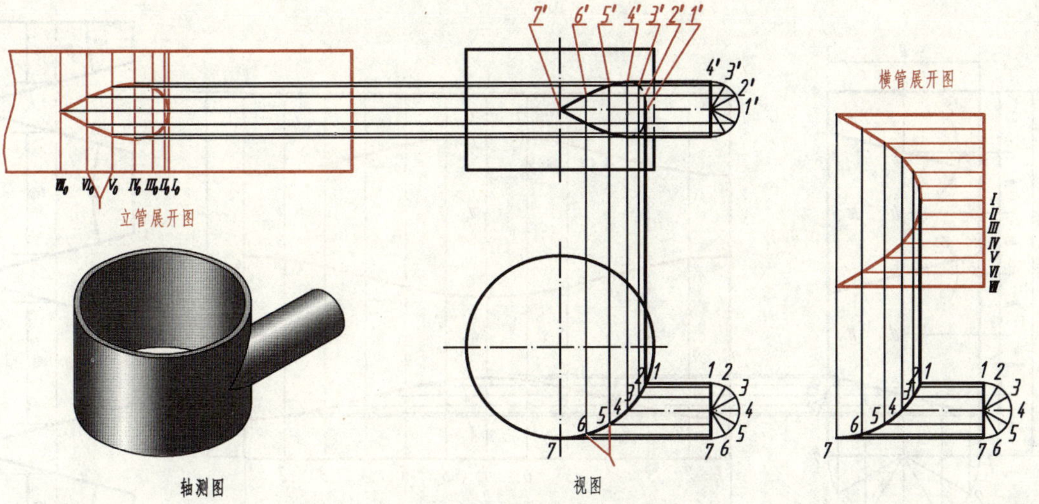

图 10-10 异径偏交管的展开

【例 10-8】 求作等径弯管的展开图（图 10-11）。

分析

图 10-11a 所示的等径弯管（近似于四分之一的圆环面）两端管口平面相互垂直。由图 10-11b 可以看出，弯管实际上是由四段、三个全节组成。中间的Ⅱ、Ⅲ段是两个全节，两端的Ⅰ、Ⅳ段是两个半节，四节都是斜口圆管。为了简化作图和省料，可把四节斜口圆管拼成一个直管来展开。

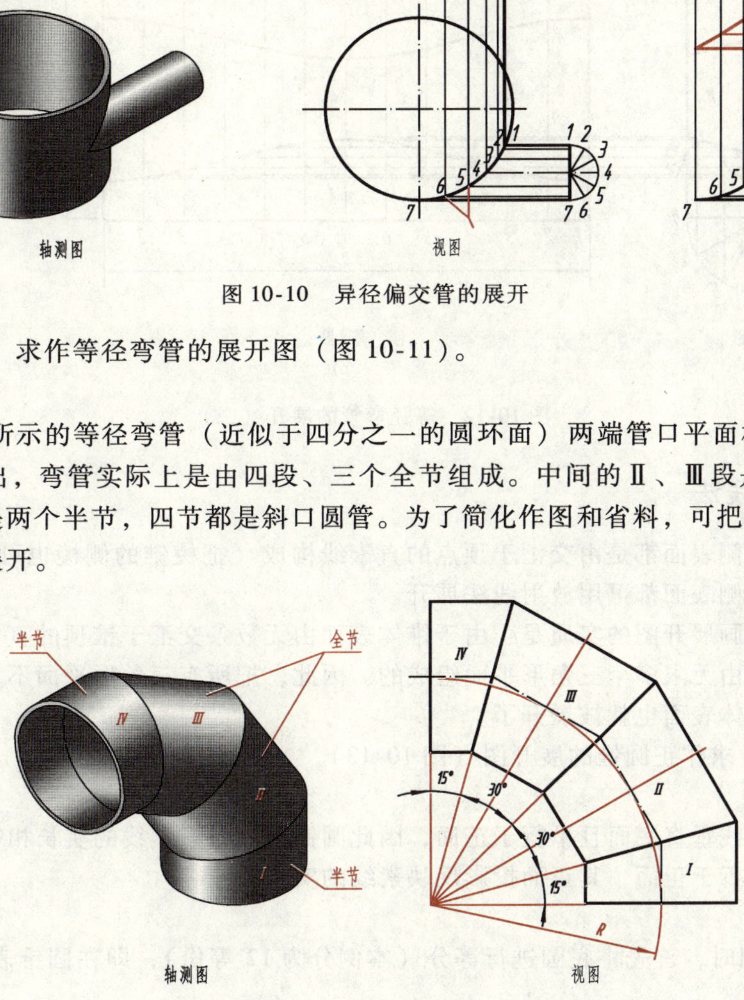

a) b)

图 10-11 等径弯管的展开（一）

作图

① 先在直管视图的轴线上取等分点 a、b、c、d、e，各等分点之间的距离等于 h，过等分点 a、c、e 向左向右画 15°的斜线，将直管分成四段斜口圆管，如图 10-12a 所示。

② 将直管展开成一个矩形，再画出斜口圆管的展开曲线（其作图方法与图 10-8 相同），

如图 10-12b 所示。

③ 按展开曲线将各节切割分开后，将Ⅱ、Ⅳ两节绕轴线旋转 180°，按顺序将各节连接即可，如图 10-12c 所示。

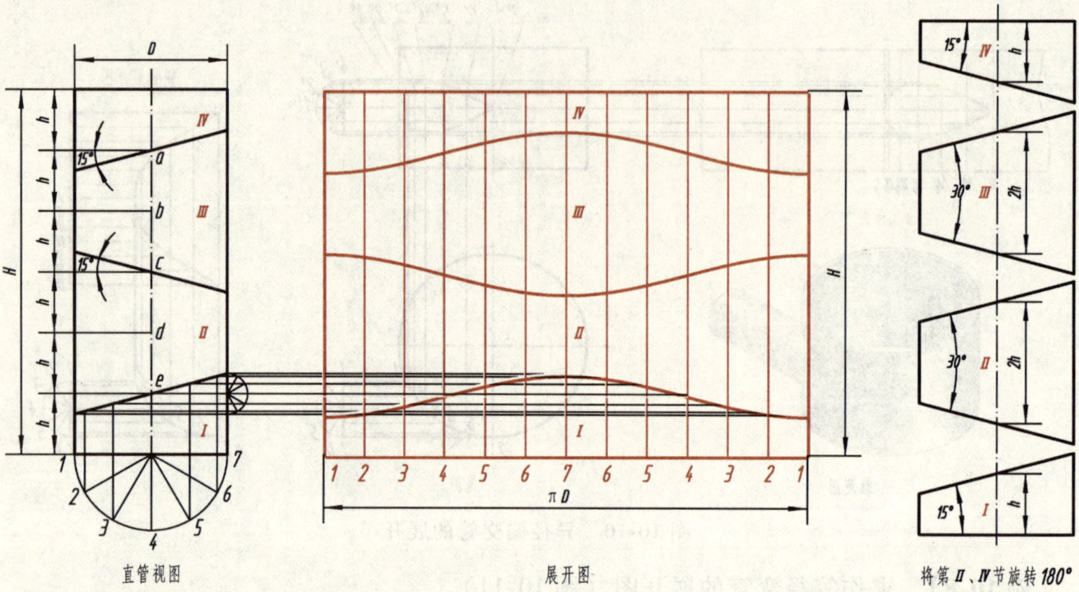

a) b) c)

图 10-12 等径弯管的展开（二）

二、放射线法

所有锥体的侧表面都是由交汇于顶点的直素线构成（把棱锥的侧棱也可看作素线），因而，所有锥体的侧表面都可用放射线法展开。

用放射线法画展开图的实质是：由于锥体表面由无数条交汇于锥顶的直素线构成，即锥体表面可看作是由无限多个三角形平面组成的。因此，把所有三角形平面不重叠、不折皱地依次铺平，则锥体表面也就被展开了。

【例 10-9】 求作正圆锥的展开图（图 10-13）。

分析

由于圆锥轴线垂直底面且平行于正面，因此圆锥表面所有素线的实长相等；其中最左和最右两条素线平行于正面，其正面投影反映素线的实长。

作图

① 画展开图时，首先将底圆进行等分（本例分为 12 等份），即在圆锥表面上确定出 12 条素线。

② 以素线的实长（$s'7'$）为半径画圆弧，以弦长代替弧长在圆弧上量取全部等分点，依次连接各等分点，即得到圆锥的扇形展开图。

【例 10-10】 已知斜口锥管的两面视图，求作其展开图（图 10-14）。

分析

斜口锥管是正圆锥被一正垂面斜截而得到的，因此可先按正圆锥展开，然后再截去斜口部分。由于斜口锥管表面素线的长度不一致，其正面投影只反映最左（$1'a'$）和最右（$5'e'$）

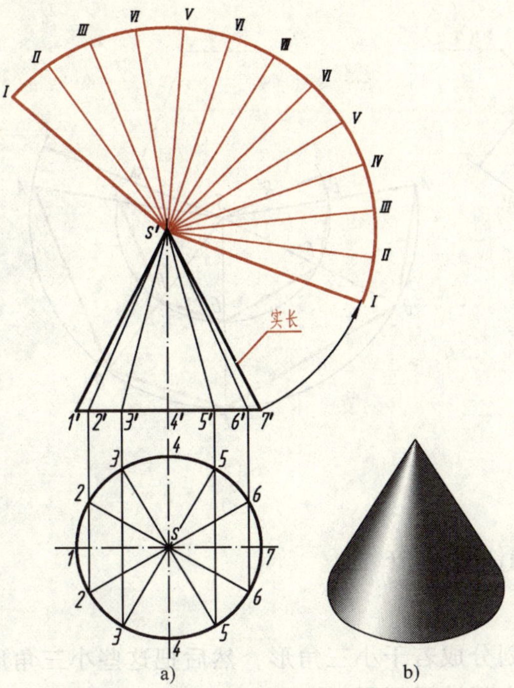

a) b)

图 10-13 正圆锥的展开

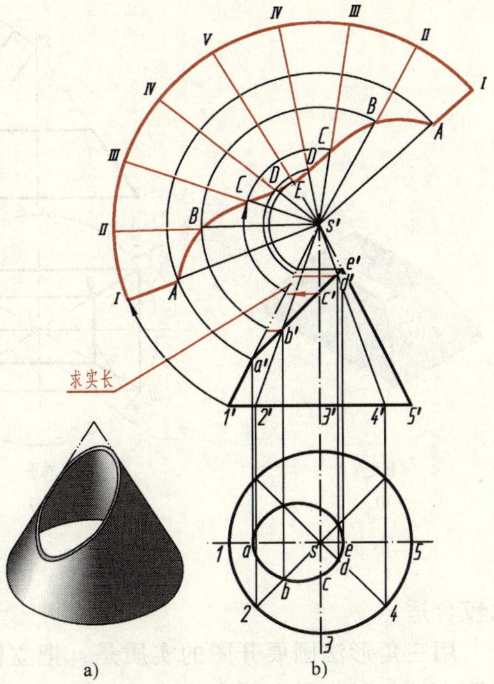

a) b)

图 10-14 斜口锥管的展开

两条素线的实长，而其他位置素线的实长，从视图上不能直接得到，需用旋转法求出。

作图

① 首先将底圆进行等分（本例分为 8 等份），即在圆锥表面上确定出 8 条素线；以素线的实长（$s'1'$）为半径画圆弧，以弦长代替弧长在圆弧上量取全部等分点，依次连接各等分点即得出圆锥的扇形展开图。

② 用旋转法求 $s'b'$、$s'c'$、$s'd'$ 等素线的实长，分别以各素线的实长为半径画弧，求得 A、B、C、D、E 点；最后将 A、B、C、D、E 点连成圆滑曲线，即得到斜口锥管的展开图。

【例 10-11】 已知平口四棱锥管的两面视图，求其展开图（图 10-15）。

分析

平口四棱锥管表面为四个等腰梯形，而四个等腰梯形在投影图中均不反映实形；在梯形的四条边中，其上底、下底的水平投影反映其实长；侧棱（四条棱线长度相同）为一般位置直线，需用旋转法求其实长。

作图

① 用旋转法将侧棱 sa 旋转到与 V 面平行的位置，求出侧棱实长 SA、SE，如图 10-15b 所示。

② 分别以 SA、SE 为半径画圆弧，在圆弧上依次截取四个等腰梯形，依次连接即得到平口四棱锥管的展开图，如图 10-15c 所示。

三、三角形法

当立体的表面（包括平面或曲面）在三视图中均表现为多边形时，应用三角形法展开

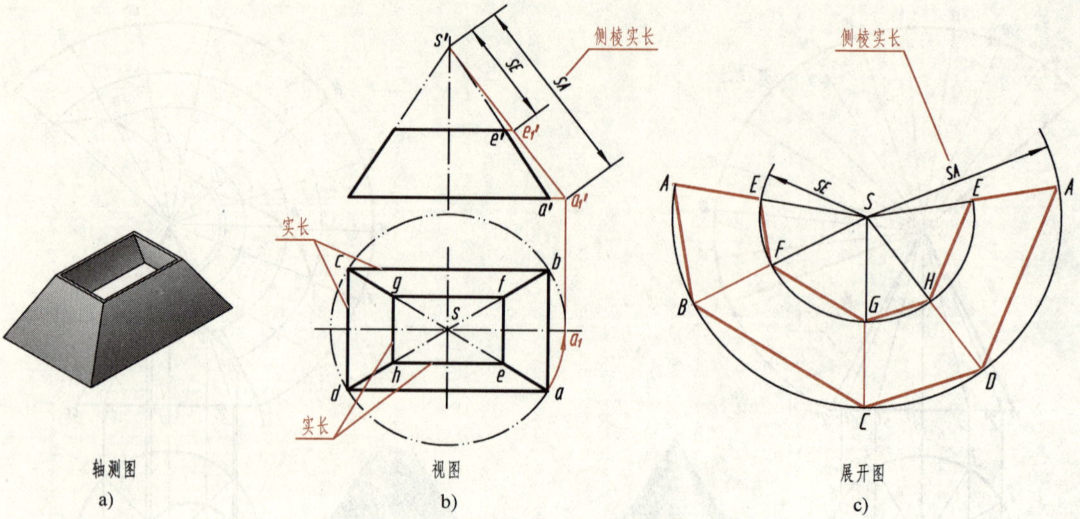

轴测图
a)

视图
b)

展开图
c)

图 10-15 平口四棱锥管的展开

比较合适。

用三角形法画展开图的实质是：把立体表面划分成若干小三角形，然后把这些小三角形按原来的相对位置和顺序依次铺平，则立体表面也就被展开了。

【例 10-12】 已知方圆变形接头（亦称天圆地方）的两面视图，求其展开图（图 10-16）。

分析

方圆变形接头的表面由四个全等的等腰三角形和四个相同的局部锥面所组成。接头的上口在水平投影中反映实形，接头的下口在水平投影中反映四条边的实长；三角形的另外两边（ⅠA、ⅠB）和锥面上的所有素线（ⅡA）均为一般位置直线，只有求出其实长，才能画出展开图。

作图

① 将水平投影中的圆周进行等分，将等分点和相近的角点相连接（其意义在于：将部分锥表面分割成若干个小三角形）；采用直角三角形法求出素线（ⅠA、ⅡA）的实长，如图 10-16b 所示。

② 画出 AB 直线（$AB=ab$），分别以 A、B 为圆心，ⅠA 为半径画弧，交于Ⅰ点，得 ABⅠ三角形；再以 A 和Ⅰ为圆心，分别以ⅡA 和 12 为半径画弧，交于Ⅱ点，得 AⅠⅡ三角形（采用同样方法可依次作出其他各三角形）；光滑地连接Ⅰ、Ⅱ、Ⅱ、Ⅰ各点，即得到方圆变形接头的展开图，如图 10-16c 所示。

在上述三种展开法中，用三角形法作图最复杂，放射线法次之，平行线法较简单。但三角形法能够展开所有的可展表面，而放射线法仅限于展开素线汇交于一点的可展表面，平行线法也只限于展开素线彼此平行的可展表面。若能用两种或两种以上的方法画展开图时，应选取较简便的一种。

四、不可展曲面的近似展开

【例 10-13】 作圆柱正螺旋面的展开图（图 10-17）。

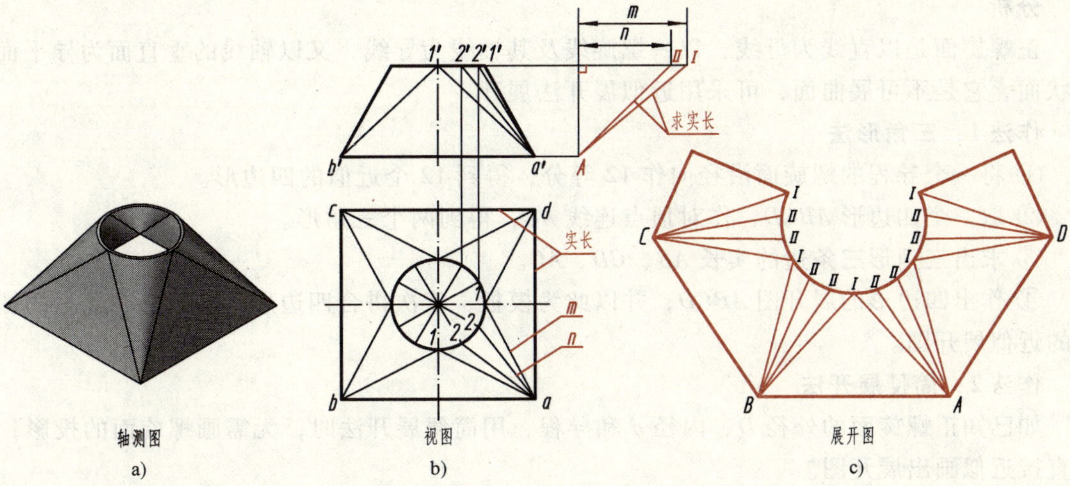

图 10-16 方圆变形接头的展开

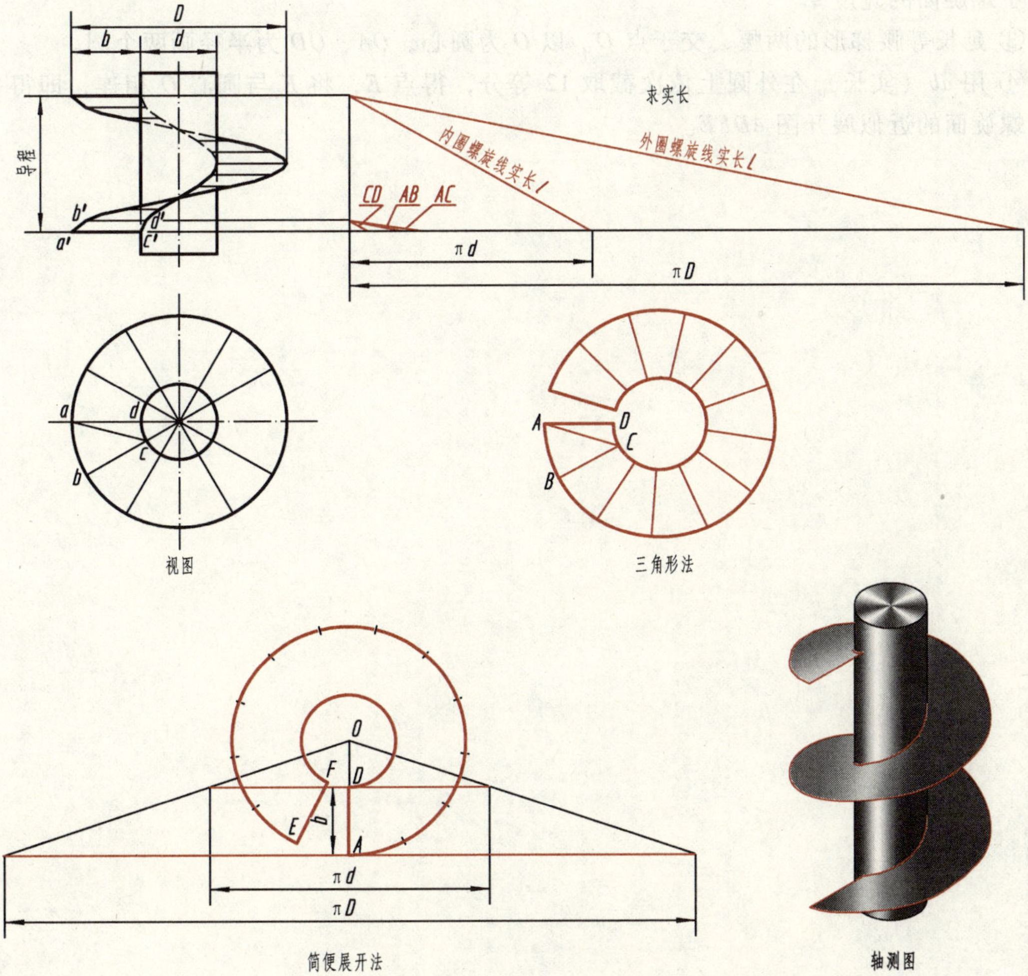

图 10-17 圆柱正螺旋面的近似展开

分析

正螺旋面是以直线为母线，以一螺旋线及其轴线为导线，又以轴线的垂直面为导平面的柱状面，它是不可展曲面，可采用近似展开法展开。

作法1：三角形法

① 将一个导程的螺旋面沿径向作12等分，得到12个近似的四边形。

② 取一个四边形 *ABCD*，作对顶点连线 *AC*，得到两个三角形。

③ 求出三角形三条边的实长 *AB*、*CD*、*AC*。

④ 作出四边形的展开图 *ABCD*，并以此为模板，依次拼合四边形，得到一个导程的螺旋面的近似展开图。

作法2：简便展开法

如已知正螺旋面的外径 D、内径 d 和导程，用简便展开法时，无需画螺旋面的投影，即可直接近似画出展开图。

① 作内圈和外圈螺旋线的展开图，求出内圈、外圈螺旋线的实长。

② 作一等腰梯形，使其上底等于内圈螺旋线的实长 l，下底等于外圈螺旋线的实长 L，高等于螺旋面的宽度 b。

③ 延长等腰梯形的两腰，交于点 O。以 O 为圆心，OA、OD 为半径画两个圆。

④ 用 ab（实长）在外圆上依次截取12等分，得点 E，将 E 与圆心 O 相连，即得一个导程螺旋面的近似展开图 *ADFE*。

附　录

附录A　螺　纹

表 A-1　普通螺纹直径、螺距与公差带（摘自 GB/T 192、193、196、197—2003）　　（单位：mm）

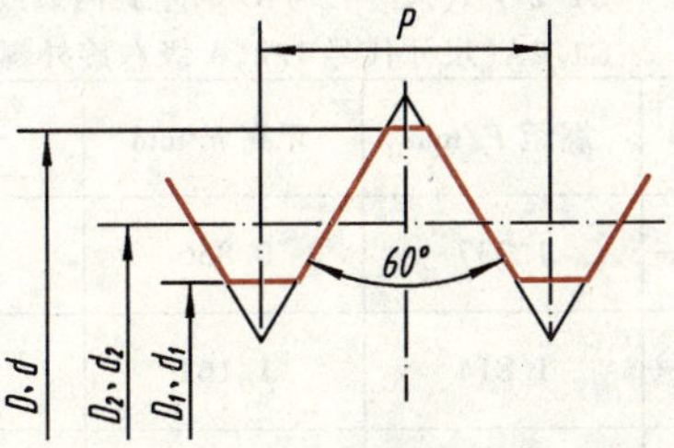

D——内螺纹大径（公称直径）
d——外螺纹大径（公称直径）
D_2——内螺纹中径
d_2——外螺纹中径
D_1——内螺纹小径
d_1——外螺纹小径
P——螺距

标记示例：
M16-6e（粗牙普通外螺纹、公称直径 d = M16、螺距 P = 2mm、中径及大径公差带均为 6e、中等旋合长度、右旋）
M20 × 2-6G-LH（细牙普通内螺纹、公称直径 D = M20、螺距 P = 2mm、中径及小径公差带均为 6G、中等旋合长度、左旋）

公称直径（D、d）			螺距（P）	
第一系列	第二系列	第三系列	粗　牙	细　牙
4	—	—	0.7	0.5
5	—	—	0.8	
6	—	—	1	0.75
—	7	—		
8	—	—	1.25	1、0.75
10	—	—	1.5	1.25、1、0.75
12	—	—	1.75	1.25、1
—	14	—	2	1.5、1.25、1
—	—	15	—	1.5、1
16	—	—	2	
—	18	—	2.5	2、1.5、1
20	—	—		
—	22	—		
24	—	—	3	
—	—	25	—	
—	27	—	3	
30	—	—	3.5	(3)、2、1.5、1
—	33	—		(3)、2、1.5
—	—	35	—	1.5
36	—	—	4	3、2、1.5
—	39	—		

螺纹种类	精度	外螺纹的推荐公差带			内螺纹的推荐公差带		
		S	N	L	S	N	L
普通螺纹	中等	(5g6g)	[∗6g] ∗6e 6h	(7e6e) (7g6g) (7h6h)	∗5H (5G)	[∗6H] ∗6G	∗7H (7G)
	粗糙	—	8g (8e)	(9e8e) (9g8g)	—	7H(7G)	8H (8G)

注：1. 优先选用第一系列，其次是第二系列，第三系列尽可能不用；括号内尺寸尽可能避免采用。
2. 大量生产的紧固件螺纹，推荐采用带方框的公差带；带 ∗ 的公差带优先选用，其次是不带 ∗ 的公差带，括号内的公差带尽可能不用。
3. 两种精度选用原则：中等——一般用途；粗糙——对精度要求不高时采用。

表 A-2　管螺纹

55°密封管螺纹（摘自 GB/T 7306.1、7306.2—2000）

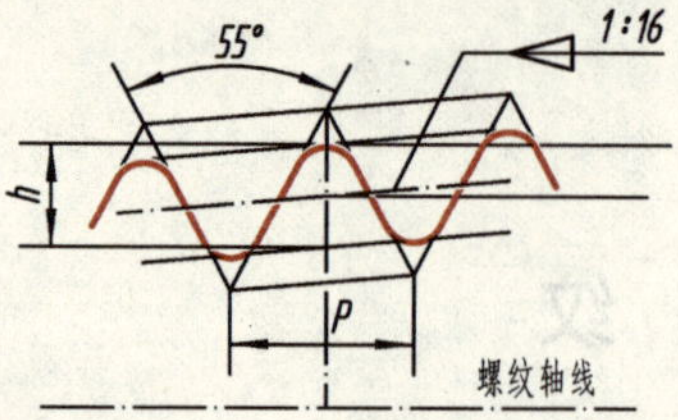

标记示例：

R1/2（尺寸代号 1/2，右旋圆锥外螺纹）

Rc1/2LH（尺寸代号 1/2，左旋圆锥内螺纹）

55°非密封管螺纹（摘自 GB/T 7307—2001）

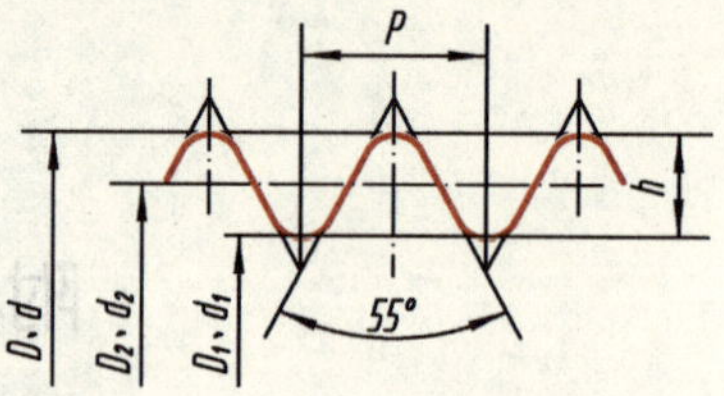

标记示例：

G1/2-LH（尺寸代号 1/2，左旋内螺纹）

G1/2A（尺寸代号 1/2，A 级右旋外螺纹）

尺寸代号	大径 d、D/mm	中径 d_2、D_2/mm	小径 d_1、D_1/mm	螺距 P/mm	牙高 h/mm	每 25.4mm 内的牙数 n
1/4	13.157	12.301	11.445	1.337	0.856	19
3/8	16.662	15.806	14.950			
1/2	20.955	19.793	18.631	1.814	1.162	14
3/4	26.441	25.279	24.117			
1	33.249	31.770	30.291	2.309	1.479	11
1¼	41.910	40.431	38.952			
1½	47.803	46.324	44.845			
2	59.614	58.135	56.656			
2½	75.184	73.705	72.226			
3	87.884	86.405	84.926			

附录B　常用的标准件

表 B-1　六角头螺栓　　（单位：mm）

六角头螺栓　C 级（摘自 GB/T 5780—2000）

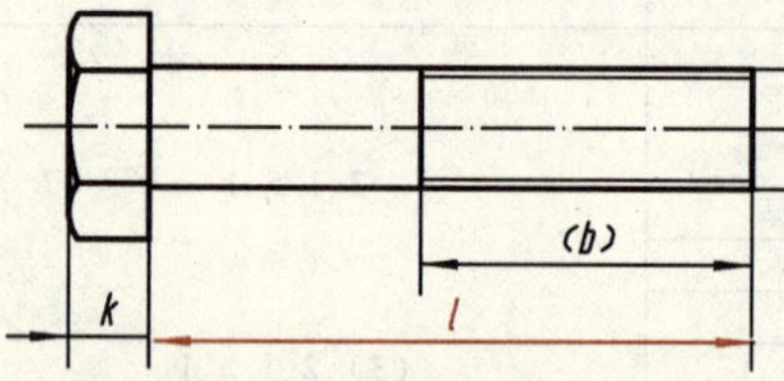

六角头螺栓　全螺纹　C 级（摘自 GB/T 5781—2000）

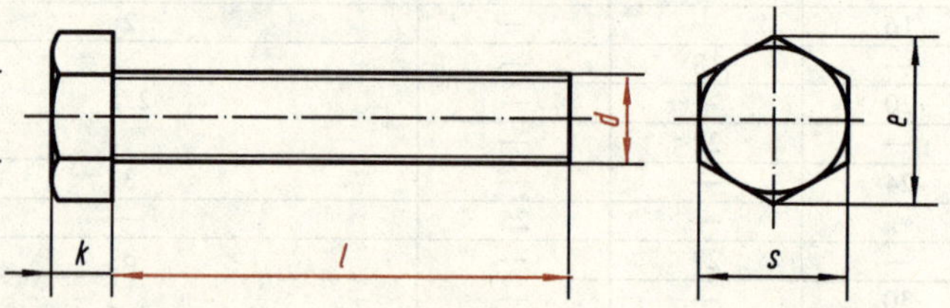

标记示例：

螺栓　GB/T 5780—2000　M20×100（螺纹规格 d=M20、公称长度 l=100mm、性能等级为 4.8 级、不经表面处理、杆身半螺纹、产品等级为 C 级的六角头螺栓）

螺纹规格 d		M5	M6	M8	M10	M12	M16	M20	M24	M30	M36	M42
$b_{参考}$	$l_{公称}\leqslant 125$	16	18	22	26	30	38	46	54	66	—	—
	$125<l_{公称}\leqslant 200$	22	24	28	32	36	44	52	60	72	84	96
	$l_{公称}>200$	35	37	41	45	49	57	65	73	85	97	109
$k_{公称}$		3.5	4.0	5.3	6.4	7.5	10	12.5	15	18.7	22.5	26
s_{max}		8	10	13	16	18	24	30	36	46	55	65
e_{min}		8.63	10.9	14.2	17.6	19.9	26.2	33.0	39.6	50.9	60.8	71.3
$l_{范围}$	GB/T 5780	25~50	30~60	35~80	40~100	45~120	55~160	65~200	80~240	90~300	110~300	160~420
	GB/T 5781	10~40	12~50	16~65	20~80	25~100	35~100	40~100	50~100	60~100	70~100	80~420
$l_{公称}$		10、12、16、20~65（5 进位）、70~160（10 进位）、180、200、220~500（20 进位）										

表 B-2 双头螺柱 （单位：mm）

$b_m=1d$（GB/T 897—1988） $b_m=1.25d$（GB/T 898—1988） $b_m=1.5d$（GB/T 899—1988） $b_m=2d$（GB/T 900—1988）

标记示例：

螺柱 GB/T 900—1988 M10×50（两端均为粗牙普通螺纹、d=M10、l=50mm、性能等级为 4.8 级、不经表面处理、B 型、$b_m=2d$ 的双头螺柱）

螺柱 GB/T 900—1988 AM10-10×1×50（旋入机体一端为粗牙普通螺纹、旋螺母端为螺距 P=1mm 的细牙普通螺纹、d=10mm、l=50mm、性能等级为 4.8 级、不经表面处理、A 型、$b_m=2d$ 的双头螺柱）

螺纹规格（d）	b_m（旋入机体端长度）				$\frac{l（螺柱长度）}{b（旋螺母端长度）}$
	GB/T 897	GB/T 898	GB/T 899	GB/T 900	
M4	—	—	6	8	$\frac{16\sim22}{8}$ $\frac{25\sim40}{14}$
M5	5	6	8	10	$\frac{16\sim22}{10}$ $\frac{25\sim50}{16}$
M6	6	8	10	12	$\frac{20\sim22}{10}$ $\frac{25\sim30}{14}$ $\frac{32\sim75}{18}$
M8	8	10	12	16	$\frac{20\sim22}{12}$ $\frac{25\sim30}{16}$ $\frac{32\sim90}{22}$
M10	10	12	15	20	$\frac{25\sim28}{14}$ $\frac{30\sim38}{16}$ $\frac{40\sim120}{26}$ $\frac{130}{32}$
M12	12	15	18	24	$\frac{25\sim30}{16}$ $\frac{32\sim40}{20}$ $\frac{45\sim120}{30}$ $\frac{130\sim180}{36}$
M16	16	20	24	32	$\frac{30\sim38}{20}$ $\frac{40\sim55}{30}$ $\frac{60\sim120}{38}$ $\frac{130\sim200}{44}$
M20	20	25	30	40	$\frac{35\sim40}{25}$ $\frac{45\sim65}{35}$ $\frac{70\sim120}{46}$ $\frac{130\sim200}{52}$
M24	24	30	36	48	$\frac{45\sim50}{30}$ $\frac{55\sim75}{45}$ $\frac{80\sim120}{54}$ $\frac{130\sim200}{60}$
M30	30	38	45	60	$\frac{60\sim65}{40}$ $\frac{70\sim90}{50}$ $\frac{95\sim120}{66}$ $\frac{130\sim200}{72}$ $\frac{210\sim250}{85}$
M36	36	45	54	72	$\frac{65\sim75}{45}$ $\frac{80\sim110}{60}$ $\frac{120}{78}$ $\frac{130\sim200}{84}$ $\frac{210\sim300}{97}$
M42	42	52	63	84	$\frac{70\sim80}{50}$ $\frac{85\sim110}{70}$ $\frac{120}{90}$ $\frac{130\sim200}{96}$ $\frac{210\sim300}{109}$
M48	48	60	72	96	$\frac{80\sim90}{60}$ $\frac{95\sim110}{80}$ $\frac{120}{102}$ $\frac{130\sim200}{108}$ $\frac{210\sim300}{121}$
$l_{公称}$	12、(14)、16、(18)、20、(22)、25、(28)、30、(32)、35、(38)、40、45、50、(55)、60、(65)、70、75、80、85、90、95、100～260（10 进位）、280、300				

注：1. 尽可能不采用括号内的规格。末端按 GB/T 2—2001 规定。

2. $b_m=1d$，一般用于钢对钢；$b_m=(1.25\sim1.5)d$，一般用于钢对铸铁；$b_m=2d$，一般用于钢对铝合金。

表 B-3　螺钉　　（单位：mm）

开槽圆柱头螺钉（GB/T 65—2000）

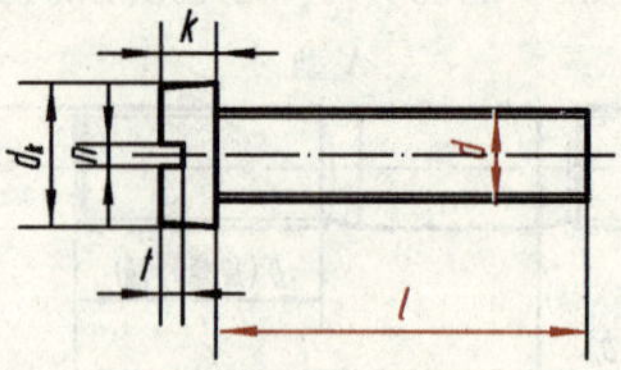

开槽盘头螺钉（GB/T 67—2008）

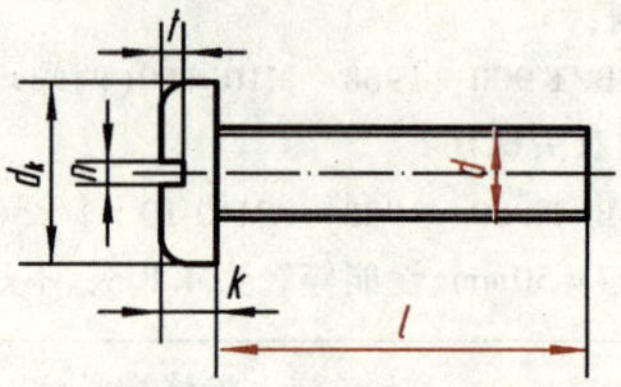

开槽沉头螺钉（GB/T 68—2000）

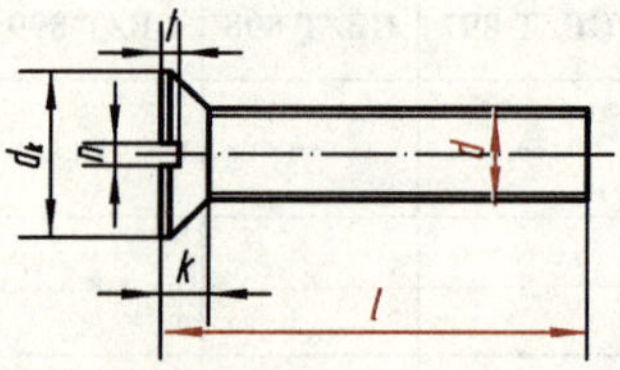

标记示例：

螺钉　GB/T 65—2000　M5 × 20（螺纹规格 d = M5、l = 50mm、性能等级为 4.8 级、不经表面处理的开槽圆柱头螺钉）

螺纹规格 d		M1.6	M2	M2.5	M3	(M3.5)	M4	M5	M6	M8	M10
$n_{公称}$		0.4	0.5	0.6	0.8	1	1.2	1.2	1.6	2	2.5
GB/T 65	d_k max	3	3.8	4.5	5.5	6	7	8.5	10	13	16
	k max	1.1	1.4	1.8	2	2.4	2.6	3.3	3.9	5	6
	t min	0.45	0.6	0.7	0.85	1	1.1	1.3	1.6	2	2.4
	$l_{范围}$	2 ~ 16	3 ~ 20	3 ~ 25	4 ~ 30	5 ~ 35	5 ~ 40	6 ~ 50	8 ~ 60	10 ~ 80	12 ~ 80
GB/T 67	d_k max	3.2	4	5	5.6	7	8	9.5	12	16	20
	k max	1	1.3	1.5	1.8	2.1	2.4	3	3.6	4.8	6
	t min	0.35	0.5	0.6	0.7	0.8	1	1.2	1.4	1.9	2.4
	$l_{范围}$	2 ~ 16	2.5 ~ 20	3 ~ 25	4 ~ 30	5 ~ 35	5 ~ 40	6 ~ 50	8 ~ 60	10 ~ 80	12 ~ 80
GB/T 68	d_k max	3	3.8	4.7	5.5	7.3	8.4	9.3	11.3	15.8	18.3
	k max	1	1.2	1.5	1.65	2.35	2.7	2.7	3.3	4.65	5
	t min	0.32	0.4	0.5	0.6	0.9	1	1.1	1.2	1.8	2
	$l_{范围}$	2.5 ~ 16	3 ~ 20	4 ~ 25	5 ~ 30	6 ~ 35	6 ~ 40	8 ~ 50	8 ~ 60	10 ~ 80	12 ~ 80
$l_{系列}$		2、2.5、3、4、5、6、8、10、12、(14)、16、20、25、30、35、40、45、50、(55)、60、(65)、70、(75)、80									

注：1. 尽可能不采用括号内的规格。

2. 商品规格 M1.6 ~ M10。

表 B-4　六角螺母　C 级（摘自 GB/T 41—2000）　　（单位：mm）

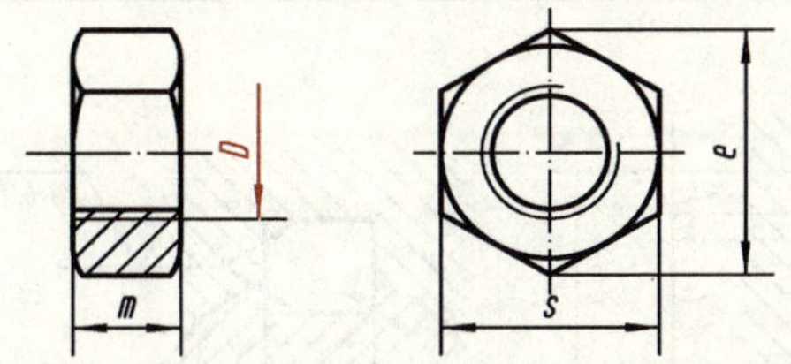

标记示例：

螺母　GB/T 41—2000　M10

（螺纹规格 D = M10、性能等级为 5 级、不经表面处理、产品等级为 C 级的六角螺母）

螺纹规格 D	M5	M6	M8	M10	M12	M16	M20	M24	M30	M36	M42	M48	M56
s_{max}	8	10	13	16	18	24	30	36	46	55	65	75	85
e_{min}	8.63	10.89	14.20	17.59	19.85	26.17	32.95	39.55	50.85	60.79	71.3	82.6	93.56
m_{max}	5.6	6.4	7.9	9.5	12.2	15.9	19	22.3	26.4	31.9	34.9	38.9	45.9

表 B-5　垫圈　　（单位：mm）

平垫圈　A 级（摘自 GB/T 97.1—2002）

平垫圈　倒角型　A 级（摘自 GB/T 97.2—2002）

平垫圈　C 级（摘自 GB/T 95—2002）

标准型弹簧垫圈（摘自 GB/T 93—1987）

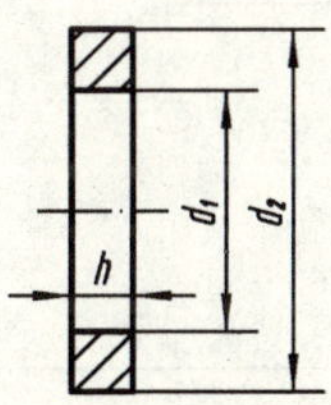

平垫圈

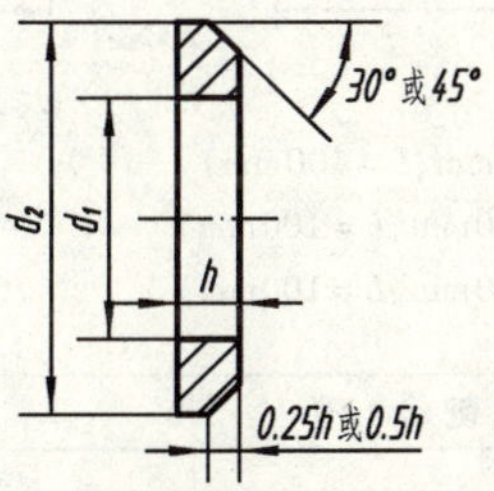

倒角型平垫圈

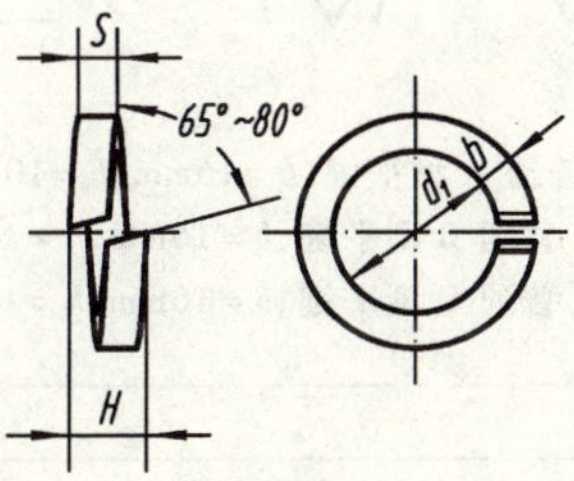

标准型弹簧垫圈

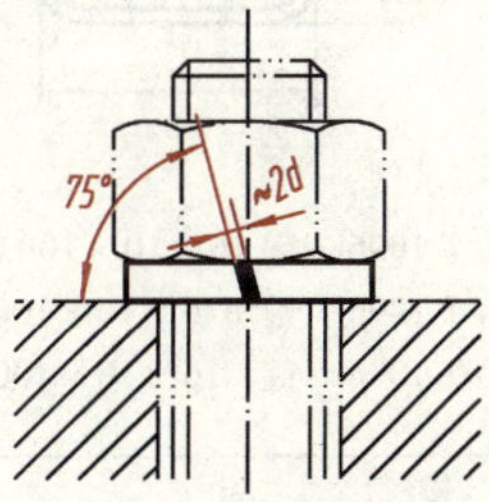

弹簧垫圈开口画法

标记示例：

垫圈　GB/T 95—2002　8-100HV（标准系列、规格 d = 8mm、性能等级为 100HV 级、不经表面处理，产品等级为 C 级的平垫圈）

垫圈　GB/T 93—1987　10（规格 d = 10mm、材料为 65Mn、表面氧化的标准型弹簧垫圈）

公称尺寸 d（螺纹规格）		4	5	6	8	10	12	16	20	24	30	36	42	48
GB/T 97.1—2002（A 级）	d_1	4.3	5.3	6.4	8.4	10.5	13	17	21	25	31	37	45	52
	d_2	9	10	12	16	20	24	30	37	44	56	66	78	92
	h	0.8	1	1.6	1.6	2	2.5	3	3	4	4	5	8	8
GB/T 97.2—2002（A 级）	d_1	—	5.3	6.4	8.4	10.5	13	17	21	25	31	37	45	52
	d_2	—	10	12	16	20	24	30	37	44	56	66	78	92
	h	—	1	1.6	1.6	2	2.5	3	3	4	4	5	8	8
GB/T 95—2002（C 级）	d_1	4.5	5.5	6.6	9	11	13.5	17.5	22	26	33	39	45	52
	d_2	9	10	12	16	20	24	30	37	44	56	66	78	92
	h	0.8	1	1.6	1.6	2	2.5	3	3	4	4	5	8	8
GB/T 93—1987	d_1	4.1	5.1	6.1	8.1	10.2	12.2	16.2	20.2	24.5	30.5	36.5	42.5	48.5
	$S=b$	1.1	1.3	1.6	2.1	2.6	3.1	4.1	5	6	7.5	9	10.5	12
	H	2.75	3.25	4	5.25	6.5	7.75	10.25	12.5	15	18.75	22.5	26.25	30

注：1. A 级适用于精装配系列，C 级适用于中等装配系列。

2. C 级垫圈没有 $Ra3.2\mu m$ 和去毛刺的要求。

表 B-6 平键及键槽各部尺寸（摘自 GB/T 1095、1096—2003） （单位：mm）

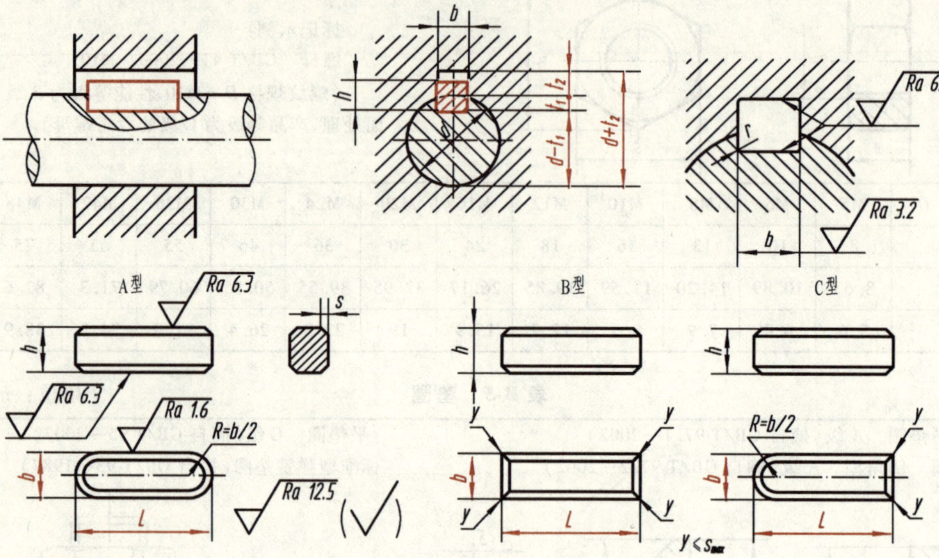

标记示例：

GB/T 1096 键 16×10×100（普通 A 型平键、$b=16$mm、$h=10$mm、$L=100$mm）

GB/T 1096 键 B16×10×100（普通 B 型平键、$b=16$mm、$h=10$mm、$L=100$mm）

GB/T 1096 键 C16×10×100（普通 C 型平键、$b=16$mm、$h=10$mm、$L=100$mm）

键		键槽											
键尺寸 $b\times h$	标准长度范围 L	宽度 b						深度				半径 r	
		基本尺寸 b	极限偏差					轴 t_1		毂 t_2			
			正常联结		紧密联结	松联结		基本尺寸	极限偏差	基本尺寸	极限偏差		
			轴 N9	毂 JS9	轴和毂 P9	轴 H9	毂 D10					最小	最大
4×4	8~45	4						2.5		1.8		0.08	0.16
5×5	10~56	5	0 −0.030	±0.015	−0.012 −0.042	+0.030 0	+0.078 +0.030	3.0	+0.1 0	2.3	+0.1 0		
6×6	14~70	6						3.5		2.8		0.16	0.25
8×7	18~90	8	0 −0.036	±0.018	−0.015 −0.051	+0.036 0	+0.098 +0.040	4.0		3.3			
10×8	22~110	10						5.0		3.3			
12×8	28~140	12						5.0		3.3			
14×9	36~160	14						5.5		3.8		0.25	0.40
16×10	45~180	16	0 −0.043	±0.0215	−0.018 −0.061	+0.043 0	+0.120 +0.050	6.0		4.3			
18×11	50~200	18						7.0	+0.2 0	4.4	+0.2 0		
20×12	56~220	20						7.5		4.9			
22×14	63~250	22						9.0		5.4			
25×14	70~280	25	0 −0.052	±0.026	−0.022 −0.074	+0.052 0	+0.149 +0.065	9.0		5.4		0.40	0.60
28×16	80~320	28						10		6.4			
$L_{系列}$	6~22(2 进位)、25、28、32、36、40、45、50、56、63、70~110(10 进位)、125、140~220(20 进位)、250、280、320、360、400、450、500												

表 B-7 圆柱销 不淬硬钢和奥氏体不锈钢（摘自 GB/T 119.1—2000）（单位：mm）

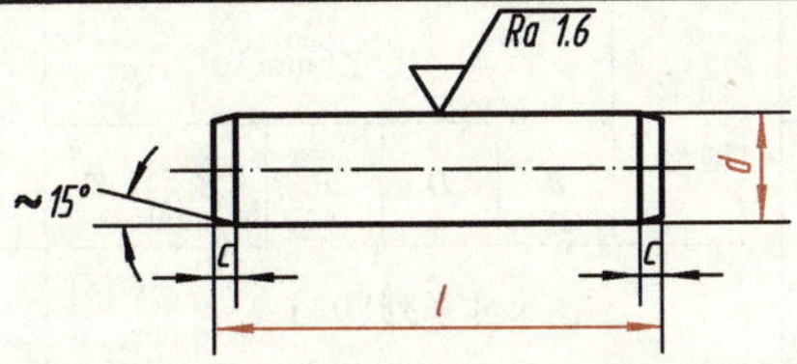

标记示例：

销 GB/T 119.1 10 m6×90（公称直径 d=10mm、公差为 m6、公称长度 l=90mm、材料为钢、不经表面处理的圆柱销）

销 GB/T 119.1 10 m6×90-A1（公称直径 d=10mm、公差为 m6、公称长度 l=90mm、材料为 A1 组奥氏体不锈钢、表面简单处理的圆柱销）

$d_{公称}$	2	2.5	3	4	5	6	8	10	12	16	20	25
$c\approx$	0.35	0.4	0.5	0.63	0.8	1.2	1.6	2.0	2.5	3.0	3.5	4.0
$l_{范围}$	6~20	6~24	8~30	8~40	10~50	12~60	14~80	18~95	22~140	26~180	35~200	50~200
$l_{公称}$	2、3、4、5、6~32（2 进位）、35~100（5 进位）、120~200（20 进位）（公称长度大于 200，按 20 递增）											

表 B-8 圆锥销（摘自 GB/T 117—2000） （单位：mm）

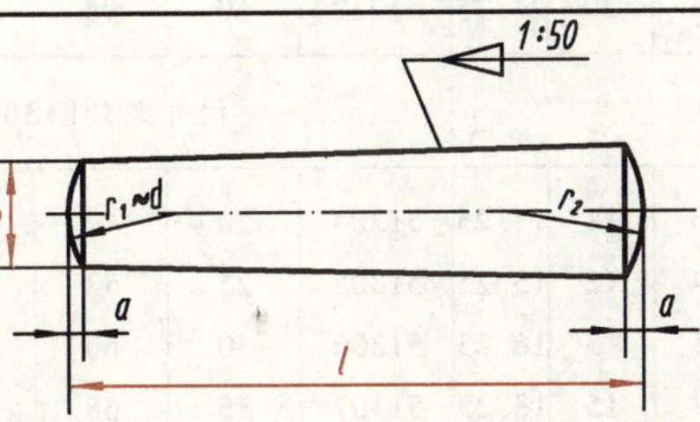

A 型（磨削）：锥面表面粗糙度为 $Ra0.8\mu m$

B 型（切削或冷镦）：锥面表面粗糙度为 $Ra3.2\mu m$

$$r_2 \approx \frac{a}{2} + d + \frac{(0.021)^2}{8a}$$

标记示例：

销 GB/T 117 6×30（公称直径 d=6mm、公称长度 l=30mm、材料为 35 钢、热处理硬度 28~38HRC、表面氧化处理的 A 型圆锥销）

$d_{公称}$	2	2.5	3	4	5	6	8	10	12	16	20	25
$a\approx$	0.25	0.3	0.4	0.5	0.63	0.8	1.0	1.2	1.6	2.0	2.5	3.0
$l_{范围}$	10~35	10~35	12~45	14~55	18~60	22~90	22~120	26~160	32~180	40~200	45~200	50~200
$L_{公称}$	2、3、4、5、6~32（2 进位）、35~100（5 进位）、120~200（20 进位）（公称长度大于 200，按 20 递增）											

表 B-9 滚动轴承

深沟球轴承（摘自 GB/T 276—1994）

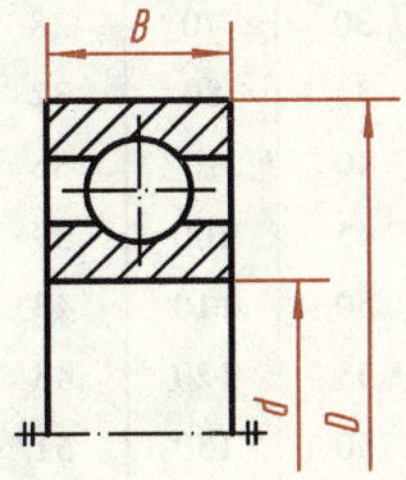

标记示例：

滚动轴承 6310 GB/T 276—1994

（深沟球轴承、内径 d=50mm、直径系列代号为 3）

圆锥滚子轴承（摘自 GB/T 297—1994）

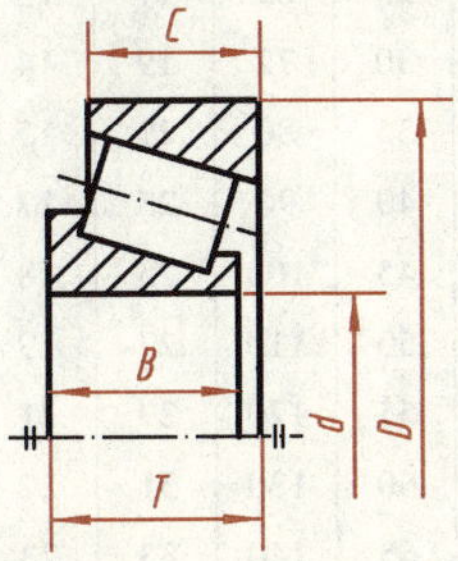

标记示例：

滚动轴承 30212 GB/T 297—1994

（圆锥滚子轴承、内径 d=60mm、宽度系列代号 0，直径系列代号为 3）

推力球轴承（摘自 GB/T 28697—2012）

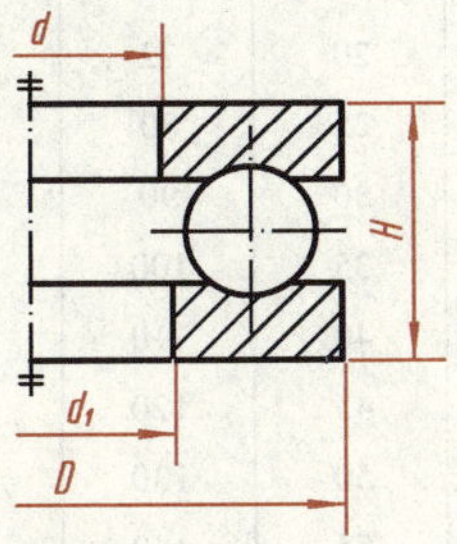

标记示例：

滚动轴承 51305 GB/T 28697—2012

（推力球轴承、内径 d=25mm、高度系列代号为 1，直径系列代号为 3）

（续）

轴承型号	尺寸(mm)			轴承型号	尺寸(mm)					轴承型号	尺寸(mm)			
	d	*D*	*B*		*d*	*D*	*B*	*C*	*T*		*d*	*D*	*T*	d_1
尺寸系列〔(0)2〕				尺寸系列〔02〕						尺寸系列〔12〕				
6202	15	35	11	30203	17	40	12	11	13.25	51202	15	32	12	17
6203	17	40	12	30204	20	47	14	12	15.25	51203	17	35	12	19
6204	20	47	14	30205	25	52	15	13	16.25	51204	20	40	14	22
6205	25	52	15	30206	30	62	16	14	17.25	51205	25	47	15	27
6206	30	62	16	30207	35	72	17	15	18.25	51206	30	52	16	32
6207	35	72	17	30208	40	80	18	16	19.75	51207	35	62	18	37
6208	40	80	18	30209	45	85	19	16	20.75	51208	40	68	19	42
6209	45	85	19	30210	50	90	20	17	21.75	51209	45	73	20	47
6210	50	90	20	30211	55	100	21	18	22.75	51210	50	78	22	52
6211	55	100	21	30212	60	110	22	19	23.75	51211	55	90	25	57
6212	60	110	22	30213	65	120	23	20	24.75	51212	60	95	26	62
尺寸系列〔(0)3〕				尺寸系列〔03〕						尺寸系列〔13〕				
6302	15	42	13	30302	15	42	13	11	14.25	51304	20	47	18	22
6303	17	47	14	30303	17	47	14	12	15.25	51305	25	52	18	27
6304	20	52	15	30304	20	52	15	13	16.25	51306	30	60	21	32
6305	25	62	17	30305	25	62	17	15	18.25	51307	35	68	24	37
6306	30	72	19	30306	30	72	19	16	20.75	51308	40	78	26	42
6307	35	80	21	30307	35	80	21	18	22.75	51309	45	85	28	47
6308	40	90	23	30308	40	90	23	20	25.25	51310	50	95	31	52
6309	45	100	25	30309	45	100	25	22	27.25	51311	55	105	35	57
6310	50	110	27	30310	50	110	27	23	29.25	51312	60	110	35	62
6311	55	120	29	30311	55	120	29	25	31.50	51313	65	115	36	67
6312	60	130	31	30312	60	130	31	26	33.50	51314	70	125	40	72
尺寸系列〔(0)4〕				尺寸系列〔13〕						尺寸系列〔14〕				
6403	17	62	17	31305	25	62	17	13	18.25	51405	25	60	24	27
6404	20	72	19	31306	30	72	19	14	20.75	51406	30	70	28	32
6405	25	80	21	31307	35	80	21	15	22.75	51407	35	80	32	37
6406	30	90	23	31308	40	90	23	17	25.25	51408	40	90	36	42
6407	35	100	25	31309	45	100	25	18	27.25	51409	45	100	39	47
6408	40	110	27	31310	50	110	27	19	29.25	51410	50	110	43	52
6409	45	120	29	31311	55	120	29	21	31.50	51411	55	120	48	57
6410	50	130	31	31312	60	130	31	22	33.50	51412	60	130	51	62
6411	55	140	33	31313	65	140	33	23	36.00	51413	65	140	56	68
6412	60	150	35	31314	70	150	35	25	38.00	51414	70	150	60	73
6413	65	160	37	31315	75	160	37	26	40.00	51415	75	160	65	78

注：圆括号中的尺寸系列代号在轴承型号中省略。

附录C 极限与配合

表 C-1 标准公差数值（摘自 GB/T 1800.1—2009）

公称尺寸/mm		标准公差等级																	
		IT1	IT2	IT3	IT4	IT5	IT6	IT7	IT8	IT9	IT10	IT11	IT12	IT13	IT14	IT15	IT16	IT17	IT18
大于	至	μm											mm						
—	3	0.8	1.2	2	3	4	6	10	14	25	40	60	0.1	0.14	0.25	0.4	0.6	1	1.4
3	6	1	1.5	2.5	4	5	8	12	18	30	48	75	0.12	0.18	0.3	0.48	0.75	1.2	1.8
6	10	1	1.5	2.5	4	6	9	15	22	36	58	90	0.15	0.22	0.36	0.58	0.9	1.5	2.2
10	18	1.2	2	3	5	8	11	18	27	43	70	110	0.18	0.27	0.43	0.7	1.1	1.8	2.7
18	30	1.5	2.5	4	6	9	13	21	33	52	84	130	0.21	0.33	0.52	0.84	1.3	2.1	3.3
30	50	1.5	2.5	4	7	11	16	25	39	62	100	160	0.25	0.39	0.62	1	1.6	2.5	3.9
50	80	2	3	5	8	13	19	30	46	74	120	190	0.3	0.46	0.74	1.2	1.9	3	4.6
80	120	2.5	4	6	10	15	22	35	54	87	140	220	0.35	0.54	0.87	1.4	2.2	3.5	5.4
120	180	3.5	5	8	12	18	25	40	63	100	160	250	0.4	0.63	1	1.6	2.5	4	6.3
180	250	4.5	7	10	14	20	29	46	72	115	185	290	0.46	0.72	1.15	1.85	2.9	4.6	7.2
250	315	6	8	12	16	23	32	52	81	130	210	320	0.52	0.81	1.3	2.1	3.2	5.2	8.1
315	400	7	9	13	18	25	36	57	89	140	230	360	0.57	0.89	1.4	2.3	3.6	5.7	8.9
400	500	8	10	15	20	27	40	63	97	155	250	400	0.63	0.97	1.55	2.5	4	6.3	9.7
500	630	9	11	16	22	32	44	70	110	175	280	440	0.7	1.1	1.75	2.8	4.4	7	11
630	800	10	13	18	25	36	50	80	125	200	320	500	0.8	1.25	2	3.2	5	8	12.5
800	1000	11	15	21	28	40	56	90	140	230	360	560	0.9	1.4	2.3	3.6	5.6	9	14
1000	1250	13	18	24	33	47	66	105	165	260	420	660	1.05	1.65	2.6	4.2	6.6	10.5	16.5
1250	1600	15	21	29	39	55	78	125	195	310	500	780	1.25	1.95	3.1	5	7.8	12.5	19.5
1600	2000	18	25	35	46	65	92	150	230	370	600	920	1.5	2.3	3.7	6	9.2	15	23
2000	2500	22	30	41	55	78	110	175	280	440	700	1100	1.75	2.8	4.4	7	11	17.5	28
2500	3150	26	36	50	68	96	135	210	330	540	860	1350	2.1	3.3	5.4	8.6	13.5	21	33

注：1. 公称尺寸大于 500 的 IT1 至 IT5 的标准公差数值为试行的。

2. 公称尺寸小于或等于 1 时，无 IT14～IT18。

表 C-2　轴的基本偏差

公称尺寸/mm		基本偏														
		上极限偏差(es)														
		所有标准公差等级												IT5和IT6	IT7	IT8
大于	至	a	b	c	cd	d	e	ef	f	fg	g	h	js	j		
—	3	-270	-140	-60	-34	-20	-14	-10	-6	-4	-2	0	偏差=±(IT*n*)/2，式中IT*n*是IT值数	-2	-4	-6
3	6	-270	-140	-70	-46	-30	-20	-14	-10	-6	-4	0		-2	-4	—
6	10	-280	-150	-80	-56	-40	-25	-18	-13	-8	-5	0		-2	-5	—
10	14	-290	-150	-95	—	-50	-32	—	-16	—	-6	0		-3	-6	—
14	18															
18	24	-300	-160	-110	—	-65	-40	—	-20	—	-7	0		-4	-8	—
24	30															
30	40	-310	-170	-120	—	-80	-50	—	-25	—	-9	0		-5	-10	—
40	50	-320	-180	-130												
50	65	-340	-190	-140	—	-100	-60	—	-30	—	-10	0		-7	-12	—
65	80	-360	-200	-150												
80	100	-380	-220	-170	—	-120	-72	—	-36	—	-12	0		-9	-15	—
100	120	-410	-240	-180												
120	140	-460	-260	-200	—	-145	-85	—	-43	—	-14	0		-11	-18	—
140	160	-520	-280	-210												
160	180	-580	-310	-230												
180	200	-660	-340	-240	—	-170	-100	—	-50	—	-15	0		-13	-21	—
200	225	-740	-380	-260												
225	250	-820	-420	-280												
250	280	-920	-480	-300	—	-190	-110	—	-56	—	-17	0		-16	-26	—
280	315	-1050	-540	-330												
315	355	-1200	-600	-360	—	-210	-125	—	-62	—	-18	0		-18	-28	—
355	400	-1350	-680	-400												
400	450	-1500	-760	-440	—	-230	-135	—	-68	—	-20	0		-20	-32	—
450	500	-1650	-840	-480												

注：1. 公称尺寸小于或等于1时，基本偏差a和b均不采用。

2. 公差带js7至js11，若IT*n*值是奇数，则取偏差=±(IT*n*-1)/2。

数值（摘自 GB/T 1800.1—2009） （单位：μm）

差数值

下极限偏差(ei)

IT4至IT7	≤IT3 >IT7	所有标准公差等级													
k		m	n	p	r	s	t	u	v	x	y	z	za	zb	zc
0	0	+2	+4	+6	+10	+14	—	+18	—	+20	—	+26	+32	+40	+60
+1	0	+4	+8	+12	+15	+19	—	+23	—	+28	—	+35	+42	+50	+80
+1	0	+6	+10	+15	+19	+23	—	+28	—	+34	—	+42	+52	+67	+97
+1	0	+7	+12	+18	+23	+28	—	+33	—	+40	—	+50	+64	+90	+130
									+39	+45	—	+60	+77	+108	+150
+2	0	+8	+15	+22	+28	+35	—	+41	+47	+54	+63	+73	+98	+136	+188
							+41	+48	+55	+64	+75	+88	+118	+160	+218
+2	0	+9	+17	+26	+34	+43	+48	+60	+68	+80	+94	+112	+148	+200	+274
							+54	+70	+81	+97	+114	+136	+180	+242	+325
+2	0	+11	+20	+32	+41	+53	+66	+87	+102	+122	+144	+172	+226	+300	+405
					+43	+59	+75	+102	+120	+146	+174	+210	+274	+360	+480
+3	0	+13	+23	+37	+51	+71	+91	+124	+146	+178	+214	+258	+335	+445	+585
					+54	+79	+104	+144	+172	+210	+254	+310	+400	+525	+690
+3	0	+15	+27	+43	+63	+92	+122	+170	+202	+248	+300	+365	+470	+620	+800
					+65	+100	+134	+190	+228	+280	+340	+415	+535	+700	+900
					+68	+108	+146	+210	+252	+310	+380	+465	+600	+780	+1000
+4	0	+17	+31	+50	+77	+122	+166	+236	+284	+350	+425	+520	+670	+880	+1150
					+80	+130	+180	+258	+310	+385	+470	+575	+740	+960	+1250
					+84	+140	+196	+284	+340	+425	+520	+640	+820	+1050	+1350
+4	0	+20	+34	+56	+94	+158	+218	+315	+385	+475	+580	+710	+920	+1200	+1550
					+98	+170	+240	+350	+425	+525	+650	+790	+1000	+1300	+1700
+4	0	+21	+37	+62	+108	+190	+268	+390	+475	+590	+730	+900	+1150	+1500	+1900
					+114	+208	+294	+435	+530	+660	+820	+1000	+1300	+1650	+2100
+5	0	+23	+40	+68	+126	+232	+330	+490	+595	+740	+920	+1100	+1450	+1850	+2400
					+132	+252	+360	+540	+660	+820	+1000	+1250	+1600	+2100	+2600

表 C-3 孔的基本偏差

公称尺寸/mm		基本偏差																		
		下极限偏差(EI)																		
		所有标准公差等级												IT6	IT7	IT8	≤IT8	>IT8	≤IT8	>IT8
大于	至	A	B	C	CD	D	E	EF	F	FG	G	H	JS	J			K		M	
—	3	+270	+140	+60	+34	+20	+14	+10	+6	+4	+2	0		+2	+4	+6	0	0	-2	-2
3	6	+270	+140	+70	+46	+30	+20	+14	+10	+6	+4	0		+5	+6	+10	-1+Δ	—	-4+Δ	-4
6	10	+280	+150	+80	+56	+40	+25	+18	+13	+8	+5	0		+5	+8	+12	-1+Δ	—	-6+Δ	-6
10	14	+290	+150	+95	—	+50	+32	—	+16	—	+6	0		+6	+10	+15	-1+Δ	—	-7+Δ	-7
14	18																			
18	24	+300	+160	+110	—	+65	+40	—	+20	—	+7	0		+8	+12	+20	-2+Δ	—	-8+Δ	-8
24	30																			
30	40	+310	+170	+120	—	+80	+50	—	+25	—	+9	0		+10	+14	+24	-2+Δ	—	-9+Δ	-9
40	50	+320	+180	+130																
50	65	+340	+190	+140	—	+100	+60	—	+30	—	+10	0		+13	+18	+28	-2+Δ	—	-11+Δ	-11
65	80	+360	+200	+150																
80	100	+380	+220	+170	—	+120	+72	—	+36	—	+12	0	偏差=±(IT*n*)/2，式中IT*n*是IT值数	+16	+22	+34	-3+Δ	—	-13+Δ	-13
100	120	+410	+240	+180																
120	140	+460	+260	+200	—	+145	+85	—	+43	—	+14	0		+18	+26	+41	-3+Δ	—	-15+Δ	-15
140	160	+520	+280	+210																
160	180	+580	+310	+230																
180	200	+660	+340	+240	—	+170	+100	—	+50	—	+15	0		+22	+30	+47	-4+Δ	—	-17+Δ	-17
200	225	+740	+380	+260																
225	250	+820	+420	+280																
250	280	+920	+480	+300	—	+190	+110	—	+56	—	+17	0		+25	+36	+55	-4+Δ	—	-20+Δ	-20
280	315	+1050	+540	+330																
315	355	+1200	+600	+360	—	+210	+125	—	+62	—	+18	0		+29	+39	+60	-4+Δ	—	-21+Δ	-21
355	400	+1350	+680	+400																
400	450	+1500	+760	+440	—	+230	+135	—	+68	—	+20	0		+33	+43	+66	-5+Δ	—	-23+Δ	-23
450	500	+1650	+840	+480																

注：1. 公称尺寸小于或等于1时，基本偏差A和B及大于IT8的N均不采用。

2. 公差带JS7至JS11，若IT*n*值数是奇数，则取偏差=±(IT*n*-1)/2。

3. 对小于或等于IT8的K、M、N和小于或等于IT7的P至ZC，所需Δ值从表内右侧选取。例如：18~30段的K7：

4. 特殊情况：250~315段的M6，ES=-9μm（代替-11μm）。

数值（摘自 GB/T 1800.1—2009）　　（单位：μm）

差数值															Δ值					
上极限偏差(ES)																				
≤IT8	>IT8	≤IT7	标准公差等级大于IT7												标准公差等级					
N		P至ZC	P	R	S	T	U	V	X	Y	Z	ZA	ZB	ZC	IT3	IT4	IT5	IT6	IT7	IT8
-4	-4	在大于IT7的相应数值上增加一个Δ值	-6	-10	-14	—	-18	—	-20	—	-26	-32	-40	-60	0	0	0	0	0	0
-8 + Δ	0		-12	-15	-19	—	-23	—	-28	—	-35	-42	-50	-80	1	1.5	1	3	4	6
-10 + Δ	0		-15	-19	-23	—	-28	—	-34	—	-42	-52	-67	-97	1	1.5	2	3	6	7
-12 + Δ	0		-18	-23	-28	—	-33	—	-40	—	-50	-64	-90	-130	1	2	3	3	7	9
								-39	-45	—	-60	-77	-108	-150						
-15 + Δ	0		-22	-28	-35	—	-41	-47	-54	-63	-73	-98	-136	-188	1.5	2	3	4	8	12
						-41	-48	-55	-64	-75	-88	-118	-160	-218						
-17 + Δ	0		-26	-34	-43	-48	-60	-68	-80	-94	-112	-148	-200	-274	1.5	3	4	5	9	14
						-54	-70	-81	-97	-114	-136	-180	-242	-325						
-20 + Δ	0		-32	-41	-53	-66	-87	-102	-122	-144	-172	-226	-300	-405	2	3	5	6	11	16
				-43	-59	-75	-102	-120	-146	-174	-210	-274	-360	-480						
-23 + Δ	0		-37	-51	-71	-91	-124	-146	-178	-214	-258	-335	-445	-585	2	4	5	7	13	19
				-54	-79	-104	-144	-172	-210	-254	-310	-400	-525	-690						
-27 + Δ	0		-43	-63	-92	-122	-170	-202	-248	-300	-365	-470	-620	-800	3	4	6	7	15	23
				-65	-100	-134	-190	-228	-280	-340	-415	-535	-700	-900						
				-68	-108	-146	-210	-252	-310	-380	-465	-600	-780	-1000						
-31 + Δ	0		-50	-77	-122	-166	-236	-284	-350	-425	-520	-670	-880	-1150	3	4	6	9	17	26
				-80	-130	-180	-258	-310	-385	-470	-575	-740	-960	-1250						
				-84	-140	-196	-284	-340	-425	-520	-640	-820	-1050	-1350						
-34 + Δ	0		-56	-94	-158	-218	-315	-385	-475	-580	-710	-920	-1200	-1550	4	4	7	9	20	29
				-98	-170	-240	-350	-425	-525	-650	-790	-1000	-1300	-1700						
-37 + Δ	0		-62	-108	-190	-268	-390	-475	-590	-730	-900	-1150	-1500	-1900	4	5	7	11	21	32
				-114	-208	-294	-435	-530	-660	-820	-1000	-1300	-1650	-2100						
-40 + Δ	0		-68	-126	-232	-330	-490	-595	-740	-920	-1100	-1450	-1850	-2400	5	5	7	13	23	34
				-132	-252	-360	-540	-660	-820	-1000	-1250	-1600	-2100	-2600						

Δ = 8μm，所以 ES = (-2 + 8)μm = +6μm；18 ~ 30 段的 S6：Δ = 4μm，所以 ES = (-35 + 4)μm = -31μm。

表 C-4　优先选用的轴的公差带（摘自 GB/T 1800.2—2009）　（单位：μm）

代号		c	d	f	g	h				k	n	p	s	u
公称尺寸/mm		公差等级												
大于	至	11	9	7	6	6	7	9	11	6	6	6	6	6
—	3	-60 -120	-20 -45	-6 -16	-2 -8	0 -6	0 -10	0 -25	0 -60	+6 0	+10 +4	+12 +6	+20 +14	+24 +18
3	6	-70 -145	-30 -60	-10 -22	-4 -12	0 -8	0 -12	0 -30	0 -75	+9 +1	+16 +8	+20 +12	+27 +19	+31 +23
6	10	-80 -170	-40 -76	-13 -28	-5 -14	0 -9	0 -15	0 -36	0 -90	+10 +1	+19 +10	+24 +15	+32 +23	+37 +28
10	14	-95 -205	-50 -93	-16 -34	-6 -17	0 -11	0 -18	0 -43	0 -110	+12 +1	+23 +12	+29 +18	+39 +28	+44 +33
14	18													
18	24	-110 -240	-65 -117	-20 -41	-7 -20	0 -13	0 -21	0 -52	0 -130	+15 +2	+28 +15	+35 +22	+48 +35	+54 +41
24	30													+61 +48
30	40	-120 -280	-80 -142	-25 -50	-9 -25	0 -16	0 -25	0 -62	0 -160	+18 +2	+33 +17	+42 +26	+59 +43	+76 +60
40	50	-130 -290												+86 +70
50	65	-140 -330	-100 -174	-30 -60	-10 -29	0 -19	0 -30	0 -74	0 -190	+21 +2	+39 +20	+51 +32	+72 +53	+106 +87
65	80	-150 -340											+78 +59	+121 +102
80	100	-170 -390	-120 -207	-36 -71	-12 -34	0 -22	0 -35	0 -87	0 -220	+25 +3	+45 +23	+59 +37	+93 +71	+146 +124
100	120	-180 -400											+101 +79	+166 +144
120	140	-200 -450	-145 -245	-43 -83	-14 -39	0 -25	0 -40	0 -100	0 -250	+28 +3	+52 +27	+68 +43	+117 +92	+195 +170
140	160	-210 -460											+125 +100	+215 +190
160	180	-230 -480											+133 +108	+235 +210
180	200	-240 -530	-170 -285	-50 -96	-15 -44	0 -29	0 -46	0 -115	0 -290	+33 +4	+60 +31	+79 +50	+151 +122	+265 +236
200	225	-260 -550											+159 +130	+287 +258
225	250	-280 -570											+169 +140	+313 +284
250	280	-300 -620	-190 -320	-56 -108	-17 -49	0 -32	0 -52	0 -130	0 -320	+36 +4	+66 +34	+88 +56	+190 +158	+347 +315
280	315	-330 -650											+202 +170	+382 +350
315	355	-360 -720	-210 -350	-62 -119	-18 -54	0 -36	0 -57	0 -140	0 -360	+40 +4	+73 +37	+98 +62	+226 +190	+426 +390
355	400	-400 -760											+244 +208	+471 +435
400	450	-440 -840	-230 -385	-68 -131	-20 -60	0 -40	0 -63	0 -155	0 -400	+45 +5	+80 +40	+108 +68	+272 +232	+530 +490
450	500	-480 -880											+292 +252	+580 +540

表 C-5 优先选用的孔的公差带（摘自 GB/T 1800.2—2009） （单位：μm）

代号		C	D	F	G	H				K	N	P	S	U
公称尺寸/mm		公差等级												
大于	至	11	9	8	7	7	8	9	11	7	7	7	7	7
—	3	+120 +60	+45 +20	+20 +6	+12 +2	+10 0	+14 0	+25 0	+60 0	0 −10	−4 −14	−6 −16	−14 −24	−18 −28
3	6	+145 +70	+60 +30	+28 +10	+16 +4	+12 0	+18 0	+30 0	+75 0	+3 −9	−4 −16	−8 −20	−15 −27	−19 −31
6	10	+170 +80	+76 +40	+35 +13	+20 +5	+15 0	+22 0	+36 0	+90 0	+5 −10	−4 −19	−9 −24	−17 −32	−22 −37
10	14	+205 +95	+93 +50	+43 +16	+24 +6	+18 0	+27 0	+43 0	+110 0	+6 −12	−5 −23	−11 −29	−21 −39	−26 −44
14	18													
18	24	+240 +110	+117 +65	+53 +20	+28 +7	+21 0	+33 0	+52 0	+130 0	+6 −15	−7 −28	−14 −35	−27 −48	−33 −54
24	30													−40 −61
30	40	+280 +120	+142 +80	+64 +25	+34 +9	+25 0	+39 0	+62 0	+160 0	+7 −18	−8 −33	−17 −42	−34 −59	−51 −76
40	50	+290 +130												−61 −86
50	65	+330 +140	+174 +100	+76 +30	+40 +10	+30 0	+46 0	+74 0	+190 0	+9 −21	−9 −39	−21 −51	−42 −72	−76 −106
65	80	+340 +150											−48 −78	−91 −121
80	100	+390 +170	+207 +120	+90 +36	+47 +12	+35 0	+54 0	+87 0	+220 0	+10 −25	−10 −45	−24 −59	−58 −93	−111 −146
100	120	+400 +180											−66 −101	−131 −166
120	140	+450 +200	+245 +145	+106 +43	+54 +14	+40 0	+63 0	+100 0	+250 0	+12 −28	−12 −52	−28 −68	−77 −117	−155 −195
140	160	+460 +210											−85 −125	−175 −215
160	180	+480 +230											−93 −133	−195 −235
180	200	+530 +240	+285 +170	+122 +50	+61 +15	+46 0	+72 0	+115 0	+290 0	+13 −33	−14 −60	−33 −79	−105 −151	−219 −265
200	225	+550 +260											−113 −159	−241 −287
225	250	+570 +280											−123 −169	−267 −313
250	280	+620 +300	+320 +190	+137 +56	+69 +17	+52 0	+81 0	+130 0	+320 0	+16 −36	−14 −66	−36 −88	−138 −190	−295 −347
280	315	+650 +330											−150 −202	−330 −382
315	355	+720 +360	+350 +210	+151 +62	+75 +18	+57 0	+89 0	+140 0	+360 0	+17 −40	−16 −73	−41 −98	−169 −226	−369 −426
355	400	+760 +400											−187 −244	−414 −471
400	450	+840 +440	+385 +230	+165 +68	+83 +20	+63 0	+97 0	+155 0	+400 0	+18 −45	−17 −80	−45 −108	−209 −272	−467 −530
450	500	+880 +480											−229 −292	−517 −580

附录D　常用的机械加工一般规范和零件的结构要素

表 D-1　零件倒圆与倒角（摘自 GB/T 6403.4—2008）　　（单位：mm）

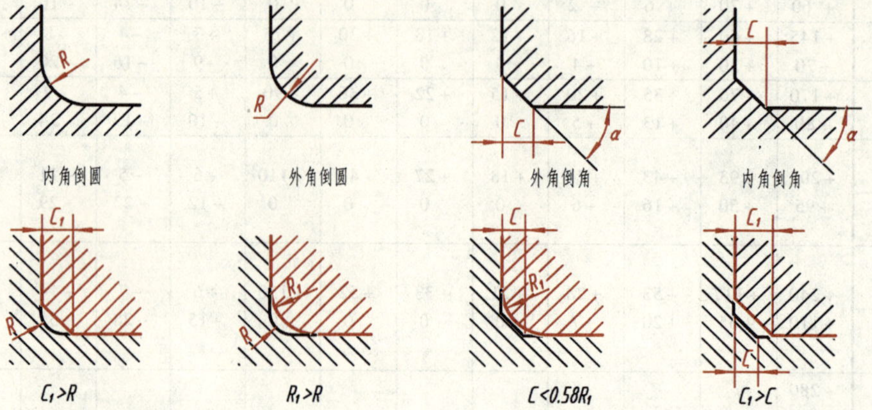

ϕ	~3	>3~6	>6~10	>10~18	>18~30	>30~50	>50~80	>80~120	>120~180
C 或 R	0.2	0.4	0.6	0.8	1.0	1.6	2.0	2.5	3.0
ϕ	>180~250	>250~320	>320~400	>400~500	>500~630	>630~800	>800~1000	>1000~1250	>1250~1600
C 或 R	4.0	5.0	6.0	8.0	10	12	16	20	25

注：α 一般采用45°，也可采用30°或60°。

表 D-2　回转面及端面砂轮越程槽（摘自 GB/T 6403.5—2008）　　（单位：mm）

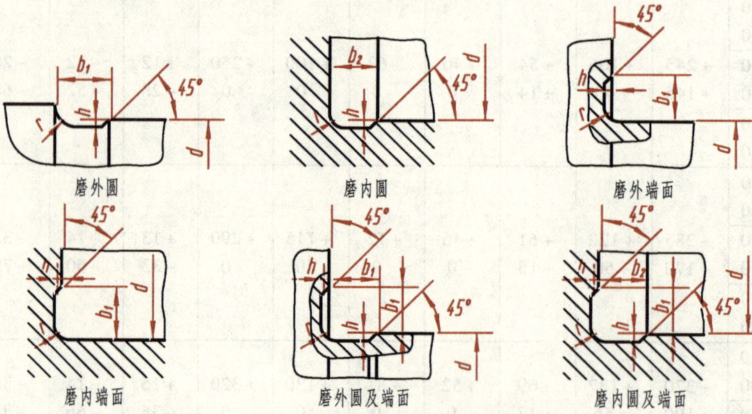

<table>
<tr><td>d</td><td colspan="3">~10</td><td colspan="2">10~50</td><td colspan="2">50~100</td><td colspan="2">100</td></tr>
<tr><td>b_1</td><td>0.6</td><td>1.0</td><td>1.6</td><td>2.0</td><td>3.0</td><td>4.0</td><td>5.0</td><td rowspan="2">8.0</td><td rowspan="2">10</td></tr>
<tr><td>b_2</td><td>2.0</td><td colspan="2">3.0</td><td colspan="2">4.0</td><td colspan="2">5.0</td></tr>
<tr><td>h</td><td>0.1</td><td colspan="2">0.2</td><td>0.3</td><td colspan="2">0.4</td><td>0.6</td><td>0.8</td><td>1.2</td></tr>
<tr><td>r</td><td>0.2</td><td colspan="2">0.5</td><td>0.8</td><td colspan="2">1.0</td><td>1.6</td><td>2.0</td><td>3.0</td></tr>
</table>

注：1. 越程槽内与直线相交处，不允许产生尖角。

2. 越程槽深度 h 与圆弧半径 r，要满足 $r \leqslant 3h$。

表 D-3 普通螺纹退刀槽和倒角（摘自 GB/T 3—1997） （单位：mm）

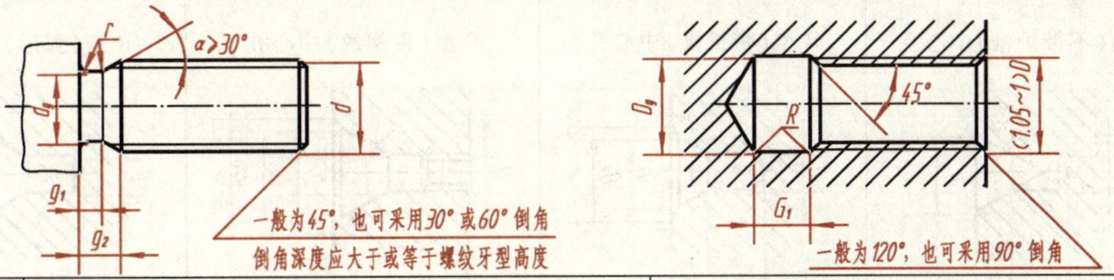

螺距 P	外螺纹 g_2 max	外螺纹 g_1 min	外螺纹 d_g	外螺纹 $r\approx$	内螺纹 G_1 一般	内螺纹 G_1 短的	内螺纹 D_g	内螺纹 $R\approx$
0.5	1.5	0.8	$d-0.8$	0.2	2	1	$D+0.3$	0.2
0.6	1.8	0.9	$d-1$	0.4	2.4	1.2		0.3
0.7	2.1	1.1	$d-1.1$		2.8	1.4		0.4
0.75	2.25	1.2	$d-1.2$		3	1.5		
0.8	2.4	1.3	$d-1.3$		3.2	1.6		
1	3	1.6	$d-1.6$	0.6	4	2	$D+0.5$	0.5
1.25	3.75	2	$d-2$		5	2.5		0.6
1.5	4.5	2.5	$d-2.3$	0.8	6	3		0.8
1.75	5.25	3	$d-2.6$	1	7	3.5		0.9
2	6	3.4	$d-3$		8	4		1
2.5	7.5	4.4	$d-3.6$	1.2	10	5		1.2
3	9	5.2	$d-4.4$	1.6	12	6		1.5
3.5	10.5	6.2	$d-5$		14	7		1.8
4	12	7	$d-5.7$	2	16	8		2
4.5	13.5	8	$d-6.4$	2.5	18	9		2.2
5	15	9	$d-7$		20	10		2.5
5.5	17.5	11	$d-7.7$	3.2	22	11		2.8
6	18	11	$d-8.3$		24	12		3
参考值	$\approx 3P$	—	—	—	$=4P$	$=2P$	—	$\approx 0.5P$

注：1. d、D 为螺纹公称直径代号。“短”退刀槽仅在结构受限制时采用。

2. d_g 公差：$d>3$mm 时，为 h13；$d\leqslant 3$mm 时，为 h12。D_g 公差为 H13。

表 D-4 紧固件通孔及沉孔尺寸（摘自 GB/T 152.2～152.4—1988） （单位：mm）

螺纹规格 d			M4	M5	M6	M8	M10	M12	M16	M18	M20	M24	M30	M36
通孔尺寸 d_1			4.5	5.5	6.6	9.0	11.0	13.5	17.5	20.0	22.0	26	33	39
GB/T 152.2—1988 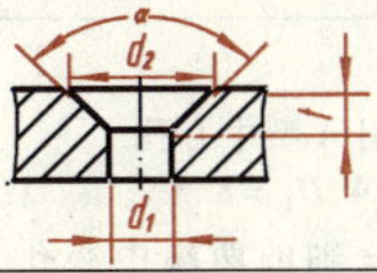	用于沉头及半沉头螺钉	d_2	9.6	10.6	12.8	17.6	20.3	24.4	32.4	—	40.4	—	—	—
		$t\approx$	2.7	2.7	3.3	4.6	5.0	6.0	8.0	—	10	—	—	—
		α	$90^{\circ}{}^{-2^{\circ}}_{-4^{\circ}}$											
GB/T 152.3—1988 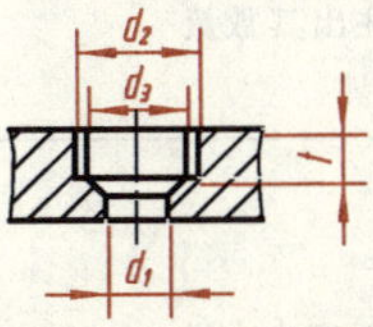	用于内六角圆柱头螺钉	d_2	8.0	10.0	11.0	15.0	18.0	20.0	26.0	—	33.0	40.0	48.0	57.0
		t	4.6	5.7	6.8	9.0	11.0	13.0	17.5	—	21.5	25.5	32.0	38.0
		d_3	—	—	—	—	—	16	20	—	24	28	36	42
	用于开槽圆柱头螺钉	d_2	8	10	11.7	15	18	20	26	—	33	—	—	—
		t	3.2	4	4.7	6.0	7.0	8.0	10.5	—	12.5	—	—	—
		d_3	—	—	—	—	—	16	20	—	24	—	—	—
GB/T 152.4—1988 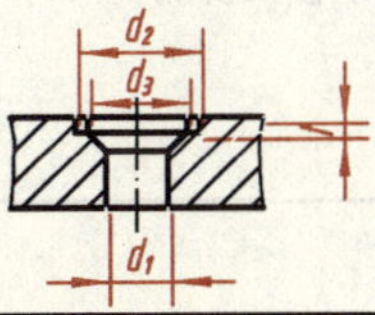	用于六角头螺栓及六角螺母	d_2	10	11	13	18	22	26	33	36	40	48	61	71
		d_3	—	—	—	—	—	16	20	22	24	28	36	42
		t	只要能制出与通孔 d_1 的轴线垂直的圆平面即可											

表 D-5　中心孔（摘自 GB/T 145—2001、GB/T 4459.5—1999）　　（单位：mm）

	A 型（不带护锥）中心孔	B 型（带护锥）中心孔	C 型（带螺纹）中心孔	R 型（弧形）中心孔
形式及标记示例	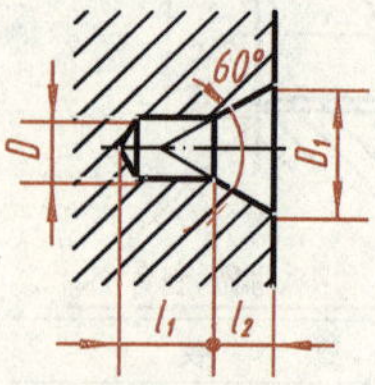 标记示例： GB/T 4459.5-A4/8.5 （$D=4$，$D=8.5$）	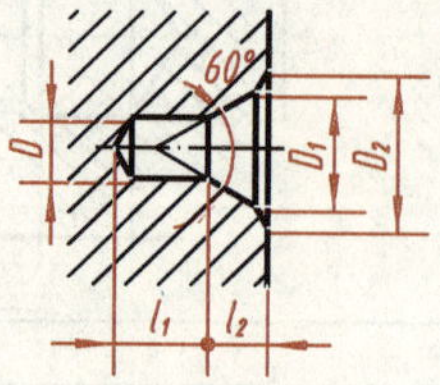 标记示例： GB/T 4459.5-B2.5/8 （$D=2.5$，$D_1=8$）	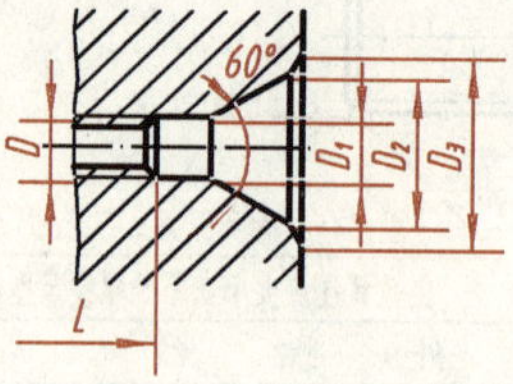 标记示例： GB/T 4459.5-CM10L30/16.3 （$D=M10$，$L=30$，$D_2=16.3$）	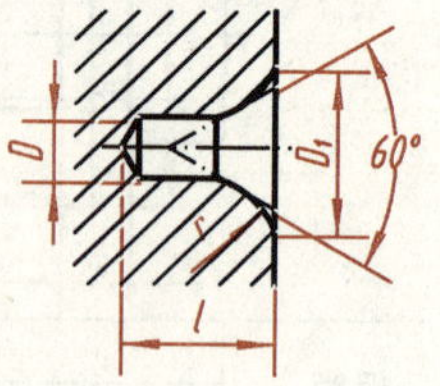 标记示例： GB/T 4459.5-R3.15/6.7 （$D=3.15$，$D_1=6.7$）
用途	通常用于加工后可以保留的场合（此情况占大多数）	通常用于加工后必需要保留的场合	通常用于一些需要带压紧装置的零件	通常用于需要提高加工精度的场合

	要求	规定表示法	简化表示法	说明
中心孔表示法	在完工的零件上要求保留中心孔	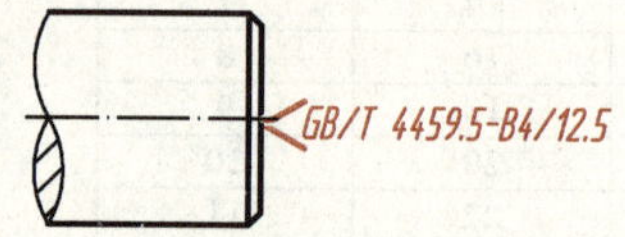	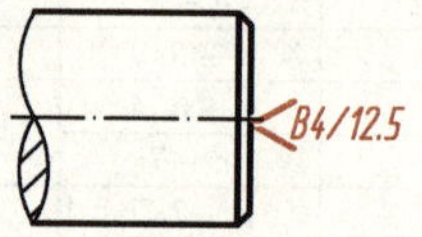	采用 B 型中心孔 $D=4$，$D_2=12.5$
	在完工的零件上可以保留中心孔（是否保留都可以，绝大多数情况如此）	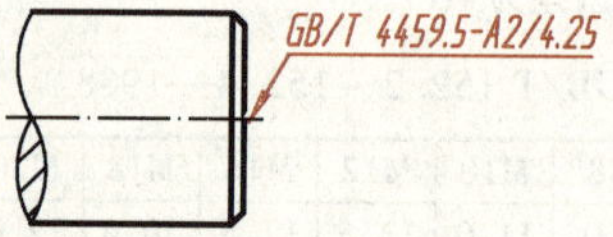	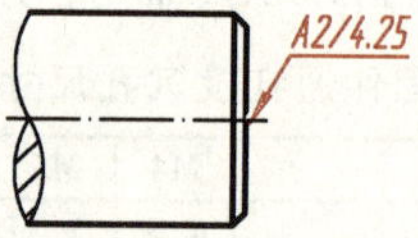	采用 A 型中心孔 $D=2$，$D_1=4.25$ 一般情况下，均采用这种方式
		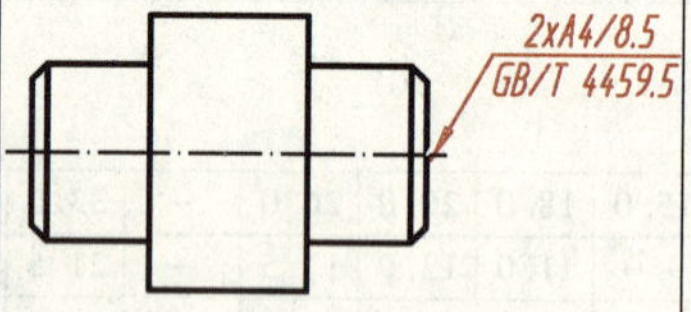	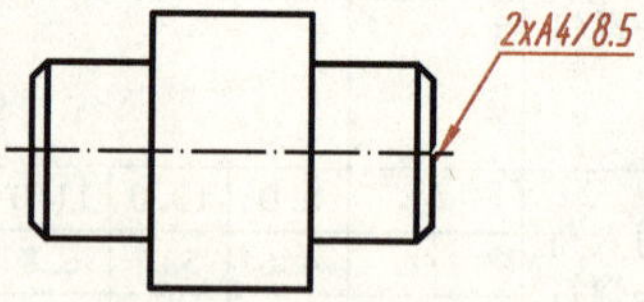	采用 A 型中心孔 $D=4$，$D_1=8.5$ 同一轴的两端中心孔相同，可只在一端标出，但应注出其数量
	在完工的零件上不允许保留中心孔		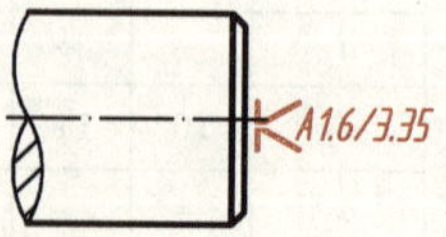	采用 A 型中心孔 $D=1.6$，$D_1=3.35$

注：1. 对于标准中心孔，在图样中可不绘制其详细结构。
2. 在不致引起误解时，可省略标准编号。

附录E 常用材料及热处理

表 E-1 热处理方法及应用

名称	处理方法	应用
退火	将钢件加热到临界温度以上，保温一段时间，然后缓慢地冷却下来（例如在炉中冷却）	用来消除铸、锻、焊零件的内应力，降低硬度，改善切削加工性能，增加塑性和韧性，细化金属晶粒，使其组织均匀，适用于碳的质量分数在0.83%以下的铸、锻、焊零件
正火	将钢件加热到临界温度以上，保温一段时间，然后在空气中冷却下来，冷却速度比退火快	用来处理低碳和中碳结构钢件及渗碳零件，使其晶粒细化，增加强度与韧性，改善切削加工性能
淬火	将钢件加热到临界温度以上，保温一段时间，然后在水、盐水或油中急速冷却下来，使其增加硬度、耐磨性	用来提高钢的硬度、强度和耐磨性，但淬火后会引起内应力及脆性，因此淬火后的钢件必须回火
回火	将淬火后的钢件，加热到临界温度以下的某一温度，保温一段时间，然后在空气或油中冷却下来	用来消除淬火时产生的脆性和内应力，以提高钢件的韧性和强度
调质	淬火后进行高温回火（450～650℃）	可以完全消除内应力，并获得较高的综合力学性能，一些重要零件淬火后都要经过调质处理
表面淬火	用火焰或高频电流将零件表面迅速加热至临界温度以上，急速冷却	使零件表层有较高的硬度和耐磨性，而内部保持一定的韧性，使零件既耐磨又能承受冲击，如重要的齿轮、曲轴、活塞销等零件
渗碳	将低、中碳（$w_C<0.4\%$）钢件，在渗碳剂中加热到900～950℃，停留一段时间，使零件表面的碳增加0.4～0.6mm，然后淬火	增加零件表面硬度、耐磨性、抗拉强度及疲劳极限，适用于低碳、中碳结构钢的中小型零件及大型重负荷、受冲击、耐磨的零件
碳氮共渗	使零件表面增加碳与氮，其扩散层深度较浅（0.2～0.5mm）。在0.2～0.4mm层具有66～70HRC的高硬度	增加结构钢、工具钢零件的表面硬度、耐磨性及疲劳极限，提高刀具切削性能和使用寿命，适用于要求硬度高、耐磨的中、小型及薄片的零件和刀具
渗氮	使零件表面增氮，氮化层为0.025～0.8mm。氮化层硬度极高（达1200HV）	增加零件的表面硬度、耐磨性、疲劳极限及抗蚀能力，适用于含铝、铬、钼、锰等元素的合金钢，如要求耐磨的主轴、量规、样板、水泵轴、排气门等零件
冰冷处理	将淬火钢件继续冷却至室温以下	进一步提高零件的硬度、耐磨性，使零件尺寸趋于稳定，如用于处理滚动轴承的钢球
发蓝发黑	用加热办法使零件工作表面形成一层氧化铁组成的保护性薄膜	防腐蚀、美观，用于一般紧固件
时效处理	天然时效：在空气中存放半年到一年以上 人工时效：加热到200℃左右，保温10～20h或更长时间	使铸件或淬火后的钢件慢慢消除其内应力，从而稳定其形状和尺寸

表 E-2 常用的金属材料与非金属材料

名称		牌号	说明	应用举例
黑色金属	灰铸铁 GB/T 9439—2010	HT100	HT——灰铸铁代号 150——抗拉强度（MPa）	属低强度铸铁，用于盖、手把、手轮等不重要零件
		HT150		属中等强度铸铁，用于一般铸件，如机床座、端盖、带轮、工作台等
		HT200		属高强度铸铁，用于较重要铸件，如气缸、齿轮、凸轮、机座、床身、飞轮、带轮、齿轮箱、阀壳、联轴器、衬筒、轴承座等
	球墨铸铁 GB/T 1348—2009	QT450—10 QT500—7 QT600—3	QT——球墨铸铁代号 450——抗拉强度（MPa） 10——伸长率（%）	具有较高的强度和塑性，广泛用于受磨损和受冲击的零件，如曲轴、气缸套、活塞环、摩擦片、中低压阀门、千斤顶座等

（续）

名称		牌号	说明	应用举例
黑色金属	铸钢 GB/T 11352—2009	ZG200-400	ZG——铸钢代号 200——屈服强度（MPa） 400——抗拉强度（MPa）	用于各种形状的零件，如机座，变速箱壳等
		ZG270-500		用于各种形状的零件，如飞轮、机架、水压机工作缸、横梁等
		ZG310-570		用于各种形状的零件，如联轴器、气缸、齿轮及重负荷的机架等
	碳素结构钢 GB/T 700—2006	Q215A	Q——代表"屈服强度" 215——屈服强度数值（MPa） A——质量等级	用于拉杆、套圈、垫圈、渗碳零件及焊接件
		Q235A		用于金属结构件、拉杆、连杆、吊钩、螺栓、螺母、套筒、轴及焊接件
		Q275B		用于转轴、心轴、吊钩、拉杆、摇杆楔等强度要求不高的零件
	优质碳素结构钢 GB/T 699—1999	15、15F	15——以平均万分数表示的碳的质量分数 F——沸腾钢	塑性、韧性、焊接性能和冲压性能均极好，但强度低。用于螺钉、螺母、法兰盘、渗碳零件等
		35		不经热处理可用于中等载荷的零件，如拉杆、轴、套筒、钩子等；调质处理后适用于强度及韧性要求较高的零件，如传动轴等
		45		用于强度要求较高的零件，如齿轮、机床主轴、花键轴等
		15Mn	15——以平均万分数表示的碳的质量分数 Mn——含锰量较高	其性能与15钢相似，渗碳后淬透性、强度比15钢高
		45Mn		用于受磨损的零件，如转轴、心轴、齿轮、花键轴等
有色金属	普通黄铜 GB/T 5231—2001	H59	H——黄铜的代号 96——铜的平均质量分数（%）	用于热轧、热压零件，如套管、螺母等
		H68		用于较复杂的冲压零件和深拉深零件，如弹壳、垫座等
		H96		用于散热器和冷凝器管子等
	铸造铜合金 GB/T 1176—1987	ZCuSn5Pb5Zn5	Z——铸造代号 Cu——基体元素铜的元素符号 Sn10——锡元素符号及其平均质量分数（%）	用于轴瓦、衬套、缸套、油塞、离合器、蜗轮等中等滑动速度工作的耐磨、耐腐蚀零件
		ZCuSn10Zn2		用于中等及较高负荷和小滑动速度工作的重要管配件，以及阀、旋塞、泵体、齿轮、叶轮、蜗轮等
		ZCuAl9Fe4Ni4Mn2		用于船舶螺旋桨、耐磨和400℃以下工作的零件，如轴承、齿轮、蜗轮、螺母、阀体、法兰等
		ZCuAl10Fe3		用于强度高、耐磨、耐蚀的零件，如蜗轮、轴承、衬套、耐热管配件等
	铸造铝合金 GB/T 1173—1995	ZAlSi5Cu1Mg	Z——铸造代号 Al——基体元素铝的元素符号 Si5——硅元素符号及其平均质量分数（%）	用于风冷发动机的气缸头、机闸、液压泵体等在225℃以下工作的零件
		ZAlCu4		用于中等载荷、形状较简单的在200℃以下工作的小零件

（续）

名称		牌号	说明	应用举例
非金属	尼龙 JB/ZQ 4196—2006	尼龙 1010 棒材	尼龙 1010 具有优良的减摩、耐磨和自润滑性，且抗霉、抗菌、无毒、半透明，有较好的刚性，制成零件运转时噪声小，耐油性优良	主要用于切削加工制成的螺母、轴套、垫圈、齿轮、密封圈等机械零件，以代替铜和其他金属制件
		尼龙 1010 管材		用于机床输油管（代替铜管），可输送弱酸、弱碱及一般腐蚀性介质；可用管件连接，也可用粘结剂粘接
	耐油石棉橡胶板 GB/T 539—2008	NY250 NY400 HNY300	NY——一般工业用 HNY——航空工业用 250——适用最高温度	用于在一定温度的机油、变压器油、汽油等介质中工作的零件，冲制各种形状的垫圈
	软钢纸板 QB/T 2200—1996	—	规格： 920×650　650×490 650×400　400×300	用于飞机、汽车、拖拉机及其他内燃机等制作密封连接处的垫圈
	工业用毛毡 FZ/T 25001—2012	T112-32～44 T122-30～38 T132-32～36	T112——特品粘、白色细毛 T122——特品粘、灰色半粗毛 T132——特品粘、天然杂色粗毛 后两位数是密度（g/cm^3）的百分数（如 0.32～0.44g/cm^3）	用作密封、防振缓冲衬垫

参考文献

[1] 机械设计手册编委会. 机械设计手册 [M]. 新版. 北京：机械工业出版社，2008.
[2] 成大先. 机械设计手册 [M]. 5 版. 北京：化学工业出版社，2008.
[3] 梁德本，叶玉驹. 机械制图手册 [M]. 3 版. 北京：机械工业出版社，2002.
[4] 胡建生. 工程制图 [M]. 4 版. 北京：化学工业出版社，2010.
[5] 胡建生. 机械制图（多学时）[M]. 北京：机械工业出版社，2009.
[6] 胡建生. 机械制图与计算机绘图 [M]. 北京：机械工业出版社，2012.